普通高等教育公共基础课程用书

线性代数(第三版)

主　编　刘剑平
副主编　鲍　亮　施劲松　钱夕元　朱坤平

華東理工大學出版社
EAST CHINA UNIVERSITY OF SCIENCE AND TECHNOLOGY PRESS
·上海·

图书在版编目(CIP) 数据

线性代数 / 刘剑平主编. —3 版. —上海:华东理工大学出版社,2018.7(2024.9 重印)
普通高等教育公共基础课程用书
ISBN 978-7-5628-5493-7

Ⅰ.①线… Ⅱ.①刘… Ⅲ.①线性代数-高等学校-教材
Ⅳ.①O151.2

中国版本图书馆 CIP 数据核字(2018)第 122588 号

项目统筹/ 吴蒙蒙
责任编辑/ 吴蒙蒙
装帧设计/ 肖 车 靳天宇
出版发行/ 华东理工大学出版社有限公司
地 址:上海市梅陇路 130 号,200237
电 话:021-64251837
网 址:www.ecustpress.cn
邮 箱:zongbianban@ecustpress.cn
印 刷/ 常熟市双乐彩印包装有限公司
开 本/ 787mm×1092mm 1/16
印 张/ 15
字 数/ 412 千字
版 次/ 2011 年 7 月第 1 版
2018 年 7 月第 3 版
印 次/ 2024 年 9 月第 6 次
定 价/ 46.00 元

本书编委会

主　编　刘剑平

副主编　鲍　亮　施劲松　钱夕元　朱坤平

编　委　王　薇　解惠青　邓淑芳　宋　洁
林爱红　俞绍文　林辉球　姬　超
王凡凡　余　炜　张启迪　王圣强
徐旭颖　冯声涯　张　艺　田　鹏
黄文亮　贺秀霞　赵瑞芳　胡海燕
李　莹　陈云霞　王毅泓　杨勤民
吕雪芹

前 言

“线性代数”是高等院校非数学专业的一门主要基础课程,也是研究生入学考试的必考知识. 随着计算机的日益普及,线性代数的知识作为计算技术的基础也日益受到重视,尤其是用代数方法解决实际问题已渗透到各个领域,其重要性和实用性日益彰显.

“线性代数”课程作为华东理工大学首批建设的重点课程,在教材建设上已卓有成效,《线性代数及应用》曾获全国普通高等学校优秀教材一等奖、上海市教学成果二等奖. 近年来我校的“线性代数”课程建设和改革正逐步深入,在队伍建设、教材建设、网站建设、教学方法和手段建设等方面都取得了长足的进步,2003 年被评为上海市唯一的“线性代数”精品课程. 为适应高等教育不断发展的形势,配合精品课程的建设,我们编写了这本《线性代数(第三版)》奉献给广大读者,希望为教育改革献上微薄之力.

《线性代数(第三版)》由 7 章构成,内容有矩阵、行列式、矩阵的秩与线性方程组、向量空间、特征值问题、二次型、线性空间与线性变换等,涵盖了高等院校非数学专业“线性代数”课程的全部基本内容. 本书可作为高等院校工科各专业及理科非数学专业本科生的教材,也可供科技工作者和工程技术人员阅读、参考.

工科及理科非数学专业学习本课程的目的,主要在于实际应用. 考虑到这一点,我们着重讲清基本概念、原理和计算方法,避免烦琐的理论推导和证明,力求简明、准确;在内容安排上注重系统性、逻辑性,由浅入深,循序渐进. 为了培养学生解决实际问题的能力,通过配以较多的涉及各领域的例题,开拓学生思路,侧重应用性;通过将理论推导、数值计算与计算机实现互相结合,激发学生的学习主动性,培养学生的综合素质.

本书由刘剑平主编,鲍亮、施劲松、钱夕元、朱坤平为副主编. 在编写的过程中,得到了华东理工大学教材建设委员会、教务处、出版社的大力支持,得到了院、系领导的关心与指导,在此表示衷心的感谢. 同时,我们还要感谢教学组的王薇、解惠青教授及邓淑芳、宋洁、林爱红、俞绍文、林辉球、姬超、王凡凡、余炜、张启迪、王圣强、徐旭颖、冯声涯、张艺、田鹏、黄文亮、贺秀霞、赵瑞芳、胡海燕、李莹、陈云霞、王毅泓、杨勤民、吕雪芹等老师,他们在本书的编写过程中提供了宝贵的建议.

限于编者水平,本书难免存在一些缺陷和疏漏之处,恳切希望专家、读者予以指正,以便我们今后进一步改进、提高,并诚恳邀请您加盟修订.

作者的电子邮箱是:liujianping60@163.com

刘剑平

2018 年 3 月

目录

4 向量空间

5 特征值问题

6 二次型

7 线性空间与线性变换**

1 矩　　阵

矩阵是一个重要的数学工具,也是线性代数研究的主要对象之一. 本章将介绍矩阵的概念及其运算,进而讨论用途极广的矩阵的初等变换和初等矩阵.

1.1 矩阵的概念

1.1.1 矩阵的定义

定义 1 由 $m\times n$ 个元素排成 m 行 n 列的矩形元素表

$$\begin{pmatrix} a_{11} & a_{12} & \cdots & a_{1n} \\ a_{21} & a_{22} & \cdots & a_{2n} \\ \vdots & \vdots & \ddots & \vdots \\ a_{m1} & a_{m2} & \cdots & a_{mn} \end{pmatrix}$$

称为 $m\times n$ **维(阶)矩阵**. 常用英文大写字母 $\boldsymbol{A}$,$\boldsymbol{B}$,…记之. 即

$$\boldsymbol{A}=\begin{pmatrix} a_{11} & a_{12} & \cdots & a_{1n} \\ a_{21} & a_{22} & \cdots & a_{2n} \\ \vdots & \vdots & \ddots & \vdots \\ a_{m1} & a_{m2} & \cdots & a_{mn} \end{pmatrix}$$

$\boldsymbol{A}$ 中第 i 行第 j 列元素 a_{ij} 称为矩阵 $\boldsymbol{A}$ 的 (i,j) 元. a_{ij} 中的 i 称作**行标**,j 称作**列标**,矩阵 $\boldsymbol{A}$ 可简记作 $(a_{ij})_{m\times n}$ 或 $\boldsymbol{A}=(a_{ij})$,$m\times n$ 维矩阵 $\boldsymbol{A}$ 有时也记作 $\boldsymbol{A}_{m\times n}$.

元素是实数的矩阵称为**实矩阵**,元素是复数的矩阵称为**复矩阵**. 本书中的矩阵,除特别说明外,都指实矩阵.

练习 1 试写出 2×3 矩阵 $\boldsymbol{A}$,若其元 $a_{ij}=i+2j$.

1.1.2 若干特殊矩阵

行数与列数都等于 n 的矩阵 $\boldsymbol{A}$ 称为 n **阶矩阵**或 n **阶方阵**,即

$$\boldsymbol{A}=\begin{pmatrix} a_{11} & a_{12} & \cdots & a_{1n} \\ a_{21} & a_{22} & \cdots & a_{2n} \\ \vdots & \vdots & \ddots & \vdots \\ a_{n1} & a_{n2} & \cdots & a_{nn} \end{pmatrix}$$

我们称 $a_{11}, a_{22}, \cdots, a_{nn}$ 为方阵 $\boldsymbol{A}$ 的**主对角元**，它们所在的对角线称为**主对角线**．称 a_{1n}，$a_{2,n-1}, \cdots, a_{n1}$ 所在的对角线为**副对角线**．

称主对角线以上全为零的方阵 $\boldsymbol{B}=\begin{pmatrix} a_{11} & 0 & \cdots & 0 \\ a_{21} & a_{22} & \cdots & 0 \\ \vdots & \vdots & \ddots & \vdots \\ a_{n1} & a_{n2} & \cdots & a_{nn} \end{pmatrix}$ 为**下三角矩阵**．称主对角线以下全为零的方阵 $\boldsymbol{A}=\begin{pmatrix} a_{11} & a_{12} & \cdots & a_{1n} \\ 0 & a_{22} & \cdots & a_{2n} \\ \vdots & \vdots & \ddots & \vdots \\ 0 & 0 & \cdots & a_{nn} \end{pmatrix}$ 为**上三角矩阵**．

既是上三角矩阵又是下三角矩阵的方阵 $\boldsymbol{\Lambda}=\begin{pmatrix} \lambda_1 & 0 & \cdots & 0 \\ 0 & \lambda_2 & \cdots & 0 \\ \vdots & \vdots & \ddots & \vdots \\ 0 & 0 & \cdots & \lambda_n \end{pmatrix}$ 称为**对角矩阵**．对角矩阵也记作 $\boldsymbol{\Lambda}=\operatorname{diag}(\lambda_1, \lambda_2, \cdots, \lambda_n)$．

称主对角元相同的对角阵 $\begin{pmatrix} a & 0 & \cdots & 0 \\ 0 & a & \cdots & 0 \\ \vdots & \vdots & \ddots & \vdots \\ 0 & 0 & \cdots & a \end{pmatrix}$ 为**数量阵**(或**标量阵**)．特别地，当 $a=1$ 时，称 $\begin{pmatrix} 1 & 0 & \cdots & 0 \\ 0 & 1 & \cdots & 0 \\ \vdots & \vdots & \ddots & \vdots \\ 0 & 0 & \cdots & 1 \end{pmatrix}$ 为**单位矩阵**，用 $\boldsymbol{I}$ 或 $\boldsymbol{E}$ 记之．

只有一行的矩阵 $\boldsymbol{A}=(a_1\ a_2 \cdots\ a_n)$ 称为**行矩阵**，又称 n **维行向量**．为避免元素间的混淆，行矩阵也记作 $\boldsymbol{A}=(a_1, a_2, \cdots, a_n)$．

只有一列的矩阵 $\boldsymbol{B}=\begin{pmatrix} b_1 \\ b_2 \\ \vdots \\ b_m \end{pmatrix}$ 称为**列矩阵**，又称 m **维列向量**．

元素都是零的矩阵称为**零矩阵**，记作 $\boldsymbol{O}$．

注意：不同维的零矩阵是不相等的．

练习 2　在下列矩阵 $\boldsymbol{A}=\begin{pmatrix} 1 & 0 & 0 & 0 \\ 0 & 1 & 0 & 0 \\ 0 & 0 & 1 & 0 \end{pmatrix}$，$\boldsymbol{B}=\begin{pmatrix} 1 & 0 & 0 \\ 4 & 2 & 0 \\ 5 & 6 & 3 \end{pmatrix}$，$\boldsymbol{C}=\begin{pmatrix} 2 & 0 & 0 \\ 0 & 2 & 0 \\ 0 & 0 & 2 \end{pmatrix}$，$\boldsymbol{D}=\begin{pmatrix} 1 & 2 \\ 0 & 3 \end{pmatrix}$ 中，指出三角阵、对角阵、标量阵、单位阵．

1.1.3　矩阵的应用举例

例 1　某 IT 集团公司向两个代理商发送三种电脑的数量(单位：套)如下表所示：

代理商 \ 商品名	WorkPad	Tablet PC	NC
甲	a_{11}	a_{12}	a_{13}
乙	a_{21}	a_{22}	a_{23}

表格中的数据可列成矩阵

$$\boldsymbol{A}=\begin{pmatrix} a_{11} & a_{12} & a_{13} \\ a_{21} & a_{22} & a_{23} \end{pmatrix}$$

其中 a_{ij} 为该公司向第 i 个代理商发送第 j 种电脑的数量.

这三种电脑的单价及单件重量也可以列成矩阵

$$\boldsymbol{B}=\begin{pmatrix} b_{11} & b_{12} \\ b_{21} & b_{22} \\ b_{31} & b_{32} \end{pmatrix}$$

其中 b_{i1} 为第 i 种电脑的单价,b_{i2} 为第 i 种电脑的单件重量($i=1,2,3$).

例 2 线性方程组

$$\begin{cases} a_{11}x_1+a_{12}x_2+\cdots+a_{1n}x_n=b_1, \\ a_{21}x_1+a_{22}x_2+\cdots+a_{2n}x_n=b_2, \\ \cdots\cdots \\ a_{m1}x_1+a_{m2}x_2+\cdots+a_{mn}x_n=b_m \end{cases}$$

的系数可以表示成一个 $m\times n$ 维矩阵

$$\boldsymbol{A}=\begin{pmatrix} a_{11} & a_{12} & \cdots & a_{1n} \\ a_{21} & a_{22} & \cdots & a_{2n} \\ \vdots & \vdots & & \vdots \\ a_{m1} & a_{m2} & \cdots & a_{mn} \end{pmatrix}$$

称为线性方程组的**系数矩阵**.

线性方程组的系数与常数项合并在一起,可以表示成一个 $m\times(n+1)$维矩阵,即

$$\bar{\boldsymbol{A}}=\begin{pmatrix} a_{11} & a_{12} & \cdots & a_{1n} & b_1 \\ a_{21} & a_{22} & \cdots & a_{2n} & b_2 \\ \vdots & \vdots & & \vdots & \vdots \\ a_{m1} & a_{m2} & \cdots & a_{mn} & b_m \end{pmatrix}$$

称为线性方程组的**增广矩阵**. 方程组中未知量及常数项,可以表示成 $n\times1$ 维和 $m\times1$ 维矩阵

$$\boldsymbol{x}=\begin{pmatrix} x_1 \\ x_2 \\ \vdots \\ x_n \end{pmatrix} \text{和} \boldsymbol{b}=\begin{pmatrix} b_1 \\ b_2 \\ \vdots \\ b_m \end{pmatrix}$$

练习 3 写出线性方程组 $\begin{cases} 2x_1+x_2=1 \\ x_1-x_2=2 \end{cases}$ 的系数矩阵和增广矩阵.

1.2 矩阵的运算

在研究矩阵的运算之前,我们先给出矩阵相等的定义.

定义 1 给定两个同维 $m\times n$ 矩阵 $\boldsymbol{A}=(a_{ij})$ 和 $\boldsymbol{B}=(b_{ij})$,当

$$a_{ij}=b_{ij}\quad (i=1,2,\cdots,m;j=1,2,\cdots,n)$$

时,称矩阵 $\boldsymbol{A}$ 与矩阵 $\boldsymbol{B}$ **相等**,记作 $\boldsymbol{A}=\boldsymbol{B}$.

1.2.1 矩阵的线性运算

数与矩阵相乘

定义 2 **数 λ 与矩阵 $\boldsymbol{A}=(a_{ij})_{m\times n}$ 的乘积**记作 $\lambda\boldsymbol{A}$ 或 $\boldsymbol{A}\lambda$,规定为

$$\lambda\boldsymbol{A}=\boldsymbol{A}\lambda=(\lambda a_{ij})_{m\times n}$$

即数 λ 乘以矩阵 $\boldsymbol{A}$ 中的每一个元素所得到的矩阵. 显然有

$$0\cdot\boldsymbol{A}=\boldsymbol{O};\qquad 1\cdot\boldsymbol{A}=\boldsymbol{A}$$

数乘矩阵满足下列运算规律(设 $\boldsymbol{A}$ 是 $m\times n$ 矩阵,λ、μ 为常数):

$(\lambda\mu)\boldsymbol{A}=\lambda(\mu\boldsymbol{A})$.

矩阵的加法

定义 3 设有两个 $m\times n$ 矩阵 $\boldsymbol{A}=(a_{ij})$,$\boldsymbol{B}=(b_{ij})$,那么矩阵 $\boldsymbol{A}$ 与 $\boldsymbol{B}$ 的和记作 $\boldsymbol{A}+\boldsymbol{B}$,规定为

$$\boldsymbol{A}+\boldsymbol{B}=(a_{ij}+b_{ij})_{m\times n}$$

即对应元素相加而成的同维矩阵.

矩阵加法满足下列运算规律(设 $\boldsymbol{A}$、$\boldsymbol{B}$、$\boldsymbol{C}$ 都是 $m\times n$ 矩阵,λ 为常数):

(1) $\boldsymbol{A}+\boldsymbol{B}=\boldsymbol{B}+\boldsymbol{A}$;

(2) $(\boldsymbol{A}+\boldsymbol{B})+\boldsymbol{C}=\boldsymbol{A}+(\boldsymbol{B}+\boldsymbol{C})$;

(3) $\lambda(\boldsymbol{A}+\boldsymbol{B})=\lambda\boldsymbol{A}+\lambda\boldsymbol{B}$;

(4) $(\lambda+\mu)\boldsymbol{A}=\lambda\boldsymbol{A}+\mu\boldsymbol{A}$.

由加法和数乘运算,可以定义**矩阵的减法**为

$$\boldsymbol{A}-\boldsymbol{B}=\boldsymbol{A}+(-1)\boldsymbol{B}=(a_{ij}-b_{ij})_{m\times n}$$

即对应元素相减而成的同维矩阵.

矩阵加法与数乘运算结合起来,统称为矩阵的线性运算.

例 1 设矩阵 $\boldsymbol{A}=\begin{pmatrix}1&2&3\\4&5&6\end{pmatrix}$,矩阵 $\boldsymbol{B}=\begin{pmatrix}2&0&-1\\3&1&2\end{pmatrix}$,试求 $2\boldsymbol{A}-3\boldsymbol{B}$.

解

$$2\boldsymbol{A}=\begin{pmatrix}2\times1&2\times2&2\times3\\2\times4&2\times5&2\times6\end{pmatrix}=\begin{pmatrix}2&4&6\\8&10&12\end{pmatrix}$$

$$3\boldsymbol{B}=\begin{pmatrix}3\times2&3\times0&3\times(-1)\\3\times3&3\times1&3\times2\end{pmatrix}=\begin{pmatrix}6&0&-3\\9&3&6\end{pmatrix}$$

$$2\boldsymbol{A}-3\boldsymbol{B}=\begin{pmatrix}2-6&4-0&6-(-3)\\8-9&10-3&12-6\end{pmatrix}=\begin{pmatrix}-4&4&9\\-1&7&6\end{pmatrix}$$

练习 4　设 $\boldsymbol{A}=\begin{pmatrix}1&0\\0&1\end{pmatrix}$，$\boldsymbol{B}=\begin{pmatrix}1&3\\0&2\end{pmatrix}$，$\boldsymbol{C}=\begin{pmatrix}1&0&0\\0&1&0\end{pmatrix}$. 说明 $2\boldsymbol{A}$，$\boldsymbol{A}-\boldsymbol{B}$，$\boldsymbol{A}-\boldsymbol{C}$ 是否有意义？有意义的写出结果.

1.2.2　矩阵的乘法运算

从 1.1.3 节的例 1 中容易看出，$a_{21}b_{12}+a_{22}b_{22}+a_{23}b_{32}$ 即为集团公司向代理商乙所发送三种电脑的总重量，而 $a_{i1}b_{11}+a_{i2}b_{21}+a_{i3}b_{31}$ 即为集团公司向第 i 个代理商（$i=1,2$）所发送电脑的总价值．于是，可以得到向两个代理商所发送电脑的总价值与总重量矩阵：

$$\boldsymbol{C}=\begin{pmatrix}a_{11}b_{11}+a_{12}b_{21}+a_{13}b_{31} & a_{11}b_{12}+a_{12}b_{22}+a_{13}b_{32}\\ a_{21}b_{11}+a_{22}b_{21}+a_{23}b_{31} & a_{21}b_{12}+a_{22}b_{22}+a_{23}b_{32}\end{pmatrix}$$

考察完这个例子后，我们可以给出两矩阵相乘的定义.

定义 4　设 $\boldsymbol{A}=(a_{ij})$ 是一个 $m\times s$ 矩阵，$\boldsymbol{B}=(b_{ij})$ 是一个 $s\times n$ 矩阵，那么规定矩阵 $\boldsymbol{A}$ 与矩阵 $\boldsymbol{B}$ 的乘积是一个 $m\times n$ 矩阵 $\boldsymbol{C}=(c_{ij})$，记作 $\boldsymbol{C}=\boldsymbol{AB}$．其中

$$c_{ij}=a_{i1}b_{1j}+a_{i2}b_{2j}+\cdots+a_{is}b_{sj}=\sum_{k=1}^{s}a_{ik}b_{kj}$$
$$(i=1,2,\cdots,m;j=1,2,\cdots,n)$$

由定义可知，一个 $1\times s$ 行矩阵与一个 $s\times 1$ 列矩阵的乘积是一个一阶方阵，也就是一个数，即

$$(a_{i1},a_{i2},\cdots,a_{is})\begin{pmatrix}b_{1j}\\b_{2j}\\\vdots\\b_{sj}\end{pmatrix}=a_{i1}b_{1j}+a_{i2}b_{2j}+\cdots+a_{is}b_{sj}=\sum_{k=1}^{s}a_{ik}b_{kj}=c_{ij}$$

由此表明，乘积矩阵 $\boldsymbol{C}$ 的 (i,j) 元 c_{ij} 就是 $\boldsymbol{A}$ 的第 i 行与 $\boldsymbol{B}$ 的第 j 列的乘积（即对应位置元素乘积之和）.

必须注意，矩阵可以相乘的条件为第一个矩阵的列数等于第二个矩阵的行数.

例 2　设矩阵 $\boldsymbol{A}=\begin{pmatrix}4&0&-3\\-1&-2&3\end{pmatrix}$，矩阵 $\boldsymbol{B}=\begin{pmatrix}2\\-1\\3\end{pmatrix}$，求 $\boldsymbol{AB}$ 与 $\boldsymbol{BA}$.

解　因为 $\boldsymbol{A}$ 是 2×3 矩阵，$\boldsymbol{B}$ 是 3×1 矩阵，所以 $\boldsymbol{A}$ 与 $\boldsymbol{B}$ 可以相乘，其乘积 $\boldsymbol{AB}$ 是一个 2×1 矩阵，即

$$\boldsymbol{AB}=\begin{pmatrix}4&0&-3\\-1&-2&3\end{pmatrix}\begin{pmatrix}2\\-1\\3\end{pmatrix}=\begin{pmatrix}4\times 2+0\times(-1)+(-3)\times 3\\(-1)\times 2+(-2)\times(-1)+3\times 3\end{pmatrix}=\begin{pmatrix}-1\\9\end{pmatrix}$$

因为 $\boldsymbol{B}$ 的列数不等于 $\boldsymbol{A}$ 的行数，所以 $\boldsymbol{BA}$ 没有意义.

例 3　设矩阵 $\boldsymbol{A}=\begin{pmatrix}2&0\\1&0\\0&1\end{pmatrix}$，矩阵 $\boldsymbol{B}=\begin{pmatrix}0&1&0\\1&0&0\end{pmatrix}$，求 $\boldsymbol{AB}$ 与 $\boldsymbol{BA}$.

解　由乘法定义可知

$$\boldsymbol{AB}=\begin{pmatrix}2&0\\1&0\\0&1\end{pmatrix}\begin{pmatrix}0&1&0\\1&0&0\end{pmatrix}=\begin{pmatrix}0&2&0\\0&1&0\\1&0&0\end{pmatrix}$$

$$\boldsymbol{BA}=\begin{pmatrix}0&1&0\\1&0&0\end{pmatrix}\begin{pmatrix}2&0\\1&0\\0&1\end{pmatrix}=\begin{pmatrix}1&0\\2&0\end{pmatrix}$$

例 4 求矩阵 $\boldsymbol{A}=\begin{pmatrix}1&1\\-1&-1\end{pmatrix}$ 与 $\boldsymbol{B}=\begin{pmatrix}1&-1\\-1&1\end{pmatrix}$ 的乘积 $\boldsymbol{AB}$ 与 $\boldsymbol{BA}$.

解 由乘法定义可知

$$\boldsymbol{AB}=\begin{pmatrix}1&1\\-1&-1\end{pmatrix}\begin{pmatrix}1&-1\\-1&1\end{pmatrix}=\begin{pmatrix}0&0\\0&0\end{pmatrix}$$

$$\boldsymbol{BA}=\begin{pmatrix}1&-1\\-1&1\end{pmatrix}\begin{pmatrix}1&1\\-1&-1\end{pmatrix}=\begin{pmatrix}2&2\\-2&-2\end{pmatrix}$$

例 2 中,$\boldsymbol{AB}$ 有意义而 $\boldsymbol{BA}$ 没意义;例 3 中,$\boldsymbol{AB}$、$\boldsymbol{BA}$ 都有意义而不同阶;例 4 中,$\boldsymbol{AB}$、$\boldsymbol{BA}$ 都有意义且同阶,但不相等. 总之,矩阵乘法不满足交换律,即在一般情况下,$\boldsymbol{AB}\neq\boldsymbol{BA}$. 所以我们称 $\boldsymbol{AB}$ 为 $\boldsymbol{A}$ 左乘 $\boldsymbol{B}$,而称 $\boldsymbol{BA}$ 为 $\boldsymbol{A}$ 右乘 $\boldsymbol{B}$. 若 $\boldsymbol{AB}=\boldsymbol{BA}$,则称**矩阵 $\boldsymbol{A}$、$\boldsymbol{B}$ 可交换**.

例 4 还表明,矩阵 $\boldsymbol{A}\neq\boldsymbol{O}$,$\boldsymbol{B}\neq\boldsymbol{O}$,但却有 $\boldsymbol{AB}=\boldsymbol{O}$,即说明矩阵乘法不满足消去律,即在一般情况下,由 $\boldsymbol{AB}=\boldsymbol{O}$ 不能得出 $\boldsymbol{A}=\boldsymbol{O}$ 或 $\boldsymbol{B}=\boldsymbol{O}$ 的结论;同理,若 $\boldsymbol{A}\neq\boldsymbol{O}$ 而 $\boldsymbol{AB}=\boldsymbol{AC}$,也不能得出 $\boldsymbol{B}=\boldsymbol{C}$ 的结论.

矩阵乘法满足下列的运算规律(假设运算都是可行的):

(1) $(\boldsymbol{AB})\boldsymbol{C}=\boldsymbol{A}(\boldsymbol{BC})$;

(2) $\lambda(\boldsymbol{AB})=(\lambda\boldsymbol{A})\boldsymbol{B}=\boldsymbol{A}(\lambda\boldsymbol{B})$(其中 λ 为常数);

(3) $\boldsymbol{A}(\boldsymbol{B}+\boldsymbol{C})=\boldsymbol{AB}+\boldsymbol{AC}$, $(\boldsymbol{B}+\boldsymbol{C})\boldsymbol{A}=\boldsymbol{BA}+\boldsymbol{CA}$;

(4) $\boldsymbol{I}_m\boldsymbol{A}_{m\times n}=\boldsymbol{A}_{m\times n}=\boldsymbol{A}_{m\times n}\boldsymbol{I}_n$.

这里仅对 $\boldsymbol{A}(\boldsymbol{B}+\boldsymbol{C})=\boldsymbol{AB}+\boldsymbol{AC}$ 给出证明.

设 $\boldsymbol{A}_{m\times s}=(a_{ij})$,$\boldsymbol{B}_{s\times n}=(b_{ij})$,$\boldsymbol{C}_{s\times n}=(c_{ij})$,则可设 $\boldsymbol{A}(\boldsymbol{B}+\boldsymbol{C})=\boldsymbol{M}=(m_{ij})_{m\times n}$,以及 $\boldsymbol{AB}+\boldsymbol{AC}=\boldsymbol{N}=(n_{ij})_{m\times n}$. 则按矩阵乘法的定义,恰有

$$m_{ij}=\sum_{k=1}^{s}a_{ik}(b_{kj}+c_{kj})=\sum_{k=1}^{s}a_{ik}b_{kj}+\sum_{k=1}^{s}a_{ik}c_{kj}=n_{ij}$$

故 $\boldsymbol{A}(\boldsymbol{B}+\boldsymbol{C})=\boldsymbol{AB}+\boldsymbol{AC}$.

例 5 试证明两个下三角矩阵的乘积仍为下三角矩阵.

证 设 $\boldsymbol{A}=(a_{ij})$,$\boldsymbol{B}=(b_{ij})$是两个 n 阶下三角矩阵,即满足 $i<j$ 时,$a_{ij}=b_{ij}=0$. 设 $\boldsymbol{C}=\boldsymbol{AB}=(c_{ij})$,则

$$c_{ij}=\sum_{k=1}^{n}a_{ik}b_{kj}=\sum_{k=1}^{j-1}a_{ik}b_{kj}+\sum_{k=j}^{n}a_{ik}b_{kj}$$

当 $i<j$ 时,右端第一个和式中的 $b_{kj}=0$,第二个和式中的 $a_{ik}=0$,从而 $c_{ij}=0$,由此得证 $\boldsymbol{C}=\boldsymbol{AB}$ 为下三角矩阵.

有了矩阵的乘法,就可以定义矩阵的**幂**. 设 $\boldsymbol{A}$ 是 n 阶方阵,k 为正整数,定义 $\boldsymbol{A}^k$ 为 k 个 $\boldsymbol{A}$ 连乘,即

$$\boldsymbol{A}^k=\underbrace{\boldsymbol{AA}\cdots\boldsymbol{A}}_{k\text{个}}$$

矩阵的幂运算满足以下运算规律($\boldsymbol{A}$ 为方阵,k、l 为正整数):

(1) $\boldsymbol{A}^k\boldsymbol{A}^l=\boldsymbol{A}^{k+l}$; (2) $(\boldsymbol{A}^k)^l=\boldsymbol{A}^{kl}$.

注 由于矩阵乘法不满足交换律,故对于两个 n 阶矩阵 $\boldsymbol{A}$ 与 $\boldsymbol{B}$,一般而言,不成立 $(\boldsymbol{AB})^k=\boldsymbol{A}^k\boldsymbol{B}^k$.

例 6 试证当 n 为正整数时,

$$\begin{pmatrix}\cos\theta & -\sin\theta\\ \sin\theta & \cos\theta\end{pmatrix}^n=\begin{pmatrix}\cos n\theta & -\sin n\theta\\ \sin n\theta & \cos n\theta\end{pmatrix}$$

证 对 n 进行数学归纳法. 当 $n=1$ 时,等式显然成立. 设 $n=k$ 时成立

$$\begin{pmatrix}\cos\theta & -\sin\theta\\ \sin\theta & \cos\theta\end{pmatrix}^k=\begin{pmatrix}\cos k\theta & -\sin k\theta\\ \sin k\theta & \cos k\theta\end{pmatrix}$$

对于 $n=k+1$,有

$$\begin{aligned}\begin{pmatrix}\cos\theta & -\sin\theta\\ \sin\theta & \cos\theta\end{pmatrix}^{k+1}&=\begin{pmatrix}\cos\theta & -\sin\theta\\ \sin\theta & \cos\theta\end{pmatrix}^k\begin{pmatrix}\cos\theta & -\sin\theta\\ \sin\theta & \cos\theta\end{pmatrix}\\&=\begin{pmatrix}\cos k\theta & -\sin k\theta\\ \sin k\theta & \cos k\theta\end{pmatrix}\begin{pmatrix}\cos\theta & -\sin\theta\\ \sin\theta & \cos\theta\end{pmatrix}\\&=\begin{pmatrix}\cos k\theta\cos\theta-\sin k\theta\sin\theta & -\cos k\theta\sin\theta-\sin k\theta\cos\theta\\ \sin k\theta\cos\theta+\cos k\theta\sin\theta & -\sin k\theta\sin\theta+\cos k\theta\cos\theta\end{pmatrix}\\&=\begin{pmatrix}\cos(k+1)\theta & -\sin(k+1)\theta\\ \sin(k+1)\theta & \cos(k+1)\theta\end{pmatrix}\end{aligned}$$

结论得证.

事实上,平面直角坐标系中

$$\begin{pmatrix}x'\\ y'\end{pmatrix}=\begin{pmatrix}\cos\theta & -\sin\theta\\ \sin\theta & \cos\theta\end{pmatrix}\begin{pmatrix}x\\ y\end{pmatrix}$$

是个将坐标点(x,y)逆时针旋转 θ 角得到新坐标点(x',y')的旋转变换. 由此可知例 6 所证等式的左边为连续旋转 n 次 θ 角,等式右边为一次旋转 $n\theta$ 角,显然结果是一样的.

练习 5 设 $\boldsymbol{A}$,$\boldsymbol{B}$ 为两个同阶方阵,试问什么条件下以下等式成立?

$(\boldsymbol{A}+\boldsymbol{B})^2=\boldsymbol{A}^2+2\boldsymbol{AB}+\boldsymbol{B}^2$,$(\boldsymbol{A}-\boldsymbol{B})(\boldsymbol{A}+\boldsymbol{B})=\boldsymbol{A}^2-\boldsymbol{B}^2$,$(\boldsymbol{AB})^2=\boldsymbol{A}^2\boldsymbol{B}^2$.

1.2.3 矩阵的转置

定义 5 将矩阵 $\boldsymbol{A}$ 的行换成同序数的列而得到的一个新矩阵,称为 $\boldsymbol{A}$ 的转置矩阵,记作 $\boldsymbol{A}^{\mathrm{T}}$ 或 $\boldsymbol{A}'$. 即若

$$\boldsymbol{A}=\begin{pmatrix}a_{11} & a_{12} & \cdots & a_{1n}\\ a_{21} & a_{22} & \cdots & a_{2n}\\ \vdots & \vdots & & \vdots\\ a_{m1} & a_{m2} & \cdots & a_{mn}\end{pmatrix},\text{则 }\boldsymbol{A}^{\mathrm{T}}=\begin{pmatrix}a_{11} & a_{21} & \cdots & a_{m1}\\ a_{12} & a_{22} & \cdots & a_{m2}\\ \vdots & \vdots & & \vdots\\ a_{1n} & a_{2n} & \cdots & a_{mn}\end{pmatrix}$$

矩阵的转置满足下述运算规律(假设运算都是可行的):

(1) $(\boldsymbol{A}^{\mathrm{T}})^{\mathrm{T}}=\boldsymbol{A}$;

(2) $(\boldsymbol{A}+\boldsymbol{B})^{\mathrm{T}}=\boldsymbol{A}^{\mathrm{T}}+\boldsymbol{B}^{\mathrm{T}}$;

(3) $(\lambda\boldsymbol{A})^{\mathrm{T}}=\lambda\boldsymbol{A}^{\mathrm{T}}$,$\lambda$ 是一个实数;

(4) $(\boldsymbol{AB})^{\mathrm{T}}=\boldsymbol{B}^{\mathrm{T}}\boldsymbol{A}^{\mathrm{T}}$.

我们仅对(4)给出证明.

设$\boldsymbol{A}=(a_{ij})_{m\times s}$,$\boldsymbol{B}=(b_{ij})_{s\times n}$,这时$(\boldsymbol{AB})^{\mathrm{T}}$与$\boldsymbol{B}^{\mathrm{T}}\boldsymbol{A}^{\mathrm{T}}$都为$n\times m$矩阵,且$(\boldsymbol{AB})^{\mathrm{T}}$的$(i,j)$元素为$\boldsymbol{AB}$的$(j,i)$元素,等于$\boldsymbol{A}$的第$j$行乘$\boldsymbol{B}$的第$i$列,等于$\boldsymbol{B}^{\mathrm{T}}$的第$i$行乘$\boldsymbol{A}^{\mathrm{T}}$的第$j$列,即为$\boldsymbol{B}^{\mathrm{T}}\boldsymbol{A}^{\mathrm{T}}$的$(i,j)$元素,故

$$(\boldsymbol{AB})^{\mathrm{T}}=\boldsymbol{B}^{\mathrm{T}}\boldsymbol{A}^{\mathrm{T}}.$$

推广

$$(\boldsymbol{ABC})^{\mathrm{T}}=\boldsymbol{C}^{\mathrm{T}}\boldsymbol{B}^{\mathrm{T}}\boldsymbol{A}^{\mathrm{T}}.$$

例 7 设$\boldsymbol{A}=\begin{pmatrix}1&0\\-1&2\\2&3\end{pmatrix}$,$\boldsymbol{B}=\begin{pmatrix}1&-1\\4&7\end{pmatrix}$,求$(\boldsymbol{AB})^{\mathrm{T}}$.

解法 1 因为$\boldsymbol{AB}=\begin{pmatrix}1&0\\-1&2\\2&3\end{pmatrix}\begin{pmatrix}1&-1\\4&7\end{pmatrix}=\begin{pmatrix}1&-1\\7&15\\14&19\end{pmatrix}$,所以

$$(\boldsymbol{AB})^{\mathrm{T}}=\begin{pmatrix}1&7&14\\-1&15&19\end{pmatrix}$$

解法 2

$$(\boldsymbol{AB})^{\mathrm{T}}=\boldsymbol{B}^{\mathrm{T}}\boldsymbol{A}^{\mathrm{T}}=\begin{pmatrix}1&4\\-1&7\end{pmatrix}\begin{pmatrix}1&-1&2\\0&2&3\end{pmatrix}=\begin{pmatrix}1&7&14\\-1&15&19\end{pmatrix}$$

由矩阵转置的概念可以得到以下两个特殊矩阵.

如果$\boldsymbol{A}^{\mathrm{T}}=\boldsymbol{A}$,即$a_{ij}=a_{ji}(i,j=1,2,\cdots,n)$时,称$\boldsymbol{A}$为**对称矩阵**.

如果$\boldsymbol{A}^{\mathrm{T}}=-\boldsymbol{A}$,即$a_{ij}=-a_{ji}(i,j=1,2,\cdots,n)$时,称$\boldsymbol{A}$为**反对称矩阵**. 显然反对称矩阵的主对角元均为零,即$a_{ii}=0(i=1,2,\cdots,n)$.

注 $\boldsymbol{A}=\begin{pmatrix}1&1\\2&2\end{pmatrix}$既非对称阵,也非反对称阵.

例 8 试证明任一方阵均可以表示成一个对称矩阵与一个反对称矩阵的和的形式.

证 设$\boldsymbol{A}$为任一n阶矩阵,$\boldsymbol{B}$为n阶对称矩阵,$\boldsymbol{C}$为n阶反对称矩阵,若命题成立,则有

$$\boldsymbol{A}=\boldsymbol{B}+\boldsymbol{C} \quad ①$$

对上式两边取转置,得$\boldsymbol{A}^{\mathrm{T}}=\boldsymbol{B}^{\mathrm{T}}+\boldsymbol{C}^{\mathrm{T}}$,由对称矩阵及反对称矩阵的定义,有

$$\boldsymbol{A}^{\mathrm{T}}=\boldsymbol{B}-\boldsymbol{C} \quad ②$$

于是,由式①、式②,即可解得

$$\boldsymbol{B}=\frac{1}{2}(\boldsymbol{A}+\boldsymbol{A}^{\mathrm{T}}),\boldsymbol{C}=\frac{1}{2}(\boldsymbol{A}-\boldsymbol{A}^{\mathrm{T}})$$

显然,解得的$\boldsymbol{B}$、$\boldsymbol{C}$符合题意,即有

$$\boldsymbol{A}=\frac{1}{2}(\boldsymbol{A}+\boldsymbol{A}^{\mathrm{T}})+\frac{1}{2}(\boldsymbol{A}-\boldsymbol{A}^{\mathrm{T}})$$

例 9 设矩阵 $\boldsymbol{A}=\boldsymbol{I}-2\dfrac{\boldsymbol{\alpha}\boldsymbol{\alpha}^{\mathrm{T}}}{\boldsymbol{\alpha}^{\mathrm{T}}\boldsymbol{\alpha}}$,其中 $\boldsymbol{I}$ 为 n 阶单位阵,$\boldsymbol{\alpha}$ 为 n 维列向量,试证 $\boldsymbol{A}$ 为对称阵且 $\boldsymbol{A}^2=\boldsymbol{I}$.

证 由转置性质(2)(3)(4)(1)可得

$$\boldsymbol{A}^{\mathrm{T}}=\left(\boldsymbol{I}-2\frac{\boldsymbol{\alpha}\boldsymbol{\alpha}^{\mathrm{T}}}{\boldsymbol{\alpha}^{\mathrm{T}}\boldsymbol{\alpha}}\right)^{\mathrm{T}}=\boldsymbol{I}^{\mathrm{T}}-\left(2\frac{\boldsymbol{\alpha}\boldsymbol{\alpha}^{\mathrm{T}}}{\boldsymbol{\alpha}^{\mathrm{T}}\boldsymbol{\alpha}}\right)^{\mathrm{T}}=\boldsymbol{I}-\frac{2}{\boldsymbol{\alpha}^{\mathrm{T}}\boldsymbol{\alpha}}(\boldsymbol{\alpha}\boldsymbol{\alpha}^{\mathrm{T}})^{\mathrm{T}}$$

$$=\boldsymbol{I}-\frac{2}{\boldsymbol{\alpha}^{\mathrm{T}}\boldsymbol{\alpha}}(\boldsymbol{\alpha}^{\mathrm{T}})^{\mathrm{T}}\boldsymbol{\alpha}^{\mathrm{T}}=\boldsymbol{I}-\frac{2}{\boldsymbol{\alpha}^{\mathrm{T}}\boldsymbol{\alpha}}\boldsymbol{\alpha}\boldsymbol{\alpha}^{\mathrm{T}}=\boldsymbol{A}$$

所以 $\boldsymbol{A}$ 为对称矩阵. 而

$$\boldsymbol{A}^2=\left(\boldsymbol{I}-2\frac{\boldsymbol{\alpha}\boldsymbol{\alpha}^{\mathrm{T}}}{\boldsymbol{\alpha}^{\mathrm{T}}\boldsymbol{\alpha}}\right)^2=\boldsymbol{I}^2-2\cdot\frac{2}{\boldsymbol{\alpha}^{\mathrm{T}}\boldsymbol{\alpha}}\boldsymbol{\alpha}\boldsymbol{\alpha}^{\mathrm{T}}+\left(\frac{2}{\boldsymbol{\alpha}^{\mathrm{T}}\boldsymbol{\alpha}}\right)^2\boldsymbol{\alpha}\boldsymbol{\alpha}^{\mathrm{T}}\boldsymbol{\alpha}\boldsymbol{\alpha}^{\mathrm{T}}$$

$$=\boldsymbol{I}-\frac{4}{\boldsymbol{\alpha}^{\mathrm{T}}\boldsymbol{\alpha}}\boldsymbol{\alpha}\boldsymbol{\alpha}^{\mathrm{T}}+\frac{4}{(\boldsymbol{\alpha}^{\mathrm{T}}\boldsymbol{\alpha})^2}\boldsymbol{\alpha}(\boldsymbol{\alpha}^{\mathrm{T}}\boldsymbol{\alpha})\boldsymbol{\alpha}^{\mathrm{T}}=I-\frac{4}{\boldsymbol{\alpha}^{\mathrm{T}}\boldsymbol{\alpha}}\boldsymbol{\alpha}\boldsymbol{\alpha}^{\mathrm{T}}+\frac{4}{\boldsymbol{\alpha}^{\mathrm{T}}\boldsymbol{\alpha}}\boldsymbol{\alpha}\boldsymbol{\alpha}^{\mathrm{T}}$$

$$=\boldsymbol{I}$$

注 $\boldsymbol{\alpha}^{\mathrm{T}}\boldsymbol{\alpha}$ 为一个数.

练习 6 试将矩阵 $\boldsymbol{A}=\begin{pmatrix}1&2\\3&4\end{pmatrix}$ 表示成一个对称矩阵 $\boldsymbol{B}$ 加一个反对称矩阵 $\boldsymbol{C}$.

1.3 逆 矩 阵

1.3.1 逆矩阵的概念

设给定一个从 $x_1,x_2,\cdots,x_n$ 到 $y_1,y_2,\cdots,y_n$ 的**线性变换**

$$\begin{cases}y_1=a_{11}x_1+a_{12}x_2+\cdots+a_{1n}x_n,\\y_2=a_{21}x_1+a_{22}x_2+\cdots+a_{2n}x_n,\\\quad\cdots\cdots\\y_n=a_{n1}x_1+a_{n2}x_2+\cdots+a_{nn}x_n\end{cases}\tag{1.3-1}$$

并简写成

$$\boldsymbol{y}=\boldsymbol{A}\boldsymbol{x}$$

其中

$$\boldsymbol{y}=\begin{pmatrix}y_1\\y_2\\\vdots\\y_n\end{pmatrix},\quad\boldsymbol{A}=\begin{pmatrix}a_{11}&a_{12}&\cdots&a_{1n}\\a_{21}&a_{22}&\cdots&a_{2n}\\\vdots&\vdots&\ddots&\vdots\\a_{n1}&a_{n2}&\cdots&a_{nn}\end{pmatrix},\quad\boldsymbol{x}=\begin{pmatrix}x_1\\x_2\\\vdots\\x_n\end{pmatrix}$$

如果能从式(1.3-1)中解出

$$\begin{cases}x_1=b_{11}y_1+b_{12}y_2+\cdots+b_{1n}y_n,\\x_2=b_{21}y_1+b_{22}y_2+\cdots+b_{2n}y_n,\\\quad\cdots\cdots\\x_n=b_{n1}y_1+b_{n2}y_2+\cdots+b_{nn}y_n\end{cases}\tag{1.3-2}$$

那么,可以得到一个从 $y_1,y_2,\cdots,y_n$ 到 $x_1,x_2,\cdots,x_n$ 的线性变换,称此线性变换(1.3-2)为线性变换(1.3-1)的**逆线性变换**,简记为

$$\boldsymbol{x}=\boldsymbol{B}\boldsymbol{y}$$

这时,$\boldsymbol{y}=\boldsymbol{A}\boldsymbol{x}=\boldsymbol{A}(\boldsymbol{B}\boldsymbol{y})=\boldsymbol{A}\boldsymbol{B}\boldsymbol{y}$,故 $\boldsymbol{AB}$ 为**恒等变换**,即 $\boldsymbol{AB}=\boldsymbol{I}$,$\boldsymbol{I}$ 为 n 阶单位阵. 又

$$\boldsymbol{x}=\boldsymbol{B}\boldsymbol{y}=\boldsymbol{B}(\boldsymbol{A}\boldsymbol{x})=\boldsymbol{BA}\boldsymbol{x}$$

故 $\boldsymbol{BA}$ 也是恒等变换,即 $\boldsymbol{BA}=\boldsymbol{I}$,由此可给出逆矩阵的定义.

定义 1 对给定矩阵 $\boldsymbol{A}$,若存在一个矩阵 $\boldsymbol{B}$,满足 $\boldsymbol{AB}=\boldsymbol{BA}=\boldsymbol{I}$,则称矩阵 $\boldsymbol{A}$ **可逆**,并称矩阵 $\boldsymbol{B}$ 为 $\boldsymbol{A}$ 的**逆矩阵**,记作 $\boldsymbol{A}^{-1}=\boldsymbol{B}$.

显然,如果 $\boldsymbol{A}$ 的逆矩阵为 $\boldsymbol{B}$,即 $\boldsymbol{A}^{-1}=\boldsymbol{B}$,则 $\boldsymbol{B}$ 的逆矩阵为 $\boldsymbol{A}$,即 $\boldsymbol{B}^{-1}=\boldsymbol{A}$. 容易验证矩阵 $\boldsymbol{A}=\begin{pmatrix}1&0&0\\0&2&0\\0&0&-3\end{pmatrix}$ 是可逆的,且 $\boldsymbol{A}^{-1}=\begin{pmatrix}1&0&0\\0&\frac{1}{2}&0\\0&0&-\frac{1}{3}\end{pmatrix}$.

称不存在逆矩阵的方阵为不可逆矩阵.

1.3.2 逆矩阵的性质

性质 1 如果矩阵 $\boldsymbol{A}$ 可逆,则 $\boldsymbol{A}$ 的逆矩阵唯一.

证 设 $\boldsymbol{B}$、$\boldsymbol{C}$ 都是 $\boldsymbol{A}$ 的逆矩阵,即有 $\boldsymbol{AB}=\boldsymbol{BA}=\boldsymbol{I}$ 和 $\boldsymbol{AC}=\boldsymbol{CA}=\boldsymbol{I}$,则有

$$\boldsymbol{B}=\boldsymbol{BI}=\boldsymbol{B}(\boldsymbol{AC})=(\boldsymbol{BA})\boldsymbol{C}=\boldsymbol{IC}=\boldsymbol{C}$$

故 $\boldsymbol{A}$ 的逆矩阵是唯一的.

性质 2 如果矩阵 $\boldsymbol{A}$ 可逆,且 $\boldsymbol{AB}=\boldsymbol{I}$,则必有 $\boldsymbol{BA}=\boldsymbol{I}$.

证 由于 $\boldsymbol{A}$ 可逆,即满足 $\boldsymbol{AA}^{-1}=\boldsymbol{A}^{-1}\boldsymbol{A}=\boldsymbol{I}$. 又 $\boldsymbol{AB}=\boldsymbol{I}$,于是有

$$\boldsymbol{BA}=\boldsymbol{I}(\boldsymbol{BA})=(\boldsymbol{A}^{-1}\boldsymbol{A})(\boldsymbol{BA})=\boldsymbol{A}^{-1}(\boldsymbol{AB})\boldsymbol{A}=\boldsymbol{A}^{-1}\boldsymbol{IA}=\boldsymbol{A}^{-1}\boldsymbol{A}=\boldsymbol{I}$$

事实上,当 $\boldsymbol{A}$、$\boldsymbol{B}$ 均为 n 阶方阵时,只要满足 $\boldsymbol{AB}=\boldsymbol{I}$,以后即可推出 $\boldsymbol{A}$ 可逆,进而得到 $\boldsymbol{BA}=\boldsymbol{I}$.

性质 3 若 $\boldsymbol{A}$ 可逆,则 $\boldsymbol{A}^{-1}$ 也可逆,且 $(\boldsymbol{A}^{-1})^{-1}=\boldsymbol{A}$.

性质 4 若 $\boldsymbol{A}$ 可逆,数 $\lambda\neq0$,则 $\lambda\boldsymbol{A}$ 可逆,且 $(\lambda\boldsymbol{A})^{-1}=\frac{1}{\lambda}\boldsymbol{A}^{-1}$.

以上两条性质,可直接用定义验证,留给读者自行完成.

性质 5 若 $\boldsymbol{A}$、$\boldsymbol{B}$ 为同阶可逆矩阵,则 $\boldsymbol{AB}$ 也可逆,且 $(\boldsymbol{AB})^{-1}=\boldsymbol{B}^{-1}\boldsymbol{A}^{-1}$.

证 因为 $\boldsymbol{A}$、$\boldsymbol{B}$ 可逆,所以 $\boldsymbol{A}^{-1}$、$\boldsymbol{B}^{-1}$ 存在,且有

$$(\boldsymbol{AB})(\boldsymbol{B}^{-1}\boldsymbol{A}^{-1})=\boldsymbol{A}(\boldsymbol{BB}^{-1})\boldsymbol{A}^{-1}=\boldsymbol{AIA}^{-1}=\boldsymbol{AA}^{-1}=\boldsymbol{I}$$

以及

$$(\boldsymbol{B}^{-1}\boldsymbol{A}^{-1})(\boldsymbol{AB})=\boldsymbol{B}(\boldsymbol{A}^{-1}\boldsymbol{A})\boldsymbol{B}^{-1}=\boldsymbol{BIB}^{-1}=\boldsymbol{BB}^{-1}=\boldsymbol{I}$$

由定义 1 可知 $\boldsymbol{AB}$ 是可逆矩阵,且有 $(\boldsymbol{AB})^{-1}=\boldsymbol{B}^{-1}\boldsymbol{A}^{-1}$.

性质 5 可以推广到 n 个可逆矩阵的乘积情况,即若已知 $\boldsymbol{A}_1,\boldsymbol{A}_2,\cdots,\boldsymbol{A}_k$ 为同阶可逆矩阵,则

$$(\boldsymbol{A}_1\boldsymbol{A}_2\cdots\boldsymbol{A}_k)^{-1}=\boldsymbol{A}_k^{-1}\boldsymbol{A}_{k-1}^{-1}\cdots\boldsymbol{A}_1^{-1}$$

性质 6 若 $\boldsymbol{A}$ 可逆,则 $\boldsymbol{A}^{\mathrm{T}}$ 也可逆,且 $(\boldsymbol{A}^{\mathrm{T}})^{-1}=(\boldsymbol{A}^{-1})^{\mathrm{T}}$.

证　由矩阵乘积的转置性质,有

$$(\boldsymbol{A}^{\mathrm{T}})(\boldsymbol{A}^{-1})^{\mathrm{T}}=(\boldsymbol{A}^{-1}\boldsymbol{A})^{\mathrm{T}}=\boldsymbol{I}^{\mathrm{T}}=\boldsymbol{I}=(\boldsymbol{A}\boldsymbol{A}^{-1})^{\mathrm{T}}=(\boldsymbol{A}^{-1})^{\mathrm{T}}(\boldsymbol{A}^{\mathrm{T}})$$

故由可逆矩阵的定义,得$(\boldsymbol{A}^{\mathrm{T}})^{-1}=(\boldsymbol{A}^{-1})^{\mathrm{T}}$.

例 1　设方阵 $\boldsymbol{A}$ 满足$\boldsymbol{A}^2+\boldsymbol{A}-2\boldsymbol{I}=\boldsymbol{O}$,试证 $\boldsymbol{A}$ 可逆,并求 $\boldsymbol{A}^{-1}$.

解　因为$\boldsymbol{A}^2+\boldsymbol{A}-2\boldsymbol{I}=\boldsymbol{O}$,即$\boldsymbol{A}(\boldsymbol{A}+\boldsymbol{I})=2\boldsymbol{I}$,同时$(\boldsymbol{A}+\boldsymbol{I})\boldsymbol{A}=2\boldsymbol{I}$,即

$$\boldsymbol{A}\left(\frac{\boldsymbol{A}+\boldsymbol{I}}{2}\right)=\left(\frac{\boldsymbol{A}+\boldsymbol{I}}{2}\right)\boldsymbol{A}=\boldsymbol{I}$$

所以$\boldsymbol{A}^{-1}=\dfrac{\boldsymbol{A}+\boldsymbol{I}}{2}$.

例 2　已知 $\boldsymbol{A}$、$\boldsymbol{B}$ 及 $\boldsymbol{A}+\boldsymbol{B}$ 均为可逆矩阵,试证明 $\boldsymbol{A}^{-1}+\boldsymbol{B}^{-1}$ 也是可逆矩阵,并求出其逆矩阵.

解　由逆矩阵的定义、矩阵乘法的分配律及矩阵加法的交换律,可得

$$\boldsymbol{A}^{-1}+\boldsymbol{B}^{-1}=\boldsymbol{A}^{-1}\boldsymbol{I}+\boldsymbol{I}\boldsymbol{B}^{-1}=\boldsymbol{A}^{-1}\boldsymbol{B}\boldsymbol{B}^{-1}+\boldsymbol{A}^{-1}\boldsymbol{A}\boldsymbol{B}^{-1}=\boldsymbol{A}^{-1}(\boldsymbol{B}+\boldsymbol{A})\boldsymbol{B}^{-1}=\boldsymbol{A}^{-1}(\boldsymbol{A}+\boldsymbol{B})\boldsymbol{B}^{-1}$$

由性质 5 的推广,知 $\boldsymbol{A}^{-1}+\boldsymbol{B}^{-1}$ 为可逆矩阵,且有

$$(\boldsymbol{A}^{-1}+\boldsymbol{B}^{-1})^{-1}=\boldsymbol{B}(\boldsymbol{A}+\boldsymbol{B})^{-1}\boldsymbol{A}$$

注　本例中又可由 $\boldsymbol{A}^{-1}+\boldsymbol{B}^{-1}=\boldsymbol{B}^{-1}+\boldsymbol{A}^{-1}=\boldsymbol{B}^{-1}\boldsymbol{I}+\boldsymbol{I}\boldsymbol{A}^{-1}=\boldsymbol{B}^{-1}(\boldsymbol{A}+\boldsymbol{B})\boldsymbol{A}^{-1}$,得到

$$(\boldsymbol{A}^{-1}+\boldsymbol{B}^{-1})^{-1}=\boldsymbol{A}(\boldsymbol{A}+\boldsymbol{B})^{-1}\boldsymbol{B}$$

这也是正确的,但这并不说明矩阵乘法有交换律,而是利用了加法的交换律. 称在表达式中适时地引入单位阵 $\boldsymbol{I}$,并将 $\boldsymbol{I}$ 表示成某可逆阵与其逆阵的乘积这一技巧为单位阵技巧.

练习 7　设$\boldsymbol{A}=\begin{pmatrix}\frac{1}{2} & -\frac{1}{2} & -\frac{1}{2} & -\frac{1}{2}\\ -\frac{1}{2} & \frac{1}{2} & -\frac{1}{2} & -\frac{1}{2}\\ -\frac{1}{2} & -\frac{1}{2} & \frac{1}{2} & -\frac{1}{2}\\ -\frac{1}{2} & -\frac{1}{2} & -\frac{1}{2} & \frac{1}{2}\end{pmatrix}$,求 $\boldsymbol{A}^{-1}$ 及 $\boldsymbol{A}^n$.

1.4　矩阵的分块

1.4.1　分块矩阵及其运算

对于行数和列数较大的矩阵 $\boldsymbol{A}$,运算时常采用在 $\boldsymbol{A}$ 的行间作水平线,在列间作铅垂线把大矩阵划分成小矩阵的**分块法**,每个小矩阵称为矩阵 $\boldsymbol{A}$ 的**子块**,以子块为元素的矩阵称为**分块矩阵**.

例如将 4×3 矩阵

$$\boldsymbol{A}=\begin{pmatrix}6 & -4 & 0\\ 3 & 2 & 0\\ -1 & 0 & 2\\ 0 & 5 & -3\end{pmatrix}$$

分成子块的分法很多,比如:

$$\text{(i)}\left(\begin{array}{cc:c} 6 & -4 & 0 \\ 3 & 2 & 0 \\ \hdashline -1 & 0 & 2 \\ 0 & 5 & -3 \end{array}\right),\text{(ii)}\left(\begin{array}{c:c:c} 6 & -4 & 0 \\ 3 & 2 & 0 \\ -1 & 0 & 2 \\ 0 & 5 & -3 \end{array}\right),\text{(iii)}\left(\begin{array}{c:c:c} 6 & -4 & 0 \\ 3 & 2 & 0 \\ \hdashline -1 & 0 & 2 \\ 0 & 5 & -3 \end{array}\right)$$

分法(i)可记作 $\boldsymbol{A}=\begin{pmatrix}\boldsymbol{A}_{11} & \boldsymbol{A}_{12} \\ \boldsymbol{A}_{21} & \boldsymbol{A}_{22}\end{pmatrix}$,其中

$$\boldsymbol{A}_{11}=\begin{pmatrix}6 & -4 \\ 3 & 2\end{pmatrix},\boldsymbol{A}_{12}=\begin{pmatrix}0 \\ 0\end{pmatrix},\boldsymbol{A}_{21}=\begin{pmatrix}-1 & 0 \\ 0 & 5\end{pmatrix},\boldsymbol{A}_{22}=\begin{pmatrix}2 \\ -3\end{pmatrix}.$$

分块矩阵的运算规则与普通矩阵的运算规则类似,分别说明如下:

(1) 设 $\boldsymbol{A}=\begin{pmatrix}\boldsymbol{A}_{11} & \cdots & \boldsymbol{A}_{1r} \\ \vdots & & \vdots \\ \boldsymbol{A}_{s1} & \cdots & \boldsymbol{A}_{sr}\end{pmatrix}$,$\lambda$ 为常数,那么 $\lambda\boldsymbol{A}=\begin{pmatrix}\lambda\boldsymbol{A}_{11} & \cdots & \lambda\boldsymbol{A}_{1r} \\ \vdots & & \vdots \\ \lambda\boldsymbol{A}_{s1} & \cdots & \lambda\boldsymbol{A}_{sr}\end{pmatrix}$;

(2) 设矩阵 $\boldsymbol{A}$ 与 $\boldsymbol{B}$ 的行数相同、列数相同,采用相同的分块法,有

$$\boldsymbol{A}=\begin{pmatrix}\boldsymbol{A}_{11} & \cdots & \boldsymbol{A}_{1r} \\ \vdots & & \vdots \\ \boldsymbol{A}_{s1} & \cdots & \boldsymbol{A}_{sr}\end{pmatrix},\boldsymbol{B}=\begin{pmatrix}\boldsymbol{B}_{11} & \cdots & \boldsymbol{B}_{1r} \\ \vdots & & \vdots \\ \boldsymbol{B}_{s1} & \cdots & \boldsymbol{B}_{sr}\end{pmatrix}$$

其中 $\boldsymbol{A}_{ij}$ 与 $\boldsymbol{B}_{ij}$ 的行数、列数相同,那么

$$\boldsymbol{A}+\boldsymbol{B}=\begin{pmatrix}\boldsymbol{A}_{11}+\boldsymbol{B}_{11} & \cdots & \boldsymbol{A}_{1r}+\boldsymbol{B}_{1r} \\ \vdots & & \vdots \\ \boldsymbol{A}_{s1}+\boldsymbol{B}_{s1} & \cdots & \boldsymbol{A}_{sr}+\boldsymbol{B}_{sr}\end{pmatrix};$$

(3) 设 $\boldsymbol{A}$ 为 $m\times l$ 矩阵,$\boldsymbol{B}$ 为 $l\times n$ 矩阵,分块成

$$\boldsymbol{A}=\begin{pmatrix}\boldsymbol{A}_{11} & \cdots & \boldsymbol{A}_{1t} \\ \vdots & & \vdots \\ \boldsymbol{A}_{s1} & \cdots & \boldsymbol{A}_{st}\end{pmatrix},\boldsymbol{B}=\begin{pmatrix}\boldsymbol{B}_{11} & \cdots & \boldsymbol{B}_{1r} \\ \vdots & & \vdots \\ \boldsymbol{B}_{t1} & \cdots & \boldsymbol{B}_{tr}\end{pmatrix}$$

其中 $\boldsymbol{A}_{i1},\boldsymbol{A}_{i2},\cdots,\boldsymbol{A}_{it}$ 的列数分别等于 $\boldsymbol{B}_{1j},\boldsymbol{B}_{2j},\cdots,\boldsymbol{B}_{tj}$ 的行数,那么

$$\boldsymbol{AB}=\begin{pmatrix}\boldsymbol{C}_{11} & \cdots & \boldsymbol{C}_{1r} \\ \vdots & & \vdots \\ \boldsymbol{C}_{s1} & \cdots & \boldsymbol{C}_{sr}\end{pmatrix}$$

其中

$$\boldsymbol{C}_{ij}=\sum_{k=1}^{t}\boldsymbol{A}_{ik}\boldsymbol{B}_{kj}\quad(i=1,\cdots,s;j=1,\cdots,r);$$

(4) 设 $\boldsymbol{A}=\begin{pmatrix}\boldsymbol{A}_{11} & \cdots & \boldsymbol{A}_{1r} \\ \vdots & & \vdots \\ \boldsymbol{A}_{s1} & \cdots & \boldsymbol{A}_{sr}\end{pmatrix}$,则 $\boldsymbol{A}^{\mathrm{T}}=\begin{pmatrix}\boldsymbol{A}_{11}^{\mathrm{T}} & \cdots & \boldsymbol{A}_{s1}^{\mathrm{T}} \\ \vdots & & \vdots \\ \boldsymbol{A}_{1r}^{\mathrm{T}} & \cdots & \boldsymbol{A}_{sr}^{\mathrm{T}}\end{pmatrix}$.

例 1 设 $\boldsymbol{A}=\begin{pmatrix}1 & 0 & 0 & 0 \\ 0 & 1 & 0 & 0 \\ 1 & 1 & 1 & 0 \\ 2 & -1 & 0 & 1\end{pmatrix}$,$\boldsymbol{B}=\begin{pmatrix}1 & 0 \\ 0 & 1 \\ -1 & -1 \\ -2 & 1\end{pmatrix}$,求 $\boldsymbol{AB}$ 及 $\boldsymbol{A}^{\mathrm{T}}$.

解　令 $\boldsymbol{A}_1=\begin{pmatrix}1&1\\2&-1\end{pmatrix}$，$\boldsymbol{B}_1=\begin{pmatrix}-1&-1\\-2&1\end{pmatrix}$，利用分块法，$\boldsymbol{A}$、$\boldsymbol{B}$ 可写成

$$\boldsymbol{A}=\left(\begin{array}{cc:cc}1&0&0&0\\0&1&0&0\\ \hdashline 1&1&1&0\\2&-1&0&1\end{array}\right)=\begin{pmatrix}\boldsymbol{I}&\boldsymbol{O}\\\boldsymbol{A}_1&\boldsymbol{I}\end{pmatrix},\quad \boldsymbol{B}=\left(\begin{array}{cc}1&0\\0&1\\ \hdashline -1&-1\\-2&1\end{array}\right)=\begin{pmatrix}\boldsymbol{I}\\\boldsymbol{B}_1\end{pmatrix}$$

于是

$$\boldsymbol{AB}=\begin{pmatrix}\boldsymbol{I}&\boldsymbol{O}\\\boldsymbol{A}_1&\boldsymbol{I}\end{pmatrix}\begin{pmatrix}\boldsymbol{I}\\\boldsymbol{B}_1\end{pmatrix}=\begin{pmatrix}\boldsymbol{I}+\boldsymbol{OB}_1\\\boldsymbol{A}_1\boldsymbol{I}+\boldsymbol{IB}_1\end{pmatrix}=\begin{pmatrix}\boldsymbol{I}\\\boldsymbol{O}\end{pmatrix}=\begin{pmatrix}1&0\\0&1\\0&0\\0&0\end{pmatrix}$$

$$\boldsymbol{A}^{\mathrm{T}}=\begin{pmatrix}\boldsymbol{I}&\boldsymbol{O}\\\boldsymbol{A}_1&\boldsymbol{I}\end{pmatrix}^{\mathrm{T}}=\begin{pmatrix}\boldsymbol{I}^{\mathrm{T}}&\boldsymbol{A}_1^{\mathrm{T}}\\\boldsymbol{O}^{\mathrm{T}}&\boldsymbol{I}^{\mathrm{T}}\end{pmatrix}=\begin{pmatrix}1&0&1&2\\0&1&1&-1\\0&0&1&0\\0&0&0&1\end{pmatrix}$$

练习 8　已知 $\boldsymbol{A}$，$\boldsymbol{B}$ 为方阵，$\boldsymbol{C}=\begin{pmatrix}\boldsymbol{A}&\boldsymbol{O}\\\boldsymbol{O}&\boldsymbol{B}\end{pmatrix}$，计算 $\boldsymbol{C}^n$.

1.4.2　常用的分块形式及其应用

(1) 设 $\boldsymbol{A}$ 为 n 阶矩阵，若 $\boldsymbol{A}$ 的分块矩阵在主对角线以外均为零子块，且主对角线上的子块 $\boldsymbol{A}_i(i=1,2,\cdots,s)$ 都是方阵(阶数可以不等)，即

$$\boldsymbol{A}=\begin{pmatrix}\boldsymbol{A}_1&&&\\&\boldsymbol{A}_2&&\\&&\ddots&\\&&&\boldsymbol{A}_s\end{pmatrix}$$

那么称 $\boldsymbol{A}$ 为**分块对角矩阵.**

容易验证，若分块对角矩阵中的子块 $\boldsymbol{A}_i(i=1,2,\cdots,s)$ 都可逆，则有

$$\boldsymbol{A}^{-1}=\begin{pmatrix}\boldsymbol{A}_1^{-1}&&&\\&\boldsymbol{A}_2^{-1}&&\\&&\ddots&\\&&&\boldsymbol{A}_s^{-1}\end{pmatrix}$$

若 $\boldsymbol{B}=\begin{pmatrix}&&&\boldsymbol{A}_1\\&&\boldsymbol{A}_2&\\&\iddots&&\\\boldsymbol{A}_s&&&\end{pmatrix}$，则有 $\boldsymbol{B}^{-1}=\begin{pmatrix}&&&\boldsymbol{A}_s^{-1}\\&&\iddots&\\&\boldsymbol{A}_2^{-1}&&\\\boldsymbol{A}_1^{-1}&&&\end{pmatrix}$ 成立.

同时也有 $\boldsymbol{A}^n=\begin{pmatrix}\boldsymbol{A}_1^n & & & \\ & \boldsymbol{A}_2^n & & \\ & & \ddots & \\ & & & \boldsymbol{A}_s^n\end{pmatrix}$.

(2) 将 $m\times n$ 矩阵 $\boldsymbol{A}$ 按行分块成 $m\times 1$ 的分块矩阵

$$\boldsymbol{A}=\begin{pmatrix}\boldsymbol{\beta}_1^{\mathrm{T}}\\ \boldsymbol{\beta}_2^{\mathrm{T}}\\ \vdots \\ \boldsymbol{\beta}_m^{\mathrm{T}}\end{pmatrix}$$

其中 $\boldsymbol{\beta}_i^{\mathrm{T}}=(b_{i1},b_{i2},\cdots,b_{in})$为 $\boldsymbol{A}$ 的第 i 个行向量.

(3) 将 $m\times n$ 矩阵 $\boldsymbol{A}$ 按列分块成 $1\times n$ 的分块矩阵

$$\boldsymbol{A}=(\boldsymbol{\alpha}_1,\boldsymbol{\alpha}_2,\cdots,\boldsymbol{\alpha}_n)$$

其中 $\boldsymbol{\alpha}_j=\begin{pmatrix}a_{1j}\\ a_{2j}\\ \vdots \\ a_{mj}\end{pmatrix}$ 为 $\boldsymbol{A}$ 的第 j 个列向量.

例 2 设方阵 $\boldsymbol{A}=\begin{pmatrix}0&0&1&0\\0&0&0&2\\0&3&0&0\\4&0&0&0\end{pmatrix}$,求 $\boldsymbol{A}^{-1}$.

解 将方阵 $\boldsymbol{A}$ 分块成

$$\boldsymbol{A}=\left(\begin{array}{cc:cc}0&0&1&0\\0&0&0&2\\ \hdashline 0&3&0&0\\4&0&0&0\end{array}\right)=\begin{pmatrix}\boldsymbol{A}_{11}&\boldsymbol{A}_{12}\\ \boldsymbol{A}_{21}&\boldsymbol{A}_{22}\end{pmatrix}=\begin{pmatrix}\boldsymbol{O}&\boldsymbol{A}_{12}\\ \boldsymbol{A}_{21}&\boldsymbol{O}\end{pmatrix}$$

由公式$\begin{pmatrix}\boldsymbol{O}&\boldsymbol{A}_{12}\\ \boldsymbol{A}_{21}&\boldsymbol{O}\end{pmatrix}^{-1}=\begin{pmatrix}\boldsymbol{O}&\boldsymbol{A}_{21}^{-1}\\ \boldsymbol{A}_{12}^{-1}&\boldsymbol{O}\end{pmatrix}$及$\boldsymbol{A}_{12}^{-1}=\begin{pmatrix}1&0\\0&\frac{1}{2}\end{pmatrix}$,$\boldsymbol{A}_{21}^{-1}=\begin{pmatrix}0&\frac{1}{4}\\ \frac{1}{3}&0\end{pmatrix}$得

$$\boldsymbol{A}^{-1}=\begin{pmatrix}\boldsymbol{O}&\boldsymbol{A}_{21}^{-1}\\ \boldsymbol{A}_{12}^{-1}&\boldsymbol{O}\end{pmatrix}=\begin{pmatrix}0&0&0&\frac{1}{4}\\0&0&\frac{1}{3}&0\\1&0&0&0\\0&\frac{1}{2}&0&0\end{pmatrix}$$

例 3 设方阵 $\boldsymbol{A}=(\boldsymbol{\alpha}_1,\boldsymbol{\alpha}_2,\cdots,\boldsymbol{\alpha}_n)$,试计算 $\boldsymbol{A}\boldsymbol{A}^{\mathrm{T}}$ 及 $\boldsymbol{A}^{\mathrm{T}}\boldsymbol{A}$.

解 由分块矩阵的乘法及转置的定义可得

$$\boldsymbol{A}\boldsymbol{A}^{\mathrm{T}}=(\boldsymbol{\alpha}_1,\boldsymbol{\alpha}_2,\cdots,\boldsymbol{\alpha}_n)\begin{pmatrix}\boldsymbol{\alpha}_1^{\mathrm{T}}\\\boldsymbol{\alpha}_2^{\mathrm{T}}\\\vdots\\\boldsymbol{\alpha}_n^{\mathrm{T}}\end{pmatrix}=\boldsymbol{\alpha}_1\boldsymbol{\alpha}_1^{\mathrm{T}}+\boldsymbol{\alpha}_2\boldsymbol{\alpha}_2^{\mathrm{T}}+\cdots+\boldsymbol{\alpha}_n\boldsymbol{\alpha}_n^{\mathrm{T}}$$

$$\boldsymbol{A}^{\mathrm{T}}\boldsymbol{A}=\begin{pmatrix}\boldsymbol{\alpha}_1^{\mathrm{T}}\\\boldsymbol{\alpha}_2^{\mathrm{T}}\\\vdots\\\boldsymbol{\alpha}_n^{\mathrm{T}}\end{pmatrix}(\boldsymbol{\alpha}_1,\boldsymbol{\alpha}_2,\cdots,\boldsymbol{\alpha}_n)=\begin{pmatrix}\boldsymbol{\alpha}_1^{\mathrm{T}}\boldsymbol{\alpha}_1&\boldsymbol{\alpha}_1^{\mathrm{T}}\boldsymbol{\alpha}_2&\cdots&\boldsymbol{\alpha}_1^{\mathrm{T}}\boldsymbol{\alpha}_n\\\boldsymbol{\alpha}_2^{\mathrm{T}}\boldsymbol{\alpha}_1&\boldsymbol{\alpha}_2^{\mathrm{T}}\boldsymbol{\alpha}_2&\cdots&\boldsymbol{\alpha}_2^{\mathrm{T}}\boldsymbol{\alpha}_n\\\vdots&\vdots&&\vdots\\\boldsymbol{\alpha}_n^{\mathrm{T}}\boldsymbol{\alpha}_1&\boldsymbol{\alpha}_n^{\mathrm{T}}\boldsymbol{\alpha}_2&\cdots&\boldsymbol{\alpha}_n^{\mathrm{T}}\boldsymbol{\alpha}_n\end{pmatrix}$$

如果 $\boldsymbol{A}^{\mathrm{T}}\boldsymbol{A}=\boldsymbol{I}$(以后称 $\boldsymbol{A}$ 为正交矩阵),则可知 $\boldsymbol{\alpha}_1,\boldsymbol{\alpha}_2,\cdots,\boldsymbol{\alpha}_n$ 为 n 个彼此垂直的单位向量.

例 4　对于线性方程组

$$\begin{cases}a_{11}x_1+a_{12}x_2+\cdots+a_{1n}x_n=b_1,\\a_{21}x_1+a_{22}x_2+\cdots+a_{2n}x_n=b_2,\\\cdots\cdots\\a_{m1}x_1+a_{m2}x_2+\cdots+a_{mn}x_n=b_m\end{cases}$$

按矩阵的分块法可写成

$$\boldsymbol{A}\boldsymbol{x}=\boldsymbol{b}$$

其中

$$\boldsymbol{A}=(a_{ij})_{m\times n},\ \boldsymbol{x}=\begin{pmatrix}x_1\\x_2\\\vdots\\x_n\end{pmatrix},\ \boldsymbol{b}=\begin{pmatrix}b_1\\b_2\\\vdots\\b_m\end{pmatrix}$$

如果将系数矩阵 $\boldsymbol{A}$ 按行分成 $m\times 1$ 块,则线性方程组 $\boldsymbol{A}\boldsymbol{x}=\boldsymbol{b}$ 可记作

$$\boldsymbol{A}\boldsymbol{x}=\begin{pmatrix}\boldsymbol{\beta}_1^{\mathrm{T}}\\\boldsymbol{\beta}_2^{\mathrm{T}}\\\vdots\\\boldsymbol{\beta}_m^{\mathrm{T}}\end{pmatrix}\boldsymbol{x}=\begin{pmatrix}b_1\\b_2\\\vdots\\b_m\end{pmatrix}$$

这相当于把每个方程 $a_{i1}x_1+a_{i2}x_2+\cdots+a_{in}x_n=b_i$ 记作

$$\boldsymbol{\beta}_i^{\mathrm{T}}\boldsymbol{x}=b_i(i=1,2,\cdots,m)$$

如果把系数矩阵 $\boldsymbol{A}$ 按列分成 n 块,则线性方程组 $\boldsymbol{A}\boldsymbol{x}=\boldsymbol{b}$ 可记作

$$(\boldsymbol{\alpha}_1,\boldsymbol{\alpha}_2,\cdots,\boldsymbol{\alpha}_n)\begin{pmatrix}x_1\\x_2\\\vdots\\x_n\end{pmatrix}=\boldsymbol{b}$$

即

$$x_1\boldsymbol{\alpha}_1+x_2\boldsymbol{\alpha}_2+\cdots+x_n\boldsymbol{\alpha}_n=\boldsymbol{b}$$

注　以后称 $\boldsymbol{A}\boldsymbol{x}=\boldsymbol{b}$ 有解的充分必要条件是向量 $\boldsymbol{b}$ 可由向量 $\boldsymbol{\alpha}_1,\boldsymbol{\alpha}_2,\cdots,\boldsymbol{\alpha}_n$ 来线性表示.

例 5 设$\boldsymbol{A}$的逆矩阵为$\boldsymbol{B}$,即满足$\boldsymbol{AB}=\boldsymbol{BA}=\boldsymbol{I}$. 将$\boldsymbol{B}$和$\boldsymbol{I}$都按列分成$1\times n$的分块矩阵,可得

$$\boldsymbol{A}(\boldsymbol{b}_1,\boldsymbol{b}_2,\cdots,\boldsymbol{b}_n)=(\boldsymbol{e}_1,\boldsymbol{e}_2,\cdots,\boldsymbol{e}_n)$$

即

$$\boldsymbol{A}\boldsymbol{b}_i=\boldsymbol{e}_i\ \ (i=1,2,\cdots,n)$$

其中$\boldsymbol{e}_i$是n阶单位矩阵$\boldsymbol{I}$的第i列,即$\boldsymbol{e}_i=(0,\cdots,\underset{\text{第}i\text{行}}{1},\cdots,0)^{\mathrm{T}}$.

注 矩阵$\boldsymbol{A}$的逆矩阵$\boldsymbol{B}$的列向量$\boldsymbol{b}_i$是线性方程组$\boldsymbol{Ax}=\boldsymbol{e}_i(i=1,2,\cdots,n)$的解向量.

例 6 试证明:设$\boldsymbol{A}$是$m\times n$矩阵,则对任一n维列向量$\boldsymbol{x}$,$\boldsymbol{Ax}=\boldsymbol{0}$的充分必要条件是$\boldsymbol{A}=\boldsymbol{O}$.

证 充分性显然成立,下面证明必要性.

由n维列向量$\boldsymbol{x}$的任意性,可取$\boldsymbol{x}=\boldsymbol{e}_i=(0,\cdots,1,\cdots,0)^{\mathrm{T}}(i=1,2,\cdots,n)$($\boldsymbol{e}_i$是$n$阶单位矩阵的第$i$列),将矩阵$\boldsymbol{A}$分块成$\boldsymbol{A}=(\boldsymbol{\alpha}_1,\cdots,\boldsymbol{\alpha}_i,\cdots,\boldsymbol{\alpha}_n)$,则由$\boldsymbol{Ax}=\boldsymbol{0}$可得

$$\boldsymbol{A}\boldsymbol{e}_i=(\boldsymbol{\alpha}_1,\cdots,\boldsymbol{\alpha}_i,\cdots,\boldsymbol{\alpha}_n)\begin{pmatrix}0\\ \vdots\\ 1\\ \vdots\\ 0\end{pmatrix}=\boldsymbol{\alpha}_i=\boldsymbol{0}$$

即矩阵$\boldsymbol{A}$的第i列为零向量,由i的任意性,可知矩阵$\boldsymbol{A}$的每一列都是零向量,故$\boldsymbol{A}=\boldsymbol{O}$.

练习 9 设$\boldsymbol{A}=(a_{ij})$是n阶方阵,$\boldsymbol{e}_i=(0,\cdots,1,\cdots,0)^{\mathrm{T}}(i=1,2,\cdots,n)$,计算$\boldsymbol{A}\boldsymbol{e}_i$及$(\boldsymbol{e}_i)^{\mathrm{T}}\boldsymbol{A}$,并指出所得结果与$\boldsymbol{A}$的关系.

1.5 初等变换与初等矩阵

矩阵的初等变换是矩阵的十分重要的运算,它在解线性方程组、求逆矩阵及矩阵理论的探讨中都可以起到重要的作用. 为引进矩阵的初等变换,先来分析用消元法解线性方程组的步骤.

对线性方程组

$$\begin{cases}x_1+2x_2-x_3=0,\\ 3x_1+x_2=-1,\\ -x_1-x_2-2x_3=1\end{cases}$$

在它的求解过程中一般所作的变换不外乎以下三类:

(1) 交换其中两个方程的位置;

(2) 用一个非零的常数λ乘以某一个方程;

(3) 某个方程的k倍(k是常数)加到另一个方程上去.

显然,这三类变换都是可逆的,因此变换前的方程组与变换后的方程组是同解的,我们称这三类变换都是方程组的同解变换.

对线性方程组的求解变换过程，实际上只是对方程组的系数和常数项进行运算，未知量并未参加运算. 因此，若记

$$\bar{\boldsymbol{A}}=\left(\begin{array}{ccc:c}1 & 2 & -1 & 0\\ 3 & 1 & 0 & -1\\ -1 & -1 & -2 & 1\end{array}\right)$$

那么对方程组的变换完全可以转换为对矩阵($\bar{\boldsymbol{A}}$ 为方程组的增广矩阵)的变换. 把方程组的上述三类同解变换移植到矩阵上，就得到矩阵的三类初等变换.

1.5.1 初等变换与初等矩阵的概念

定义 1 下面三类变换(称为第 1、2、3 类)称为矩阵的**初等行、列变换**:

(1) 对调矩阵中的任意两行(列)(对调第 i,j 两行(列)，记作 $r_{ij}(c_{ij})$)；

(2) 以非零常数 λ 乘以矩阵中的某一行(列)中的所有元素(用数 λ 乘以第 i 行(列)，记作 $r_i(\lambda)(c_i(\lambda))$)；

(3) 把矩阵中某一行(列)的所有元素的 k 倍(k 是常数)加到另一行(列)的对应元素上去(第 i 行(列)k 倍加到第 j 行(列)，记作 $r_{ij}(k)(c_{ij}(k))$).

初等行、列变换统称为**初等变换**.

如果矩阵 $\boldsymbol{A}$ 经有限次初等变换变成矩阵 $\boldsymbol{B}$，就称矩阵 $\boldsymbol{A}$ 与 $\boldsymbol{B}$ **等价**，记作 $\boldsymbol{A}\sim\boldsymbol{B}$.

矩阵之间的等价关系具有下列性质:

(1) 反身性 $\boldsymbol{A}\sim\boldsymbol{A}$;

(2) 对称性 若 $\boldsymbol{A}\sim\boldsymbol{B}$，则 $\boldsymbol{B}\sim\boldsymbol{A}$;

(3) 传递性 若 $\boldsymbol{A}\sim\boldsymbol{B}$，$\boldsymbol{B}\sim\boldsymbol{C}$，则 $\boldsymbol{A}\sim\boldsymbol{C}$.

数学中把具有上述三种性质的关系称为**等价关系.**

定义 2 对单位矩阵 $\boldsymbol{I}$ 仅施以一次初等变换后得到的矩阵称为相应的**初等矩阵**，分别记第 1、2、3 类行(列)初等矩阵为 $\boldsymbol{R}_{ij}(\boldsymbol{C}_{ij})$，$\boldsymbol{R}_i(\lambda)(\boldsymbol{C}_i(\lambda))$，$\boldsymbol{R}_{ij}(k)(\boldsymbol{C}_{ij}(k))$，有

$$\boldsymbol{R}_{ij}=\boldsymbol{C}_{ij}=\begin{pmatrix}1 &&&&&&\\ &\ddots&&&&&\\ &&0&\cdots&1&&\\ &&\vdots&\ddots&\vdots&&\\ &&1&\cdots&0&&\\ &&&&&\ddots&\\ &&&&&&1\end{pmatrix}$$

$$\boldsymbol{R}_i(\lambda)=\boldsymbol{C}_i(\lambda)=\begin{pmatrix}1&&&&\\ &\ddots&&&\\ &&\lambda&&\\ &&&\ddots&\\ &&&&1\end{pmatrix}$$

$$\boldsymbol{R}_{ij}(k)=\boldsymbol{C}_{ji}(k)=\begin{pmatrix}1&&&&&&\\&\ddots&&&&&\\&&1&&&&\\&&\vdots&\ddots&&&\\&&k&\cdots&1&&\\&&&&&\ddots&\\&&&&&&1\end{pmatrix}\begin{matrix}\\\\i\text{ 行}\\\\j\text{ 行}\\\\\\\end{matrix}$$

初等矩阵与初等变换有以下定理表示出的一些性质.

定理 1　对 $m\times n$ 矩阵 $\boldsymbol{A}$，作一次初等行(列)变换所得的矩阵 $\boldsymbol{B}$，等于以一个相应的 m 阶(n 阶)初等矩阵左(右)乘 $\boldsymbol{A}$.

证　这里仅对两种情形给出证明.

第一种，设 $\boldsymbol{A}$ 经一次第 2 类初等行变换 $r_i(\lambda)$ 后变成 $\boldsymbol{B}$，记作

$$\boldsymbol{A}\overset{r_i(\lambda)}{\sim}\boldsymbol{B}$$

则 $\boldsymbol{B}$ 也是 $m\times n$ 矩阵，定理断言应成立

$$\boldsymbol{B}=\boldsymbol{R}_i(\lambda)\boldsymbol{A}$$

事实上，若将 $\boldsymbol{A}$、$\boldsymbol{B}$ 按行分块，应有 $\boldsymbol{A}=\begin{pmatrix}\boldsymbol{\beta}_1^{\mathrm{T}}\\\vdots\\\boldsymbol{\beta}_i^{\mathrm{T}}\\\vdots\\\boldsymbol{\beta}_m^{\mathrm{T}}\end{pmatrix}$，　$\boldsymbol{B}=\begin{pmatrix}\boldsymbol{\beta}_1^{\mathrm{T}}\\\vdots\\\lambda\boldsymbol{\beta}_i^{\mathrm{T}}\\\vdots\\\boldsymbol{\beta}_m^{\mathrm{T}}\end{pmatrix}$

用矩阵的分块乘法，就有

$$\boldsymbol{R}_i(\lambda)\boldsymbol{A}=\begin{pmatrix}1&&&&\\&\ddots&&&\\&&\lambda&&\\&&&\ddots&\\&&&&1\end{pmatrix}\begin{pmatrix}\boldsymbol{\beta}_1^{\mathrm{T}}\\\vdots\\\boldsymbol{\beta}_i^{\mathrm{T}}\\\vdots\\\boldsymbol{\beta}_m^{\mathrm{T}}\end{pmatrix}=\begin{pmatrix}\boldsymbol{\beta}_1^{\mathrm{T}}\\\vdots\\\lambda\boldsymbol{\beta}_i^{\mathrm{T}}\\\vdots\\\boldsymbol{\beta}_m^{\mathrm{T}}\end{pmatrix}=\boldsymbol{B}$$

第二种，设 $\boldsymbol{A}$ 经一次第三类初等列变换 $c_{ij}(k)$ 后变成 $\boldsymbol{B}$，记作

$$\boldsymbol{A}\overset{c_{ij}(k)}{\sim}\boldsymbol{B}$$

则矩阵 $\boldsymbol{B}$ 也是 $m\times n$ 矩阵，定理断言应成立

$$\boldsymbol{B}=\boldsymbol{A}\boldsymbol{C}_{ij}(k)$$

事实上，若将矩阵 $\boldsymbol{A}$、$\boldsymbol{B}$ 按列分块，应有

$$\boldsymbol{A}=(\boldsymbol{\alpha}_1,\boldsymbol{\alpha}_2,\cdots,\boldsymbol{\alpha}_n),\ \boldsymbol{B}=(\boldsymbol{\alpha}_1,\cdots,\boldsymbol{\alpha}_i,\cdots,k\boldsymbol{\alpha}_i+\boldsymbol{\alpha}_j,\cdots,\boldsymbol{\alpha}_n)$$

用矩阵的分块乘法，就有

$$AC_{ij}(k)=(\boldsymbol{\alpha}_1,\boldsymbol{\alpha}_2,\cdots,\boldsymbol{\alpha}_n)\begin{pmatrix}1&&&&&&\\&\ddots&&&&&\\&&1&\cdots&k&&\\&&&\ddots&\vdots&&\\&&&&1&&\\&&&&&\ddots&\\&&&&&&1\end{pmatrix}$$

$$=(\boldsymbol{\alpha}_1,\cdots,\boldsymbol{\alpha}_i,\cdots,k\boldsymbol{\alpha}_i+\boldsymbol{\alpha}_j,\cdots,\boldsymbol{\alpha}_n)=\boldsymbol{B}$$

初等变换对应初等矩阵,由初等变换可逆,可知初等矩阵可逆,且此初等变换的逆变换也就对应此初等矩阵的逆矩阵:由变换 r_{ij} 的逆变换就是其本身,得知 $\boldsymbol{R}_{ij}^{-1}=\boldsymbol{R}_{ij}$;由变换 $r_i(\lambda)$ 的逆变换为 $r_i(\frac{1}{\lambda})$,得知 $\boldsymbol{R}_i^{-1}(\lambda)=\boldsymbol{R}_i(\frac{1}{\lambda})$;由变换 $r_{ij}(k)$ 的逆变换为 $r_{ij}(-k)$,得知 $\boldsymbol{R}_{ij}^{-1}(k)=\boldsymbol{R}_{ij}(-k)$. 对列初等矩阵也对应成立:

$$\boldsymbol{C}_{ij}^{-1}=\boldsymbol{C}_{ij},\boldsymbol{C}_i^{-1}(\lambda)=\boldsymbol{C}_i(\frac{1}{\lambda}),\boldsymbol{C}_{ij}^{-1}(k)=\boldsymbol{C}_{ij}(-k)$$

练习 10　设矩阵 $\boldsymbol{A}$ 可逆,且为 $\boldsymbol{A}\overset{r_{ij}}{\sim}\boldsymbol{B}$. (1) 试证矩阵 $\boldsymbol{B}$ 可逆;(2) 求 $\boldsymbol{AB}^{-1}$;(3) 试证 $\boldsymbol{A}^{-1}$ 交换 i 列、j 列后可得到矩阵 $\boldsymbol{B}^{-1}$.

1.5.2　初等矩阵的一些应用

初等变换常常用在矩阵的标准形分解当中.

定理 2　对任一 $m\times n$ 矩阵 $\boldsymbol{A}$,必可经过有限次初等变换,化成如下形式的 $m\times n$ 矩阵:

$$\boldsymbol{N}=\begin{pmatrix}\boldsymbol{I}_r&\boldsymbol{O}\\\boldsymbol{O}&\boldsymbol{O}\end{pmatrix}$$

亦即,对任一 $m\times n$ 矩阵 $\boldsymbol{A}$,必可找到初等矩阵 $\boldsymbol{R}_1,\cdots,\boldsymbol{R}_l,\boldsymbol{C}_1,\cdots,\boldsymbol{C}_s$,使得

$$\boldsymbol{R}_l\cdots\boldsymbol{R}_1\boldsymbol{AC}_1\cdots\boldsymbol{C}_s=\begin{pmatrix}\boldsymbol{I}_r&\boldsymbol{O}\\\boldsymbol{O}&\boldsymbol{O}\end{pmatrix}\tag{1.5-1}$$

其中 r 是个随 $\boldsymbol{A}$ 而定的、不超过 $\min(m,n)$的非负整数,并约定当 $r=0$ 时,$\boldsymbol{I}_0$ 为零矩阵. 我们称

$$\boldsymbol{N}=\begin{pmatrix}\boldsymbol{I}_r&\boldsymbol{O}\\\boldsymbol{O}&\boldsymbol{O}\end{pmatrix}$$

为**矩阵 $\boldsymbol{A}$ 的标准形.**

证　这是一个构造性的证明. 设 $\boldsymbol{A}=(a_{ij})_{m\times n}$,若 $\boldsymbol{A}=\boldsymbol{O}$,则已为式(1.5-1)的形式,此时的初等矩阵就取单位矩阵.

若 $\boldsymbol{A}\neq\boldsymbol{O}$,总可用第 1 类初等变换将 $\boldsymbol{A}$ 变成左上角那个元素不为零的矩阵. 故不失一般性,此时可设 $a_{11}\neq0$. 随后将第 1 行的$\left(-\frac{a_{i1}}{a_{11}}\right)$倍加到其余各行上去;以及将第 1 列的$\left(-\frac{a_{1j}}{a_{11}}\right)$倍加到其余各列上去;再用$\frac{1}{a_{11}}$乘以第 1 行. 显然,经这一系列初等变换后,即乘以相应的一系列初等矩阵后,$\boldsymbol{A}$ 变成了如下的形式

$$\begin{pmatrix} 1 & \boldsymbol{O}^{\mathrm{T}} \\ \boldsymbol{O} & \boldsymbol{A}_1 \end{pmatrix}$$

其中$\boldsymbol{A}_1$是$(m-1)\times(n-1)$矩阵.

对$\boldsymbol{A}_1$重复以上的讨论,直到出现的$(m-r)\times(n-r)$阶矩阵$\boldsymbol{A}_r$是零矩阵为止,就证明了定理的结论.

由式(1.5-1)、初等矩阵均可逆及可逆矩阵的乘积仍为可逆阵,定理2可改写为,对任一$m\times n$矩阵$\boldsymbol{A}$,必可找到m阶可逆阵$\boldsymbol{P}$和n阶可逆阵$\boldsymbol{Q}$,使成立

$$\boldsymbol{A}=\boldsymbol{P}\begin{pmatrix} \boldsymbol{I}_r & \boldsymbol{O} \\ \boldsymbol{O} & \boldsymbol{O} \end{pmatrix}\boldsymbol{Q} \tag{1.5-2}$$

其中r是个随$\boldsymbol{A}$而定的、不超过$\min(m,n)$的非负整数.

式(1.5-2)称为矩阵$\boldsymbol{A}$的**标准形分解式**.

例1 试对矩阵$\boldsymbol{A}=\begin{pmatrix} 2 & 1 & -4 \\ 1 & -2 & 3 \end{pmatrix}$建立标准形分解.

解 $\boldsymbol{A}=\begin{pmatrix} 2 & 1 & -4 \\ 1 & -2 & 3 \end{pmatrix}\overset{r_{12}}{\sim}\begin{pmatrix} 1 & -2 & 3 \\ 2 & 1 & -4 \end{pmatrix}\overset{r_{12}(-2)}{\sim}\begin{pmatrix} 1 & -2 & 3 \\ 0 & 5 & -10 \end{pmatrix}$

$$\underset{r_{21}(2)}{\overset{r_2(\frac{1}{5})}{\sim}}\begin{pmatrix} 1 & 0 & -1 \\ 0 & 1 & -2 \end{pmatrix}\underset{c_{23}(2)}{\overset{c_{13}(1)}{\sim}}\begin{pmatrix} 1 & 0 & 0 \\ 0 & 1 & 0 \end{pmatrix}=(\boldsymbol{I}_2 \mid \boldsymbol{O})$$

故由上述初等变换及定理1,可知

$$\boldsymbol{R}_{21}(2)\boldsymbol{R}_2(\frac{1}{5})\boldsymbol{R}_{12}(-2)\boldsymbol{R}_{12}\boldsymbol{A}\boldsymbol{C}_{13}(1)\boldsymbol{C}_{23}(2)=(\boldsymbol{I}_2 \mid \boldsymbol{O})$$

于是,标准形分解式为

$$\begin{aligned}\boldsymbol{A} &=\left(\boldsymbol{R}_{21}(2)\boldsymbol{R}_2(\frac{1}{5})\boldsymbol{R}_{12}(-2)\boldsymbol{R}_{12}\right)^{-1}(\boldsymbol{I}_2 \mid \boldsymbol{O})(\boldsymbol{C}_{13}(1)\boldsymbol{C}_{23}(2))^{-1} \\ &=\boldsymbol{R}_{12}^{-1}\boldsymbol{R}_{12}^{-1}(-2)\boldsymbol{R}_2^{-1}(\frac{1}{5})\boldsymbol{R}_{21}^{-1}(2)(\boldsymbol{I}_2 \mid \boldsymbol{O})\boldsymbol{C}_{23}^{-1}(2)\boldsymbol{C}_{13}^{-1}(1) \\ &=\boldsymbol{R}_{12}\boldsymbol{R}_{12}(2)\boldsymbol{R}_2(5)\boldsymbol{R}_{21}(-2)(\boldsymbol{I}_2 \mid \boldsymbol{O})\boldsymbol{C}_{23}(-2)\boldsymbol{C}_{13}(-1) \\ &=\boldsymbol{P}(\boldsymbol{I}_2 \mid \boldsymbol{O})\boldsymbol{Q}\end{aligned}$$

其中

$$\begin{aligned}\boldsymbol{P} &=\boldsymbol{R}_{12}\boldsymbol{R}_{12}(2)\boldsymbol{R}_2(5)\boldsymbol{R}_{21}(-2)\boldsymbol{I}_2=\boldsymbol{R}_{12}\boldsymbol{R}_{12}(2)\boldsymbol{R}_2(5)\begin{pmatrix} 1 & -2 \\ 0 & 1 \end{pmatrix} \\ &=\boldsymbol{R}_{12}\boldsymbol{R}_{12}(2)\begin{pmatrix} 1 & -2 \\ 0 & 5 \end{pmatrix}=\boldsymbol{R}_{12}\begin{pmatrix} 1 & -2 \\ 2 & 1 \end{pmatrix}=\begin{pmatrix} 2 & 1 \\ 1 & -2 \end{pmatrix}\end{aligned}$$

$$\boldsymbol{Q}=\boldsymbol{I}_3\boldsymbol{C}_{23}(-2)\boldsymbol{C}_{13}(-1)=\begin{pmatrix} 1 & 0 & 0 \\ 0 & 1 & -2 \\ 0 & 0 & 1 \end{pmatrix}\boldsymbol{C}_{13}(-1)=\begin{pmatrix} 1 & 0 & -1 \\ 0 & 1 & -2 \\ 0 & 0 & 1 \end{pmatrix}$$

注 (1) 矩阵的标准形共有四种特例:$(\boldsymbol{I}_r \mid \boldsymbol{O})$,$\begin{pmatrix} \boldsymbol{I}_r \\ \boldsymbol{O} \end{pmatrix}$,$\boldsymbol{I}_r$,$\boldsymbol{O}$;

(2) 本例中,在化标准形的过程中,可以避免初等行变换,此时的标准形分解式为

$$A=\begin{pmatrix}2 & 1 & -4\\1 & -2 & 3\end{pmatrix}=\begin{pmatrix}1 & 0 & 0\\0 & 1 & 0\end{pmatrix}\begin{pmatrix}2 & 1 & -4\\1 & -2 & 3\\0 & 0 & 1\end{pmatrix}=(I_2 \,\vdots\, O)Q$$

用初等变换讨论可逆阵，还可导出计算其逆矩阵的有效方法.

定理 3　n 阶矩阵 A 为可逆阵的充分必要条件是 A 可表示为有限个初等矩阵的乘积.

证　充分性　若 A 可表示为有限个初等矩阵的乘积，由初等矩阵均为可逆阵可知 A 为可逆阵.

必要性　由定理 2 知，对于 A，必可找到初等矩阵 $R_1,\cdots,R_l,C_1,\cdots,C_s$，使

$$R_l\cdots R_1AC_1\cdots C_s=\begin{pmatrix}I_r & O\\O & O\end{pmatrix}\tag{1.5-3}$$

因 A 可逆，由可逆矩阵的乘积仍为可逆阵可知，标准形也是可逆阵，从而必定有 $r=n$. 于是，此时的式(1.5-3)变为

$$A=R_1^{-1}\cdots R_l^{-1}C_s^{-1}\cdots C_1^{-1}\tag{1.5-4}$$

即 A 可以表示为有限个初等矩阵的乘积.

推论 1　$m\times n$ 矩阵 $A\sim B$ 的充分必要条件是：存在 m 阶可逆阵 P 和 n 阶可逆阵 Q，使得 $PAQ=B$.

推论 2　n 阶矩阵 A 为可逆阵的充分必要条件是：A 可仅通过有限次初等行变换后化为单位矩阵，即方阵 A 可逆的充分必要条件是 $A\overset{r}{\sim}I$.

注　推论 2 对列变换也成立，即 $A\overset{c}{\sim}I$.

由推论 2 可演化出一种仅用初等行变换计算可逆阵之逆矩阵的方法. 对于给定的 n 阶矩阵 A，其为可逆阵的充分必要条件是可用初等行变换将 $n\times 2n$ 的分块矩阵 $(A \,\vdots\, I)$ 化成 $(I \,\vdots\, B)$ 的形式，这时必有 $B=A^{-1}$. 这是因为，此时有初等矩阵乘积 R，使下式成立

$$(I \,\vdots\, B)=R(A \,\vdots\, I)=(RA \,\vdots\, R)$$

由于 $RA=I$，知 $R=A^{-1}$，即有 $B=R=A^{-1}$.

例 2　设 $A=\begin{pmatrix}1 & 2 & -1\\3 & 1 & 0\\-1 & -1 & -2\end{pmatrix}$，求 A^{-1}.

解

$$(A \,\vdots\, I)=\left(\begin{array}{ccc:ccc}1 & 2 & -1 & 1 & 0 & 0\\3 & 1 & 0 & 0 & 1 & 0\\-1 & -1 & -2 & 0 & 0 & 1\end{array}\right)\underset{r_{13}(1)}{\overset{r_{12}(-3)}{\sim}}\left(\begin{array}{ccc:ccc}1 & 2 & -1 & 1 & 0 & 0\\0 & -5 & 3 & -3 & 1 & 0\\0 & 1 & -3 & 1 & 0 & 1\end{array}\right)$$

$$\underset{r_{23}}{\overset{r_{32}(5)}{\sim}}\left(\begin{array}{ccc:ccc}1 & 2 & -1 & 1 & 0 & 0\\0 & 1 & -3 & 1 & 0 & 1\\0 & 0 & -12 & 2 & 1 & 5\end{array}\right)\underset{\substack{r_{31}(1)\\r_{32}(3)}}{\overset{r_3(-\frac{1}{12})}{\sim}}\left(\begin{array}{ccc:ccc}1 & 2 & 0 & \frac{5}{6} & -\frac{1}{12} & -\frac{5}{12}\\0 & 1 & 0 & \frac{1}{2} & -\frac{1}{4} & -\frac{1}{4}\\0 & 0 & 1 & -\frac{1}{6} & -\frac{1}{12} & -\frac{5}{12}\end{array}\right)$$

$$\overset{r_{21}(-2)}{\sim}\left(\begin{array}{ccc:ccc}1 & 0 & 0 & -\frac{1}{6} & \frac{5}{12} & \frac{1}{12}\\ 0 & 1 & 0 & \frac{1}{2} & -\frac{1}{4} & -\frac{1}{4}\\ 0 & 0 & 1 & -\frac{1}{6} & -\frac{1}{12} & -\frac{5}{12}\end{array}\right)$$

所以

$$\boldsymbol{A}^{-1}=\frac{1}{12}\begin{pmatrix}-2 & 5 & 1\\ 6 & -3 & -3\\ -2 & -1 & -5\end{pmatrix}$$

对于线性方程组 $\boldsymbol{Ax}=\boldsymbol{b}$,若系数矩阵 $\boldsymbol{A}$ 可逆,则可利用初等行变换法求出 $\boldsymbol{A}^{-1}$ 后,在原方程两端左乘 $\boldsymbol{A}^{-1}$,得 $\boldsymbol{x}=\boldsymbol{A}^{-1}\boldsymbol{b}$,此即为方程组的解.

例如,对线性方程组 $\begin{cases}x_1+2x_2-x_3=0,\\ 3x_1+x_2=-1,\\ -x_1-x_2-2x_3=1.\end{cases}$ 其系数矩阵 $\boldsymbol{A}$ 的逆矩阵即例 2 中的所求,若记

$$\boldsymbol{b}=(0,-1,1)^{\mathrm{T}}$$

方程组的解即为

$$\boldsymbol{x}=\boldsymbol{A}^{-1}\boldsymbol{b}=\frac{1}{12}\begin{pmatrix}-2 & 5 & 1\\ 6 & -3 & -3\\ -2 & -1 & -5\end{pmatrix}\begin{pmatrix}0\\ -1\\ 1\end{pmatrix}=\begin{pmatrix}-\frac{1}{3}\\ 0\\ -\frac{1}{3}\end{pmatrix}$$

其实,利用初等行变换求逆矩阵的方法,还可用于直接求矩阵乘积 $\boldsymbol{A}^{-1}\boldsymbol{B}$. 由

$$\boldsymbol{A}^{-1}(\boldsymbol{A}\,\vdots\,\boldsymbol{B})=(\boldsymbol{I}\,\vdots\,\boldsymbol{A}^{-1}\boldsymbol{B})$$

可知,若对矩阵 $(\boldsymbol{A}\,\vdots\,\boldsymbol{B})$ 施以初等行变换,当把 $\boldsymbol{A}$ 变为 $\boldsymbol{I}$ 时,$\boldsymbol{B}$ 就变为 $\boldsymbol{A}^{-1}\boldsymbol{B}$.

例 3 求解矩阵方程 $\boldsymbol{AX}=\boldsymbol{B}$,其中

$$\boldsymbol{A}=\begin{pmatrix}1 & 2 & 3\\ 2 & 2 & 1\\ 3 & 4 & 3\end{pmatrix},\boldsymbol{B}=\begin{pmatrix}2 & 5\\ 3 & 1\\ 4 & 3\end{pmatrix}$$

解 若 $\boldsymbol{A}$ 可逆,则 $\boldsymbol{X}=\boldsymbol{A}^{-1}\boldsymbol{B}$.

$$(\boldsymbol{A}\,\vdots\,\boldsymbol{B})=\left(\begin{array}{ccc:cc}1 & 2 & 3 & 2 & 5\\ 2 & 2 & 1 & 3 & 1\\ 3 & 4 & 3 & 4 & 3\end{array}\right)\underset{r_{13}(-3)}{\overset{r_{12}(-2)}{\sim}}\left(\begin{array}{ccc:cc}1 & 2 & 3 & 2 & 5\\ 0 & -2 & -5 & -1 & -9\\ 0 & -2 & -6 & -2 & -12\end{array}\right)$$

$$\underset{r_{23}(-1)}{\overset{r_{21}(1)}{\sim}}\left(\begin{array}{ccc:cc}1 & 0 & -2 & 1 & -4\\ 0 & -2 & -5 & -1 & -9\\ 0 & 0 & -1 & -1 & -3\end{array}\right)\underset{r_{32}(-5)}{\overset{r_{31}(-2)}{\sim}}\left(\begin{array}{ccc:cc}1 & 0 & 0 & 3 & 2\\ 0 & -2 & 0 & 4 & 6\\ 0 & 0 & -1 & -1 & -3\end{array}\right)$$

$$\underset{r_3(-1)}{\overset{r_2(-\frac{1}{2})}{\sim}}\left(\begin{array}{ccc:cc}1 & 0 & 0 & 3 & 2\\ 0 & 1 & 0 & -2 & -3\\ 0 & 0 & 1 & 1 & 3\end{array}\right)$$

因此

$$X=\begin{pmatrix}3&2\\-2&-3\\1&3\end{pmatrix}$$

本例用初等行变换的方法求得 $X=A^{-1}B$. 如果要求解方程组 $YA=C$ 即 $Y=CA^{-1}$,则可对矩阵 $\begin{pmatrix}A\\C\end{pmatrix}$ 作初等列变换,使

$$\begin{pmatrix}A\\C\end{pmatrix}\overset{c}{\sim}\begin{pmatrix}I\\CA^{-1}\end{pmatrix}$$

即可得 $Y=CA^{-1}$. 不过通常都习惯作初等行变换,对 $YA=C$ 两边取转置,得 $A^{T}Y^{T}=C^{T}$,那么可改为对 $(A^{T}\,\vdots\,C^{T})$ 作初等行变换,使

$$(A^{T}\,\vdots\,C^{T})\overset{r}{\sim}(I\,\vdots\,(A^{T})^{-1}C^{T})$$

即可得 $Y^{T}=(A^{T})^{-1}C^{T}$,从而求得 Y.

例 4 求解矩阵方程 $AXB=D$,其中

$$A=\begin{pmatrix}0&1&0\\1&0&0\\0&0&1\end{pmatrix},B=\begin{pmatrix}1&0&0\\0&1&0\\1&0&1\end{pmatrix},D=\begin{pmatrix}1&2&3\\2&3&1\\3&1&2\end{pmatrix}$$

解 显然,A、B 均为初等矩阵,由 $AXB=D$ 知有 $R_{12}XC_{31}(1)=D$,即得

$$X=R_{12}^{-1}DC_{31}^{-1}(1)=R_{12}DC_{31}(-1)=\begin{pmatrix}2&3&1\\1&2&3\\3&1&2\end{pmatrix}C_{31}(-1)=\begin{pmatrix}1&3&1\\-2&2&3\\1&1&2\end{pmatrix}$$

练习 11 将例 2 矩阵 A 写成初等行矩阵乘积.

1.5.3* 分块初等方阵

初等矩阵的概念可以推广到分块矩阵的情形. 在此,仅对四分块的情形进行讨论.

将单位矩阵如下分块

$$\begin{pmatrix}I_m&O\\O&I_n\end{pmatrix}$$

并按分块进行变换,如交换两行(列),某一行(列)加上另一行(列)的 P 或 Q 倍(P,Q 为矩阵),就可得到如下类型的**分块初等矩阵**

$$\begin{pmatrix}O&I_n\\I_m&O\end{pmatrix},\begin{pmatrix}I_n&P\\O&I_n\end{pmatrix},\begin{pmatrix}I_m&O\\Q&I_n\end{pmatrix}$$

其中 P 是 $m\times n$ 矩阵,而 Q 是 $n\times m$ 矩阵. 如同初等矩阵与初等变换的关系一样,用这些矩阵左乘或右乘分块矩阵 $\begin{pmatrix}A&B\\C&D\end{pmatrix}$,只要分块乘法能够进行,其结果就是对它进行相应的分块初等行或列变换,如

$$\begin{pmatrix}O&I_n\\I_m&O\end{pmatrix}\begin{pmatrix}A&B\\C&D\end{pmatrix}=\begin{pmatrix}C&D\\A&B\end{pmatrix}$$

$$\begin{pmatrix} \boldsymbol{I}_m & \boldsymbol{O} \\ \boldsymbol{Q} & \boldsymbol{I}_n \end{pmatrix}\begin{pmatrix} \boldsymbol{A} & \boldsymbol{B} \\ \boldsymbol{C} & \boldsymbol{D} \end{pmatrix}=\begin{pmatrix} \boldsymbol{A} & \boldsymbol{B} \\ \boldsymbol{C}+\boldsymbol{QA} & \boldsymbol{D}+\boldsymbol{QB} \end{pmatrix}\text{等}. \tag{1.5-5}$$

在式(1.5-5)中,适当选择$\boldsymbol{Q}$,可使$\boldsymbol{C}+\boldsymbol{QA}=\boldsymbol{O}$. 如$\boldsymbol{A}$可逆时,选$\boldsymbol{Q}=-\boldsymbol{CA}^{-1}$,则式(1.5-5)右端成为

$$\begin{pmatrix} \boldsymbol{A} & \boldsymbol{B} \\ \boldsymbol{O} & \boldsymbol{D}-\boldsymbol{CA}^{-1}\boldsymbol{B} \end{pmatrix}$$

它是一个分块上三角阵.

1.6 应用举例

应用一(图的邻接矩阵)

这个例子简要说明了方阵及其方幂在称为**图论**的有关研究中的应用情况. 图$\boldsymbol{G}=(V,E)$由点集V和边集E组成. 例如,以$V=\{a,b,c,d,e\}$为点集,以$E=\{(a,b),(a,c),(a,d),(b,c),(b,d),(d,e),(e,e)\}$为边集构成的图$\boldsymbol{G}$, 如图1-1所示.

一条边除了联结两个点外,也可由某个点联结自身构成,如图1-1中的点e与边(e,e),这种边称为一个环.

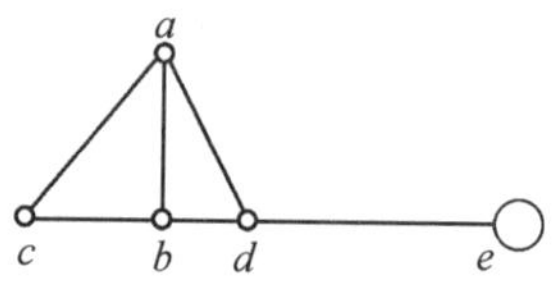

图1-1

由图1-1表示的这类“图”显然不同于函数的图形,但它在各种科学和工业活动中广泛存在,如组织机构图、电路图、电话网络图、煤气或天然气管道图及城市交通或道路图等. 与图有关的许多问题涉及路. 路是一个点的序列,其相邻的点由边联结. 路的长度是指构成该路的边的数量,如图1-1中,(a,b,d,e)是a与e之间长度为3的一条路. 对于不同的问题,可能是要求我们找出两点之间的最短路,也可能是确定已知的一对点中,是否存在一条路等. 而后一类问题在许多实际问题中经常出现,例如规定电话的呼叫路线;研究随机中断(例如由于闪电)对网络的影响等. 下面我们将说明方阵及其方幂可用于解决有关一个图中各类道路的存在问题.

为此,我们首先介绍用一种称为**邻接矩阵**的矩阵表示图的方法.

图$\boldsymbol{G}$的邻接矩阵$\boldsymbol{A}_G=(a_{ij})$的元$a_{ij}$按下述方法确定:如果第$i$点与第$j$点之间有一条边,则$a_{ij}=1$,否则$a_{ij}=0$;一般情况下,$a_{ii}=0$,除非第$i$点上有一个环(此时$a_{ii}=1$). 可见$\boldsymbol{A}_G$表明了图$\boldsymbol{G}$中哪些点是邻接的. 因而,图1-1中的图$\boldsymbol{G}$的邻接矩阵为

$$\boldsymbol{A}_G=\begin{array}{c} \\ a \\ b \\ c \\ d \\ e \end{array}\begin{array}{c} \begin{array}{ccccc} a & b & c & d & e \end{array} \\ \begin{pmatrix} 0 & 1 & 1 & 1 & 0 \\ 1 & 0 & 1 & 1 & 0 \\ 1 & 1 & 0 & 0 & 0 \\ 1 & 1 & 0 & 0 & 1 \\ 0 & 0 & 0 & 1 & 1 \end{pmatrix} \end{array}$$

从图1-1还可以看出:点a与b之间,除了有一条长度为1的路(a,b)边联结外,还可以由a经c或d由另外两条长度为2的道路与b联结. 那么,如何确定图$\boldsymbol{G}$中有哪些点之间存在长度为2的道路呢? 可以证明:如果$\boldsymbol{A}_G$是图$\boldsymbol{G}$的邻接矩阵,则$\boldsymbol{A}_G^2$中的第i行第j列

元($i\neq j$)的数值等于第 i 个点与第 j 个点之间长度为 2 的道路条数.

$$\boldsymbol{A}_G^2=\begin{pmatrix}0&1&1&1&0\\1&0&1&1&0\\1&1&0&0&0\\1&1&0&0&1\\0&0&0&1&1\end{pmatrix}\begin{pmatrix}0&1&1&1&0\\1&0&1&1&0\\1&1&0&0&0\\1&1&0&0&1\\0&0&0&1&1\end{pmatrix}=\begin{array}{c}\\a\\b\\c\\d\\e\end{array}\!\!\begin{array}{c}\begin{matrix}a&b&c&d&e\end{matrix}\\\begin{pmatrix}3&2&1&1&1\\2&3&1&1&1\\1&1&2&2&0\\1&1&2&3&1\\1&1&0&1&2\end{pmatrix}\end{array}$$

$\boldsymbol{A}_G^2$ 的主对角线以外的正元,指出了图 $\boldsymbol{G}$ 中哪些不同的点对之间可由长度为 2 的路联结. 可以看出,只有点 c 与点 e 之间不存在长度为 2 的路. 同时,这些正元的数值还表明了不同的点对之间长度为 2 的路的数目. 例如 a 与 b 之间有两条长度为 2 的路,而 a 与 c 之间只有一条长度为 2 的路.

类似地

$$\boldsymbol{A}_G^3=\begin{array}{c}\\a\\b\\c\\d\\e\end{array}\!\!\begin{array}{c}\begin{matrix}a&b&c&d&e\end{matrix}\\\begin{pmatrix}4&5&5&6&2\\5&4&5&6&2\\5&5&2&2&2\\6&6&2&3&4\\2&2&2&4&3\end{pmatrix}\end{array}$$

可以反映出图 $\boldsymbol{G}$ 中不同的点之间由长度为 3 的路的联结情况.

应用二(矩阵高次幂的应用——人口流动问题)

设某中小城市及郊区乡镇共有 30 万人从事农、工、商工作,假定这个总人数在若干年内保持不变,而社会调查表明:

(1) 在这 30 万就业人员中,目前约有 15 万人务农,9 万人务工,6 万人经商;

(2) 在务农人员中,每年约有 20%改为务工,10%改为经商;

(3) 在务工人员中,每年约有 20%改为务农,10%改为经商;

(4) 在经商人员中,每年约有 10%改为务农,10%改为务工.

现欲预测一两年后从事各业人员的人数,以及经过多年之后,从事各业人员总数的发展趋势.

解 若用三维向量$(x_i,y_i,z_i)^{\mathrm{T}}$ 表示第 i 年后从事这三种职业的人员总数,则已知$(x_0,y_0,z_0)^{\mathrm{T}}=(15,9,6)^{\mathrm{T}}$. 而欲求$(x_1,y_1,z_1)^{\mathrm{T}}$,$(x_2,y_2,z_2)^{\mathrm{T}}$ 并考查在 $n\to\infty$ 时$(x_n,y_n,z_n)^{\mathrm{T}}$ 的发展趋势.

依题意,一年后,从事农、工、商的人员总数应为

$$\begin{cases}x_1=0.7x_0+0.2y_0+0.1z_0,\\y_1=0.2x_0+0.7y_0+0.1z_0,\\z_1=0.1x_0+0.1y_0+0.8z_0\end{cases}$$

即

$$\begin{pmatrix} x_1 \\ y_1 \\ z_1 \end{pmatrix} = \begin{pmatrix} 0.7 & 0.2 & 0.1 \\ 0.2 & 0.7 & 0.1 \\ 0.1 & 0.1 & 0.8 \end{pmatrix} \begin{pmatrix} x_0 \\ y_0 \\ z_0 \end{pmatrix} = \boldsymbol{A} \begin{pmatrix} x_0 \\ y_0 \\ z_0 \end{pmatrix}$$

以$(x_0,y_0,z_0)^{\mathrm{T}}=(15,9,6)^{\mathrm{T}}$代入上式,即得

$$\begin{pmatrix} x_1 \\ y_1 \\ z_1 \end{pmatrix} = \begin{pmatrix} 12.9 \\ 9.9 \\ 7.2 \end{pmatrix}$$

即一年后从事各业人员的人数分别为 12.9 万、9.9 万、7.2 万人.

以及

$$\begin{pmatrix} x_2 \\ y_2 \\ z_2 \end{pmatrix} = \boldsymbol{A} \begin{pmatrix} x_1 \\ y_1 \\ z_1 \end{pmatrix} = \boldsymbol{A}^2 \begin{pmatrix} x_0 \\ y_0 \\ z_0 \end{pmatrix} = \begin{pmatrix} 11.73 \\ 10.23 \\ 8.04 \end{pmatrix}$$

即两年后从事各业人员的人数分别为 11.73 万、10.23 万、8.04 万人.

进而推得

$$\begin{pmatrix} x_n \\ y_n \\ z_n \end{pmatrix} = \boldsymbol{A} \begin{pmatrix} x_{n-1} \\ y_{n-1} \\ z_{n-1} \end{pmatrix} = \boldsymbol{A}^n \begin{pmatrix} x_0 \\ y_0 \\ z_0 \end{pmatrix}$$

即 n 年之后从事各业人员的人数完全由 $\boldsymbol{A}^n$ 决定. 事实上,在学完了 5.3 节之后,运用实对称矩阵的正交对角化方法,可以轻松求得 $\boldsymbol{A}^n$.

1.7　Matlab 辅助计算

1.7.1　矩阵运算

附录 1 会介绍很多有关运用 Matlab 进行矩阵运算的方法,这里再结合本章的内容进行一些必要的补充(%表示后面的描述为注释).

(1) 特殊矩阵函数

函数	描　述	举　例
[]	空矩阵	A(:,2)=[] %删除矩阵 A 的第 2 列
eye	单位矩阵	A=eye(3)
ones	元素全部为 1 的矩阵	A=ones(2,3) %A 为 2×3 元素全 1 矩阵
zeros	元素全部为 0 的矩阵	A=zeros(2,3) %A 为 2×3 元素全 0 矩阵
rand	元素值为 0 到 1 之间均匀分布的随机矩阵	A=rand(3)
randn	元素值服从 0 均值单位方差正态分布的随机矩阵	A=randn(4)
triu	求给定矩阵的上三角阵	B=triu(A)
tril	求给定矩阵的下三角阵	B=tril(A)

(2) 矩阵运算

运算符	描　　述	举　　例
+、-	同维矩阵相加、相减 符号矩阵相加	C=A+B; C=A-B C=symadd(A,B); C=sym(A)+sym(B)
*	数乘运算	C=a*A
*	矩阵乘积运算	C=A*B
′ transpose	转置运算 符号矩阵转置运算	C=A′ C=transpose(A) % A 为符号矩阵
^	幂次方运算	C=A^5
inv	方阵求逆	B=inv(A)
isequal	判断两矩阵是否相等	isequal(A,B)
size	求给定矩阵的维数	size(A) %结果是矩阵 A 的维数
trace	求给定矩阵的主对角元素的和	trace(A)

(3) 初等变换

初等变换	描　　述	举　　例
行变换	数乘某行 $r_i(k)$	A(i, :)=k*A(i, :)
	数乘某行加到另一行 $r_{ij}(k)$	A(j, :)=k*A(i ,:)+A(j, :)
	交换两行 r_{ij}	A=A([按 i 和 j 行交换好位置的顺序排列],:) A=A([1 3 2],:) %A 的第 2 第 3 行进行交换
列变换	数乘某列 $c_i(k)$	A(:, i)=k*A(:, i)
	数乘某列加到另一列 $c_{ij}(k)$	A(:, j)=k*A(: ,i)+A(:, j)
	交换两列 c_{ij}	A=A(:, [按 i 和 j 列交换好位置的顺序排列]) A=A(:, [1 3 2]) %A 的第 2 第 3 列进行交换
rref	将给定矩阵化为行阶梯形形式	rref(A)

1.7.2　应用举例

例 1　下表为某高校在 2003 年和 2004 年入学新生分布情况:

年份	性别	本地	外地
2003	男	2000	500
	女	1300	100
2004	男	2500	300
	女	1400	200

(1) 求 2004 年相对于 2003 年入学人数的增减情况；

(2) 如果 2005 年相对于 2004 年入学增长人数预计比 2004 年相对丁 2003 年入学增长人数上再增加 10%，求 2005 年入学新生的人数分布情况.

解 2003 年入学情况用矩阵 $\boldsymbol{A}$ 表示，2004 年用矩阵 $\boldsymbol{B}$ 表示，即

```
≫A=[2000 500; 1300 100]; B=[2500 300; 1400 200];
```

(1) 2004 年相对于 2003 年新生人数增减情况可由 $\boldsymbol{B}-\boldsymbol{A}$ 求得，即

```
≫B-A
ans=
      500      -200
      100       100
```

即本地男生增加了 500 人，女生增加了 100 人；外地男生减少了 200 人，女生增加了 100 人.

(2) 由 2004 年相对于 2003 年入学增长矩阵为 $\boldsymbol{B}-\boldsymbol{A}$，2005 年人数可由下式求得：

```
≫B+0.10*(B-A)
ans=
      2550      280
      1410      210
```

即 2005 年预计入学人数为本地男生 2550 人，女生 1410 人；外地男生 280 人，女生 210 人.

例 2 针对 1.6 节应用二，给出其 Matlab 计算过程.

解

```
≫X0=[15; 9; 6];                   %X0 为初始从事三种职业的人员数量
≫A=[0.7 0.2 0.1; 0.2 0.7 0.1; 0.1 0.1 0.8];     %A 为从业变动矩阵
≫X1=A*X0
X1=
     12.9000
     9.9000
     7.2000
≫X2=A^2*X0
X2 =
      11.7300
      10.2300
      8.0400
```

如果计算 10 年后从事这三种职业的人数，很容易通过下式求得：

```
≫X10=A^10*X0
X10 =
        10.0594
        10.0536
        9.8870
```

通过 Matlab 运算不难得到，当 $n=100$ 时，即计算 100 年后从事这三种职业的人数，可

以得到：

```
>>X100=A^100*X0
X100=
      10.0000
      10.0000
      10.0000
```

可以发现，最后会达到一个平衡状态（迁移平衡）.

1.7.3 Matlab 练习

1 随机生成三个同阶方阵 $\boldsymbol{A},\boldsymbol{B},\boldsymbol{C}$，验证 $\boldsymbol{A}(\boldsymbol{B}+\boldsymbol{C})=\boldsymbol{AB}+\boldsymbol{AC}$.

2 设 $f(x)=x^5+3x^3-2x+5$，以 $f(\boldsymbol{A})$ 表示矩阵多项式，即 $f(\boldsymbol{A})=\boldsymbol{A}^5+3\boldsymbol{A}^3-2\boldsymbol{A}+5\boldsymbol{I}$，那么当 $\boldsymbol{A}=\begin{pmatrix}1&2&3&4\\2&2&3&4\\3&2&3&4\\4&2&3&4\end{pmatrix}$ 时，求 $f(\boldsymbol{A})$.

3 $\boldsymbol{A}=\begin{pmatrix}1.5&2.4&3.1\\2.3&4.5&5.6\\3.8&4.0&5.0\end{pmatrix}$，$\boldsymbol{B}=\begin{pmatrix}1&2&3\\1.5&2.5&3.5\\2.5&3.5&4.5\end{pmatrix}$，求 $\boldsymbol{AB},\boldsymbol{BA},\boldsymbol{A}^{\mathrm{T}}\boldsymbol{B},\boldsymbol{A}$ 的逆矩阵.

答案

1
```
>>A=rand(4), B=rand(4), C=rand(4);
>>A*(B+C)
>>A*B+A*C
```

2
```
>>A=[1 2 3 4; 2 2 3 4; 3 2 3 4; 4 2 3 4];
>>FA=A^5+3*A^3-2*A+5*eye(4)
FA =
      45363     33516     50274     67032
      49246     36381     54564     72752
      53134     39236     58859     78472
      57022     42096     63144     84197
```

3
```
>>A=[1.5 2.4 3.1; 2.3 4.5 5.6; 3.8 4.0 5.0];
>>B=[1 2 3; 1.5 2.5 3.5; 2.5 3.5 4.5];
>>A*B, B*A, A'*B, inv(A)
ans=
      12.8500     19.8500     26.8500
      23.0500     35.4500     47.8500
      22.3000     35.1000     47.9000

ans=
      17.5000     23.4000     29.3000
```

```
     21.3000     28.8500     36.1500
     28.9000     39.7500     49.8500
ans=
     14.4500     22.0500     29.6500
     19.1500     30.0500     40.9500
     24.0000     37.7000     51.4000
ans=
     -0.1152     -0.4608      0.5876
    -11.2673      4.9309      1.4631
      9.1014     -3.5945     -1.4171
```

练习题答案

1. $\boldsymbol{A}=\begin{pmatrix}3&5&7\\4&6&8\end{pmatrix}$； **2.** 三角阵为 $\boldsymbol{B},\boldsymbol{C},\boldsymbol{D}$；对角阵为 $\boldsymbol{C}$；标量阵为 $\boldsymbol{C}$；

3. $\boldsymbol{A}=\begin{pmatrix}2&1\\1&-1\end{pmatrix}$，$\overline{\boldsymbol{A}}=\begin{pmatrix}2&1&1\\1&-1&2\end{pmatrix}$； **4.** $2\boldsymbol{A}=\begin{pmatrix}2&0\\0&2\end{pmatrix}$，$\boldsymbol{A}-\boldsymbol{B}=\begin{pmatrix}0&-3\\0&-1\end{pmatrix}$，$\boldsymbol{A}-\boldsymbol{C}$ 无意义；

5. 一般不成立，当 $\boldsymbol{AB}=\boldsymbol{BA}$ 时成立；

6. $\boldsymbol{A}=\begin{pmatrix}1&2\\3&4\end{pmatrix}=\begin{pmatrix}1&\frac{5}{2}\\\frac{5}{2}&4\end{pmatrix}+\begin{pmatrix}0&-\frac{1}{2}\\\frac{1}{2}&0\end{pmatrix}=\boldsymbol{B}+\boldsymbol{C}$；

7. $\boldsymbol{A}^{-1}=\boldsymbol{A}$，$\boldsymbol{A}^n=\begin{cases}\boldsymbol{A} & \text{当 } n \text{ 为奇数，}\\ \boldsymbol{I} & \text{当 } n \text{ 为偶数；}\end{cases}$ **8.** $\boldsymbol{C}^n=\begin{pmatrix}\boldsymbol{A}^n&\boldsymbol{O}\\\boldsymbol{O}&\boldsymbol{B}^n\end{pmatrix}$；

9. $\boldsymbol{A}\boldsymbol{e}_i=(\boldsymbol{a}_1,\boldsymbol{a}_2,\cdots,\boldsymbol{a}_n)\boldsymbol{e}_i=\boldsymbol{a}_i$——$\boldsymbol{A}$ 的第 i 列；$(\boldsymbol{e}_i)^{\mathrm{T}}\boldsymbol{A}=(\boldsymbol{e}_i)^T\begin{pmatrix}\boldsymbol{b}_1\\\boldsymbol{b}_2\\\vdots\\\boldsymbol{b}_n\end{pmatrix}=\boldsymbol{b}_i$——$\boldsymbol{A}$ 的第 i 行；

10. $\boldsymbol{R}_{ij}$；

11. $\boldsymbol{A}=\boldsymbol{R}_{12}(3)\boldsymbol{R}_{13}(-1)\boldsymbol{R}_{32}(-5)\boldsymbol{R}_{23}\boldsymbol{R}_3(-12)\boldsymbol{R}_{31}(-1)\boldsymbol{R}_{32}(-3)\boldsymbol{R}_{21}(2)$ 答案不唯一.

习 题 一

1.1 已知两矩阵 $\boldsymbol{A}=\begin{pmatrix}x&2y\\z&-8\end{pmatrix}$，$\boldsymbol{B}=\begin{pmatrix}2u&u\\1&2x\end{pmatrix}$ 相等，求 x,y,z,u 的值.

1.2 已知 $2\begin{pmatrix}3&-1&1\\-2&0&2\end{pmatrix}-3\boldsymbol{X}+\begin{pmatrix}-2&-1&1\\3&1&-1\end{pmatrix}=\boldsymbol{O}$，求矩阵 $\boldsymbol{X}$.

1.3 计算下列乘积：

(1) $(1,2,3)\begin{pmatrix}3\\2\\1\end{pmatrix}$； (2) $\begin{pmatrix}2\\1\\3\end{pmatrix}(1,-3)$； (3) $\begin{pmatrix}1&0&-2&2\\3&2&0&4\\0&1&2&-3\end{pmatrix}\begin{pmatrix}0&2&0\\1&0&0\\0&2&-3\\5&-4&1\end{pmatrix}$；

(4) $(x_1,x_2,x_3)\begin{pmatrix}a_{11} & a_{12} & a_{13}\\ a_{21} & a_{22} & a_{23}\\ a_{31} & a_{32} & a_{33}\end{pmatrix}\begin{pmatrix}x_1\\ x_2\\ x_3\end{pmatrix}$.

1.4 试证两个上三角矩阵的乘积仍为上三角矩阵.

1.5 已知矩阵 $\boldsymbol{A}=\begin{pmatrix}0 & 1 & 0\\ 0 & 0 & 1\\ 0 & 0 & 0\end{pmatrix}$,试求与 $\boldsymbol{A}$ 可交换的所有矩阵.

1.6 设 $\boldsymbol{A}=\begin{pmatrix}1 & 2\\ 1 & 3\end{pmatrix}$,$\boldsymbol{B}=\begin{pmatrix}1 & 0\\ 1 & 2\end{pmatrix}$,问:

(1) $\boldsymbol{AB}=\boldsymbol{BA}$ 吗?

(2) $(\boldsymbol{A}+\boldsymbol{B})^2=\boldsymbol{A}^2+2\boldsymbol{AB}+\boldsymbol{B}^2$ 吗?

(3) $(\boldsymbol{A}+\boldsymbol{B})(\boldsymbol{A}-\boldsymbol{B})=\boldsymbol{A}^2-\boldsymbol{B}^2$ 吗?

1.7 举反例说明下列命题是错误的:

(1) 若 $\boldsymbol{A}^2=\boldsymbol{O}$,则 $\boldsymbol{A}=\boldsymbol{O}$;

(2) 若 $\boldsymbol{A}^2=\boldsymbol{A}$,则 $\boldsymbol{A}=\boldsymbol{O}$ 或 $\boldsymbol{A}=\boldsymbol{I}$;

(3) 若 $\boldsymbol{AX}=\boldsymbol{AY}$,且 $\boldsymbol{A}\neq\boldsymbol{O}$,则 $\boldsymbol{X}=\boldsymbol{Y}$.

1.8 计算下列各题:

(1) $\boldsymbol{A}=\begin{pmatrix}1\\ 2\\ 3\end{pmatrix}\left(1,\frac{1}{2},\frac{1}{3}\right)$,求 $\boldsymbol{A}^4$; (2) $\boldsymbol{A}=\begin{pmatrix}\frac{1}{2} & -\frac{\sqrt{3}}{2}\\ \frac{\sqrt{3}}{2} & \frac{1}{2}\end{pmatrix}$,求 $\boldsymbol{A}^{2005}$;

(3) $\boldsymbol{A}=\begin{pmatrix}\lambda & 1 & 0\\ 0 & \lambda & 1\\ 0 & 0 & \lambda\end{pmatrix}$,求 $\boldsymbol{A}^n$(n 是正整数).

1.9 设 $f(x)=x^3-3x^2+3x+2$,以 $f(\boldsymbol{A})$表示矩阵多项式,即 $f(\boldsymbol{A})=\boldsymbol{A}^3-3\boldsymbol{A}^2+3\boldsymbol{A}+2\boldsymbol{I}$,那么假设 $\boldsymbol{A}=\begin{pmatrix}1 & -1 & 0\\ 0 & 1 & -1\\ 0 & 0 & 1\end{pmatrix}$,试求 $f(\boldsymbol{A})$.

1.10 设矩阵 $\boldsymbol{A}=\begin{pmatrix}2 & 1\\ -4 & -2\end{pmatrix}$,$\boldsymbol{B}=\begin{pmatrix}3 & -1\\ -6 & 2\end{pmatrix}$,求 $\boldsymbol{AB}$,$\boldsymbol{BA}$,$\boldsymbol{B}^{\mathrm{T}}\boldsymbol{A}$ 及 $\boldsymbol{A}^2$.

1.11 把 n 阶矩阵 $\boldsymbol{A}$ 的主对角线元之和定义为它的**迹**(trace),记作 $\mathrm{tr}(\boldsymbol{A})$,即 $\mathrm{tr}(\boldsymbol{A})=\sum_{i=1}^{n}a_{ii}$. 若 $\boldsymbol{B}$ 也是 n 阶矩阵,试证:

$$\mathrm{tr}(\boldsymbol{AB})=\mathrm{tr}(\boldsymbol{BA});\quad \mathrm{tr}(\boldsymbol{AA}^{\mathrm{T}})=\sum_{i=1}^{n}\sum_{j=1}^{n}a_{ij}^2.$$

1.12 设 $\boldsymbol{A}$ 是反对称矩阵,$\boldsymbol{B}$ 为对称矩阵,试证:(1) $\boldsymbol{A}^2$ 为对称矩阵;(2) $\boldsymbol{AB}-\boldsymbol{BA}$ 为对称矩阵;(3) $\boldsymbol{AB}$ 是反对称矩阵的充分必要条件为 $\boldsymbol{AB}=\boldsymbol{BA}$.

1.13 试证:(1) 假设 $\boldsymbol{A}$ 是一个 $m\times n$ 矩阵,则对任一 m 维列向量 $\boldsymbol{x}$,$\boldsymbol{x}^{\mathrm{T}}\boldsymbol{A}=\boldsymbol{0}\Leftrightarrow\boldsymbol{A}=\boldsymbol{O}$;(2) 假设 $\boldsymbol{A}$ 为 $m\times n$ 矩阵,若 $\boldsymbol{x}$ 是任一 m 维列向量,$\boldsymbol{y}$ 是任一 n 维列向量,则 $\boldsymbol{x}^{\mathrm{T}}\boldsymbol{Ay}=0\Leftrightarrow\boldsymbol{A}$

$=\boldsymbol{O}$.

1.14 已知矩阵 $\boldsymbol{A}=\begin{pmatrix}1&-1&-1&-1\\-1&1&-1&-1\\-1&-1&1&-1\\-1&-1&-1&1\end{pmatrix}$,求 $\boldsymbol{A}^n$ 及 $\boldsymbol{A}^{-1}$(n 是正整数).

1.15 已知 n 阶矩阵 $\boldsymbol{A}$ 满足 $\boldsymbol{A}^2+2\boldsymbol{A}-3\boldsymbol{I}=\boldsymbol{O}$,求 $\boldsymbol{A}^{-1}$,$(\boldsymbol{A}+2\boldsymbol{I})^{-1}$,$(\boldsymbol{A}+4\boldsymbol{I})^{-1}$.

1.16 设 $\boldsymbol{A}=\begin{pmatrix}0&0&2&0\\0&0&0&-3\\0&4&0&0\\1&0&0&0\end{pmatrix}$,求 $\boldsymbol{A}^{-1}$.

1.17 求满足下述条件的矩阵 $\boldsymbol{X}$:

(1) $\boldsymbol{A}^{-1}\boldsymbol{X}\boldsymbol{A}=6\boldsymbol{A}+\boldsymbol{X}\boldsymbol{A}$,其中 $\boldsymbol{A}=\begin{pmatrix}\frac{1}{3}&0&0\\0&\frac{1}{4}&0\\0&0&\frac{1}{7}\end{pmatrix}$;

(2) $\boldsymbol{A}\boldsymbol{X}-\boldsymbol{X}+\boldsymbol{I}=\boldsymbol{A}^2$,其中 $\boldsymbol{A}=\begin{pmatrix}1&0&1\\0&2&0\\1&0&1\end{pmatrix}$.

1.18 设 n 阶矩阵 $\boldsymbol{A}$、$\boldsymbol{B}$ 满足 $\boldsymbol{A}+\boldsymbol{B}=\boldsymbol{A}\boldsymbol{B}$.

(1) 证明 $\boldsymbol{A}-\boldsymbol{I}$ 可逆,且 $\boldsymbol{A}\boldsymbol{B}=\boldsymbol{B}\boldsymbol{A}$;(2) 若已知 $\boldsymbol{B}=\begin{pmatrix}1&-3&0\\2&1&0\\0&0&2\end{pmatrix}$,求矩阵 $\boldsymbol{A}$.

1.19 用初等行变换求下列矩阵的逆矩阵:

(1) $\begin{pmatrix}1&2\\-3&4\end{pmatrix}$; (2) $\begin{pmatrix}1&0&4\\2&2&7\\0&1&-2\end{pmatrix}$; (3) $\begin{pmatrix}-11&2&2\\-4&0&1\\6&-1&-1\end{pmatrix}$.

1.20 解下列矩阵方程:

(1) $\begin{pmatrix}2&5\\1&3\end{pmatrix}\boldsymbol{X}=\begin{pmatrix}4&-6\\2&1\end{pmatrix}$; (2) $\begin{pmatrix}0&1&0\\1&0&0\\0&0&1\end{pmatrix}\boldsymbol{X}\begin{pmatrix}1&0&0\\0&0&1\\0&1&0\end{pmatrix}=\begin{pmatrix}1&-4&3\\2&0&-1\\1&-2&0\end{pmatrix}$;

(3) $\boldsymbol{X}\begin{pmatrix}2&1&-1\\2&1&0\\1&-1&1\end{pmatrix}=\begin{pmatrix}1&-1&3\\4&3&2\end{pmatrix}$.

1.21 已知三阶方阵 $\boldsymbol{A}=(a_{ij})$,$\boldsymbol{P}_1=\begin{pmatrix}1&0&0\\0&0&1\\0&1&0\end{pmatrix}$,$\boldsymbol{P}_2=\begin{pmatrix}1&0&0\\0&1&0\\1&0&1\end{pmatrix}$,求 $\boldsymbol{P}_1\boldsymbol{A}\boldsymbol{P}_2$,$\boldsymbol{P}_1\boldsymbol{P}_2\boldsymbol{A}$,$\boldsymbol{A}\boldsymbol{P}_1\boldsymbol{P}_2$.

1.22 设 $\boldsymbol{A}$ 为可逆阵，$\boldsymbol{A}\overset{r_{ij}(k)}{\sim}\boldsymbol{B}$. (1)求 $\boldsymbol{B}^{-1}$ 及 $\boldsymbol{AB}^{-1}$；(2)试证 $\boldsymbol{A}^{-1}\overset{C_{ji}(-k)}{\sim}\boldsymbol{\beta}^{-1}$.

1.23 试对矩阵 $\boldsymbol{A}=\begin{pmatrix}0 & 1 & -1 & 0\\ 4 & -2 & 2 & -8\\ -6 & 3 & -3 & 12\end{pmatrix}$建立标准形分解式.

1.24 对给定的图 $\boldsymbol{G}$：

(1) 求出图 $\boldsymbol{G}$ 的邻接矩阵 $\boldsymbol{A}$；

(2) 求出 $\boldsymbol{A}^2$ 并问 $\boldsymbol{A}^2$ 中的第一行元素告诉了我们关于从点 V_1 出发的长度为 2 的路的什么结论？

(3) 求出 $\boldsymbol{A}^3$，问从 V_2 到 V_4 有几条长度为 3 的路？从 V_2 到 V_4 总共有多少条长度小于等于 3 的路？

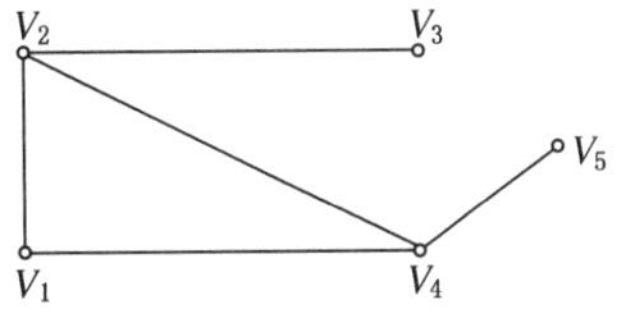

第 1.24 题图

2 行列式

本章主要介绍行列式的定义、性质及其计算方法，然后介绍用行列式求解 n 元线性方程组的**克拉默**(Cramer)**法则**.

2.1 行列式的定义

2.1.1 排列及逆序

作为定义 n 阶行列式的准备，我们先来讨论一下排列及其性质.

定义 1 由 $1,2,\cdots,n$ 组成的一个有序数列称为一个 n **级排列**.

例如，2431 是一个 4 级排列，43512 是一个 5 级排列，我们知道，n 级排列的总数是

$$n\cdot(n-1)\cdot(n-2)\cdots2\cdot1=n!$$

显然 $12\cdots n$ 也是一个 n 级排列，这个排列具有自然顺序，就是按递增的顺序排起来的；其他的排列都或多或少地破坏了自然顺序.

定义 2 在一个排列中，如果两个数的前后位置与大小顺序相反，即前面的数大于后面的数，那么它们就称为一个**逆序**，一个排列中逆序的总数就称为这个排列的**逆序数**.

例如 2431 中，只有 21、43、41、31 是逆序，它的逆序数就是 4. 而 43512 的逆序数是 7.

排列 $j_1j_2\cdots j_n$ 的逆序数记为 $\tau(j_1j_2\cdots j_n)$.

我们称逆序数是偶数的排列为**偶排列**，逆序数是奇数的排列为**奇排列**. 例如，2431 是偶排列，43512 是奇排列.

练习 1 求排列 $n(n-1)(n-2)\cdots21$ 的逆序数.

2.1.2 n 阶行列式的定义

定义 3 对任一 n 阶矩阵 $\boldsymbol{A}=\begin{pmatrix}a_{11}&a_{12}&\cdots&a_{1n}\\a_{21}&a_{22}&\cdots&a_{2n}\\\vdots&\vdots&\ddots&\vdots\\a_{n1}&a_{n2}&\cdots&a_{nn}\end{pmatrix}$，用记号 $\begin{vmatrix}a_{11}&a_{12}&\cdots&a_{1n}\\a_{21}&a_{22}&\cdots&a_{2n}\\\vdots&\vdots&\ddots&\vdots\\a_{n1}&a_{n2}&\cdots&a_{nn}\end{vmatrix}$

表示一个与 $\boldsymbol{A}$ 相联系的数(或表达式)，常称它为 $\boldsymbol{A}$ 的**行列式**(determinant)，记作 $|\boldsymbol{A}|$ 或 $\det\boldsymbol{A}$，而把相联系的那个数称为此行列式的值，它等于所有取自不同行不同列的 n 个元素

乘积

$$a_{1j_1}a_{2j_2}\cdots a_{nj_n}$$

的代数和,这里 $j_1j_2\cdots j_n$ 是 $1,2,\cdots,n$ 的一个排列,故共有 $n!$ 项求和,每一项都按下列规则带有符号:当 $j_1j_2\cdots j_n$ 是偶排列时,带有正号;当 $j_1j_2\cdots j_n$ 是奇排列时,带有负号. 这一定义可写成

$$|\boldsymbol{A}|=\begin{vmatrix} a_{11} & a_{12} & \cdots & a_{1n} \\ a_{21} & a_{22} & \cdots & a_{2n} \\ \vdots & \vdots & \ddots & \vdots \\ a_{n1} & a_{n2} & \cdots & a_{nn} \end{vmatrix}=\sum_{j_1j_2\cdots j_n}(-1)^{\tau(j_1j_2\cdots j_n)}a_{1j_1}a_{2j_2}\cdots a_{nj_n} \qquad (2.1-1)$$

这里 $\sum\limits_{j_1j_2\cdots j_n}$ 表示对所有 n 级排列求和.

规定 1 阶行列式 $|a_{11}|=a_{11}$,注意不要与绝对值符号相混淆.

定义表明,为了计算 n 阶行列式,首先作所有由位于不同行不同列元素的乘积,把构成这些乘积的元素按行标排成自然顺序,然后由列标所构成排列的奇偶性来决定这一项的符号.

例 1 计算下三角矩阵 $\boldsymbol{A}=\begin{pmatrix} a_{11} & 0 & \cdots & 0 \\ a_{21} & a_{22} & \cdots & 0 \\ \vdots & \vdots & \ddots & \vdots \\ a_{n1} & a_{n2} & \cdots & a_{nn} \end{pmatrix}$ 的行列式(简称**下三角行列式**)$|\boldsymbol{A}|$.

解 在行列式中第 1 行的元素除去 a_{11} 以外全为零,因此,只要考虑 $j_1=1$ 的那些项;在第 2 行中,除去 a_{21},a_{22} 外,其余元素全为零,因此 j_2 只有 1,2 这两种可能. 由于 $j_1=1$,所以只能取 $j_2=2$. 这样逐步推下去,不难看出,在展开式中,除去 $a_{11}a_{22}\cdots a_{nn}$ 这一项外,其余的项全为零. 而这一项的列标的排列 $1,2,\cdots,n$ 是一个偶排列,所以这一项带正号. 于是

$$|\boldsymbol{A}|=\begin{vmatrix} a_{11} & 0 & \cdots & 0 \\ a_{21} & a_{22} & \cdots & 0 \\ \vdots & \vdots & \ddots & \vdots \\ a_{n1} & a_{n2} & \cdots & a_{nn} \end{vmatrix}=a_{11}a_{22}\cdots a_{nn} \qquad (2.1-2)$$

同理,**上三角行列式**的值也是对角线元的乘积,对对角矩阵 $\boldsymbol{\Lambda}=\mathrm{diag}[\lambda_1,\lambda_2,\cdots,\lambda_n]$,也有 $|\boldsymbol{\Lambda}|=\lambda_1\lambda_2\cdots\lambda_n$. 特别地,单位阵 $\boldsymbol{I}$ 的行列式等于 1,即 $|\boldsymbol{I}|=1$.

例 2 计算矩阵 $\boldsymbol{A}=\begin{pmatrix} 0 & 0 & \cdots & 0 & a_{1n} \\ 0 & 0 & \cdots & a_{2,n-1} & a_{2n} \\ \vdots & \vdots & \ddots & \vdots & \vdots \\ 0 & a_{n-1,2} & \cdots & a_{n-1,n-1} & a_{n-1,n} \\ a_{n1} & a_{n2} & \cdots & a_{n,n-1} & a_{nn} \end{pmatrix}$ 的行列式 $|\boldsymbol{A}|$.

解 由行列式的定义式(2.1-1)可知,$|\boldsymbol{A}|$ 中除了 $a_{1n}a_{2,n-1}\cdots a_{n1}$ 这一项外,其余的项均为零,故

$$\begin{aligned}|\boldsymbol{A}|&=(-1)^{\tau(n(n-1)\cdots 21)}a_{1n}a_{2,n-1}\cdots a_{n1}=(-1)^{(n-1)+\cdots+2+1}a_{1n}a_{2,n-1}\cdots a_{n1}\\&=(-1)^{\frac{n(n-1)}{2}}a_{1n}a_{2,n-1}\cdots a_{n1}\end{aligned}$$

例 3　试证初等矩阵 $\boldsymbol{R}_{ij}$(或 $\boldsymbol{C}_{ij}$)的行列式为−1.

证　显然 $\boldsymbol{R}_{ij}$ 中取自不同行不同列元素乘积的非零项为 $a_{11}a_{22}\cdots a_{ij}\cdots a_{ji}\cdots a_{nn}=1$,故

$$|\boldsymbol{C}_{ij}|=|\boldsymbol{R}_{ij}|=(-1)^{\tau(12\cdots j\cdots i\cdots n)}=(-1)^{2|j-i|-1}=-1$$

由例 1 和例 3 可知,三类初等矩阵的行列式分别为

$$|\boldsymbol{R}_{ij}|=|\boldsymbol{C}_{ij}|=-1;\ |\boldsymbol{R}_i(\lambda)|=|\boldsymbol{C}_i(\lambda)|=\lambda;\ |\boldsymbol{R}_{ij}(k)|=|\boldsymbol{C}_{ij}(k)|=1$$

从 n 阶行列式的定义式(2.1-1)可知,二阶行列式为

$$\begin{vmatrix} a_{11} & a_{12} \\ a_{21} & a_{22} \end{vmatrix}=a_{11}a_{22}-a_{12}a_{21} \qquad (2.1-3)$$

三阶行列式为

$$\begin{vmatrix} a_{11} & a_{12} & a_{13} \\ a_{21} & a_{22} & a_{23} \\ a_{31} & a_{32} & a_{33} \end{vmatrix}=a_{11}a_{22}a_{33}+a_{12}a_{23}a_{31}+a_{13}a_{21}a_{32}-a_{13}a_{22}a_{31}-a_{12}a_{21}a_{33}-a_{11}a_{23}a_{32}$$

$$=a_{11}\begin{vmatrix} a_{22} & a_{23} \\ a_{32} & a_{33} \end{vmatrix}-a_{12}\begin{vmatrix} a_{21} & a_{23} \\ a_{31} & a_{33} \end{vmatrix}+a_{13}\begin{vmatrix} a_{21} & a_{22} \\ a_{31} & a_{32} \end{vmatrix} \qquad (2.1-4)$$

虽然我们用定义求出了几个特殊的 n 阶行列式的值,但对一般的 n 阶行列式,计算其值却是一个很麻烦的问题. n 阶行列式一共有 $n!$ 个乘积项,当 n 较大时,$n!$ 是个很大的数(例如 10!=3628800),直接从定义来计算行列式几乎是不可能的事. 因而我们下面将介绍 n 阶行列式的展开公式.

练习 2　计算 $\boldsymbol{A}=\begin{pmatrix} 2 & 0 & 0 \\ 0 & 2 & 1 \\ 0 & 3 & 2 \end{pmatrix}$的行列式.

2.2　n 阶行列式的展开公式

定义 1　在行列式

$$\begin{vmatrix} a_{11} & \cdots & a_{1j} & \cdots & a_{1n} \\ \vdots & \ddots & \vdots & \vdots & \vdots \\ a_{i1} & \cdots & a_{ij} & \cdots & a_{in} \\ \vdots & \vdots & \vdots & \ddots & \vdots \\ a_{n1} & \cdots & a_{nj} & \cdots & a_{nn} \end{vmatrix}$$

中划去元素 a_{ij} 所在的第 i 行与第 j 列,剩下的 $(n-1)^2$ 个元素按原来的排法构成一个 $n-1$ 阶的行列式称为元素 a_{ij} 的**余子式,**记作 M_{ij}. 称 $(-1)^{i+j}M_{ij}$ 为 a_{ij} 的**代数余子式**,记为 A_{ij},即

$$A_{ij}=(-1)^{i+j}M_{ij}$$

对给定的行列式,元素 a_{ij} 的代数余子式只与 a_{ij} 所在的位置有关,而与 a_{ij} 的值无关.

那么按这个定义,式(2.1-4)可以改写为

$$\begin{vmatrix} a_{11} & a_{12} & a_{13} \\ a_{21} & a_{22} & a_{23} \\ a_{31} & a_{32} & a_{33} \end{vmatrix}=a_{11}\begin{vmatrix} a_{22} & a_{23} \\ a_{32} & a_{33} \end{vmatrix}-a_{12}\begin{vmatrix} a_{21} & a_{23} \\ a_{31} & a_{33} \end{vmatrix}+a_{13}\begin{vmatrix} a_{21} & a_{22} \\ a_{31} & a_{32} \end{vmatrix}$$

$$=a_{11}M_{11}-a_{12}M_{12}+a_{13}M_{13}=a_{11}A_{11}+a_{12}A_{12}+a_{13}A_{13}$$

由上式推广可得 n 阶行列式的展开公式.

定理 1 对 n 阶行列式,可以按第 i 行元素展开,即有

$$\begin{vmatrix} a_{11} & a_{12} & \cdots & a_{1n} \\ a_{21} & a_{22} & \cdots & a_{2n} \\ \vdots & \vdots & \ddots & \vdots \\ a_{n1} & a_{n2} & \cdots & a_{nn} \end{vmatrix}=a_{i1}A_{i1}+a_{i2}A_{i2}+\cdots+a_{in}A_{in}=\sum_{k=1}^{n}a_{ik}A_{ik} \qquad (2.2-1)$$

其中 A_{ij} 是元素 a_{ij} 的代数余子式($i,j=1,2,\cdots,n$).

事实上,行列式还可按第 j 列展开,即有

$$\begin{vmatrix} a_{11} & a_{12} & \cdots & a_{1n} \\ a_{21} & a_{22} & \cdots & a_{2n} \\ \vdots & \vdots & \ddots & \vdots \\ a_{n1} & a_{n2} & \cdots & a_{nn} \end{vmatrix}=a_{1j}A_{1j}+a_{2j}A_{2j}+\cdots+a_{nj}A_{nj}=\sum_{k=1}^{n}a_{kj}A_{kj} \qquad (2.2-2)$$

其中 A_{ij} 是元素 a_{ij} 的代数余子式($i,j=1,2,\cdots,n$).

有了这个定理,可以通过按某一行(列)展开而降低行列式的阶数,进而一定程度地简化了行列式的计算.

例 1 计算四阶矩阵 $\boldsymbol{A}=\begin{pmatrix} 3 & 0 & 0 & 0 \\ 3 & 2 & 4 & -1 \\ -1 & 0 & 5 & 0 \\ 2 & 0 & 6 & -1 \end{pmatrix}$ 的行列式.

解 由式(2.2-1)和式(2.2-2)可得

$$|\boldsymbol{A}|=3\times(-1)^{1+1}\begin{vmatrix} 2 & 4 & -1 \\ 0 & 5 & 0 \\ 0 & 6 & -1 \end{vmatrix}=3\times2\times(-1)^{1+1}\begin{vmatrix} 5 & 0 \\ 6 & -1 \end{vmatrix}=3\times2\times5\times(-1)^{1+1}\times(-1)=-30$$

例 2 计算三阶矩阵 $\boldsymbol{A}=\begin{pmatrix} 1 & 3 & 5 \\ 0 & 2 & 0 \\ -1 & 2 & 1 \end{pmatrix}$ 的行列式.

解 由式(2.2-1)和式(2.2-2),按第 1 行展开,有

$$|\boldsymbol{A}|=1\times(-1)^{1+1}\begin{vmatrix} 2 & 0 \\ 2 & 1 \end{vmatrix}+3\times(-1)^{1+2}\begin{vmatrix} 0 & 0 \\ -1 & 1 \end{vmatrix}+5\times(-1)^{1+3}\begin{vmatrix} 0 & 2 \\ -1 & 2 \end{vmatrix}=2+0+10=12$$

或按第 1 列展开得

$$|\boldsymbol{A}|=1\times(-1)^{1+1}\begin{vmatrix} 2 & 0 \\ 2 & 1 \end{vmatrix}+0\times(-1)^{2+1}\begin{vmatrix} 3 & 5 \\ 2 & 1 \end{vmatrix}+(-1)\times(-1)^{3+1}\begin{vmatrix} 3 & 5 \\ 2 & 0 \end{vmatrix}=2+0+10=12$$

或按第 2 行展开得

$$|\boldsymbol{A}|=2\times(-1)^{2+2}\begin{vmatrix} 1 & 5 \\ -1 & 1 \end{vmatrix}=12$$

事实上,用行列式的展开公式计算行列式时,应尽可能地按含零较多的行或列展开.

用式(2.2-1)和式(2.2-2)来重解 2.1 的例 1,例 2 留给读者完成.

练习 3 用定理 1 计算初等矩阵 $\boldsymbol{R}_{ij}$ 的行列式.

2.3 行列式的性质

在行列式的计算与应用中,以下这些性质或推论极为重要. 这些性质的证明大多可用行列式的展开公式结合数学归纳法证得.

性质 1 方阵 $\boldsymbol{A}$ 的行列式等于其转置矩阵 $\boldsymbol{A}^{\mathrm{T}}$ 的行列式,即 $|\boldsymbol{A}^{\mathrm{T}}|=|\boldsymbol{A}|$.

证 对 $|\boldsymbol{A}^{\mathrm{T}}|$ 按第 1 行展开,$|\boldsymbol{A}|$ 按第 1 列展开,结合数学归纳法即可得证.

据此性质可知,对行列式的“行”成立的一般性质,对“列”也成立;反之亦然.

性质 2 如果行列式中有两行(或列)相同,则行列式等于零.

证 用数学归纳法证明. 结论对二阶行列式显然成立. 当 $n\geqslant 3$ 时,假设结论对 $n-1$ 阶行列式成立,在 n 阶的情况下,设第 i 行与第 j 行相同,对第 k 行展开($k\neq i,j$),则

$$|\boldsymbol{A}|=a_{k1}A_{k1}+a_{k2}A_{k2}+\cdots+a_{kn}A_{kn}=\sum_{s=1}^{n}a_{ks}(-1)^{k+s}M_{ks}$$

由于 $M_{ks}(s=1,2,\cdots,n)$ 是 $n-1$ 阶行列式,且其中都有两行元素相等,所以由归纳假设知 M_{ks} 全为零,故 $|\boldsymbol{A}|=0$.

性质 3 如果某一行(或列)元素是两组数的和,那么这个行列式就等于两个行列式的和,而这两个行列式除这一行(或列)外全与原行列式对应的行(或列)一样. 即

$$\begin{vmatrix} a_{11} & \cdots & a_{1j} & \cdots & a_{1n} \\ \vdots & \ddots & \vdots & \vdots & \vdots \\ a_{i1}+b_{i1} & \cdots & a_{ij}+b_{ij} & \cdots & a_{in}+b_{in} \\ \vdots & \vdots & \vdots & \ddots & \vdots \\ a_{n1} & \cdots & a_{nj} & \cdots & a_{nn} \end{vmatrix}$$

$$=\begin{vmatrix} a_{11} & \cdots & a_{1j} & \cdots & a_{1n} \\ \vdots & \ddots & \vdots & \vdots & \vdots \\ a_{i1} & \cdots & a_{ij} & \cdots & a_{in} \\ \vdots & \vdots & \vdots & \ddots & \vdots \\ a_{n1} & \cdots & a_{nj} & \cdots & a_{nn} \end{vmatrix}+\begin{vmatrix} a_{11} & \cdots & a_{1j} & \cdots & a_{1n} \\ \vdots & \ddots & \vdots & \vdots & \vdots \\ b_{i1} & \cdots & b_{ij} & \cdots & b_{in} \\ \vdots & \vdots & \vdots & \ddots & \vdots \\ a_{n1} & \cdots & a_{nj} & \cdots & a_{nn} \end{vmatrix}$$

事实上,只要对等号两边的行列式都按第 i 行展开,这个性质即得证.

性质 4 (行列式的初等变换)若将初等行(或列)变换用于 n 阶行列式:

(1) 将方阵 $\boldsymbol{A}$ 中的某行(或列)乘以数 λ 得到 $\boldsymbol{B}$,则 $|\boldsymbol{B}|=\lambda|\boldsymbol{A}|$;

(2) 将方阵 $\boldsymbol{A}$ 中的某行(或列)的 k 倍加到另一行(或列)得到 $\boldsymbol{B}$,则 $|\boldsymbol{B}|=|\boldsymbol{A}|$;

(3) 交换方阵 $\boldsymbol{A}$ 的任两行(或列)得到 $\boldsymbol{B}$,则 $|\boldsymbol{B}|=-|\boldsymbol{A}|$.

证 (1) 对 $|\boldsymbol{B}|$ 按乘以 λ 的那一行(或列)展开即得 $|\boldsymbol{B}|=\lambda|\boldsymbol{A}|$.

(2) 用列分块法表示矩阵 $\boldsymbol{A}=[\boldsymbol{a}_1,\cdots,\boldsymbol{a}_i,\cdots,\boldsymbol{a}_j,\cdots,\boldsymbol{a}_n]$,将 $\boldsymbol{a}_j$ 的 k 倍加到 $\boldsymbol{a}_i$ 上去($i\neq j$)得到矩阵 $\boldsymbol{B}$,由性质 3 和性质 2 及(1)知

$$\begin{aligned}|\boldsymbol{B}|&=|\boldsymbol{a}_1,\cdots,\boldsymbol{a}_i+k\boldsymbol{a}_j,\cdots,\boldsymbol{a}_j,\cdots,\boldsymbol{a}_n|\\&=|\boldsymbol{a}_1,\cdots,\boldsymbol{a}_i,\cdots,\boldsymbol{a}_j,\cdots,\boldsymbol{a}_n|+|\boldsymbol{a}_1,\cdots,k\boldsymbol{a}_j,\cdots,\boldsymbol{a}_j,\cdots,\boldsymbol{a}_n|\end{aligned}$$

$$=|\boldsymbol{A}|+0=|\boldsymbol{A}|$$

(2)的结论告诉我们,方阵经过第3类初等变换其行列式的值是保持不变的,这是简化行列式的有效手段.

(3) 交换 i,j 两列后,由(2)及(1)可知

$$|\boldsymbol{A}|=|\boldsymbol{a}_1,\cdots,\boldsymbol{a}_i,\cdots,\boldsymbol{a}_j,\cdots,\boldsymbol{a}_n|\overset{c_{ji}(1)}{=\!=}|\boldsymbol{a}_1,\cdots,\boldsymbol{a}_i+\boldsymbol{a}_j,\cdots,\boldsymbol{a}_j,\cdots,\boldsymbol{a}_n|$$
$$\overset{c_{ij}(-1)}{=\!=}|\boldsymbol{a}_1,\cdots,\boldsymbol{a}_i+\boldsymbol{a}_j,\cdots,-\boldsymbol{a}_i,\cdots,\boldsymbol{a}_n|\overset{c_{ji}(1)}{=\!=}|\boldsymbol{a}_1,\cdots,\boldsymbol{a}_j,\cdots,-\boldsymbol{a}_i,\cdots,\boldsymbol{a}_n|$$
$$=-|\boldsymbol{a}_1,\cdots,\boldsymbol{a}_j,\cdots,\boldsymbol{a}_i,\cdots,\boldsymbol{a}_n|=-|\boldsymbol{B}|$$

推论1 一行(或列)元素全为零的行列式等于零.

推论2 若有两行(或列)元素对应成比例,则行列式等于零.

推论3 对 n 阶方阵 $\boldsymbol{A}$,有 $|k\boldsymbol{A}|=k^n|\boldsymbol{A}|$.

例1 计算四阶行列式

$$|\boldsymbol{A}|=\begin{vmatrix}0&2&1&-1\\1&-5&3&-4\\1&3&-1&2\\-5&1&3&-3\end{vmatrix}.$$

解 $$|\boldsymbol{A}|\overset{r_{12}}{=\!=}-\begin{vmatrix}1&-5&3&-4\\0&2&1&-1\\1&3&-1&2\\-5&1&3&-3\end{vmatrix}\overset{r_{13}(-1)}{\underset{r_{14}(5)}{=\!=}}-\begin{vmatrix}1&-5&3&-4\\0&2&1&-1\\0&8&-4&6\\0&-24&18&-23\end{vmatrix}$$

$$\overset{r_{23}(-4)}{\underset{r_{24}(12)}{=\!=}}-\begin{vmatrix}1&-5&3&-4\\0&2&1&-1\\0&0&-8&10\\0&0&30&-35\end{vmatrix}\overset{r_{34}(\frac{30}{8})}{=\!=}-\begin{vmatrix}1&-5&3&-4\\0&2&1&-1\\0&0&-8&10\\0&0&0&\frac{5}{2}\end{vmatrix}$$

$$=-1\times2\times(-8)\times\frac{5}{2}=40$$

例2 计算四阶行列式

$$|\boldsymbol{A}|=\begin{vmatrix}a&b&c&d\\a&d&c&b\\c&d&a&b\\c&b&a&d\end{vmatrix}.$$

解法1 由性质4和性质2可知

$$|\boldsymbol{A}|\overset{r_{13}(1)}{\underset{r_{24}(1)}{=\!=}}\begin{vmatrix}a&b&c&d\\a&d&c&b\\a+c&b+d&a+c&b+d\\a+c&b+d&a+c&b+d\end{vmatrix}=0$$

解法2 由性质4和性质2可知

$$|\boldsymbol{A}|\overset{r_{12}(-1)}{\underset{r_{34}(-1)}{=}}\begin{vmatrix} a & b & c & d \\ 0 & d-b & 0 & b-d \\ c & d & a & b \\ 0 & b-d & 0 & d-b \end{vmatrix}=(d-b)(b-d)\begin{vmatrix} a & b & c & d \\ 0 & 1 & 0 & -1 \\ c & d & a & b \\ 0 & 1 & 0 & -1 \end{vmatrix}=0$$

例 3 证明奇数阶反对称矩阵的行列式必为零.

证 设 $\boldsymbol{A}$ 是 n 阶反对称矩阵,n 是奇数,则由 $\boldsymbol{A}^{\mathrm{T}}=-\boldsymbol{A}$,得 $|\boldsymbol{A}^{\mathrm{T}}|=|-\boldsymbol{A}|$,又由性质 1 知,$|\boldsymbol{A}^{\mathrm{T}}|=|\boldsymbol{A}|$,再由性质 4 的推论 3 知,$|-\boldsymbol{A}|=(-1)^n|\boldsymbol{A}|$,即得

$$|\boldsymbol{A}|=(-1)^n|\boldsymbol{A}|$$

而 n 是奇数,故必有 $|\boldsymbol{A}|=-|\boldsymbol{A}|$,即 $|\boldsymbol{A}|=0$.

性质 5 对于 n 阶行列式 $|\boldsymbol{A}|$,若 $i\neq k$,则有

$$\sum_{j=1}^{n} a_{ij}A_{kj}=0$$

若 $j\neq k$,则有

$$\sum_{i=1}^{n} a_{ij}A_{ik}=0$$

证 如果令第 k 行的元素等于另外一行,譬如说,等于第 i 行元素,也就是

$$a_{kj}=a_{ij}\quad (j=1,\cdots,n,k\neq i)$$

于是按第 k 行展开,有

$$\sum_{j=1}^{n} a_{ij}A_{kj}=\begin{vmatrix} a_{11} & \cdots & a_{1n} \\ \cdots & \cdots & \cdots \\ a_{i1} & \cdots & a_{in} \\ \cdots & \cdots & \cdots \\ a_{i1} & \cdots & a_{in} \\ \cdots & \cdots & \cdots \\ a_{n1} & \cdots & a_{nn} \end{vmatrix}\begin{matrix} \\ \\ \\ \\ \leftarrow\text{第 } k \text{ 行} \\ \\ \\ \end{matrix}$$

而等号右端的行列式含有两个相同的行,应该为零,于是性质得证. 这就是说,行列式中一行(或列)元素与另一行(或列)相应元素的代数余子式的乘积之和为零. 那么可将式(2.2-1)、式(2.2-2)及性质 5 的结果统一成

$$\sum_{j=1}^{n} a_{ij}A_{kj}=\begin{cases} |\boldsymbol{A}|, & i=k; \\ 0, & i\neq k. \end{cases} \tag{2.3-1}$$

$$\sum_{i=1}^{n} a_{ij}A_{ik}=\begin{cases} |\boldsymbol{A}|, & j=k; \\ 0, & j\neq k. \end{cases} \tag{2.3-2}$$

例 4 已知五阶行列式

$$|\boldsymbol{A}|=\begin{vmatrix} 1 & 1 & 1 & 2 & 1 \\ 3 & 3 & 3 & 1 & 1 \\ 0 & 1 & 2 & 2 & 3 \\ 5 & 5 & 5 & -4 & -4 \\ 1 & 1 & 0 & 5 & 7 \end{vmatrix}=17,$$

试求 $A_{41}+A_{42}+A_{43}$ 以及 $A_{44}+A_{45}$(其中的 $A_{4j}(j=1,\cdots,5)$是元素 a_{4j} 的代数余子式).

解 将行列式按第4行展开,得

$$5A_{41}+5A_{42}+5A_{43}-4A_{44}-4A_{45}=17$$

再用行列式的第2行与第4行对应元素的代数余子式作乘积之和,由性质5,即得

$$3A_{41}+3A_{42}+3A_{43}+1A_{44}+1A_{45}=0$$

令 $x=A_{41}+A_{42}+A_{43}$,$y=A_{44}+A_{45}$,则求解

$$\begin{cases}5x-4y=17,\\3x+y=0\end{cases}$$

得

$$A_{41}+A_{42}+A_{43}=x=1,A_{44}+A_{45}=y=-3.$$

性质6 设 $\boldsymbol{L}$ 是有如下分块形式的$(n+p)$阶矩阵:

$$\boldsymbol{L}=\begin{pmatrix}\boldsymbol{A} & \boldsymbol{O}\\\boldsymbol{C} & \boldsymbol{B}\end{pmatrix}=\begin{pmatrix}a_{11} & \cdots & a_{1n} & & & \\ \vdots & & \vdots & & \boldsymbol{O} & \\ a_{n1} & \cdots & a_{nn} & & & \\ c_{11} & \cdots & c_{1n} & b_{11} & \cdots & b_{1p}\\ \vdots & & \vdots & \vdots & & \vdots\\ c_{p1} & \cdots & c_{pn} & b_{p1} & \cdots & b_{pp}\end{pmatrix}$$

则有

$$|\boldsymbol{L}|=|\boldsymbol{A}||\boldsymbol{B}| \tag{2.3-3}$$

证 对$|\boldsymbol{A}|$作变换$r_{ij}(k)$,把$|\boldsymbol{A}|$化为下三角行列式,设为

$$|\boldsymbol{A}|=\begin{vmatrix}u_{11} & & \boldsymbol{O}\\ \vdots & \ddots & \\ u_{n1} & \cdots & u_{nn}\end{vmatrix}=u_{11}u_{22}\cdots u_{nn}$$

对$|\boldsymbol{B}|$作变换$c_{ij}(k)$,把$|\boldsymbol{B}|$化为下三角行列式,设为

$$|\boldsymbol{B}|=\begin{vmatrix}v_{11} & & \boldsymbol{O}\\ \vdots & \ddots & \\ v_{p1} & \cdots & v_{pp}\end{vmatrix}=v_{11}v_{22}\cdots v_{pp}$$

于是,对$|\boldsymbol{L}|$的前 n 行作变换$r_{ij}(k)$,再对后 p 列作变换$c_{ij}(k)$,就把$|\boldsymbol{L}|$化为下三角行列式

$$|\boldsymbol{L}|=\begin{vmatrix}\boldsymbol{A} & \boldsymbol{O}\\\boldsymbol{C} & \boldsymbol{B}\end{vmatrix}=\begin{vmatrix}u_{11} & & & & & \\ \vdots & \ddots & & & & \\ u_{n1} & \cdots & u_{nn} & & & \\ c_{11} & \cdots & c_{1n} & v_{11} & & \\ \vdots & & \vdots & \vdots & \ddots & \\ c_{p1} & \cdots & c_{pn} & v_{p1} & \cdots & v_{pp}\end{vmatrix}$$

故

$$|\boldsymbol{L}|=u_{11}u_{22}\cdots u_{nn}\cdot v_{11}v_{22}\cdots v_{pp}=|\boldsymbol{A}||\boldsymbol{B}|$$

由性质1知,当 $\boldsymbol{A}$,$\boldsymbol{B}$ 是方阵时,当然也成立

$$|\boldsymbol{U}|=\begin{vmatrix}\boldsymbol{A} & \boldsymbol{C}\\ \boldsymbol{O} & \boldsymbol{B}\end{vmatrix}=|\boldsymbol{A}||\boldsymbol{B}| \tag{2.3-4}$$

推论 若 $\boldsymbol{A},\boldsymbol{B}$ 是同阶方阵,则有

$$|\boldsymbol{AB}|=|\boldsymbol{A}||\boldsymbol{B}| \tag{2.3-5}$$

证 设 $\boldsymbol{A}=\begin{pmatrix}a_{11} & a_{12} & \cdots & a_{1n}\\ a_{21} & a_{22} & \cdots & a_{2n}\\ \vdots & \vdots & \ddots & \vdots\\ a_{n1} & a_{n2} & \cdots & a_{nn}\end{pmatrix}$,$\boldsymbol{B}=\begin{pmatrix}b_{11} & b_{12} & \cdots & b_{1n}\\ b_{21} & b_{22} & \cdots & b_{2n}\\ \vdots & \vdots & \ddots & \vdots\\ b_{n1} & b_{n2} & \cdots & b_{nn}\end{pmatrix}$,$\boldsymbol{D}=\begin{pmatrix}\boldsymbol{A} & \boldsymbol{O}\\ -\boldsymbol{I} & \boldsymbol{B}\end{pmatrix}$,则由性质 4 可知

$$|\boldsymbol{D}|=\begin{vmatrix}\boldsymbol{A} & \boldsymbol{O}\\ -\boldsymbol{I} & \boldsymbol{B}\end{vmatrix}=\begin{vmatrix}\boldsymbol{O} & \boldsymbol{AB}\\ -\boldsymbol{I} & \boldsymbol{B}\end{vmatrix}=(-1)^n\begin{vmatrix}-\boldsymbol{I} & \boldsymbol{B}\\ \boldsymbol{O} & \boldsymbol{AB}\end{vmatrix}$$

$$=(-1)^n(-1)^n\begin{vmatrix}\boldsymbol{I} & \boldsymbol{B}\\ \boldsymbol{O} & \boldsymbol{AB}\end{vmatrix}=|\boldsymbol{I}||\boldsymbol{AB}|=|\boldsymbol{AB}|$$

而由性质 6 可知,$|\boldsymbol{D}|=|\boldsymbol{A}||\boldsymbol{B}|$,故成立 $|\boldsymbol{AB}|=|\boldsymbol{A}||\boldsymbol{B}|$.

例 5 计算四阶行列式 $D=\begin{vmatrix}a & b & c & d\\ -b & a & -d & c\\ -c & d & a & -b\\ -d & -c & b & a\end{vmatrix}$.

解 令行列式对应的矩阵为 $\boldsymbol{A}$,即 $D=|\boldsymbol{A}|$,若能求出 $|\boldsymbol{A}|^2$,则基本上解决了问题. 由

$$|\boldsymbol{A}|^2=|\boldsymbol{A}||\boldsymbol{A}|=|\boldsymbol{A}||\boldsymbol{A}^{\mathrm{T}}|=|\boldsymbol{AA}^{\mathrm{T}}|$$

$$\boldsymbol{AA}^{\mathrm{T}}=\begin{pmatrix}a & b & c & d\\ -b & a & -d & c\\ -c & d & a & -b\\ -d & -c & b & a\end{pmatrix}\begin{pmatrix}a & -b & -c & -d\\ b & a & d & -c\\ c & -d & a & b\\ d & c & -b & a\end{pmatrix}=\begin{pmatrix}s & 0 & 0 & 0\\ 0 & s & 0 & 0\\ 0 & 0 & s & 0\\ 0 & 0 & 0 & s\end{pmatrix}$$

(其中 $s=a^2+b^2+c^2+d^2$),即得

$$|\boldsymbol{A}|^2=|\boldsymbol{AA}^{\mathrm{T}}|=\begin{vmatrix}s & 0 & 0 & 0\\ 0 & s & 0 & 0\\ 0 & 0 & s & 0\\ 0 & 0 & 0 & s\end{vmatrix}=s^4=(a^2+b^2+c^2+d^2)^4$$

故 $D=|\boldsymbol{A}|=\pm(a^2+b^2+c^2+d^2)^2$,但由行列式的定义,在其展开式中乘积项 a^4 的列标构成的排列是个偶排列,所以 a^4 的符号为正,进而有

$$D=(a^2+b^2+c^2+d^2)^2$$

例 6 已知 $\boldsymbol{A},\boldsymbol{B}$ 均为 n 阶方阵,证明

$$\begin{vmatrix}\boldsymbol{A} & \boldsymbol{B}\\ \boldsymbol{B} & \boldsymbol{A}\end{vmatrix}=|\boldsymbol{A}+\boldsymbol{B}||\boldsymbol{A}-\boldsymbol{B}|.$$

证 因为

$$\begin{pmatrix}\boldsymbol{I} & \boldsymbol{I}\\ \boldsymbol{O} & \boldsymbol{I}\end{pmatrix}\begin{pmatrix}\boldsymbol{A} & \boldsymbol{B}\\ \boldsymbol{B} & \boldsymbol{A}\end{pmatrix}\begin{pmatrix}\boldsymbol{I} & -\boldsymbol{I}\\ \boldsymbol{O} & \boldsymbol{I}\end{pmatrix}=\begin{pmatrix}\boldsymbol{A}+\boldsymbol{B} & \boldsymbol{B}+\boldsymbol{A}\\ \boldsymbol{B} & \boldsymbol{A}\end{pmatrix}\begin{pmatrix}\boldsymbol{I} & -\boldsymbol{I}\\ \boldsymbol{O} & \boldsymbol{I}\end{pmatrix}=\begin{pmatrix}\boldsymbol{A}+\boldsymbol{B} & \boldsymbol{O}\\ \boldsymbol{B} & \boldsymbol{A}-\boldsymbol{B}\end{pmatrix}$$

两边取行列式,由性质 6 即得

$$\begin{vmatrix} \boldsymbol{A} & \boldsymbol{B} \\ \boldsymbol{B} & \boldsymbol{A} \end{vmatrix} = \begin{vmatrix} \boldsymbol{A}+\boldsymbol{B} & \boldsymbol{O} \\ \boldsymbol{B} & \boldsymbol{A}-\boldsymbol{B} \end{vmatrix} = |\boldsymbol{A}+\boldsymbol{B}|\,|\boldsymbol{A}-\boldsymbol{B}|$$

例 7 设 $\boldsymbol{A},\boldsymbol{D}$ 均为方阵,且 $|\boldsymbol{A}|\neq 0$,证明

$$\begin{vmatrix} \boldsymbol{A} & \boldsymbol{B} \\ \boldsymbol{C} & \boldsymbol{D} \end{vmatrix} = |\boldsymbol{A}|\,|\boldsymbol{D}-\boldsymbol{C}\boldsymbol{A}^{-1}\boldsymbol{B}|.$$

证 利用分块初等变换尝试着将左式化为分块上三角阵. 由 1.5.3 节中式(1.5-5)的分析可知,因为

$$\begin{pmatrix} \boldsymbol{A} & \boldsymbol{B} \\ \boldsymbol{C} & \boldsymbol{D} \end{pmatrix} \sim \begin{pmatrix} \boldsymbol{A} & \boldsymbol{B} \\ \boldsymbol{O} & \boldsymbol{D}-\boldsymbol{C}\boldsymbol{A}^{-1}\boldsymbol{B} \end{pmatrix}$$

即

$$\begin{pmatrix} \boldsymbol{I} & \boldsymbol{O} \\ -\boldsymbol{C}\boldsymbol{A}^{-1} & \boldsymbol{I} \end{pmatrix} \begin{pmatrix} \boldsymbol{A} & \boldsymbol{B} \\ \boldsymbol{C} & \boldsymbol{D} \end{pmatrix} = \begin{pmatrix} \boldsymbol{A} & \boldsymbol{B} \\ \boldsymbol{O} & \boldsymbol{D}-\boldsymbol{C}\boldsymbol{A}^{-1}\boldsymbol{B} \end{pmatrix}$$

所以,两边取行列式得

$$\begin{vmatrix} \boldsymbol{A} & \boldsymbol{B} \\ \boldsymbol{C} & \boldsymbol{D} \end{vmatrix} = \begin{vmatrix} \boldsymbol{A} & \boldsymbol{B} \\ \boldsymbol{O} & \boldsymbol{D}-\boldsymbol{C}\boldsymbol{A}^{-1}\boldsymbol{B} \end{vmatrix} = |\boldsymbol{A}|\,|\boldsymbol{D}-\boldsymbol{C}\boldsymbol{A}^{-1}\boldsymbol{B}|$$

特别当 $\boldsymbol{AC}=\boldsymbol{CA}$ 时,有 $\begin{vmatrix} \boldsymbol{A} & \boldsymbol{B} \\ \boldsymbol{C} & \boldsymbol{D} \end{vmatrix} = |\boldsymbol{AD}-\boldsymbol{CB}|$

同理可证:当 $|\boldsymbol{D}|\neq 0$ 时,有 $\begin{vmatrix} \boldsymbol{A} & \boldsymbol{B} \\ \boldsymbol{C} & \boldsymbol{D} \end{vmatrix} = |\boldsymbol{D}|\,|\boldsymbol{A}-\boldsymbol{B}\boldsymbol{D}^{-1}\boldsymbol{C}|$

特别当 $\boldsymbol{DB}=\boldsymbol{BD}$ 时,有 $\begin{vmatrix} \boldsymbol{A} & \boldsymbol{B} \\ \boldsymbol{C} & \boldsymbol{D} \end{vmatrix} = |\boldsymbol{DA}-\boldsymbol{BC}|$

当 $\boldsymbol{A},\boldsymbol{D}$ 都可逆时,有 $\begin{vmatrix} \boldsymbol{A} & \boldsymbol{B} \\ \boldsymbol{C} & \boldsymbol{D} \end{vmatrix} = |\boldsymbol{A}|\,|\boldsymbol{D}-\boldsymbol{C}\boldsymbol{A}^{-1}\boldsymbol{B}| = |\boldsymbol{D}|\,|\boldsymbol{A}-\boldsymbol{B}\boldsymbol{D}^{-1}\boldsymbol{C}|$,即

$$|\boldsymbol{D}-\boldsymbol{C}\boldsymbol{A}^{-1}\boldsymbol{B}| = \frac{|\boldsymbol{D}|}{|\boldsymbol{A}|}|\boldsymbol{A}-\boldsymbol{B}\boldsymbol{D}^{-1}\boldsymbol{C}| \tag{2.3-6}$$

注 式(2.3-6)在处理 $\boldsymbol{D}$ 为对角可逆阵、$\boldsymbol{C}$ 是列向量、$\boldsymbol{B}$ 是行向量时,特别方便,因为它将 n 阶行列式的计算转化为 1 阶行列式的计算.

例 8 计算行列式 $\begin{vmatrix} x_1^2+1 & x_1x_2 & x_1x_3 & x_1x_4 \\ x_2x_1 & x_2^2+1 & x_2x_3 & x_2x_4 \\ x_3x_1 & x_3x_2 & x_3^2+1 & x_3x_4 \\ x_4x_1 & x_4x_2 & x_4x_3 & x_4^2+1 \end{vmatrix}$.

解 由式(2.3-6)可得,原式 $=\left|\boldsymbol{I}+\begin{pmatrix} x_1 \\ x_2 \\ x_3 \\ x_4 \end{pmatrix}(x_1,x_2,x_3,x_4)\right| = \left|\boldsymbol{I}+\begin{pmatrix} x_1 \\ x_2 \\ x_3 \\ x_4 \end{pmatrix}1^{-1}(x_1,x_2,x_3,x_4)\right|$

$$=\frac{|\boldsymbol{I}|}{1}\left|1+(x_1,x_2,x_3,x_4)\boldsymbol{I}^{-1}\begin{pmatrix}x_1\\x_2\\x_3\\x_4\end{pmatrix}\right|=1+x_1^2+x_2^2+x_3^2+x_4^2$$

练习 4 已知 $\boldsymbol{A}=(\boldsymbol{\alpha}_1,\boldsymbol{\alpha}_2,\boldsymbol{\alpha}_3)$, $|\boldsymbol{A}|=3$, 求 $|\boldsymbol{\alpha}_3-2\boldsymbol{\alpha}_2+3\boldsymbol{\alpha}_1,4\boldsymbol{\alpha}_2,3\boldsymbol{\alpha}_1|$ 的值.

练习 5 计算行列式 $\begin{vmatrix}1&1&1\\1&0&2\\1&-1&1\end{vmatrix}$ 的所有之素的代数余子式之和.

练习 6 已知 $|\boldsymbol{A}_{3\times3}|=3$, 计算行列式 $\begin{vmatrix}\boldsymbol{B}&2\boldsymbol{A}^{\mathrm{T}}\\\boldsymbol{A}^{-1}&O\end{vmatrix}$ 的值.

2.4 行列式的计算

在行列式的计算中,除了有时可用行列式的定义和行列式的展开公式外,一般情况下必须借助于 2.3 节的行列式的性质及其推论,简化后得到解决. 下面我们仅举几例说明行列式的计算方法.

例 1 计算 n 阶行列式

$$|\boldsymbol{A}|=\begin{vmatrix}a&&&1\\&a&&\\&&\ddots&\\1&&&a\end{vmatrix}\text{(未列出的元素全为零)}.$$

解法 1 将第 n 行乘以 $(-a)$ 加到第 1 行后再对换第 1、第 n 行得

$$|\boldsymbol{A}|=\begin{vmatrix}0&&&1-a^2\\&a&&\\&&\ddots&\\1&&&a\end{vmatrix}=-\begin{vmatrix}1&&&a\\&a&&\\&&\ddots&\\0&&&1-a^2\end{vmatrix}=-a^{n-2}(1-a^2)=a^{n-2}(a^2-1)$$

解法 2 按第 1 行展开得

$$|\boldsymbol{A}|=a\begin{vmatrix}a&&\\&\ddots&\\&&a\end{vmatrix}+1\times(-1)^{1+n}\begin{vmatrix}&a&&\\&&\ddots&\\&&&a\\1&&&\end{vmatrix}=a^n+(-1)^{1+n}(-1)^{n-1+1}\begin{vmatrix}a&&\\&\ddots&\\&&a\end{vmatrix}$$

$$=a^n-a^{n-2}=a^{n-2}(a^2-1)$$

解法 3 将第 n 行依次换到第 2 行,再将第 n 列依次换到第 2 列,得

$$|\boldsymbol{A}|=\begin{vmatrix}a&1&&&\\1&a&&&\\&&a&&\\&&&\ddots&\\&&&&a\end{vmatrix}=\begin{vmatrix}a&1\\1&a\end{vmatrix}\begin{vmatrix}a&&&\\&a&&\\&&\ddots&\\&&&a\end{vmatrix}=(a^2-1)a^{n-2}$$

解法 3 的方法称作计算行列式的"分块法".

例 2 计算 n 阶行列式

$$D_n=\begin{vmatrix} a & b & \cdots & b \\ b & a & \cdots & b \\ \vdots & \vdots & \ddots & \vdots \\ b & b & \cdots & a \end{vmatrix}.$$

解法 1 将第一行乘(−1)加到以下各行,再将第 2, 3, ⋯, n 列加到第一列得

$$D_n=\begin{vmatrix} a & b & \cdots & b \\ b-a & a-b & \cdots & 0 \\ \vdots & \vdots & \ddots & \vdots \\ b-a & 0 & \cdots & a-b \end{vmatrix}=\begin{vmatrix} a+(n-1)b & b & \cdots & b \\ 0 & a-b & \cdots & 0 \\ \vdots & \vdots & \ddots & \vdots \\ 0 & 0 & \cdots & a-b \end{vmatrix}$$

$$=[a+(n-1)b](a-b)^{n-1}$$

解法 2 将第 2,3,⋯,n 列全加到第 1 列后,利用性质 4 得

$$D_n=\begin{vmatrix} a+(n-1)b & b & \cdots & b \\ a+(n-1)b & a & \cdots & b \\ \vdots & \vdots & \ddots & \vdots \\ a+(n-1)b & b & \cdots & a \end{vmatrix}=[a+(n-1)b]\begin{vmatrix} 1 & b & \cdots & b \\ 1 & a & \cdots & b \\ \vdots & \vdots & \ddots & \vdots \\ 1 & b & \cdots & a \end{vmatrix}$$

$$=[a+(n-1)b]\begin{vmatrix} 1 & b & \cdots & b \\ 0 & a-b & \cdots & 0 \\ \vdots & \vdots & \ddots & \vdots \\ 0 & 0 & \cdots & a-b \end{vmatrix}=[a+(n-1)b](a-b)^{n-1}$$

解法 3 增加一行一列后,用第 1 行的(−1)倍分别加到其余各行,得

$$D_n=\begin{vmatrix} 1 & b & \cdots & b \\ 0 & a & \cdots & b \\ \vdots & \vdots & \ddots & \vdots \\ 0 & b & \cdots & a \end{vmatrix}_{n+1}=\begin{vmatrix} 1 & b & \cdots & b \\ -1 & a-b & \cdots & 0 \\ \vdots & \vdots & \ddots & \vdots \\ -1 & 0 & \cdots & a-b \end{vmatrix}$$

$$\overset{a\neq b}{=}\begin{vmatrix} (1+\frac{nb}{a-b}) & b & \cdots & b \\ 0 & a-b & \cdots & 0 \\ \vdots & \vdots & \ddots & \vdots \\ 0 & 0 & \cdots & a-b \end{vmatrix}=(a+(n-1)b)(a-b)^{n-1}$$

显然结论对 $a=b$ 时也成立.

解法 3 的方法称作计算行列式的"加边法".

解法 4 将第 1 列拆成两个分列,用加法性质得

$$D_n=\begin{vmatrix} b+(a-b) & b & \cdots & b \\ b+0 & a & \cdots & b \\ \vdots & \vdots & \ddots & \vdots \\ b+0 & b & \cdots & a \end{vmatrix}=\begin{vmatrix} b & b & \cdots & b \\ b & a & \cdots & b \\ \vdots & \vdots & \ddots & \vdots \\ b & b & \cdots & a \end{vmatrix}+\begin{vmatrix} a-b & b & \cdots & b \\ 0 & a & \cdots & b \\ \vdots & \vdots & \ddots & \vdots \\ 0 & b & \cdots & a \end{vmatrix}$$

$$=\begin{vmatrix} b & b & \cdots & b \\ 0 & a-b & \cdots & 0 \\ \vdots & \vdots & \ddots & \vdots \\ 0 & 0 & \cdots & a-b \end{vmatrix}+(a-b)D_{n-1}=b(a-b)^{n-1}+(a-b)D_{n-1}$$

整理得

$$\begin{aligned} D_n &=(a-b)D_{n-1}+b(a-b)^{n-1} \\ D_{n-1} &=(a-b)D_{n-2}+b(a-b)^{n-2} \\ &\vdots \\ D_2 &=(a-b)D_1+b(a-b)^1 \end{aligned}$$

将上述$(n-1)$个等式两边依次分别乘上 $1,(a-b),(a-b)^2,\cdots,(a-b)^{n-2}$ 后相加得

$$\begin{aligned} D_n &=(a-b)^{n-1}D_1+(n-1)b(a-b)^{n-1}=(a-b)^{n-1}a+(n-1)b(a-b)^{n-1} \\ &=[a+(n-1)b](a-b)^{n-1} \end{aligned}$$

解法 4 的方法称作计算行列式的“递推法”.

解法 5 当 $a\neq b$ 时,由式(2.3-6)得

$$D_n=\left|(a-b)\boldsymbol{I}+\begin{pmatrix} b & b & \cdots & b \\ b & b & \cdots & b \\ \vdots & \vdots & \ddots & \vdots \\ b & b & \cdots & b \end{pmatrix}\right|$$

$$=\left|(a-b)\boldsymbol{I}+\begin{pmatrix} 1 \\ 1 \\ \vdots \\ 1 \end{pmatrix}(b,b,\cdots,b)\right|$$

$$=\frac{|(a-b)\boldsymbol{I}|}{1}\left(1+(b,b,\cdots,b)((a-b)\boldsymbol{I})^{-1}\begin{pmatrix} 1 \\ 1 \\ \vdots \\ 1 \end{pmatrix}\right)$$

$$=(a-b)^n\left(1+\frac{nb}{a-b}\right)=(a-b)^{n-1}[a+(n-1)b]$$

当 $a=b$ 时,上式也成立.

例 3 计算行列式 $D_n=\begin{vmatrix} \alpha+\beta & 1 & & & & \\ \alpha\beta & \alpha+\beta & 1 & & & \\ & \alpha\beta & \alpha+\beta & 1 & & \\ & & \ddots & \ddots & \ddots & \\ & & & \alpha\beta & \alpha+\beta & 1 \\ & & & & \alpha\beta & \alpha+\beta \end{vmatrix}$ 的值.

解法 1 将行列式的第 1 列拆成两列,第一个行列式初等变换计算,第二个行列式按第一列展开,得

$$D_n=\begin{vmatrix}\alpha & 1 & & & & \\ \alpha\beta & \alpha+\beta & 1 & & & \\ & \alpha\beta & \alpha+\beta & 1 & & \\ & & \ddots & \ddots & \ddots & \\ & & & \alpha\beta & \alpha+\beta & 1 \\ & & & & \alpha\beta & \alpha+\beta\end{vmatrix}+\begin{vmatrix}\beta & 1 & & & & \\ 0 & \alpha+\beta & 1 & & & \\ & \alpha\beta & \alpha+\beta & 1 & & \\ & & \ddots & \ddots & \ddots & \\ & & & \alpha\beta & \alpha+\beta & 1 \\ & & & & \alpha\beta & \alpha+\beta\end{vmatrix}$$

$$=\begin{vmatrix}\alpha & 1 & & & & \\ & \alpha & 1 & & & \\ & & \alpha & 1 & & \\ & & & \ddots & \ddots & \\ & & & & \alpha & 1 \\ & & & & & \alpha\end{vmatrix}+\beta D_{n-1}=\alpha^n+\beta D_{n-1}$$

即 $D_n=\beta D_{n-1}+\alpha^n$

$D_{n-1}=\beta D_{n-2}+\alpha^{n-1}$

$\vdots$

$D_2=\beta D_1+\alpha^2$

第一个等式两边乘以 1,第二个等式两边乘以 β……最后一个等式两边乘以 β^{n-2} 后相加得

$$\begin{aligned}D_n&=\alpha^n+\beta\alpha^{n-1}+\cdots+\beta^{n-2}\alpha^2+\beta^{n-1}D_1\\&=\alpha^n+\beta\alpha^{n-1}+\cdots+\beta^{n-2}\alpha^2+\beta^{n-1}\alpha+\beta^n\end{aligned}$$

解法 2 将行列式按第 1 列展开得

$$\begin{aligned}D_n&=(\alpha+\beta)D_{n-1}-\alpha\beta\begin{vmatrix}1 & & & & & \\ \alpha\beta & \alpha+\beta & 1 & & & \\ & \alpha\beta & \alpha+\beta & 1 & & \\ & & \ddots & \ddots & \ddots & \\ & & & \alpha\beta & \alpha+\beta & 1 \\ & & & & \alpha\beta & \alpha+\beta\end{vmatrix}\\&=(\alpha+\beta)D_{n-1}-\alpha\beta D_{n-2}\end{aligned}$$

化简为

$$\begin{aligned}D_n-\beta D_{n-1}&=\alpha(D_{n-1}-\beta D_{n-2})=\cdots=\alpha^{n-2}(D_2-\beta D_1)\\&=\alpha^{n-2}[(\alpha+\beta)^2-\alpha\beta-\beta(\alpha+\beta)]=\alpha^n\end{aligned}$$

得

$$D_n=\beta D_{n-1}+\alpha^n$$

同解法 1 递推可得

$$D_n=\alpha^n+\beta\alpha^{n-1}+\cdots+\beta^{n-1}\alpha+\beta^n$$

例 4 证明**范德蒙德**(Vandermonde)行列式

$$V_n=\begin{vmatrix}1 & 1 & \cdots & 1\\ x_1 & x_2 & \cdots & x_n\\ x_1^2 & x_2^2 & \cdots & x_n^2\\ \vdots & \vdots & & \vdots\\ x_1^{n-1} & x_2^{n-1} & \cdots & x_n^{n-1}\end{vmatrix}=\prod_{1\leqslant j<i\leqslant n}(x_i-x_j) \tag{2.4-1}$$

其中记号"$\prod$"表示全体同类因子的乘积.

证　用数学归纳法. 因为

$$V_2=\begin{vmatrix}1 & 1\\ x_1 & x_2\end{vmatrix}=x_2-x_1$$

所以当 $n=2$ 时命题成立. 现在假设式(2.4-1)对于 $n-1$ 阶范德蒙德行列式成立,要证对 n 阶行列式也成立.

为此,设法把 V_n 降阶:从第 n 行开始,后一行减去前一行的 x_1 倍,有

$$V_n=\begin{vmatrix}1 & 1 & 1 & \cdots & 1\\ 0 & x_2-x_1 & x_3-x_1 & \cdots & x_n-x_1\\ 0 & x_2(x_2-x_1) & x_3(x_3-x_1) & \cdots & x_n(x_n-x_1)\\ \vdots & \vdots & \vdots & \ddots & \vdots\\ 0 & x_2^{n-2}(x_2-x_1) & x_3^{n-2}(x_3-x_1) & \cdots & x_n^{n-2}(x_n-x_1)\end{vmatrix}$$

按第 1 列展开,并把第 i 列的公因子 $(x_i-x_1)(i=2,3,\cdots,n)$ 提出,就有

$$V_n=(x_2-x_1)(x_3-x_1)\cdots(x_n-x_1)\begin{vmatrix}1 & 1 & \cdots & 1\\ x_2 & x_3 & \cdots & x_n\\ x_2^2 & x_3^2 & \cdots & x_n^2\\ \vdots & \vdots & \ddots & \vdots\\ x_2^{n-2} & x_3^{n-2} & \cdots & x_n^{n-2}\end{vmatrix}$$

上式右端的行列式是 $n-1$ 阶范德蒙德行列式,按归纳假设,它等于所有 (x_i-x_j) 因子的乘积,其中 $2\leqslant j<i\leqslant n$. 故

$$\begin{aligned}V_n&=(x_2-x_1)(x_3-x_1)\cdots(x_n-x_1)\prod_{2\leqslant j<i\leqslant n}(x_i-x_j)\\ &=\prod_{1\leqslant j<i\leqslant n}(x_i-x_j)\end{aligned}$$

例 5　计算 $n+1$ 阶行列式

$$D_{n+1}=\begin{vmatrix}a^n & (a-1)^n & \cdots & (a-n)^n\\ a^{n-1} & (a-1)^{n-1} & \cdots & (a-n)^{n-1}\\ \vdots & \vdots & \ddots & \vdots\\ a & (a-1) & \cdots & (a-n)\\ 1 & 1 & \cdots & 1\end{vmatrix}.$$

解　将 D_{n+1} 的第 $n+1$ 行依次换到第 1 行,第 n 行依次换到第 2 行,…;同时,将 D_{n+1} 的第 $n+1$ 列依次换到第 1 列,第 n 列依次换到第 2 列,…,再由范德蒙德行列式可得

$$D_{n+1}=\begin{vmatrix}1 & 1 & \cdots & 1\\ a-n & a-n+1 & \cdots & a\\ \vdots & \vdots & \ddots & \vdots\\ (a-n)^n & (a-n+1)^n & \cdots & a^n\end{vmatrix}=n!\cdot(n-1)!\cdots 2!=\prod_{1\leqslant j<i\leqslant n+1}(i-j)$$

例 6 求方程的根

$$\begin{vmatrix}1 & 1 & 1 & 1\\ 1 & 2 & 1 & x\\ 1 & 4 & 3 & x^2\\ 1 & 8 & 6 & x^3\end{vmatrix}+\begin{vmatrix}1 & 1 & 0 & 1\\ 1 & 2 & -2 & x\\ 1 & 4 & -2 & x^2\\ 1 & 8 & -7 & x^3\end{vmatrix}=0.$$

解 用行列式的加法公式,可化方程为

$$\begin{vmatrix}1 & 1 & 1 & 1\\ 1 & 2 & 1 & x\\ 1 & 4 & 3 & x^2\\ 1 & 8 & 6 & x^3\end{vmatrix}+\begin{vmatrix}1 & 1 & 0 & 1\\ 1 & 2 & -2 & x\\ 1 & 4 & -2 & x^2\\ 1 & 8 & -7 & x^3\end{vmatrix}=\begin{vmatrix}1 & 1 & 1 & 1\\ 1 & 2 & -1 & x\\ 1 & 4 & 1 & x^2\\ 1 & 8 & -1 & x^3\end{vmatrix}$$

$$=(2-1)(-1-1)(-1-2)(x-1)(x-2)(x+1)=0$$

于是,得

$$x=1,\text{或 } x=2,\text{或 } x=-1$$

练习 7 计算行列式 $\begin{vmatrix}a & a^2 & a^3 & a^4\\ b & b^2 & b^3 & b^4\\ c & c^2 & c^3 & c^4\\ d & d^2 & d^3 & d^4\end{vmatrix}$ 的值.

2.5 行列式的应用

本节介绍利用行列式给出逆矩阵的表达式,并介绍解线性方程组的**克拉默**(Cramer)**法则**.

2.5.1 逆矩阵公式

定理 1 设 $\boldsymbol{A}$ 为 n 阶矩阵,则

$$\boldsymbol{A}\boldsymbol{A}^*=\boldsymbol{A}^*\boldsymbol{A}=|\boldsymbol{A}|\boldsymbol{I} \tag{2.5-1}$$

其中

$$\boldsymbol{A}^*=\begin{pmatrix}A_{11} & A_{21} & \cdots & A_{n1}\\ A_{12} & A_{22} & \cdots & A_{n2}\\ \vdots & \vdots & \ddots & \vdots\\ A_{1n} & A_{2n} & \cdots & A_{nn}\end{pmatrix}=(A_{ij})^{\mathrm{T}}$$

称为矩阵 $\boldsymbol{A}$ 的**伴随矩阵**(A_{ij} 为 a_{ij} 的代数余子式),或记作 adj$\boldsymbol{A}$.

证 由式(2.3-1)、式(2.3-2)可知

$$\boldsymbol{A}\boldsymbol{A}^*=\begin{pmatrix}a_{11}&a_{12}&\cdots&a_{1n}\\a_{21}&a_{22}&\cdots&a_{2n}\\\vdots&\vdots&\ddots&\vdots\\a_{n1}&a_{n2}&\cdots&a_{nn}\end{pmatrix}\begin{pmatrix}A_{11}&A_{21}&\cdots&A_{n1}\\A_{12}&A_{22}&\cdots&A_{n2}\\\vdots&\vdots&\ddots&\vdots\\A_{1n}&A_{2n}&\cdots&A_{nn}\end{pmatrix}=\begin{pmatrix}|\boldsymbol{A}|&0&\cdots&0\\0&|\boldsymbol{A}|&\cdots&0\\\vdots&\vdots&\ddots&\vdots\\0&0&\cdots&|\boldsymbol{A}|\end{pmatrix}=|\boldsymbol{A}|\boldsymbol{I}$$

同理,$\boldsymbol{A}^*\boldsymbol{A}=|\boldsymbol{A}|\boldsymbol{I}$.

由定理1及逆矩阵的定义可得 $\boldsymbol{A}^{-1}$ 的表达式.

定理2 $\boldsymbol{A}$ 是可逆矩阵的充分必要条件是 $|\boldsymbol{A}|\neq 0$,且此时有

$$\boldsymbol{A}^{-1}=\frac{1}{|\boldsymbol{A}|}\boldsymbol{A}^* \tag{2.5-2}$$

证　必要性　$\boldsymbol{A}$ 可逆,即存在 $\boldsymbol{A}^{-1}$,使 $\boldsymbol{A}\boldsymbol{A}^{-1}=\boldsymbol{I}$,故 $|\boldsymbol{A}||\boldsymbol{A}^{-1}|=|\boldsymbol{I}|=1$,所以 $|\boldsymbol{A}|\neq 0$.由此可顺便推出

$$|\boldsymbol{A}^{-1}|=|\boldsymbol{A}|^{-1}$$

充分性　由式(2.5-1),即 $\boldsymbol{A}\boldsymbol{A}^*=\boldsymbol{A}^*\boldsymbol{A}=|\boldsymbol{A}|\boldsymbol{I}$ 知,当 $|\boldsymbol{A}|\neq 0$ 时,可得

$$\boldsymbol{A}\left(\frac{1}{|\boldsymbol{A}|}\boldsymbol{A}^*\right)=\left(\frac{1}{|\boldsymbol{A}|}\boldsymbol{A}^*\right)\boldsymbol{A}=\boldsymbol{I}$$

由逆矩阵的唯一性,即知式(2.5-2)是成立的.

同理可得

$$(\boldsymbol{A}^*)^{-1}=\frac{1}{|\boldsymbol{A}|}\boldsymbol{A} \tag{2.5-3}$$

当 $|\boldsymbol{A}|\neq 0$ 时,我们称矩阵 $\boldsymbol{A}$ 为**非奇异矩阵**或**非退化矩阵**;当 $|\boldsymbol{A}|=0$ 时,则称其为**奇异矩阵**或**退化矩阵**. 那么显然可逆矩阵就是非奇异矩阵.

推论　对 n 阶方阵 $\boldsymbol{A}$,必有 $|\boldsymbol{A}^*|=|\boldsymbol{A}|^{n-1}$.

证　(1) 若 $|\boldsymbol{A}|\neq 0$,由式(2.5-1)$\boldsymbol{A}\boldsymbol{A}^*=|\boldsymbol{A}|\boldsymbol{I}$,两边取行列式得

$$|\boldsymbol{A}||\boldsymbol{A}^*|=|\boldsymbol{A}\boldsymbol{A}^*|=||\boldsymbol{A}|\boldsymbol{I}|=|\boldsymbol{A}|^n|\boldsymbol{I}|=|\boldsymbol{A}|^n$$

两边再同除以 $|\boldsymbol{A}|$,即得

$$|\boldsymbol{A}^*|=|\boldsymbol{A}|^{n-1}$$

(2) 若 $|\boldsymbol{A}|=0$,再分两种情况讨论:

若 $\boldsymbol{A}=\boldsymbol{O}$,则由定义知 $\boldsymbol{A}^*=\boldsymbol{O}$,进而有 $|\boldsymbol{A}^*|=0=|\boldsymbol{A}|^{n-1}$;

若 $\boldsymbol{A}\neq\boldsymbol{O}$,以下反证 $|\boldsymbol{A}^*|=0$,如若不然,由定理2知 $\boldsymbol{A}^*$ 可逆,对式 $\boldsymbol{A}\boldsymbol{A}^*=|\boldsymbol{A}|\boldsymbol{I}$,两边右乘 $(\boldsymbol{A}^*)^{-1}$,结合 $|\boldsymbol{A}|=0$,即得 $\boldsymbol{A}=\boldsymbol{O}$,矛盾.

综合即知 $|\boldsymbol{A}^*|=|\boldsymbol{A}|^{n-1}$.

注　利用式(2.5-2),可以通过伴随矩阵及行列式的值求出逆矩阵.

例1　下列矩阵

$$\boldsymbol{A}=\begin{pmatrix}1&2&3\\2&2&1\\3&4&3\end{pmatrix},\quad \boldsymbol{B}=\begin{pmatrix}1&2&3\\2&4&6\\7&0&8\end{pmatrix}$$

是否可逆?若可逆,求出其逆矩阵.

解　因为 $|\boldsymbol{A}|=2\neq 0$,$|\boldsymbol{B}|=0$,故 $\boldsymbol{A}$ 可逆,$\boldsymbol{B}$ 不可逆. 下面来计算 $\boldsymbol{A}^{-1}$.

由

$$A_{11}=(-1)^{1+1}\begin{vmatrix}2&1\\4&3\end{vmatrix}=2,\quad A_{12}=(-1)^{1+2}\begin{vmatrix}2&1\\3&3\end{vmatrix}=-3,\quad A_{13}=(-1)^{1+3}\begin{vmatrix}2&2\\3&4\end{vmatrix}=2$$

$$A_{21}=(-1)^{2+1}\begin{vmatrix}2&3\\4&3\end{vmatrix}=6,\quad A_{22}=(-1)^{2+2}\begin{vmatrix}1&3\\3&3\end{vmatrix}=-6,\quad A_{23}=(-1)^{2+3}\begin{vmatrix}1&2\\3&4\end{vmatrix}=2$$

$$A_{31}=(-1)^{3+1}\begin{vmatrix}2&3\\2&1\end{vmatrix}=-4,\quad A_{32}=(-1)^{3+2}\begin{vmatrix}1&3\\2&1\end{vmatrix}=5,\quad A_{33}=(-1)^{3+3}\begin{vmatrix}1&2\\2&2\end{vmatrix}=-2$$

知

$$\boldsymbol{A}^{-1}=\frac{1}{|\boldsymbol{A}|}\boldsymbol{A}^*=\frac{1}{2}\begin{pmatrix}2&-3&2\\6&-6&2\\-4&5&-2\end{pmatrix}^{\mathrm{T}}=\begin{pmatrix}1&3&-2\\-\frac{3}{2}&-3&\frac{5}{2}\\1&1&-1\end{pmatrix}$$

这时

$$(\boldsymbol{A}^*)^{-1}=\frac{\boldsymbol{A}}{|\boldsymbol{A}|}=\begin{pmatrix}\frac{1}{2}&1&\frac{3}{2}\\1&1&\frac{1}{2}\\\frac{3}{2}&2&\frac{3}{2}\end{pmatrix}$$

例 2 设 $\boldsymbol{A}$ 是三阶矩阵，且 $|\boldsymbol{A}|=3$，试求 $|(3\boldsymbol{A})^{-1}-|\boldsymbol{A}^{-1}|\boldsymbol{A}^*|$.

解 由 $|\boldsymbol{A}|=3$，知 $|\boldsymbol{A}^{-1}|=\frac{1}{3}$，又由 $\boldsymbol{A}^{-1}=\frac{1}{|\boldsymbol{A}|}\boldsymbol{A}^*$，知 $\boldsymbol{A}^*=|\boldsymbol{A}|\cdot\boldsymbol{A}^{-1}$，于是有

$$\begin{aligned}|(3\boldsymbol{A})^{-1}-|\boldsymbol{A}^{-1}|\boldsymbol{A}^*|&=\left|\frac{1}{3}\boldsymbol{A}^{-1}-\frac{1}{3}\boldsymbol{A}^*\right|=\left|\frac{1}{3}\boldsymbol{A}^{-1}-\frac{1}{3}|\boldsymbol{A}|\boldsymbol{A}^{-1}\right|\\&=\left|(\frac{1}{3}-1)\boldsymbol{A}^{-1}\right|=(-\frac{2}{3})^3|\boldsymbol{A}^{-1}|=-\frac{8}{81}\end{aligned}$$

练习 8 已知 $ac-bd\neq0$，求 $\begin{pmatrix}a&b\\d&c\end{pmatrix}^{-1}$.

2.5.2 克拉默法则

由式(2.5-2)及行列式的展开公式(2.3-2)可得判别线性方程组有唯一解的克拉默法则.

定理 3 设 n 阶矩阵 $\boldsymbol{A}$ 可逆，则线性方程组 $\boldsymbol{Ax}=\boldsymbol{b}$ 有唯一解 $\boldsymbol{x}=(x_1,x_2,\cdots,x_n)^{\mathrm{T}}$，其中

$$x_j=\frac{|\boldsymbol{A}_j|}{|\boldsymbol{A}|}\quad(j=1,2,\cdots,n)$$

$|\boldsymbol{A}_j|$ 是用 $\boldsymbol{b}$ 代替 $|\boldsymbol{A}|$ 中的第 j 列得到的行列式.

证 由 $\boldsymbol{Ax}=\boldsymbol{b}$，知 $\boldsymbol{x}=\boldsymbol{A}^{-1}\boldsymbol{b}=\frac{1}{|\boldsymbol{A}|}\boldsymbol{A}^*\boldsymbol{b}=\frac{1}{|\boldsymbol{A}|}\begin{pmatrix}A_{11}&A_{21}&\cdots&A_{n1}\\A_{12}&A_{22}&\cdots&A_{n2}\\\vdots&\vdots&&\vdots\\A_{1n}&A_{2n}&\cdots&A_{nn}\end{pmatrix}\begin{pmatrix}b_1\\b_2\\\vdots\\b_n\end{pmatrix}$，即得

$$x_i=\frac{1}{|\boldsymbol{A}|}(b_1A_{1j}+b_2A_{2j}+\cdots+b_nA_{nj})=\frac{|\boldsymbol{A}_j|}{|\boldsymbol{A}|}\quad(j=1,2,\cdots,n)$$

克拉默法则给出了一个用行列式解 $n\times n$ 线性方程组唯一解的方法,具有一定的理论价值. 然而为了求出解,必须计算 $n+1$ 个 n 阶行列式.

定理 3 的逆否定理为:

"如果线性方程组 $\boldsymbol{A}_{n\times n}\boldsymbol{x}=\boldsymbol{b}$ 无解或有超过一个以上的解,则它的系数行列式必为零."

称常数项为零的线性方程组 $\boldsymbol{Ax}=\boldsymbol{0}$ 为**齐次线性方程组**. 从定理 3 可以得到关于 $n\times n$ 齐次线性方程组的两个明显结论.

推论 1　对于 $n\times n$ 齐次线性方程组

$$\boldsymbol{Ax}=\boldsymbol{0}$$

当系数行列式 $|\boldsymbol{A}|\neq0$ 时,它只有一个**零解**(未知数全取零的解)

$$\boldsymbol{x}=\begin{pmatrix}x_1\\x_2\\\vdots\\x_n\end{pmatrix}=\begin{pmatrix}0\\0\\\vdots\\0\end{pmatrix}$$

称零解为齐次线性方程组的**平凡解**,而称 x_i 不全为零的那种解为非零解或**非平凡解**.

推论 2　若 $n\times n$ 齐次线性方程组

$$\boldsymbol{Ax}=\boldsymbol{0}$$

有非零解,则必有

$$|\boldsymbol{A}|=0$$

推论 2 说明系数行列式 $|\boldsymbol{A}|=0$ 是齐次线性方程组有非零解的必要条件. 在第 3 章中还将证明这个条件是充分的.

例 3　已知齐次线性方程组

$$\begin{cases}(1-\lambda)x_1-2x_2+2x_3=0,\\-2x_1+(-2-\lambda)x_2+4x_3=0,\\2x_1+4x_2+(-2-\lambda)x_3=0\end{cases}$$

有非零解,问 λ 应取何值?

解　由推论 2 可知,若齐次线性方程组有非零解,则它的系数行列式 $D=0$. 故从

$$D=\begin{vmatrix}1-\lambda&-2&2\\-2&-2-\lambda&4\\2&4&-2-\lambda\end{vmatrix}=\begin{vmatrix}1-\lambda&-2&2\\0&2-\lambda&2-\lambda\\2&4&-2-\lambda\end{vmatrix}=\begin{vmatrix}1-\lambda&-2&4\\0&2-\lambda&0\\2&4&-6-\lambda\end{vmatrix}$$

$$=(2-\lambda)\begin{vmatrix}1-\lambda&4\\2&-6-\lambda\end{vmatrix}=(2-\lambda)(\lambda^2+5\lambda-14)=(2-\lambda)(\lambda-2)(\lambda+7)=0$$

得

$$\lambda=2\text{ 或 }\lambda=-7$$

例 4　解非齐次线性方程组

$$\begin{cases}x_1+ax_2+a^2x_3=1,\\x_1+bx_2+b^2x_3=1,\\x_1+cx_2+c^2x_3=1\end{cases}$$

其中 a,b,c 互不相等.

解 因为系数行列式

$$|\boldsymbol{A}|=\begin{vmatrix}1 & a & a^2\\1 & b & b^2\\1 & c & c^2\end{vmatrix}=\begin{vmatrix}1 & 1 & 1\\a & b & c\\a^2 & b^2 & c^2\end{vmatrix}=(b-a)(c-a)(c-b)\neq 0$$

由克拉默法则知方程组有唯一解,且由

$$|\boldsymbol{A}_1|=\begin{vmatrix}1 & a & a^2\\1 & b & b^2\\1 & c & c^2\end{vmatrix}=|\boldsymbol{A}|;\quad |\boldsymbol{A}_2|=\begin{vmatrix}1 & 1 & a^2\\1 & 1 & b^2\\1 & 1 & c^2\end{vmatrix}=0;\quad |\boldsymbol{A}_3|=\begin{vmatrix}1 & a & 1\\1 & b & 1\\1 & c & 1\end{vmatrix}=0$$

得

$$x_1=\frac{|\boldsymbol{A}_1|}{|\boldsymbol{A}|}=1,\quad x_2=\frac{|\boldsymbol{A}_2|}{|\boldsymbol{A}|}=0,\quad x_3=\frac{|\boldsymbol{A}_3|}{|\boldsymbol{A}|}=0$$

练习 9 已知 $\boldsymbol{A}$ 为 n 阶方阵,k 为任意常数,试证 $(k\boldsymbol{A})^*=k^{n-1}\boldsymbol{A}^*$.

2.6 应用举例

应用一(矩阵密码问题)

矩阵密码法是信息编码与解码的技巧,其中的一种是基于利用可逆矩阵的方法. 先在 26 个英文字母与数字间建立起一一对应关系,例如可以是

A	B	…	Y	Z
↕	↕		↕	↕
1	2	…	25	26

若要发出信息“SEND MONEY”,使用上述代码,则此信息的编码是 19,5,14,4,13,15,14,5,25,其中 5 表示字母 E. 不幸的是,这种编码很容易被别人破译. 在一个较长的信息编码中,人们会根据那个出现频率最高的数值而猜出它代表的是哪个字母,比如上述编码中出现最多次的数值是 5,人们自然会想到它代表的是字母 E,因为统计规律告诉我们,字母 E 是英文单词中出现频率最高的.

我们可以利用矩阵乘法来对明文“SEND MONEY”进行加密,让其变成“密文”后再行传送,以增加非法用户破译的难度,而让合法用户轻松解密. 如果一个矩阵 $\boldsymbol{A}$ 的元素均为整数,而且其行列式 $|\boldsymbol{A}|=\pm 1$,那么由 $\boldsymbol{A}^{-1}=\frac{1}{|\boldsymbol{A}|}\boldsymbol{A}^*$ 即知,$\boldsymbol{A}^{-1}$ 的元素均为整数. 我们可以利用这样的矩阵 $\boldsymbol{A}$ 来对明文加密,使加密之后的密文很难破译. 现在取

$$\boldsymbol{A}=\begin{pmatrix}1 & 2 & 1\\2 & 5 & 3\\2 & 3 & 2\end{pmatrix}$$

明文“SEND MONEY”对应的 9 个数值按 3 列被排成以下的矩阵

$$\boldsymbol{B}=\begin{pmatrix}19 & 4 & 14\\5 & 13 & 5\\14 & 15 & 25\end{pmatrix}$$

矩阵乘积

$$AB=\begin{pmatrix}1&2&1\\2&5&3\\2&3&2\end{pmatrix}\begin{pmatrix}19&4&14\\5&13&5\\14&15&25\end{pmatrix}=\begin{pmatrix}43&45&49\\105&118&128\\81&77&93\end{pmatrix}$$

对应着将发出去的密文编码:

$$43,105,81,45,118,77,49,128,93$$

合法用户用 A^{-1} 去左乘上述矩阵即可解密得到明文.

$$A^{-1}\begin{pmatrix}43&45&49\\105&118&128\\81&77&93\end{pmatrix}=\begin{pmatrix}1&-1&1\\2&0&-1\\-4&1&1\end{pmatrix}\begin{pmatrix}43&45&49\\105&118&128\\81&77&93\end{pmatrix}=\begin{pmatrix}19&4&14\\5&13&5\\14&15&25\end{pmatrix}$$

为了构造"密钥"矩阵 A,我们可以从单位阵 I 开始,有限次地使用第 3 类初等行变换,而且只用某行的整数倍加到另一行.当然,第 1 类初等行变换也能使用.这样得到的矩阵 A,其元素均为整数,而且由于 $|A|=\pm1$ 可知,A^{-1} 的元素必然均为整数.

应用二(联合收入问题)

已知三家公司 X、Y、Z 具有图 2-1 所示的股份关系,即 X 公司掌握 Z 公司 50%的股份,Z 公司掌握 X 公司 30%的股份,而 X 公司 70%的股份不受另两家公司控制等.

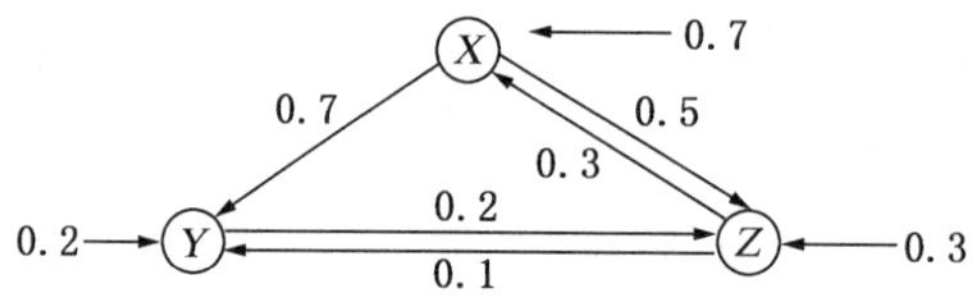

图 2-1

现设 X、Y 和 Z 公司各自的营业净收入分别是 12 万元、10 万元、8 万元,每家公司的联合收入是其净收入加上在其他公司的股份按比例的提成收入.试确定各公司的联合收入及实际收入.

解 依照图 2-1 所示各个公司的股份比例可知,若设 X、Y、Z 三家公司的联合收入分别为 x,y,z,则其实际收入分别为 $0.7x,0.2y,0.3z$.因而现在应先求出各个公司的联合收入.

因为联合收入由两个部分组成,即营业净收入和从其他公司的提成收入,故对每个公司可列出一个方程,对 X 公司为

$$x=120000+0.7y+0.5z$$

对 Y 公司为

$$y=100000+0.2z$$

对 Z 公司为

$$z=80000+0.3x+0.1y$$

故得线性方程组

$$\begin{cases} x-0.7y-0.5z=120000, \\ y-0.2z=100000, \\ -0.3x-0.1y+z=80000. \end{cases}$$

因系数行列式

$$|\boldsymbol{A}|=\begin{vmatrix} 1 & -0.7 & -0.5 \\ 0 & 1 & -0.2 \\ -0.3 & -0.1 & 1 \end{vmatrix}=0.788\neq 0$$

故由克拉默法则知,此方程组有唯一解,结合

$$|\boldsymbol{A}_1|=\begin{vmatrix} 120000 & -0.7 & -0.5 \\ 100000 & 1 & -0.2 \\ 80000 & -0.1 & 1 \end{vmatrix}=243800$$

$$|\boldsymbol{A}_2|=108200,|\boldsymbol{A}_3|=147000$$

解得 $x=\dfrac{|\boldsymbol{A}_1|}{|\boldsymbol{A}|}=309390.86$(元),$y=\dfrac{|\boldsymbol{A}_2|}{|\boldsymbol{A}|}=137309.64$(元),$z=186548.22$(元)

于是 X 公司的联合收入为

$$x=309390.86(\text{元})$$

实际收入为

$$0.7\times 309390.86=216573.60(\text{元})$$

Y 公司的联合收入为

$$y=137309.64(\text{元})$$

实际收入为

$$0.2\times 137309.64=27461.93(\text{元})$$

Z 公司的联合收入为

$$z=186548.22(\text{元})$$

实际收入为

$$0.3\times 186548.22=55964.47(\text{元})$$

2.7 Matlab 辅助计算

2.7.1 计算行列式

Matlab 中提供了 det 命令计算一个方阵的行列式的值.其调用格式为:det(方阵) 其中方阵可以是任意有限阶数值矩阵或符号矩阵.

例 1 计算下列矩阵的行列式值:

(1) $\boldsymbol{B}=\begin{pmatrix} 0 & 2 & 1 & 1 \\ 1 & -5 & 3 & -4 \\ 1 & 3 & -1 & 2 \\ -5 & 1 & 3 & -3 \end{pmatrix}$; (2) $\boldsymbol{A}=\begin{pmatrix} a & b & c & d \\ -b & a & -d & c \\ -c & d & a & -b \\ -d & -c & b & a \end{pmatrix}$.

(分别参见 2.2 节例 1 和 2.3 节例 5)

解 (1)

```
≫B=[0 2 1 1; 1 -5 3 -4; 1 3 -1 2; -5 1 3 -3];
≫det(B)
ans=
    40
```

解 (2)

```
≫syms a b c d A;
≫A=[a,b,c,d; -b, a,-d,c;-c,d,a,-b;-d,-c,b,a];
≫det(A)
ans=
    a^4+2*a^2*b^2+2*d^2*a^2+2*c^2*a^2+b^4+2*d^2*b^2+
2*c^2*b^2+c^4+2*c^2*d^2+d^4
```

2.7.2 求解线性方程组

Matlab 提供了 solve 函数求解代数方程或代数方程组. 调用格式为:

[变量 1,变量 2,…,变量 M]=solve('方程 1','方程 2',. . . ,'方程 N') 其中方程为以符号表达式表示的代数方程,如果是 N 个方程组成的方程组,则将所有的 N 个方程全部代入以求得方程组的解,即满足方程组的 M 个变量的值.

例 2 求解非齐次线性方程组

$$\begin{cases} x_1+ax_2+a^2x_3=1, \\ x_1+bx_2+b^2x_3=1, \\ x_1+cx_2+c^2x_3=1 \end{cases}$$

其中 a,b,c 互不相等.(参见 2.5 节例 4)

解

```
≫ syms a b c
≫ syms x1 x2 x3
≫ eq1=sym('x1+a*x2+a^2*x3=1');
≫ eq2=sym('x1+b*x2+b^2*x3=1')
≫ eq3=sym('x1+c*x2+c^2*x3=1')
≫[x1 x2 x3]=solve(eq1,eq2,eq3)
x1 =
1
x2 =
0
x3 =
0
```

即解得原方程组的解为:$x_1=1$ $x_2=0$ $x_3=0$.

例 3 (克拉默法则的应用)已知齐次线性方程组

$$\begin{cases}(1-\lambda)x_1-2x_2+2x_3=0,\\-2x_1+(-2-\lambda)x_2+4x_3=0,\\2x_1+4x_2+(-2-\lambda)x_3=0\end{cases}$$

有非零解，问 λ 应取何值？(参见 2.5 节例 3)

解 ≫syms lamda D

```
≫D=sym('[1-lamda,-2,2;-2,-2-lamda,4;2,4,-2-lamda]')
≫det(D)
ans=
-28+24*lamda-3*lamda^2-lamda^3
≫solve(det(D))
ans=
-7
2
2
```

即 λ 取 2 或 -7 时，原方程组的系数矩阵行列式为 0，原方程组有非零解.

2.7.3 Matlab 练习

1 计算习题 2.4(1),(2),(3).

2 求解 2.6 节应用一.

3 求解非齐次线性方程组

$$\begin{cases}x_1+2x_2-2x_3=1,\\3x_1-x_2+2x_3=7,\\2x_1-3x_2-4x_3=5\end{cases}$$

答案

1 (1)
```
≫syms x y
≫A=[x, y, x+y; y, x+y, x; x+y, x, y];
≫det(A)
ans=
-2*x^3-2*y^3
```

(2)
```
≫syms a b c
≫B=[a, b, c, 1; b, c, a, 1; c, a, b, 1; b+c, c+a, a+b, 1];
≫det(B)
ans=
-3*a*c*b+a^3+b^3+c^3
```

(3)
```
≫syms x y
≫C=[1+x, 1, 1, 1; 1, 1-x, 1, 1; 1, 1, 1+y, 1; 1, 1, 1, 1-y];
≫det(C)
ans=
```

```
    y^2*x^2
2  >>A=[1,2,1;2,5,3;2,3,2];
   >>B=[19,4,14;5,13,5;14,15,25];
   >>C=A*B
   C=
         43    45    49
         105   118   128
         81    77    93
   >>D=inv(A)*C
   D=
         19    4     14
         5     13    5
         14    15    25
3  >> syms x1 x2 x3
   >> eq1=sym('x1+2*x2-2*x3=1');
   >> eq2=sym('3*x1-x2+2*x3=7')
   >> eq3=sym('2*x1-3*x2-4*x3=5')
   >>[x1 x2 x3]=solve(eq1,eq2,eq3)
   x1=
   59/28
   x2=
   -3/7
   x3=
   1/8
```

练习题答案

1. $\frac{(n-1)n}{2}$； **2.** 2； **3.** -1； **4.** -36； **5.** 2； **6.** -8；

7. $abcd(b-a)(c-a)(c-b)(d-a)(d-b)(d-c)$；

8. $\dfrac{\begin{pmatrix} c & -b \\ -d & a \end{pmatrix}}{ac-bd}$； **9.** 定义.

习 题 二

2.1 求下列各排列的逆序数：(1) 4132；(2) 36195；(3) $21n(n-1)\cdots 3$.

2.2 求四阶行列式 $\begin{vmatrix} 2x & 1 & 2 & 3 \\ x & x & 1 & 2 \\ 1 & 2 & x & 3 \\ x & 1 & 2 & 3x \end{vmatrix}$ 中 x^4 和 x^3 前的系数.

2.3 计算下列行列式的值：

(1) $\begin{vmatrix} 0 & 1 & 1 & 1 \\ 1 & 0 & 1 & 1 \\ 1 & 1 & 0 & 1 \\ 1 & 1 & 1 & 0 \end{vmatrix}$；(2) $\begin{vmatrix} 0 & 0 & 0 & 1 & 0 \\ 0 & 0 & 2 & 7 & 0 \\ 0 & 3 & 6 & 9 & 0 \\ 4 & 10 & 11 & -5 & 0 \\ 8 & 1 & 3 & 7 & 5 \end{vmatrix}$；(3) $\begin{vmatrix} 0 & 1 & -1 & 3 \\ 2 & 3 & 1 & 1 \\ 3 & 2 & 5 & 9 \\ 2 & -1 & 5 & -2 \end{vmatrix}$；

(4) $\begin{vmatrix} 1 & 2^2 & 3^2 & 4^2 \\ 2^2 & 3^2 & 4^2 & 5^2 \\ 3^2 & 4^2 & 5^2 & 6^2 \\ 4^2 & 5^2 & 6^2 & 7^2 \end{vmatrix}$；(5) $\begin{vmatrix} 1 & 2 & 0 & 0 & 0 \\ 2 & 5 & 0 & 0 & 0 \\ 0 & 0 & 1 & 2 & 3 \\ 0 & 0 & 4 & 5 & 6 \\ 0 & 0 & 7 & 8 & 9 \end{vmatrix}$.

2.4 计算下列行列式：

(1) $\begin{vmatrix} x & y & x+y \\ y & x+y & x \\ x+y & x & y \end{vmatrix}$；(2) $\begin{vmatrix} a & b & c & 1 \\ b & c & a & 1 \\ c & a & b & 1 \\ b+c & c+a & a+b & 1 \end{vmatrix}$；

(3) $\begin{vmatrix} 1+x & 1 & 1 & 1 \\ 1 & 1-x & 1 & 1 \\ 1 & 1 & 1+y & 1 \\ 1 & 1 & 1 & 1-y \end{vmatrix}$.

2.5 证明下列各等式：

(1) $\begin{vmatrix} a-b & b-c & c-a \\ b-c & c-a & a-b \\ c-a & a-b & b-c \end{vmatrix}=0$；(2) $\begin{vmatrix} a_1+b_1x & a_1x+b_1 & c_1 \\ a_2+b_2x & a_2x+b_2 & c_2 \\ a_3+b_3x & a_3x+b_3 & c_3 \end{vmatrix}=(1-x^2)\begin{vmatrix} a_1 & b_1 & c_1 \\ a_2 & b_2 & c_2 \\ a_3 & b_3 & c_3 \end{vmatrix}$；

(3) 若 $abcd=1$，则 $\begin{vmatrix} a^2+\frac{1}{a^2} & a & \frac{1}{a} & 1 \\ b^2+\frac{1}{b^2} & b & \frac{1}{b} & 1 \\ c^2+\frac{1}{c^2} & c & \frac{1}{c} & 1 \\ d^2+\frac{1}{d^2} & d & \frac{1}{d} & 1 \end{vmatrix}=0$.

2.6 已知 $\boldsymbol{A}\boldsymbol{A}^{\mathrm{T}}=\boldsymbol{I}$，且满足 $|\boldsymbol{A}|=-1$，试证：$|\boldsymbol{A}+\boldsymbol{I}|=0$.

2.7 设 $\boldsymbol{A}=(\boldsymbol{\alpha}_1,\boldsymbol{\alpha}_2,\boldsymbol{\alpha}_3,\boldsymbol{\alpha}_4)$，$\boldsymbol{B}=(\boldsymbol{\beta}_1,\boldsymbol{\beta}_2,\boldsymbol{\beta}_3,\boldsymbol{\beta}_4)$ 均为四阶方阵，且满足 $\boldsymbol{\alpha}_i=\boldsymbol{\beta}_i\ (i=1,2,3)$，$\boldsymbol{\alpha}_4=7\boldsymbol{\beta}_4$，$|\boldsymbol{A}+\boldsymbol{B}|=64$，求 $|\boldsymbol{A}|$ 的值.

2.8 若有自然数 k，使成立 $\boldsymbol{A}^k=\boldsymbol{O}$，则称 $\boldsymbol{A}$ 是**幂零阵**. 试证：

(1) 幂零阵必是不可逆阵；

(2) 矩阵 $\boldsymbol{I}-\boldsymbol{A}$ 必可逆，且有 $(\boldsymbol{I}-\boldsymbol{A})^{-1}=\boldsymbol{I}+\boldsymbol{A}+\boldsymbol{A}^2+\cdots+\boldsymbol{A}^{k-1}$.

2.9 用数学归纳法证明

$$\begin{vmatrix} \cos\alpha & 1 & & & & \\ 1 & 2\cos\alpha & 1 & & & \\ & 1 & 2\cos\alpha & 1 & & \\ & & 1 & \ddots & \ddots & \\ & & & \ddots & \ddots & 1 \\ & & & & 1 & 2\cos\alpha \end{vmatrix} = \cos n\alpha.$$

2.10 计算下列 n 阶行列式:

(1) $\begin{vmatrix} 1 & 3 & 3 & \cdots & 3 \\ 3 & 2 & 3 & \cdots & 3 \\ 3 & 3 & 3 & \cdots & 3 \\ \vdots & \vdots & \vdots & \ddots & \vdots \\ 3 & 3 & 3 & \cdots & n \end{vmatrix}$; (2) $\begin{vmatrix} 1 & 1 & \cdots & 1 & n \\ 1 & 1 & \cdots & n & 1 \\ \vdots & \vdots & ⋰ & \vdots & \vdots \\ 1 & n & \cdots & 1 & 1 \\ n & 1 & \cdots & 1 & 1 \end{vmatrix}$;

(3) $\begin{vmatrix} a & b & \cdots & b & b \\ c & a & \cdots & b & b \\ \vdots & \vdots & \ddots & \vdots & \vdots \\ c & c & \cdots & a & b \\ c & c & \cdots & c & a \end{vmatrix}$.

2.11 计算下列 $2n$ 阶行列式:

(1) $D_{2n}=\begin{vmatrix} a & & & & & & b \\ & a & & & & b & \\ & & \ddots & & ⋰ & & \\ & & & a \quad b & & & \\ & & & c \quad d & & & \\ & & ⋰ & & \ddots & & \\ & c & & & & d & \\ c & & & & & & d \end{vmatrix}$; (2) $D_{2n}=\begin{vmatrix} 1+a_1 & a_2 & \cdots & a_{2n} \\ a_1 & 1+a_2 & \cdots & a_{2n} \\ \vdots & \vdots & \ddots & \vdots \\ a_1 & a_2 & \cdots & 1+a_{2n} \end{vmatrix}$.

2.12 已知 $\boldsymbol{A}$ 为三阶方阵,且 $|\boldsymbol{A}|=\frac{1}{3}$,求 $\left|\left(\frac{1}{7}\boldsymbol{A}\right)^{-1}-12\boldsymbol{A}^*\right|$ 的值.

2.13 已知三阶方阵 $\boldsymbol{A}$ 的行列式为 3,求行列式 $\begin{vmatrix} \boldsymbol{A}^{-1}\boldsymbol{A}^{\mathrm{T}} & \boldsymbol{O} \\ \boldsymbol{O} & \boldsymbol{A}^* \end{vmatrix}$ 的值.

2.14 已知 n 阶矩阵 $\boldsymbol{A}$ 的行列式 $|\boldsymbol{A}|=2$,求 $\begin{vmatrix} \boldsymbol{A} & -\boldsymbol{A} \\ \boldsymbol{A} & \boldsymbol{A} \end{vmatrix}$ 的值.

2.15 已知矩阵 $\boldsymbol{A}=\begin{pmatrix} 1 & -3 & 7 \\ 2 & 4 & -3 \\ -3 & 7 & 2 \end{pmatrix}$,求 $\boldsymbol{A}^*$ 及 $\boldsymbol{A}^{-1}$.

2.16 试求一个二次多项式 $f(x)$,满足 $f(1)=0, f(2)=3, f(-3)=28$.

2.17 已知方程组 $\begin{cases} x+y+z=1, \\ ax+by+cz=d, \\ a^2x+b^2y+c^2z=d^2, \end{cases}$ 问 a,b,c 满足什么条件时,线性代数方程组有唯

一解？并求解.

2.18 已知三阶矩阵 $\boldsymbol{A}=(a_{ij})$，满足代数余子式 $A_{ij}=a_{ij}$ 及 $a_{11}=-1$，求：

(1) $|\boldsymbol{A}|$；(2) $\boldsymbol{Ax}=\boldsymbol{e}_1$ 的解，其中 $\boldsymbol{e}_1=(1,0,0)^{\mathrm{T}}$.

2.19 问 λ,μ 取何值时，齐次线性方程组 $\begin{cases}\lambda x_1+x_2+x_3=0,\\ x_1+\mu x_2+x_3=0,\\ x_1+2\mu x_2+x_3=0\end{cases}$ 有非零解？

2.20 在对信息加密时，除了用 1,2,…,25,26 分别代表 A,B,…,Y,Z，还可用 0 代表空格. 现有一段明码是由下列矩阵 $\boldsymbol{A}$ 加密的，其中

$$\boldsymbol{A}=\begin{pmatrix}-1&-1&2&0\\1&1&-1&0\\0&0&-1&1\\1&0&0&-1\end{pmatrix},$$

而且发出去的密文是

$$-19,19,25,-21,0,18,-18,15,3,10,-8,3,-2,20,-7,12.$$

试问这段密文对应的明文信息是什么？

3 矩阵的秩与线性方程组

在科学、工程和管理等各个领域包含的众多数学问题中，大都会在某个阶段遇到一个解线性方程组的问题. 怎样判断这种方程组是否有解？若有解又如何求解？本章从提出矩阵秩的概念开始，然后利用矩阵的秩讨论齐次线性方程组有非零解的充分必要条件和非齐次线性方程组有解的充分必要条件；并介绍用初等变换解线性方程组的方法.

3.1 矩阵的秩

3.1.1 概念

定义 1 在 $m\times n$ 矩阵$\boldsymbol{A}$中，任取k行与k列($k\leqslant m,k\leqslant n$)，位于这些行列交叉处的$k^2$个元素，不改变它们在$\boldsymbol{A}$中所处的位置次序而得到的$k$阶行列式，称为**矩阵$\boldsymbol{A}$的$k$阶子式.**

定义 2 设在矩阵$\boldsymbol{A}$中有一个非零的r阶子式D，且所有的$r+1$阶子式(如果存在的话)全等于零，那么D称为矩阵$\boldsymbol{A}$的一个最高阶非零子式，数r称为**矩阵$\boldsymbol{A}$的秩**，记作$\mathrm{rank}(\boldsymbol{A})$，简记为$r(\boldsymbol{A})$. 并规定，零矩阵$\boldsymbol{O}$的秩$r(\boldsymbol{O})=0$.

例 1 求下列矩阵的秩

$$\boldsymbol{B}=\begin{pmatrix}1&-2&4&-5\\2&-4&8&-10\\13&6&-2&0\end{pmatrix}.$$

解 因为$b_{34}=0$，所以由$\begin{vmatrix}b_{11}&b_{14}\\b_{31}&b_{34}\end{vmatrix}=\begin{vmatrix}1&-5\\13&0\end{vmatrix}\neq 0$，知$r(\boldsymbol{B})\geqslant 2$；另外，因为$\boldsymbol{B}$没有四阶子式，所以又有$r(\boldsymbol{B})\leqslant 3$. 还可以看出，矩阵$\boldsymbol{B}$的第1,2行元素是对应成比例的，而$\boldsymbol{B}$的任何一个三阶子式必然同时含有$\boldsymbol{B}$的第1,2行的部分，即有两行元素对应成比例. 按行列式的性质知，$\boldsymbol{B}$的任一三阶子式皆等于零，故$r(\boldsymbol{B})<3$. 于是，有$r(\boldsymbol{B})=2$.

从定义及上例的讨论过程可以看出：

(1) 当且仅当$\boldsymbol{A}$是零矩阵时，$r(\boldsymbol{A})=0$；

(2) 若$\boldsymbol{A}$有一个k阶子式不为零，则$r(\boldsymbol{A})\geqslant k$；若$\boldsymbol{A}$的所有$k+1$阶子式均为零，则$r(\boldsymbol{A})\leqslant k$；

(3) 对任意$m\times n$矩阵$\boldsymbol{A}$，必有

$$r(\boldsymbol{A})=r(\boldsymbol{A}^{\mathrm{T}});\tag{3.1-1}$$

(4) 若 $\boldsymbol{A}$ 是 $m\times n$ 矩阵，则必有

$$r(\boldsymbol{A})\leqslant\min(m,n).\tag{3.1-2}$$

特别地，若 $\boldsymbol{A}$ 是 n 阶矩阵，则 $r(\boldsymbol{A})\leqslant n$；当且仅当 $|\boldsymbol{A}|\neq 0$ 时 $r(\boldsymbol{A})=n$. 故也将行列式不为零的矩阵（即非退化阵）称为**满秩阵**，并称退化阵为**降秩阵**.

$m\times n$ 矩阵 $\boldsymbol{A}$ 共有 $C_m^k\cdot C_n^k$ 个 k 阶子式.

显然，若按定义来求 $m\times n$ 矩阵 $\boldsymbol{A}$ 的秩，在 m、n 较大时，会很不方便. 为此，我们有必要引出更好的求矩阵秩的方法.

练习 1　求矩阵 $\boldsymbol{A}=\begin{pmatrix}1&2&1\\2&4&6\end{pmatrix}$ 的秩.

3.1.2　矩阵秩的计算

定义 3　称满足以下两个条件的 $m\times n$ 矩阵为**行阶梯形矩阵**：

(1) 第 $(k+1)$ 行的首非零元（如果有的话）前的零元个数大于第 k 行的这种零元个数 $(k=1,2,\cdots,m-1)$；

(2) 如果某行没有非零元，则其下所有行的元素全是零.

若行阶梯形矩阵的非零行的首非零元均为 1，且这些首非零元 1 所在列的其他元素都是零，则称其为**行最简形矩阵**.

注　取行阶梯形矩阵每行第一个非零元素所在的行列所成的矩阵为上三角矩阵，而取行最简形矩阵每行第一个非零元素所在行列所成的矩阵为单位阵.

例 2　求矩阵

$$A=\begin{pmatrix}2&-1&0&3&-2\\0&3&1&-2&5\\0&0&0&4&-3\\0&0&0&0&0\end{pmatrix}$$

的秩 $r(\boldsymbol{A})$.

解　$\boldsymbol{A}$ 是一个行阶梯形矩阵，其非零行有 3 行，即知 $\boldsymbol{A}$ 的所有四阶子式全为零. 而以三个非零行的首非零元为对角线元素的三阶行列式

$$\begin{vmatrix}2&-1&3\\0&3&-2\\0&0&4\end{vmatrix}$$

是一个上三角行列式，它显然不等于零，因此 $r(\boldsymbol{A})=3$.

从本例可知，对于行阶梯形矩阵，它的秩就等于非零行的行数，一看便知. 因此，自然想道：① 能否用初等变换把任一矩阵变为行阶梯形矩阵？② 两个等价的矩阵的秩是否相等？下面的两个定理对这些问题作出了肯定的回答. 其证明过程读者可以在认为必要时再去看.

定理 1　任一 $m\times n$ 矩阵 $\boldsymbol{A}$ 必可以通过有限次初等行变换而化成行阶梯形矩阵.

证　设给定 $m\times n$ 矩阵 $\boldsymbol{A}=(a_{ij})$，

若$\boldsymbol{A}$是零矩阵，则它已为行阶梯形矩阵.

若$\boldsymbol{A}$是非零矩阵，则可自第一列开始依次寻查下去直到找到非零列为止. 不妨设这是第j列$\boldsymbol{\alpha}_j$，然后对这一列的元素，自α_{1j}开始依次寻查，直到找到第一个非零元为止. 设这个元素是α_{ij}，这时作第一类初等行变换，把$\boldsymbol{A}$的第i行换成第1行，不妨将此变换的结果仍用$\boldsymbol{A}$来记，于是$\alpha_{1j}\neq 0$是$\boldsymbol{A}$的第1行的首非零元，而$\boldsymbol{\alpha}_1,\boldsymbol{\alpha}_2,\cdots,\boldsymbol{\alpha}_{j-1}$都是全零列. 接着用第三类初等行变换将第$j$列除$\alpha_{1j}$外的元素全消成零，并仍把这样得到的矩阵记作$\boldsymbol{A}$.

若把$\boldsymbol{A}$除去第1行后的子矩阵记为$\boldsymbol{A}_1$，对$\boldsymbol{A}_1$重复以上的过程，得到$\boldsymbol{A}_2$等等. 如此反复，或者进行了这样的过程m次，或者在第k次$(1\leqslant k\leqslant m)$面临着的$\boldsymbol{A}_k$已经是零子矩阵. 这就将$\boldsymbol{A}$变成了行阶梯形矩阵.

定理 2　若$\boldsymbol{A}\sim\boldsymbol{B}$，则$r(\boldsymbol{A})=r(\boldsymbol{B})$.

证　先证明：若$\boldsymbol{A}$经一次初等行变换变为$\boldsymbol{B}$，则$r(\boldsymbol{A})\leqslant r(\boldsymbol{B})$.

设$r(\boldsymbol{A})=r$，且$\boldsymbol{A}$的某个r阶子式$D_r\neq 0$.

当$\boldsymbol{A}\overset{r_{ij}}{\sim}\boldsymbol{B}$或$\boldsymbol{A}\overset{r_i(\lambda)}{\sim}\boldsymbol{B}$时，在矩阵$\boldsymbol{B}$中总能找到与$D_r$相对应的子式$\overline{D}_r$，由于$\overline{D}_r=D_r$或$\overline{D}_r=-D_r$或$\overline{D}_r=\lambda D_r$，因此$\overline{D}_r\neq 0$，从而$r(\boldsymbol{B})\geqslant r$.

当$\boldsymbol{A}\overset{r_{ji}(k)}{\sim}\boldsymbol{B}$时，分三种情形讨论：①$D_r$中不含第$i$行；②$D_r$中同时含第$i$行和第$j$行；③$D_r$中含第$i$行但不含第$j$行. 对①②两种情形，显然$\boldsymbol{B}$中与$D_r$对应的子式$\overline{D}_r=D_r\neq 0$，故$r(\boldsymbol{B})\geqslant r$；对情形③，由

$$\overline{D}_r=\begin{vmatrix}\vdots\\ r_i+kr_j\\ \vdots\end{vmatrix}=\begin{vmatrix}\vdots\\ r_i\\ \vdots\end{vmatrix}+k\begin{vmatrix}\vdots\\ r_j\\ \vdots\end{vmatrix}=D_r+k\widehat{D}_r$$

若$\widehat{D}_r\neq 0$，则因$\widehat{D}_r$中不含第i行知$\boldsymbol{A}$中有不含第i行的r阶非零子式，从而根据情形①知$r(\boldsymbol{B})\geqslant r$；若$\widehat{D}_r=0$，则$\overline{D}_r=D_r\neq 0$，也有$r(\boldsymbol{B})\geqslant r$.

以上证明了若$\boldsymbol{A}$经过一次初等行变换变为$\boldsymbol{B}$，则$r(\boldsymbol{A})\leqslant r(\boldsymbol{B})$. 由于$\boldsymbol{B}$经过一次初等行变换也可变为$\boldsymbol{A}$，故也有$r(\boldsymbol{B})\leqslant r(\boldsymbol{A})$. 因此，$r(\boldsymbol{A})=r(\boldsymbol{B})$.

经过一次初等行变换矩阵的秩不变，即可知经过有限次初等行变换矩阵的秩仍不变.

若$\boldsymbol{A}$经过列初等变换变为$\boldsymbol{B}$，也就是$\boldsymbol{A}^{\mathrm{T}}$经过初等行变换变为$\boldsymbol{B}^{\mathrm{T}}$，这样由上段可以知道$r(\boldsymbol{A}^{\mathrm{T}})=r(\boldsymbol{B}^{\mathrm{T}})$，又$r(\boldsymbol{A})=r(\boldsymbol{A}^{\mathrm{T}})$，$r(\boldsymbol{B})=r(\boldsymbol{B}^{\mathrm{T}})$，因此$r(\boldsymbol{A})=r(\boldsymbol{B})$.

总之，若$\boldsymbol{A}$经过初等变换变为$\boldsymbol{B}$(即$\boldsymbol{A}\sim\boldsymbol{B}$)，则$r(\boldsymbol{A})=r(\boldsymbol{B})$.

推论 1　设$\boldsymbol{A}$是任一$m\times n$矩阵，而$\boldsymbol{P}$、$\boldsymbol{Q}$分别是m阶、n阶满秩阵，则必有

$$r(\boldsymbol{PA})=r(\boldsymbol{AQ})=r(\boldsymbol{PAQ})=r(\boldsymbol{A}).\qquad(3.1-3)$$

证　由于满秩矩阵(即可逆矩阵)$\boldsymbol{P}$、$\boldsymbol{Q}$可分解成有限个初等矩阵之乘积，这样，乘积矩阵$\boldsymbol{PA}$(或$\boldsymbol{AQ}$或$\boldsymbol{PAQ}$)可以看作是对$\boldsymbol{A}$作有限次的初等行(或列)变换的结果，由定理2得知此推论成立.

可以用一句话概括这个有用的推论："用满秩矩阵去乘以一个矩阵时不改变这个矩阵的秩".

推论 2　若已知任一$m\times n$矩阵$\boldsymbol{A}$的标准形分解为

$$\boldsymbol{A}=\boldsymbol{PNQ}=\boldsymbol{P}\begin{pmatrix}\boldsymbol{I}_r & \boldsymbol{O}\\ \boldsymbol{O} & \boldsymbol{O}\end{pmatrix}\boldsymbol{Q}$$

则必有 $r(\boldsymbol{A})=r$(即单位矩阵 $\boldsymbol{I}_r$ 的阶数).

证 因 $\boldsymbol{P}$、$\boldsymbol{Q}$ 均为满秩阵,故由推论 1 知 $r(\boldsymbol{A})=r(\boldsymbol{N})$,且容易看出 $r(\boldsymbol{N})=r$,即有

$$r(\boldsymbol{A})=r$$

根据定理 1、2,为求矩阵的秩,只要把矩阵用初等行变换变成行阶梯形矩阵,行阶梯形矩阵中非零行的行数即为该矩阵的秩.

例 3 设 $\boldsymbol{A}=\begin{pmatrix}2&0&3&1&4\\3&-5&4&2&7\\1&5&2&0&1\end{pmatrix}$,求 $r(\boldsymbol{A})$.

解 对 $\boldsymbol{A}$ 作初等行变换将其变成行阶梯形矩阵:

$$\boldsymbol{A}=\begin{pmatrix}2&0&3&1&4\\3&-5&4&2&7\\1&5&2&0&1\end{pmatrix}\overset{r_{13}}{\sim}\begin{pmatrix}1&5&2&0&1\\3&-5&4&2&7\\2&0&3&1&4\end{pmatrix}$$

$$\underset{r_{13}(-2)}{\overset{r_{12}(-3)}{\sim}}\begin{pmatrix}1&5&2&0&1\\0&-20&-2&2&4\\0&-10&-1&1&2\end{pmatrix}\underset{r_{23}(-1)}{\overset{r_2(\frac{1}{2})}{\sim}}\begin{pmatrix}1&5&2&0&1\\0&-10&-1&1&2\\0&0&0&0&0\end{pmatrix}$$

因为行阶梯形矩阵有两个非零行,所以 $r(\boldsymbol{A})=2$.

例 4 求 $n\times n$ 矩阵

$$\boldsymbol{A}=\begin{pmatrix}a&b&\cdots&b\\b&a&\cdots&b\\\vdots&\vdots&\ddots&\vdots\\b&b&\cdots&a\end{pmatrix}$$

的秩.

解 将第 1 行乘以(−1)加到以下各行后再将第 2,3,…,n 列全加到第 1 列,得

$$\boldsymbol{A}=\begin{pmatrix}a&b&\cdots&b\\b&a&\cdots&b\\\vdots&\vdots&\ddots&\vdots\\b&b&\cdots&a\end{pmatrix}\overset{r}{\sim}\begin{pmatrix}a&b&\cdots&b\\b-a&a-b&\cdots&0\\\vdots&\vdots&\ddots&\vdots\\b-a&0&\cdots&a-b\end{pmatrix}\overset{c}{\sim}\begin{pmatrix}a+(n-1)b&b&\cdots&b\\&a-b&&\\&&\ddots&\\&&&a-b\end{pmatrix}$$

当 $a\neq b$ 且 $a+(n-1)b\neq 0$ 时,$r(\boldsymbol{A})=n$;

当 $a\neq b$ 且 $a+(n-1)b=0$ 时,$r(\boldsymbol{A})=n-1$;

当 $a=b\neq 0$ 时,$r(\boldsymbol{A})=1$;

当 $a=b=0$ 时,$r(\boldsymbol{A})=0$.

例 5 设矩阵 $\boldsymbol{A}=\begin{pmatrix}3&4&1\\0&2&0\\5&1&3\end{pmatrix}$,$\boldsymbol{B}=\begin{pmatrix}2&-1&3\\0&3&1\\0&0&0\end{pmatrix}$,求 $r(\boldsymbol{AB})$.

解法 1 因为 $\boldsymbol{AB}=\begin{pmatrix}6&9&13\\0&6&2\\10&-2&16\end{pmatrix}\sim\begin{pmatrix}6&9&13\\0&6&2\\0&-17&-\frac{17}{3}\end{pmatrix}\sim\begin{pmatrix}6&9&13\\0&6&2\\0&0&0\end{pmatrix}$,所以 $r(\boldsymbol{AB})=2$.

解法 2 因为 $|\boldsymbol{A}|=8\neq 0$,所以 $r(\boldsymbol{A})=3$;而 $r(\boldsymbol{B})=2$,于是由式(3.1-3)知

$$r(\boldsymbol{AB})=r(\boldsymbol{B})=2$$

下两节我们利用矩阵的秩来讨论齐次线性方程组的通解和非齐次线性方程组有无解的判断以及有解时解的情况.

练习 2 设矩阵 $\boldsymbol{A}=\begin{pmatrix}1&0&0\\1&2&0\\2&3&-1\end{pmatrix}$,$\boldsymbol{B}$ 为三阶非零矩阵,计算 $r(\boldsymbol{AB})-r(\boldsymbol{B})$的值.

3.2 齐次线性方程组

$m\times n$ 的齐次线性方程组为

$$\begin{cases}a_{11}x_1+a_{12}x_2+\cdots+a_{1n}x_n=0,\\a_{21}x_1+a_{22}x_2+\cdots+a_{2n}x_n=0,\\\quad\cdots\cdots\\a_{m1}x_1+a_{m2}x_2+\cdots+a_{mn}x_n=0\end{cases}\tag{3.2-1}$$

或写成矩阵形式

$$\boldsymbol{Ax}=\boldsymbol{0}\tag{3.2-2}$$

其中 $m\times n$ 矩阵$\boldsymbol{A}=(a_{ij})$为方程组的系数矩阵,$\boldsymbol{x}=(x_1,x_2,\cdots,x_n)^{\mathrm{T}}$ 是 n 维未知数向量,而 m 维零向量 $\boldsymbol{0}$ 是常数项向量.

因为齐次线性方程组(3.2-2)有个明显的零解 $\boldsymbol{x}=\boldsymbol{0}$,称其为**平凡解**. 于是,对于齐次线性方程组,只需研究其在何种情况下有非零解(**非平凡解**),以及在有非零解的条件下,怎样表示出其所有的解.

利用系数矩阵 $\boldsymbol{A}$ 的秩,可方便地讨论齐次线性方程组 $\boldsymbol{Ax}=\boldsymbol{0}$ 的解,可以得到如下结论:

定理 1 n 元齐次线性方程组 $\boldsymbol{A}_{m\times n}\boldsymbol{x}=\boldsymbol{0}$ 有非零解的充分必要条件是其系数矩阵的秩 $r(\boldsymbol{A})<n$,且其通解式中带有 $n-r(\boldsymbol{A})$个任意参数.

证 必要性 设齐次线性方程组 $\boldsymbol{Ax}=\boldsymbol{0}$ 有非零解,要证 $r(\boldsymbol{A})<n$. 用反证法,设 $r(\boldsymbol{A})=n$,则在 $\boldsymbol{A}$ 中应有一个n 阶非零子式D_n,从而 D_n 所对应的n 个方程只有零解(根据克拉默法则),这与原方程组有非零解相矛盾,因此 $r(\boldsymbol{A})=n$ 不能成立,即 $r(\boldsymbol{A})<n$.

充分性 设 $r(\boldsymbol{A})=r<n$,则 $\boldsymbol{A}$ 的行阶梯形矩阵中只含有 r 个非零行,从而知其有 $n-r$ 个**自由未知量**. 任取一个自由未知量为 1,其余自由未知量为 0,即可得方程组的一个非零解. 若令这 $n-r$ 个自由未知量分别等于 $c_1,c_2,\cdots,c_{n-r}$,可得含 $n-r$ 个参数 $c_1,c_2,\cdots,c_{n-r}$ 的解,这些参数可任意取值,因此这时方程组有无限多个解. 第 4 章中将证明这个含 $n-r$ 个参数的解可表示出方程组的任一解,因此这个解被称为齐次线性方程组的**通解**.

注 本定理所述条件 $r(\boldsymbol{A})<n$ 的必要性是克拉默法则的推广(克拉默法则只适应于 $m=n$ 的情形),其充分性包含了克拉默法则的逆定理.

定理 1 的逆否命题即为"**n 元齐次线性方程组 $\boldsymbol{A}_{m\times n}\boldsymbol{x}=\boldsymbol{0}$ 仅有零解的充分必要条件是系数矩阵的秩 $r(\boldsymbol{A})=n$.**"

对于齐次线性方程组,只需把它的系数矩阵化成行最简形矩阵,便能写出它的通解.

例 1 求解齐次线性方程组

$$\begin{cases}x_1-x_2-x_3+x_4=0,\\x_1-x_2+x_3-3x_4=0,\\x_1-x_2-2x_3+3x_4=0\end{cases}$$

解 对系数矩阵 $\boldsymbol{A}$ 施行初等行变换变为行最简形矩阵：

$$\begin{pmatrix}1&-1&-1&1\\1&-1&1&-3\\1&-1&-2&3\end{pmatrix}\underset{r_{13}(-1)}{\overset{r_{12}(-1)}{\sim}}\begin{pmatrix}1&-1&-1&1\\0&0&2&-4\\0&0&-1&2\end{pmatrix}\underset{r_{21}(1)}{\overset{\substack{r_2(\frac{1}{2})\\r_{23}(1)}}{\sim}}\begin{pmatrix}1&-1&0&-1\\0&0&1&-2\\0&0&0&0\end{pmatrix}$$

即得与原方程组同解的方程组

$$\begin{cases}x_1-x_2-x_4=0,\\x_3-2x_4=0.\end{cases}$$

令 $x_2=c_1, x_4=c_2$，可得通解为

$$\begin{cases}x_1=c_1+c_2,\\x_2=c_1,\\x_3=2c_2,\\x_4=c_2.\end{cases}$$

或写成向量形式

$$\begin{pmatrix}x_1\\x_2\\x_3\\x_4\end{pmatrix}=c_1\begin{pmatrix}1\\1\\0\\0\end{pmatrix}+c_2\begin{pmatrix}1\\0\\2\\1\end{pmatrix}\ (c_1,c_2\in\mathbf{R})$$

例 2 已知齐次线性方程组

$$\begin{cases}x_1+2x_2-2x_3=0,\\3x_1+7x_2-6x_3=0,\\4x_1+8x_2+\lambda x_3=0\end{cases}$$

有非平凡解，求 λ 的值.

解 齐次线性方程组有非平凡解，必有系数矩阵 $\boldsymbol{A}$ 的秩 $r(\boldsymbol{A})<3$. 而

$$\boldsymbol{A}=\begin{pmatrix}1&2&-2\\3&7&-6\\4&8&\lambda\end{pmatrix}\underset{r_{13}(-4)}{\overset{r_{12}(-3)}{\sim}}\begin{pmatrix}1&2&-2\\0&1&0\\0&0&\lambda+8\end{pmatrix}$$

为了使 $r(\boldsymbol{A})<3$，必须 $\lambda+8=0$ 即 $\lambda=-8$.

由此可知当 $\lambda\neq-8$ 时，本题只有平凡解 $\boldsymbol{x}=\mathbf{0}$. 事实上，本题也可通过计算 $|\boldsymbol{A}|=0$ 得到 $\lambda=-8$.

练习 3 已知齐次线性方程组 $\begin{cases}\lambda x+y+z=0\\x+\lambda y+z=0\\x+y+\lambda z=0\end{cases}$ 只有零解，求 λ 满足的条件.

3.3 非齐次线性方程组

一般地,$m\times n$ 非齐次线性方程组的矩阵形式为

$$\boldsymbol{A}\boldsymbol{x}=\boldsymbol{b} \tag{3.3-1}$$

称 $m\times n$ 矩阵 $\boldsymbol{A}=(a_{ij})$为方程组的系数矩阵,分块形式的 $m\times(n+1)$矩阵 $\overline{\boldsymbol{A}}=(\boldsymbol{A}\mid\boldsymbol{b})$为方程组的增广矩阵,$\boldsymbol{x}=(x_1,x_2,\cdots,x_n)^{\mathrm{T}}$ 是 n 维未知数向量,$\boldsymbol{b}=(b_1,b_2,\cdots,b_m)^{\mathrm{T}}$ 是 m 维非零常数项向量.

与齐次线性方程组不同,非齐次线性方程组不一定有解,且有如下重要的定理.

定理 1 n 元非齐次线性方程组 $\boldsymbol{A}_{m\times n}\boldsymbol{x}=\boldsymbol{b}$ 有解的充分必要条件是系数矩阵 $\boldsymbol{A}$ 的秩等于增广矩阵 $\overline{\boldsymbol{A}}=(\boldsymbol{A}\mid\boldsymbol{b})$的秩.

证 **必要性** 设非齐次线性方程组 $\boldsymbol{A}\boldsymbol{x}=\boldsymbol{b}$ 有解,要证 $r(\boldsymbol{A})=r(\overline{\boldsymbol{A}})$. 用反证法,设 $r(\boldsymbol{A})<r(\overline{\boldsymbol{A}})$,则 $\overline{\boldsymbol{A}}$ 的行最简形矩阵中最后一个非零行对应矛盾方程 $0=1$,这与方程组有解相矛盾. 因此 $r(\boldsymbol{A})=r(\overline{\boldsymbol{A}})$.

充分性 设 $r(\boldsymbol{A})=r(\overline{\boldsymbol{A}})$,要证非齐次线性方程组有解,把 $\overline{\boldsymbol{A}}$ 化为行阶梯形矩阵,设 $r(\boldsymbol{A})=r(\overline{\boldsymbol{A}})=r(r\leqslant n)$,则 $\overline{\boldsymbol{A}}$ 的行阶梯形矩阵中含 r 个非零行,把这 r 行的第一个非零元所对应的未知量作为非自由未知量,其余 $n-r$ 个作为自由未知量,并令 $n-r$ 个自由未知量全取 0,即可得方程组的一个解.

推论 对矩阵方程 $\boldsymbol{A}\boldsymbol{X}=\boldsymbol{B}$,它有解的充分必要条件是 $r(\boldsymbol{A})=r(\boldsymbol{A}\mid\boldsymbol{B})$.

事实上,由定理 1 的证明知道,当 $r(\boldsymbol{A})=r(\overline{\boldsymbol{A}})=n$ 时,方程组没有自由未知量,只有唯一解. 当 $r(\boldsymbol{A})=r(\overline{\boldsymbol{A}})<n$ 时,方程组有 $n-r$ 个自由未知量,若令这 $n-r$ 个自由未知量分别等于 $c_1,c_2,\cdots,c_{n-r}$,可得含 $n-r$ 个参数 $c_1,c_2,\cdots,c_{n-r}$ 的解,此即非齐次线性方程组的通解,这些参数可任意取值,因此这时方程组有无限(或无穷)多个解. 于是,在实际使用时,定理 1 常写成另一种形式.

定理 1′ 对 n 元非齐次线性方程组 $\boldsymbol{A}_{m\times n}\boldsymbol{x}=\boldsymbol{b}$ 有如下结论:

(1) 当 $r(\boldsymbol{A})=r(\overline{\boldsymbol{A}})$时,方程组有解. 这时,

若 $r(\boldsymbol{A})=r(\overline{\boldsymbol{A}})=n$,则方程组有唯一解;

若 $r(\boldsymbol{A})=r(\overline{\boldsymbol{A}})<n$,则方程组有无限多个解,且其通解式中带有 $n-r(\boldsymbol{A})$个任意参数.

(2) 当 $r(\boldsymbol{A})<r(\overline{\boldsymbol{A}})$时,方程组无解.

例 1 求解非齐次线性方程组

$$\begin{cases}x_1-2x_2+3x_3-x_4=1,\\3x_1-x_2+5x_3-3x_4=2,\\2x_1+x_2+2x_3-2x_4=3\end{cases}$$

解 对增广矩阵 $\overline{\boldsymbol{A}}$ 施行初等行变换:

$$\bar{\mathbf{A}}=\left(\begin{array}{cccc:c}1&-2&3&-1&1\\3&-1&5&-3&2\\2&1&2&-2&3\end{array}\right)\overset{r_{12}(-3)}{\underset{r_{13}(-2)}{\sim}}\left(\begin{array}{cccc:c}1&-2&3&-1&1\\0&5&-4&0&-1\\0&5&-4&0&1\end{array}\right)$$

$$\overset{r_{23}(-1)}{\sim}\left(\begin{array}{cccc:c}1&-2&3&-1&1\\0&5&-4&0&-1\\0&0&0&0&2\end{array}\right)$$

可见 $r(\mathbf{A})=2, r(\bar{\mathbf{A}})=3$,故方程组无解.

例 2　求解非齐次线性方程组

$$\begin{cases}3x_1-5x_2+5x_3-3x_4=2,\\x_1-2x_2+3x_3-x_4=1,\\2x_1-3x_2+2x_3-2x_4=1\end{cases}$$

解　对增广矩阵进行初等行变换:

$$\bar{\mathbf{A}}=\left(\begin{array}{cccc:c}3&-5&5&-3&2\\1&-2&3&-1&1\\2&-3&2&-2&1\end{array}\right)\overset{r_{12}}{\sim}\left(\begin{array}{cccc:c}1&-2&3&-1&1\\3&-5&5&-3&2\\2&-3&2&-2&1\end{array}\right)$$

$$\overset{r_{12}(-3)}{\underset{r_{13}(-2)}{\sim}}\left(\begin{array}{cccc:c}1&-2&3&-1&1\\0&1&-4&0&-1\\0&1&-4&0&-1\end{array}\right)\overset{r_{21}(2)}{\underset{r_{23}(-1)}{\sim}}\left(\begin{array}{cccc:c}1&0&-5&-1&-1\\0&1&-4&0&-1\\0&0&0&0&0\end{array}\right)$$

得同解方程组

$$\begin{cases}x_1-5x_3-x_4=-1,\\x_2-4x_3=-1.\end{cases}$$

令 $x_3=c_1, x_4=c_2$,可得通解为

$$\begin{cases}x_1=5c_1+c_2-1,\\x_2=4c_1-1,\\x_3=c_1,\\x_4=c_2\end{cases}$$

写成向量形式为

$$\begin{pmatrix}x_1\\x_2\\x_3\\x_4\end{pmatrix}=c_1\begin{pmatrix}5\\4\\1\\0\end{pmatrix}+c_2\begin{pmatrix}1\\0\\0\\1\end{pmatrix}+\begin{pmatrix}-1\\-1\\0\\0\end{pmatrix}\quad(c_1,c_2\in\mathbf{R})$$

事实上,若令 $x_1=c_1, x_2=c_2$,可得通解为

$$\begin{pmatrix}x_1\\x_2\\x_3\\x_4\end{pmatrix}=c_1\begin{pmatrix}1\\0\\0\\1\end{pmatrix}+c_2\begin{pmatrix}0\\1\\\frac{1}{4}\\-\frac{5}{4}\end{pmatrix}+\begin{pmatrix}0\\0\\\frac{1}{4}\\-\frac{1}{4}\end{pmatrix}\quad(c_1,c_2\in\mathbf{R})$$

由此可以看出,在方程组具有无限多个解时,其通解的形式不是唯一确定的. 但是,通解中所带参数的个数却是确定的,均等于 $n-r(\boldsymbol{A})$;而且,对非齐次线性方程组而言,其结构也是确定的. 学过第 4 章后,对这些说法可以有更准确的理解.

例 3 设有线性方程组

$$\begin{cases}x_1+x_2+kx_3=4,\\-x_1+kx_2+x_3=k^2,\\x_1-x_2+2x_3=-4\end{cases}$$

问 k 取何值时,此方程组:(1) 有唯一解;(2) 无解;(3) 有无限多个解? 并在有无限多个解时求其通解.

解法 1 对增广矩阵 $\overline{\boldsymbol{A}}=(\boldsymbol{A}\mid\boldsymbol{b})$ 作初等行变换把它变为行阶梯形矩阵,有

$$\overline{\boldsymbol{A}}=\left(\begin{array}{ccc|c}1&1&k&4\\-1&k&1&k^2\\1&-1&2&-4\end{array}\right)\overset{\substack{r_{13}\\r_{12}(1)}}{\underset{r_{13}(-1)}{\sim}}\left(\begin{array}{ccc|c}1&-1&2&-4\\0&k-1&3&k^2-4\\0&2&k-2&8\end{array}\right)$$

$$\overset{r_{23}}{\underset{r_{23}\left(-\frac{k-1}{2}\right)}{\sim}}\left(\begin{array}{ccc|c}1&-1&2&-4\\0&2&k-2&8\\0&0&-\dfrac{(k-4)(k+1)}{2}&k(k-4)\end{array}\right)$$

于是,

(1) 当 $k\neq4$ 且 $k\neq-1$ 时,$r(\boldsymbol{A})=r(\overline{\boldsymbol{A}})=3$,方程组有唯一解;

(2) 当 $k=-1$ 时,$r(\boldsymbol{A})=2$,$r(\overline{\boldsymbol{A}})=3$,方程组无解;

(3) 当 $k=4$ 时,$r(\boldsymbol{A})=r(\overline{\boldsymbol{A}})=2<3$,方程组有无限多个解. 此时

$$\overline{\boldsymbol{A}}\sim\left(\begin{array}{ccc|c}1&-1&2&-4\\0&2&2&8\\0&0&0&0\end{array}\right)\sim\left(\begin{array}{ccc|c}1&0&3&0\\0&1&1&4\\0&0&0&0\end{array}\right)$$

由此便得同解方程组
$$\begin{cases}x_1=-3x_3,\\x_2=-x_3+4.\end{cases}$$

令 $x_3=c$,得通解为

$$\begin{pmatrix}x_1\\x_2\\x_3\end{pmatrix}=c\begin{pmatrix}-3\\-1\\1\end{pmatrix}+\begin{pmatrix}0\\4\\0\end{pmatrix}\ (c\in\mathbf{R})$$

解法 2 根据方程组是"$n\times n$"的特点,常利用行列式进行讨论.

$$|\boldsymbol{A}|=\begin{vmatrix}1&1&k\\-1&k&1\\1&-1&2\end{vmatrix}=\begin{vmatrix}1&1&k\\0&k+1&k+1\\0&-2&2-k\end{vmatrix}=(k+1)(4-k)$$

(1) 按克拉默法则,系数行列式不为零时方程组有唯一解. 所以当 $k\neq4$ 且 $k\neq-1$ 时,$r(\boldsymbol{A})=r(\overline{\boldsymbol{A}})=3$,方程组有唯一解.

(2) 当 $k=-1$ 时,方程组成为

$$\begin{cases}x_1+x_2-x_3=4,\\-x_1-x_2+x_3=1,\\x_1-x_2+2x_3=-4.\end{cases}$$

此时

$$\overline{\mathbf{A}}=\left(\begin{array}{ccc:c}1&1&-1&4\\-1&-1&1&1\\1&-1&2&-4\end{array}\right)\sim\left(\begin{array}{ccc:c}1&1&-1&4\\0&-2&3&-8\\0&0&0&5\end{array}\right)$$

由最后的行阶梯形矩阵可以看出 $r(\mathbf{A})=2<r(\overline{\mathbf{A}})=3$，故方程组无解.

(3) 当 $k=4$ 时，方程组成为

$$\begin{cases}x_1+x_2+4x_3=4,\\-x_1+4x_2+x_3=16,\\x_1-x_2+2x_3=-4\end{cases}$$

此时

$$\overline{\mathbf{A}}=\left(\begin{array}{ccc:c}1&1&4&4\\-1&4&1&16\\1&-1&2&-4\end{array}\right)\sim\left(\begin{array}{ccc:c}1&1&4&4\\0&5&5&20\\0&-2&-2&-8\end{array}\right)\sim\left(\begin{array}{ccc:c}1&1&4&4\\0&1&1&4\\0&0&0&0\end{array}\right)\sim\left(\begin{array}{ccc:c}1&0&3&0\\0&1&1&4\\0&0&0&0\end{array}\right)$$

由此便得同解方程组

$$\begin{cases}x_1=-3x_3,\\x_2=-x_3+4\end{cases}$$

令 $x_3=c$，则得通解为

$$\begin{pmatrix}x_1\\x_2\\x_3\end{pmatrix}=c\begin{pmatrix}-3\\-1\\1\end{pmatrix}+\begin{pmatrix}0\\4\\0\end{pmatrix}(c\in\mathbf{R})$$

注 1　本例中增广矩阵 $\overline{\mathbf{A}}$ 是一个含参数的矩阵，由于 $(k-1)$、$(k-2)$ 等因式可以等于 0，故不宜作诸如 $r_{21}\left(-\dfrac{2}{k-1}\right)$ 这样的变换. 如果必须作这种变换，则需对 $(k-1)=0$ 的情形另作讨论.

注 2　事实上，方程组有唯一解时可以按克拉默法则求解，也可从解法 1 中增广矩阵的行阶梯形矩阵出发，回代求解，即当 $k\neq4$ 且 $k\neq-1$ 时，由 $-\dfrac{(k-4)(k+1)}{2}x_3=k(k-4)$，得 $x_3=-\dfrac{2k}{k+1}$，代入 $2x_2+(k-2)x_3=8$，又得 $x_2=\dfrac{k^2+2k+4}{k+1}$，再代入 $x_1-x_2+2x_3=-4$，得 $x_1=\dfrac{k(k+2)}{k+1}$.

练习 4　设有线性方程组 $\begin{cases}-2x_1+x_2+x_3=-2,\\x_1-2x_2+x_3=\lambda,\\x_1+x_2-2x_3=\lambda^2,\end{cases}$ 问 λ 取何值时，有唯一解？无解？有无限多个解？并在有无限多解时求其通解.

3.4 应用举例

应用一(化学方程式的平衡问题)

在光合作用过程中,植物能利用太阳光照射将二氧化碳(CO_2)和水(H_2O)转化成葡萄糖($C_6H_{12}O_6$)和氧气(O_2). 该反应的化学反应式具有下列形式

$$x_1CO_2+x_2H_2O\longrightarrow x_3O_2+x_4C_6H_{12}O_6$$

为了使反应式平衡,我们必须选择恰当的 x_1,x_2,x_3 及 x_4 才能使反应式两端的碳(C)原子、氢(H)原子及氧(O)原子数目对应相等. 由于 CO_2 含一个 C 原子,而 $C_6H_{12}O_6$ 含 6 个 C 原子,因而为维持平衡,必须有

$$x_1=6x_4$$

类似地,为了平衡 O 原子,必须有

$$2x_1+x_2=2x_3+6x_4$$

最后,为了平衡 H 原子,必须有

$$2x_2=12x_4$$

如果将所有未知量移至等号左边,那么将得到一个齐次线性方程组

$$\begin{cases}x_1-6x_4=0,\\2x_1+x_2-2x_3-6x_4=0,\\2x_2-12x_4=0\end{cases}$$

由 3.2 节定理 1 知方程组有非零解,为了使化学反应式两端平衡,必须找到一个每个分量均为正数的解$(x_1,x_2,x_3,x_4)^{\mathrm{T}}$. 按通常解法我们可以取 x_4 作为自由未知量,且有

$$\begin{cases}x_1=6x_4,\\x_2=6x_4,\\x_3=6x_4\end{cases}$$

特别地,取 $x_4=1$ 时,则 $x_1=x_2=x_3=6$. 此时化学反应式具有以下形式

$$6CO_2+6H_2O\longrightarrow 6O_2+C_6H_{12}O_6$$

应用二(交通流量问题)

设图 3-1 所示的是某一地区的公路交通网络图,所有道路都是单行道,且道路上不能停车,通行方向用箭头标明,标示的数字为高峰期每小时进出网络的车辆. 进入网络的车共有 800 辆,等于离开网络的车辆总数,另外,进入每个交叉点的车辆数等于离开该交叉点的车辆数,这两个交通流量平衡的条件都得到满足.

若引入每小时通过图示各交通干道的车辆数 s,t,u,v,w 和 x(例如 s 就是每小时通过干道 BA 的车辆数等),则从交通流量平衡条件建立起的线性代数方程组,可得到网络交通流量的一些结论.

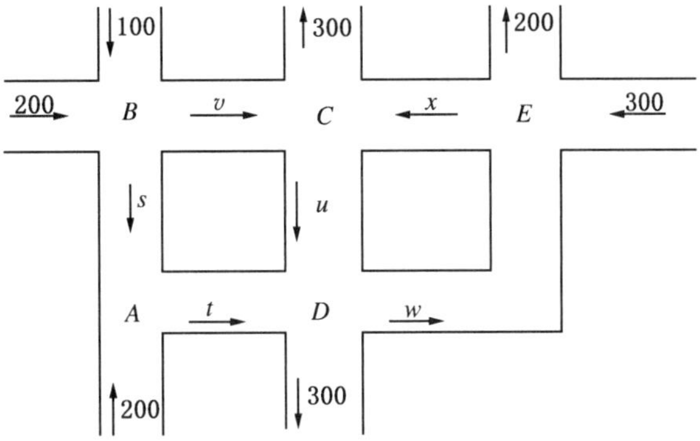

图 3－1

解 对每一个道路交叉点都可以写出一个流量平衡方程,例如对 A 点,从图上看,进入车辆数为 $200+s$ 而离开车辆数为 t,于是有

对 A 点: $200+s=t$

对 B 点: $200+100=s+v$

对 C 点: $v+x=300+u$

对 D 点: $u+t=300+w$

对 E 点: $300+w=200+x$

这样得到一个描述网络交通流量的线性代数方程组

$$\begin{cases} s-t=-200, \\ s+v=300, \\ -u+v+x=300, \\ t+u-w=300, \\ -w+x=100 \end{cases}$$

由此可得

$$\begin{cases} s=300-v, \\ t=500-v, \\ u=-300+v+x, \\ w=-100+x \end{cases}$$

其中 v、x 是可取任意值的. 事实上,这就是方程组的解,当然也可将解写成

$$\begin{pmatrix} 300-k_1 \\ 500-k_1 \\ -300+k_1+k_2 \\ k_1 \\ -100+k_2 \\ k_2 \end{pmatrix} \quad (k_1,k_2 \text{ 可取任意实数})$$

方程组有无限多个解.

可必须注意的是,**方程组的解并非就是原问题的解**. 对于原问题,必须顾及各变量的实际意义为行驶经过某路段的车辆数,故必须为非负整数,从而由

$$\begin{cases} s=300-k_1\geqslant 0, \\ u=-300+k_1+k_2\geqslant 0, \\ v=k_1\geqslant 0, \\ w=-100+k_2\geqslant 0, \\ x=k_2\geqslant 0 \end{cases}$$

可知 k_1 是不超过 300 的非负整数,k_2 是不小于 100 的正整数,而且 k_1+k_2 不小于 300. 所以方程组的无限多个解中只有一部分是问题的解.

从上述讨论可知,如若每小时通过 EC 段的车辆太少,不超过 100 辆;或者每小时通过 BC 及 EC 的车辆总数不到 300 辆,则交通平衡将被破坏,在一些路段可能会出现塞车等现象.

应用三(最小二乘法)

称无精确解的非齐次线性方程组 $\boldsymbol{Ax}=\boldsymbol{b}$ 为**矛盾方程组**.

对于矛盾方程组

$$\begin{cases} a_{11}x_1+a_{12}x_2+\cdots+a_{1n}x_n=b_1, \\ a_{21}x_1+a_{22}x_2+\cdots+a_{2n}x_n=b_2, \\ \quad\cdots\cdots \\ a_{m1}x_1+a_{m2}x_2+\cdots+a_{mn}x_n=b_m \end{cases} \tag{3.4-1}$$

由于其精确解不存在,因而要寻求它在某种意义下的近似解. 令

$$\begin{aligned} f(x_1,x_2,\cdots,x_n)=&(a_{11}x_1+a_{12}x_2+\cdots+a_{1n}x_n-b_1)^2+(a_{21}x_1+a_{22}x_2+\cdots+a_{2n}x_n-b_2)^2+\cdots \\ &+(a_{m1}x_1+a_{m2}x_2+\cdots+a_{mn}x_n-b_m)^2 \end{aligned} \tag{3.4-2}$$

显然 $f(x_1,x_2,\cdots,x_n)>0$. 如果 $x_1,x_2,\cdots,x_n$ 的一组取值使 $f(x_1,x_2,\cdots,x_n)$ 达到最小值,则称这组值是矛盾方程组(3.4-1)的**最小二乘解**,而求矛盾方程组最小二乘解的方法称为**最小二乘法**.

由高等数学可知,函数 $f(x_1,x_2,\cdots,x_n)$ 的最小值(即极小值)必须满足条件

$$\frac{\partial f}{\partial x_k}=0 \qquad (k=1,2,\cdots,n) \tag{3.4-3}$$

但是

$$\begin{aligned} \frac{\partial f}{\partial x_k}=&2a_{1k}(a_{11}x_1+\cdots+a_{1n}x_n-b_1)+ \\ &2a_{2k}(a_{21}x_1+\cdots+a_{2n}x_n-b_2)+\cdots+ \\ &2a_{mk}(a_{m1}x_1+\cdots+a_{mn}x_n-b_m) \end{aligned}$$

于是由式(3.4-3)得

$$\begin{pmatrix} a_{11} & a_{21} & \cdots & a_{m1} \\ a_{12} & a_{22} & \cdots & a_{m2} \\ \vdots & \vdots & & \vdots \\ a_{1n} & a_{2n} & \cdots & a_{mn} \end{pmatrix} \begin{pmatrix} a_{11}x_1+\cdots+a_{1n}x_n-b_1 \\ a_{21}x_1+\cdots+a_{2n}x_n-b_2 \\ \vdots \\ a_{m1}x_1+\cdots+a_{mn}x_n-b_m \end{pmatrix} = \begin{pmatrix} 0 \\ 0 \\ \vdots \\ 0 \end{pmatrix} \tag{3.4-4}$$

称式(3.4-4)为矛盾方程组(3.4-1)的**正规方程组**或**法方程组**. 可以证明,正规方程组总是有解的. 如果令 $\boldsymbol{A}=(a_{ij})_{m\times n}$,$\boldsymbol{x}=(x_1,x_2,\cdots,x_n)^{\mathrm{T}}$,$\boldsymbol{b}=(b_1,b_2,\cdots,b_m)^{\mathrm{T}}$,则矛盾方程组(3.4-1)可写为 $\boldsymbol{Ax}=\boldsymbol{b}$,而 $f(x_1,x_2,\cdots,x_n)=\|\boldsymbol{Ax}-\boldsymbol{b}\|^2$,又正规方程组(3.4-4)可写为

$$\boldsymbol{A}^{\mathrm{T}}(\boldsymbol{Ax}-\boldsymbol{b})=\boldsymbol{0},\boldsymbol{A}^{\mathrm{T}}\boldsymbol{Ax}=\boldsymbol{A}^{\mathrm{T}}\boldsymbol{b}$$

可见矛盾方程组 $\boldsymbol{Ax}=\boldsymbol{b}$ 的最小二乘解使得 $\|\boldsymbol{Ax}-\boldsymbol{b}\|^2$ 取最小值,且 $\boldsymbol{Ax}=\boldsymbol{b}$ 的最小二乘解是正规方程组 $\boldsymbol{A}^{\mathrm{T}}\boldsymbol{Ax}=\boldsymbol{A}^{\mathrm{T}}\boldsymbol{b}$ 的解.

最小二乘法是一种在工程技术、商业与经济等方面常用的求经验公式的方法.

例　设有一组数据如下表所示,试用一代数多项式曲线拟合这组数据.

数据表

x_i	1	3	4	5	6	7	8	9	10
y_i	10	5	4	2	1	1	2	3	4

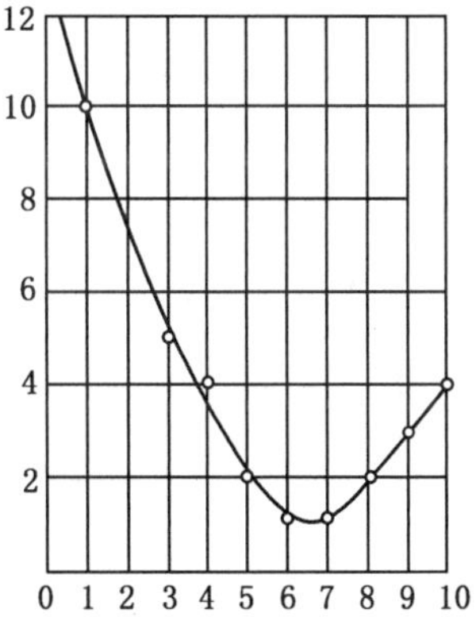

图 3-2

解　把表中数值画出图来看,发现它的变化趋势近似于一条抛物线(图 3-2),于是设

$$y(x)=c_0+c_1x+c_2x^2$$

将这批数据代入得线性方程组 $\boldsymbol{Ax}=\boldsymbol{b}$,其中

$$\boldsymbol{A}^{\mathrm{T}}=\begin{pmatrix} 1 & 1 & 1 & 1 & 1 & 1 & 1 & 1 & 1 \\ 1 & 3 & 4 & 5 & 6 & 7 & 8 & 9 & 10 \\ 1 & 9 & 16 & 25 & 36 & 49 & 64 & 81 & 100 \end{pmatrix}$$

$$\boldsymbol{x}=\begin{pmatrix} c_0 \\ c_1 \\ c_2 \end{pmatrix},\quad \boldsymbol{b}^{\mathrm{T}}=[10,5,4,2,1,1,2,3,4]^{\mathrm{T}}$$

这是矛盾方程组,其正规方程组为

$$\begin{cases} 9c_0+53c_1+381c_2=32, \\ 53c_0+381c_1+3017c_2=143, \\ 381c_0+3017c_1+25317c_2=1025 \end{cases}$$

解之得 $c_0=13.4597$,$c_1=-3.6053$,$c_2=0.2676$. 故所求二次多项式为

$$y(x)=13.4597-3.6053x+0.2676x^2$$

3.5 Matlab 辅助计算

3.5.1 计算矩阵的秩

Matlab 提供了 rank 命令,用来计算矩阵的秩,其调用格式为:rank(矩阵).

例 1 设矩阵 $\boldsymbol{A}=\begin{pmatrix}3&4&1\\0&2&0\\5&1&3\end{pmatrix}$,$\boldsymbol{B}=\begin{pmatrix}2&-1&3\\0&3&1\\0&0&0\end{pmatrix}$,求 $r(\boldsymbol{AB})$.(参见 3.1 节例 5)

解

```
≫A=[3 4 1; 0 2 0; 5 1 3]; B=[2 −1 3; 0 3 1; 0 0 0];
≫rank(A * B)
ans=
     2
```

3.5.2 求解线性方程组

除了 2.7 节介绍的方法外,还可以利用 Matlab 提供的化矩阵为行阶梯形形式求解线性方程组.其函数为 rref,调用格式为 rref(矩阵).将构成方程组的系数矩阵作为参数,可以求得其行阶梯形形式.

例 2 以 3.4 节应用一为例.

解 由 3.4 节知,构成的约束方程组的系数矩阵为

$\begin{pmatrix}1&0&0&-6\\2&1&-2&-6\\0&2&0&-12\end{pmatrix}$,所以

```
≫A=[1 0 0 −6; 2 1 −2 −6; 0 2 0 −12];
≫rref(A)
ans=
     1 0 0 −6
     0 1 0 −6
     0 0 1 −6
```

即 $\begin{cases}x_1-6x_4=0,\\x_2-6x_4=0,\\x_3-6x_4=0\end{cases}$

取 $x_4=1$,很容易可以得到方程组的解.

3.5.3 曲线拟合

Matlab 提供了专门处理曲线拟合的函数.

例 3 以 3.4 节应用三为例.

解 首先,应用 Matlab 绘图函数将数据点绘出(输出结果如图 3-3 所示).

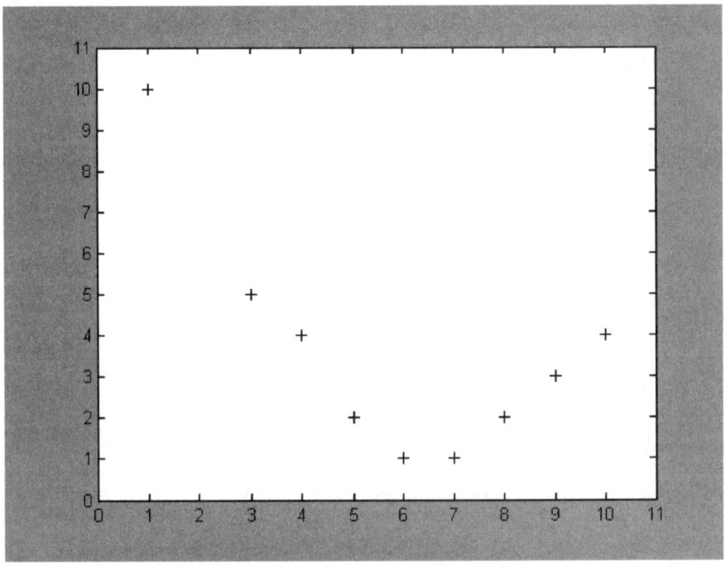

图 3-3 数据散点图

≫x=[1 3 4 5 6 7 8 9 10]; y=[10 5 4 2 1 1 2 3 4];

≫plot(x,y,'+');

从其数据散点图不难看出,数据点可以用二次多项式进行拟合. Matlab 提供了 polyfit 函数进行多项式拟合,其调用格式为:p=polyfit(x_i,y_i,N). 式中 p 为返回的拟合多项式系数向量,N 为选用的拟合多项式阶数.

≫p=polyfit(x,y,2) %采用二阶多项式进行拟合

p= 0.2676 −3.6053 13.4597

即 2 次项系数为 0.2676,1 次项系数为−3.6053,常数项为 13.4597.

将拟合多项式与数据点绘制在同一幅图中,可以看出其拟合效果.

≫plot(x,y,'+',x,polyval(p,x),'−') %polyval 返回以 p 为多项式系数的数据点 x 的函数值

其输出结果如图 3-4 所示.

3.5.4 Matlab 练习

1 求下列矩阵的秩:

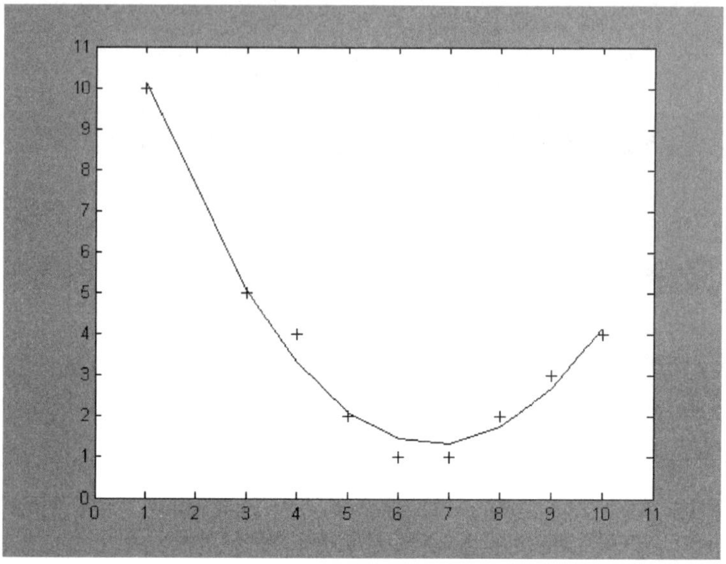

图 3-4　数据拟合效果图

$$\boldsymbol{A}=\begin{pmatrix}2&3&4&5\\0&1&5&6\\0&0&7&8\\0&0&5&3\end{pmatrix};\ \boldsymbol{B}=\begin{pmatrix}1&2&3&4\\2&4&6&8\\3&5&7&9\\4&6&8&10\end{pmatrix};\ \boldsymbol{C}=(\boldsymbol{A}\quad\boldsymbol{B}).$$

2　求解非齐次线性方程组:

$$\begin{cases}20x_1+10x_2+10x_3+15x_4=70,\\5x_1+5x_2+10x_3+15x_4=35,\\5x_1+15x_2+5x_3+10x_4=35,\\8x_1+10x_2+10x_3+20x_4=50\end{cases}$$

3　下表是某股票在上海证券交易所过去 10 个月的收盘价(单位:元):

1	2	3	4	5	6	7	8	9	10
4.53	5.02	3.01	5.60	5.52	5.00	4.51	3.00	4.42	5.00

请计算:

(1) 假定这些数据服从一阶线性变化模型($y=ax+b$),预测接下来 3 个月的收盘价;

(2) 假定这些数据服从二阶变化模型($y=ax^2+bx+c$),预测接下来 3 个月的收盘价;

(3) 假定这些数据服从三阶变化模型($y=ax^3+bx^2+cx+d$),预测接下来 3 个月的收盘价.

答案

1　≫ A=[2 3 4 5; 0 1 5 6; 0 0 7 8; 0 0 5 3];B=[1 2 3 4; 2 4 6 8; 3 5 7 9; 4 6 8 10];

```
≫ rank(A), rank(B)
ans =
    4
ans =
    2
≫ rank([A B])
ans =
    4
```

2
```
≫format rat
≫ A=[20 10 10 15 70; 5 5 10 15 35; 5 15 5 10 35; 8 10 10 20 50];
≫ rref(A)
ans=
    1    0    0    0    60/29
    0    1    0    0    23/29
    0    0    1    0    18/29
    0    0    0    1    28/29
```

即 解得 $x_1=\frac{60}{29}$, $x_2=\frac{23}{29}$, $x_3=\frac{18}{29}$, $x_4=\frac{28}{29}$.

3
```
≫ x=1:10;y=[4.53 5.02 3.01 5.60 5.52 5.00 4.51 3.00 4.42 5.00];
```

(1) 一阶多项式拟合:

```
≫ p1=polyfit(x,y,1)
p1 =
    -0.0231    4.6880
≫ polyval(p1,11:13)
ans =
    4.4340    4.4109    4.3878
```

即得接下来 3 个月预测该股票收盘价将分别为 4.43 元,4.41 元,4.39 元.

(2) 二阶多项式拟合:

```
≫ p2=polyfit(x,y,2)
p2=
    -0.0089    0.0752    4.4913
≫ polyval(p2,11:13)
ans =
    4.2373    4.1070    3.9587
```

即得接下来 3 个月预测该股票收盘价将分别为 4.24 元,4.11 元,3.96 元.

(3) 三阶多项式拟合:

```
≫ p3=polyfit(x,y,3)
p3=
    0.0133    -0.2286    1.0881    3.3493
```

```
≫ polyval(p3,11:13)
ans =
      5.3793    6.4948    8.1115
```

即得接下来3个月预测该股票收盘价将分别为5.38元,6.49元,8.11元.

练习题答案

1. 2; **2.** 0; **3.** $\lambda\neq1$ 且 $\lambda\neq-2$;

4. 当 $\lambda\neq-2$ 且 $\lambda\neq1$ 时,方程组无解;当 $\lambda=1$ 时,方程组有无穷多个解,且通解为

$$\begin{pmatrix}x_1\\x_2\\x_3\end{pmatrix}=\begin{pmatrix}1\\0\\0\end{pmatrix}+c\begin{pmatrix}1\\1\\1\end{pmatrix}(c\in\mathbf{R});$$

当 $\lambda=-2$ 时,方程组有无穷多个解,且通解为

$$\begin{pmatrix}x_1\\x_2\\x_3\end{pmatrix}=\begin{pmatrix}2\\2\\0\end{pmatrix}+c\begin{pmatrix}1\\1\\1\end{pmatrix}(c\in\mathbf{R}).$$

习 题 三

3.1 在秩为 r 的矩阵中,是否一定没有等于0的 r 阶子式?

3.2 确定下列矩阵的秩,并给出一个最高阶非零子式:

(1) $\boldsymbol{A}=\begin{pmatrix}0&1&-5&4\\1&2&3&-1\\1&3&-2&3\\2&5&1&2\end{pmatrix}$; (2) $\boldsymbol{B}=\begin{pmatrix}1&-1&2\\-1&2&1\\1&0&5\\-1&3&4\end{pmatrix}$.

3.3 当参数取不同数值时,求下列矩阵的秩:

(1) $\boldsymbol{A}=\begin{pmatrix}1&-2&3k\\-1&2k&-3\\k&-2&3\\-2&4k&-6\end{pmatrix}$; (2) $\boldsymbol{B}=\begin{pmatrix}1&1&-2&3&0\\2&1&-6&4&-1\\3&2&a&7&-1\\1&-1&-6&-1&b\end{pmatrix}$.

3.4 假设 $\boldsymbol{A}$ 为 $m\times n$ 矩阵,$\boldsymbol{\beta}$ 是 m 维列向量,试说明 $r(\boldsymbol{A})\leqslant r(\boldsymbol{A}\,\vdots\,\boldsymbol{\beta})\leqslant r(\boldsymbol{A})+1$,其中 $[\boldsymbol{A}\,\vdots\,\boldsymbol{\beta}]$ 是由 $\boldsymbol{A}$ 及 $\boldsymbol{\beta}$ 构成的分块矩阵.

3.5 设矩阵 $\boldsymbol{A}=\begin{bmatrix}a_1b_1&a_1b_2&\cdots&a_1b_n\\a_2b_1&a_2b_2&\cdots&a_2b_n\\\vdots&\vdots&\ddots&\vdots\\a_nb_1&a_nb_2&\cdots&a_nb_n\end{bmatrix}$,求 $r(\boldsymbol{A})$ 及 $r(\boldsymbol{A}^2)$.

3.6 设矩阵 $\boldsymbol{A}=\begin{pmatrix}1\\1\\1\\1\end{pmatrix}(1\quad1\quad1\quad1)$,$r(\boldsymbol{B})=2$,求 $r(\boldsymbol{AB}-\boldsymbol{B})$ 的值.

3.7 只用初等行变换把下列矩阵化成行最简形:

(1) $\boldsymbol{A}=\begin{pmatrix}1&1&0\\-2&-1&-2\\-1&-2&2\end{pmatrix}$; (2) $\boldsymbol{B}=\begin{pmatrix}2&0&3&1&4\\3&-5&4&2&7\\1&5&2&0&1\end{pmatrix}$;

(3) $\boldsymbol{C}=\begin{pmatrix}1&0&0&1\\1&1&0&0\\0&1&1&0\\0&0&0&1\end{pmatrix}$; (4) $\boldsymbol{D}=\begin{pmatrix}1&1&-1\\3&1&0\\2&4&-5\\4&3&2\end{pmatrix}$.

3.8 讨论下列齐次线性方程组是否有非平凡解(即非零解);若有,则求出其通解:

(1) $x_1+x_2+x_3+\cdots+x_n=0$; (2) $\begin{cases}x_1-x_2+2x_3=0,\\x_2-3x_3=0,\\x_1-2x_2+5x_3=0,\\-2x_1+x_3=0;\end{cases}$

(3) $\begin{cases}2x_1-4x_2+5x_3+3x_4=0,\\3x_1-6x_2+4x_3+2x_4=0,\\4x_1-8x_2+17x_3+11x_4=0;\end{cases}$ (4) $\begin{cases}2x_2-x_3=-x_1,\\2x_1-3x_3=-5x_2,\\x_1+4x_2=3x_3.\end{cases}$

3.9 设 a_1、a_2、a_3 是互不相同的常数,证明下面的方程组无解:

$$\begin{cases}x_1+a_1x_2=a_1^2,\\x_1+a_2x_2=a_2^2,\\x_1+a_3x_2=a_3^2.\end{cases}$$

3.10 求解下列非齐次线性方程组:

(1) $\begin{cases}x_1-2x_2+x_3+x_4=1,\\x_1-2x_2+x_3-x_4=-1,\\x_1-2x_2+x_3+5x_4=5;\end{cases}$ (2) $\begin{cases}2x_1+x_2+2x_3-2x_4=3,\\x_1-2x_2+3x_3-x_4=1,\\3x_1-x_2+5x_3-3x_4=2;\end{cases}$

(3) $\begin{cases}x_1-2x_2+x_3=-5,\\x_1+5x_2-7x_3=9,\\3x_1+x_2-6x_3=1;\end{cases}$ (4) $\begin{cases}2x_1-x_2+5x_3=15,\\x_1+3x_2-x_3=4,\\x_1-4x_2+6x_3=11,\\3x_1+2x_2+4x_3=19.\end{cases}$

3.11 证明:线性方程组

$$\begin{cases}x_1-x_2=a_1,\\x_2-x_3=a_2,\\x_3-x_4=a_3,\\x_4-x_5=a_4,\\x_5-x_1=a_5\end{cases}$$

有解的充分必要条件是 $a_1+a_2+a_3+a_4+a_5=0$. 并在有解的情况下,求出它的通解.

3.12 问 λ 取何值时下列方程组有唯一解、无穷多解、无解？并在有无穷多解时求出其通解：

(1) $\begin{cases}\lambda x_1+x_2+x_3=0,\\ x_1+\lambda x_2+x_3=0,\\ x_1+x_2+\lambda x_3=0;\end{cases}$ (2) $\begin{cases}x_1+x_2+x_3+x_4=1,\\ x_2-x_3+2x_4=1,\\ 2x_1+3x_2+(a+2)x_3+4x_4=b+3,\\ 3x_1+5x_2+x_3+(a+8)x_4=5;\end{cases}$

(3) $\begin{cases}2x_1+(4-\lambda)x_2+7=0,\\ (2-\lambda)x_1+2x_2+3=0,\\ 2x_1+5x_2+6-\lambda=0.\end{cases}$

3.13 已知三阶非零矩阵 $\boldsymbol{B}$ 的每一列都为齐次方程 $\begin{pmatrix}1 & 2 & -2\\ 2 & -1 & \lambda\\ 3 & 1 & -1\end{pmatrix}\boldsymbol{x}=\boldsymbol{0}$ 的解，求：(1) λ 的值；(2) $|\boldsymbol{B}|$；(3) 一个矩阵 $\boldsymbol{B}$.

3.14 液态苯在空气中会燃烧，如果一个冷的物体被直接放置在苯的上方，则物体表面会有水珠凝结，而且会有炭附着在物体表面. 该化学反应具有如下的化学反应式

$$x_1C_6H_6+x_2O_2\longrightarrow x_3C+x_4H_2O$$

为使反应式平衡，求出 x_1,x_2,x_3,x_4.

3.15 考虑下列交通流量图，其中 $a_1,a_2,a_3,a_4,b_1,b_2,b_3,b_4$ 均为固定正整数. 试建立一个以 x_1,x_2,x_3,x_4 为未知数的线性方程组，并证明：该线性方程组有解的充分必要条件是

$$a_1+a_2+a_3+a_4=b_1+b_2+b_3+b_4,$$

你能从这个进出交通网络的汽车数量中得到些什么结论？

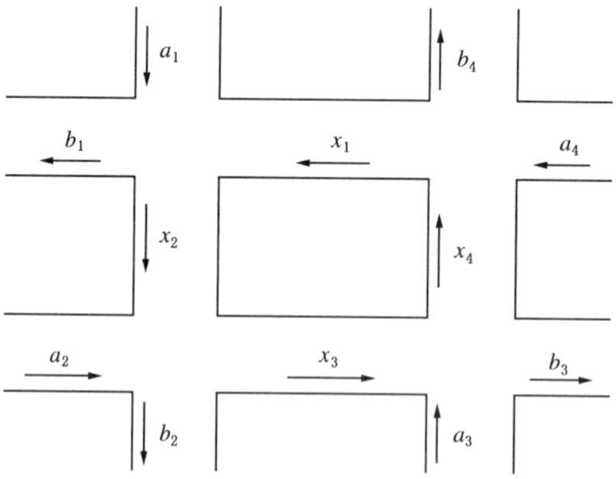

第 3.15 题图

4 向量空间

向量空间的理论起源于对线性方程组解的研究. 本章讨论向量组的线性相关性,并利用矩阵的秩研究向量组的秩和最大无关组,在此基础上建立向量空间的概念,并讨论向量空间中的基变换和坐标变换. 最后利用向量组与向量空间的理论,研究线性方程组解的结构.

4.1 向量组的线性相关与线性无关

一些同维数的列向量(或行向量)所组成的集合叫做向量组. 例如一个 $m\times n$ 维矩阵 $\boldsymbol{A}=(a_{ij})$,它有 n 个 m 维列向量

$$\boldsymbol{\alpha}_j=\begin{pmatrix}a_{1j}\\a_{2j}\\\vdots\\a_{mj}\end{pmatrix}(j=1,2,\cdots,n)$$

它们组成的向量组 $\boldsymbol{\alpha}_1,\boldsymbol{\alpha}_2,\cdots,\boldsymbol{\alpha}_n$ 称为矩阵 $\boldsymbol{A}$ 的列向量组.

$m\times n$ 矩阵 $\boldsymbol{A}$ 又有 m 个 n 维行向量

$$\boldsymbol{\beta}_i^{\mathrm{T}}=(a_{i1},a_{i2},\cdots,a_{in})(i=1,2,\cdots,m)$$

它们组成的向量组 $\boldsymbol{\beta}_1^{\mathrm{T}},\boldsymbol{\beta}_2^{\mathrm{T}},\cdots,\boldsymbol{\beta}_m^{\mathrm{T}}$ 称为矩阵 $\boldsymbol{A}$ 的行向量组.

反之,由有限个向量所组成的向量组也可以构成一个矩阵.

我们常把 m 个方程 n 个未知数的线性方程组写成矩阵形式 $\boldsymbol{Ax}=\boldsymbol{b}$,从而方程组可以与它的增广矩阵 $\overline{\boldsymbol{A}}=(\boldsymbol{A}\,\vdots\,\boldsymbol{b})$一一对应. 这种对应若看成一个方程对应一个($\overline{\boldsymbol{A}}$ 中的)行向量,则方程组与增广矩阵 $\overline{\boldsymbol{A}}$ 的行向量组对应. 但若把方程组写成向量形式

$$\boldsymbol{Ax}=(\boldsymbol{\alpha}_1,\boldsymbol{\alpha}_2,\cdots,\boldsymbol{\alpha}_n)\begin{pmatrix}x_1\\x_2\\\vdots\\x_n\end{pmatrix}=x_1\boldsymbol{\alpha}_1+x_2\boldsymbol{\alpha}_2+\cdots+x_n\boldsymbol{\alpha}_n=\boldsymbol{b}$$

则可见方程组与 $\overline{\boldsymbol{A}}$ 的列向量组 $\boldsymbol{\alpha}_1,\boldsymbol{\alpha}_2,\cdots,\boldsymbol{\alpha}_n,\boldsymbol{b}$ 之间也有着对应的关系.

4.1.1 基本概念

定义 1 给定向量组(Ⅰ):$\boldsymbol{\alpha}_1,\boldsymbol{\alpha}_2,\cdots,\boldsymbol{\alpha}_n$ 及任意 n 个实数 $k_1,k_2,\cdots,k_n$,称向量

$$k_1\boldsymbol{\alpha}_1+k_2\boldsymbol{\alpha}_2+\cdots+k_n\boldsymbol{\alpha}_n$$

为向量组(Ⅰ)的一个**线性组合**,$k_1,k_2,\cdots,k_n$ 称为这个线性组合的系数.

又对给定向量 $\boldsymbol{b}$,若存在一组数 $\lambda_1,\lambda_2,\cdots,\lambda_n$,使 $\boldsymbol{b}=\lambda_1\boldsymbol{\alpha}_1+\lambda_2\boldsymbol{\alpha}_2+\cdots+\lambda_n\boldsymbol{\alpha}_n$,则称向量 $\boldsymbol{b}$ 能由向量组(Ⅰ)**线性表示**(或**线性表出**).

如 $\boldsymbol{b}=(2,-1,1)^{\mathrm{T}}$,$\boldsymbol{\alpha}_1=(1,0,0)^{\mathrm{T}}$,$\boldsymbol{\alpha}_2=(0,1,0)^{\mathrm{T}}$,$\boldsymbol{\alpha}_3=(0,0,1)^{\mathrm{T}}$,有 $\boldsymbol{b}=2\boldsymbol{\alpha}_1-\boldsymbol{\alpha}_2+\boldsymbol{\alpha}_3$,即 $\boldsymbol{b}$ 是 $\boldsymbol{\alpha}_1,\boldsymbol{\alpha}_2,\boldsymbol{\alpha}_3$ 的线性组合,或者说 $\boldsymbol{b}$ 可由 $\boldsymbol{\alpha}_1,\boldsymbol{\alpha}_2,\boldsymbol{\alpha}_3$ 线性表示.

又例如任意一个 m 维向量 $\boldsymbol{\alpha}=(a_1,a_2,\cdots,a_m)^{\mathrm{T}}$ 都可以是单位向量组 $\boldsymbol{e}_1=(1,0,\cdots,0)^{\mathrm{T}}$,$\boldsymbol{e}_2=(0,1,\cdots,0)^{\mathrm{T}}$,$\cdots$,$\boldsymbol{e}_m=(0,0,\cdots,1)^{\mathrm{T}}$ 的线性组合,即

$$\boldsymbol{\alpha}=a_1\boldsymbol{e}_1+a_2\boldsymbol{e}_2+\cdots+a_m\boldsymbol{e}_m.$$

事实上,由定义知向量 $\boldsymbol{b}$ 能由向量组(Ⅰ)线性表示,即方程组

$$x_1\boldsymbol{\alpha}_1+x_2\boldsymbol{\alpha}_2+\cdots+x_n\boldsymbol{\alpha}_n=\boldsymbol{b}$$

有解. 亦即线性方程组 $\boldsymbol{A}_{m\times n}\boldsymbol{x}=\boldsymbol{b}$ 有解. 由 3.3 节中定理 1,立刻得如下定理.

定理 1 向量 $\boldsymbol{b}$ 可以由向量组(Ⅰ):$\boldsymbol{\alpha}_1,\boldsymbol{\alpha}_2,\cdots,\boldsymbol{\alpha}_n$ 线性表示的充分必要条件是矩阵 $\boldsymbol{A}=(\boldsymbol{\alpha}_1,\boldsymbol{\alpha}_2,\cdots,\boldsymbol{\alpha}_n)$ 的秩等于 $\overline{\boldsymbol{A}}=(\boldsymbol{\alpha}_1,\boldsymbol{\alpha}_2,\cdots,\boldsymbol{\alpha}_n \mid \boldsymbol{b})$ 的秩.

例 1 已知三个向量

$$\boldsymbol{\alpha}_1=\begin{pmatrix}2\\0\\-1\\3\end{pmatrix},\boldsymbol{\alpha}_2=\begin{pmatrix}3\\-2\\1\\-1\end{pmatrix},\boldsymbol{b}_1=\begin{pmatrix}-5\\6\\-5\\9\end{pmatrix},$$

证明向量 $\boldsymbol{b}_1$ 可由向量组 $\boldsymbol{\alpha}_1,\boldsymbol{\alpha}_2$ 线性表示,并写出表示式.

证 由定义 1,即要证存在一个二维列向量 $(x_1,x_2)^{\mathrm{T}}$,使 $(\boldsymbol{\alpha}_1,\boldsymbol{\alpha}_2)\begin{pmatrix}x_1\\x_2\end{pmatrix}=\boldsymbol{b}_1$ 成立. 类似于线性方程组求解的方法,对增广矩阵 $(\boldsymbol{\alpha}_1,\boldsymbol{\alpha}_2 \mid \boldsymbol{b}_1)$ 施行初等行变换变为行最简形矩阵:

$$(\boldsymbol{\alpha}_1,\boldsymbol{\alpha}_2 \mid \boldsymbol{b}_1)=\left(\begin{array}{cc:c}2&3&-5\\0&-2&6\\-1&1&-5\\3&-1&9\end{array}\right)\xrightarrow[r_{14}(3)]{r_{13}\quad r_{13}(2)}\left(\begin{array}{cc:c}-1&1&-5\\0&-2&6\\0&5&-15\\0&2&-6\end{array}\right)$$

$$\xrightarrow[r_{24}(-2)]{r_2(-\frac{1}{2})\quad r_{23}(-5)}\left(\begin{array}{cc:c}-1&1&-5\\0&1&-3\\0&0&0\\0&0&0\end{array}\right)\xrightarrow[r_1(-1)]{r_{21}(-1)}\left(\begin{array}{cc:c}1&0&2\\0&1&-3\\0&0&0\\0&0&0\end{array}\right)$$

即得

$$\begin{pmatrix}x_1\\x_2\end{pmatrix}=\begin{pmatrix}2\\-3\end{pmatrix}$$

亦即 $\boldsymbol{b}_1=x_1\boldsymbol{\alpha}_1+x_2\boldsymbol{\alpha}_2=2\boldsymbol{\alpha}_1-3\boldsymbol{\alpha}_2$. 当然向量 $\boldsymbol{b}_1$ 可由向量组 $\boldsymbol{\alpha}_1,\boldsymbol{\alpha}_2$ 线性表示.

定义 2 给定向量组(Ⅰ):$\boldsymbol{\alpha}_1,\boldsymbol{\alpha}_2,\cdots,\boldsymbol{\alpha}_n$,若存在不全为零的数 $k_1,k_2,\cdots,k_n$,使

$$k_1\boldsymbol{\alpha}_1+k_2\boldsymbol{\alpha}_2+\cdots+k_n\boldsymbol{\alpha}_n=\boldsymbol{0} \tag{4.1-1}$$

则称向量组(Ⅰ)是**线性相关**的;相反,仅当 $k_1=k_2=\cdots=k_n=0$ 时才成立式(4.1-1),则

称向量组(Ⅰ)是**线性无关**的.

例如向量组 $\boldsymbol{e}_1=(1,0,0)^{\mathrm{T}},\boldsymbol{e}_2=(0,1,0)^{\mathrm{T}},\boldsymbol{e}_3=(0,0,1)^{\mathrm{T}}$ 是线性无关的,向量组 $\boldsymbol{e}_1,\boldsymbol{e}_2,\boldsymbol{e}_3,\boldsymbol{\alpha}=(a_1,a_2,a_3)^{\mathrm{T}}$ 是线性相关的. 因为由 $k_1\boldsymbol{e}_1+k_2\boldsymbol{e}_2+k_3\boldsymbol{e}_3=(k_1,k_2,k_3)^{\mathrm{T}}=\boldsymbol{0}$,必有

$$k_1=k_2=k_3=0$$

故 $\boldsymbol{e}_1,\boldsymbol{e}_2,\boldsymbol{e}_3$ 线性无关;而 $a_1\boldsymbol{e}_1+a_2\boldsymbol{e}_2+a_3\boldsymbol{e}_3-\boldsymbol{\alpha}=\boldsymbol{0}$,故 $\boldsymbol{e}_1,\boldsymbol{e}_2,\boldsymbol{e}_3,\boldsymbol{\alpha}$ 线性相关.

从定义可见,对于单个向量,当且仅当它为零向量时是线性相关的. 对于两个向量 $\boldsymbol{\alpha}_1,\boldsymbol{\alpha}_2$ 构成的向量组,它线性相关的充分必要条件是 $\boldsymbol{\alpha}_1,\boldsymbol{\alpha}_2$ 的分量对应成比例,其几何意义是两向量共线. 三个向量线性相关的几何意义是三向量共面.

向量组(Ⅰ):$\boldsymbol{\alpha}_1,\boldsymbol{\alpha}_2,\cdots,\boldsymbol{\alpha}_n$ 构成矩阵 $\boldsymbol{A}=(\boldsymbol{\alpha}_1,\boldsymbol{\alpha}_2,\cdots,\boldsymbol{\alpha}_n)$,向量组(Ⅰ)线性相关,就是齐次线性方程组

$$x_1\boldsymbol{\alpha}_1+x_2\boldsymbol{\alpha}_2+\cdots+x_n\boldsymbol{\alpha}_n=\boldsymbol{0},\text{即 }\boldsymbol{Ax}=\boldsymbol{0}$$

有非零解. 由 3.2 节定理 1,即可得如下定理.

定理 2 向量组(Ⅰ):$\boldsymbol{\alpha}_1,\boldsymbol{\alpha}_2,\cdots,\boldsymbol{\alpha}_n$ 线性相关的充分必要条件是由它所构成的矩阵 $\boldsymbol{A}=(\boldsymbol{\alpha}_1,\boldsymbol{\alpha}_2,\cdots,\boldsymbol{\alpha}_n)$的秩小于向量个数 n;向量组线性无关的充分必要条件是 $r(\boldsymbol{A})=n$.

推论 n 个 n 维向量 $\boldsymbol{\alpha}_1,\boldsymbol{\alpha}_2,\cdots,\boldsymbol{\alpha}_n$ 线性相关的充分必要条件是 $|\boldsymbol{\alpha}_1,\boldsymbol{\alpha}_2,\cdots,\boldsymbol{\alpha}_n|=0$;$\boldsymbol{\alpha}_1,\boldsymbol{\alpha}_2,\cdots,\boldsymbol{\alpha}_n$ 线性无关的充分必要条件是 $|\boldsymbol{\alpha}_1,\boldsymbol{\alpha}_2,\cdots,\boldsymbol{\alpha}_n|\neq 0$.

例 2 给定向量组 $\boldsymbol{\alpha}_1=(2,-1,7)^{\mathrm{T}},\boldsymbol{\alpha}_2=(1,4,11)^{\mathrm{T}},\boldsymbol{\alpha}_3=(3,-6,3)^{\mathrm{T}}$,试讨论它的线性相关性.

解法 1 利用定理 2,构造 $\boldsymbol{A}=(\boldsymbol{\alpha}_1,\boldsymbol{\alpha}_2,\boldsymbol{\alpha}_3)$,利用初等行变换将其变为行阶梯形矩阵,有

$$\boldsymbol{A}=\begin{pmatrix}2&1&3\\-1&4&-6\\7&11&3\end{pmatrix}\underset{r_{13}(7)}{\overset{\substack{r_{12}\\r_{12}(2)}}{\sim}}\begin{pmatrix}-1&4&-6\\0&9&-9\\0&39&-39\end{pmatrix}\underset{r_2(\frac{1}{9})}{\overset{r_1(-1)}{\sim}}\begin{pmatrix}1&-4&6\\0&1&-1\\0&39&-39\end{pmatrix}\underset{r_{23}(-39)}{\overset{r_{21}(4)}{\sim}}\begin{pmatrix}1&0&2\\0&1&-1\\0&0&0\end{pmatrix} \tag{4.1-2}$$

因为 $r(\boldsymbol{A})=2<3$(向量个数),所以向量组线性相关. 若要具体找出一组不全为零的 k_1,k_2,k_3,使得 $k_1\boldsymbol{\alpha}_1+k_2\boldsymbol{\alpha}_2+k_3\boldsymbol{\alpha}_3=\boldsymbol{0}$,可解齐次线性方程组 $\boldsymbol{Ak}=\boldsymbol{0}$,得同解方程组

$$\begin{cases}k_1+2k_3=0,\\k_2-k_3=0\end{cases}$$

如令 $k_3=1$,则得 $k_1=-2,k_2=1$,于是有

$$k_1\boldsymbol{\alpha}_1+k_2\boldsymbol{\alpha}_2+k_3\boldsymbol{\alpha}_3=-2\cdot\boldsymbol{\alpha}_1+1\cdot\boldsymbol{\alpha}_2+1\cdot\boldsymbol{\alpha}_3=\boldsymbol{0}$$

解法 2 由

$$|\boldsymbol{\alpha}_1,\boldsymbol{\alpha}_2,\boldsymbol{\alpha}_3|=\begin{vmatrix}2&1&3\\-1&4&-6\\7&11&3\end{vmatrix}=\begin{vmatrix}0&9&-9\\-1&4&-6\\0&39&-39\end{vmatrix}=0$$

故向量组 $\boldsymbol{\alpha}_1,\boldsymbol{\alpha}_2,\boldsymbol{\alpha}_3$ 线性相关.

另外,从式(4.1-2)中可以看出,矩阵$(\boldsymbol{\alpha}_1,\boldsymbol{\alpha}_2)$的秩为 2,故向量组 $\boldsymbol{\alpha}_1,\boldsymbol{\alpha}_2$ 线性无关.

以上的讨论,显示了向量组的线性相关性与齐次线性方程组的解及矩阵秩三者之间的联系.

例 3 已知向量组 $\boldsymbol{\alpha}_1,\boldsymbol{\alpha}_2,\boldsymbol{\alpha}_3,\boldsymbol{\alpha}_4$ 线性无关,而

$$\boldsymbol{b}_1=\boldsymbol{\alpha}_1+\boldsymbol{\alpha}_2,\ \boldsymbol{b}_2=\boldsymbol{\alpha}_1-\boldsymbol{\alpha}_2,\ \boldsymbol{b}_3=\boldsymbol{\alpha}_3+\boldsymbol{\alpha}_4,\ \boldsymbol{b}_4=\boldsymbol{\alpha}_3-\boldsymbol{\alpha}_4,$$

试证明向量组 $\boldsymbol{b}_1,\boldsymbol{b}_2,\boldsymbol{b}_3,\boldsymbol{b}_4$ 亦线性无关.

证法 1　从定义出发,考查

$$k_1\boldsymbol{b}_1+k_2\boldsymbol{b}_2+k_3\boldsymbol{b}_3+k_4\boldsymbol{b}_4=\boldsymbol{0} \tag{4.1-3}$$

由于

$$\begin{aligned}k_1\boldsymbol{b}_1+k_2\boldsymbol{b}_2+k_3\boldsymbol{b}_3+k_4\boldsymbol{b}_4&=k_1(\boldsymbol{\alpha}_1+\boldsymbol{\alpha}_2)+k_2(\boldsymbol{\alpha}_1-\boldsymbol{\alpha}_2)+k_3(\boldsymbol{\alpha}_3+\boldsymbol{\alpha}_4)+k_4(\boldsymbol{\alpha}_3-\boldsymbol{\alpha}_4)\\&=(k_1+k_2)\boldsymbol{\alpha}_1+(k_1-k_2)\boldsymbol{\alpha}_2+(k_3+k_4)\boldsymbol{\alpha}_3+(k_3-k_4)\boldsymbol{\alpha}_4=\boldsymbol{0}\end{aligned}$$

由于 $\boldsymbol{\alpha}_1,\boldsymbol{\alpha}_2,\boldsymbol{\alpha}_3,\boldsymbol{\alpha}_4$ 线性无关,故 $k_1+k_2=k_1-k_2=k_3+k_4=k_3-k_4=0$,解出

$$k_1=k_2=k_3=k_4=0$$

结合式(4.1-3),由定义可知 $\boldsymbol{b}_1,\boldsymbol{b}_2,\boldsymbol{b}_3,\boldsymbol{b}_4$ 线性无关.

证法 2　利用 n 维向量的特点,以矩阵方法来解决更为简捷.

用分块乘法,可将已知的线性表示关系合成一个矩阵等式为

$$(\boldsymbol{b}_1,\boldsymbol{b}_2,\boldsymbol{b}_3,\boldsymbol{b}_4)=(\boldsymbol{\alpha}_1,\boldsymbol{\alpha}_2,\boldsymbol{\alpha}_3,\boldsymbol{\alpha}_4)\begin{pmatrix}1&1&0&0\\1&-1&0&0\\0&0&1&1\\0&0&1&-1\end{pmatrix}$$

记矩阵 $\boldsymbol{B}=(\boldsymbol{b}_1,\boldsymbol{b}_2,\boldsymbol{b}_3,\boldsymbol{b}_4)$,$\boldsymbol{A}=(\boldsymbol{\alpha}_1,\boldsymbol{\alpha}_2,\boldsymbol{\alpha}_3,\boldsymbol{\alpha}_4)$,$\boldsymbol{C}=\begin{pmatrix}1&1&0&0\\1&-1&0&0\\0&0&1&1\\0&0&1&-1\end{pmatrix}$,因为 $\boldsymbol{\alpha}_1,\boldsymbol{\alpha}_2,\boldsymbol{\alpha}_3,\boldsymbol{\alpha}_4$ 线性无关,故 $r(\boldsymbol{A})=4$;因为 $|\boldsymbol{C}|=4\neq0$,即 $\boldsymbol{C}$ 满秩,所以 $r(\boldsymbol{C})=4$;这时由 3.1 节的定理 2 的推论 1 知 $r(\boldsymbol{B})=r(\boldsymbol{AC})=r(\boldsymbol{A})=4$,由定理 2 得 $\boldsymbol{b}_1,\boldsymbol{b}_2,\boldsymbol{b}_3,\boldsymbol{b}_4$ 线性无关.

练习 1　设向量组 $\boldsymbol{\alpha}_1=(3,2,0)^{\mathrm{T}}$,$\boldsymbol{\alpha}_2=(5,3,-1)^{\mathrm{T}}$,$\boldsymbol{\alpha}_3=(3,1,t)^{\mathrm{T}}$,问 t 取何值时 $\boldsymbol{\alpha}_1,\boldsymbol{\alpha}_2,\boldsymbol{\alpha}_3$ 线性无关,t 取何值时 $\boldsymbol{\alpha}_1,\boldsymbol{\alpha}_2,\boldsymbol{\alpha}_3$ 线性相关.

4.1.2　向量组的线性相关性质

本节讨论向量组的线性相关、线性无关的一些有用性质.

性质 1　任何含有零向量的向量组必线性相关.

由定义取不全为零的系数 1, 0, …, 0 满足 $1\cdot\boldsymbol{0}+0\cdot\boldsymbol{\alpha}_1+\cdots+0\cdot\boldsymbol{\alpha}_n=\boldsymbol{0}$ 立刻证得.

性质 2　任何 n 个 m 维向量组 $\boldsymbol{\alpha}_1,\boldsymbol{\alpha}_2,\cdots,\boldsymbol{\alpha}_n$,当 $n>m$ 时,此向量组必线性相关.

证　将 n 个 m 维向量 $\boldsymbol{\alpha}_1,\boldsymbol{\alpha}_2,\cdots,\boldsymbol{\alpha}_n$ 拼成一个 $m\times n$ 矩阵 $\boldsymbol{A}=(\boldsymbol{\alpha}_1,\boldsymbol{\alpha}_2,\cdots,\boldsymbol{\alpha}_n)$,显然 $r(\boldsymbol{A})\leqslant\min(m,n)=m<n$,由定理 2 知 $\boldsymbol{\alpha}_1,\boldsymbol{\alpha}_2,\cdots,\boldsymbol{\alpha}_n$ 线性相关.

性质 3　若向量组 $\boldsymbol{\alpha}_1,\boldsymbol{\alpha}_2,\cdots,\boldsymbol{\alpha}_n$ 线性相关,则 $\boldsymbol{\alpha}_1,\boldsymbol{\alpha}_2,\cdots,\boldsymbol{\alpha}_n,\cdots,\boldsymbol{\alpha}_m$ 必线性相关.

证　因为 $\boldsymbol{\alpha}_1,\boldsymbol{\alpha}_2,\cdots,\boldsymbol{\alpha}_n$ 线性相关,由定义可知存在不全为零的数 $k_1,k_2,\cdots,k_n$,使得 $k_1\boldsymbol{\alpha}_1+k_2\boldsymbol{\alpha}_2+\cdots+k_n\boldsymbol{\alpha}_n=\boldsymbol{0}$,这时,$k_1\boldsymbol{\alpha}_1+k_2\boldsymbol{\alpha}_2+\cdots+k_n\boldsymbol{\alpha}_n+0\boldsymbol{\alpha}_{n+1}+\cdots+0\boldsymbol{\alpha}_m=\boldsymbol{0}$,其系数也不全为零,由此知道 $\boldsymbol{\alpha}_1,\boldsymbol{\alpha}_2,\cdots,\boldsymbol{\alpha}_m$ 也线性相关.

性质 3 的逆否命题为:若 $\boldsymbol{\alpha}_1,\boldsymbol{\alpha}_2,\cdots,\boldsymbol{\alpha}_n,\cdots,\boldsymbol{\alpha}_m$ 线性无关,则 $\boldsymbol{\alpha}_1,\boldsymbol{\alpha}_2,\cdots,\boldsymbol{\alpha}_n$ 也线性无关.

即线性无关向量组的部分(向量)组必线性无关.

性质 4　设 $\boldsymbol{\alpha}_j=(a_{1j},a_{2j},\cdots,a_{rj})^{\mathrm{T}}$,$\boldsymbol{\beta}_j=(a_{1j},a_{2j},\cdots,a_{rj},a_{r+1,j})^{\mathrm{T}}(j=1,2,\cdots,n)$. 若

$\boldsymbol{\alpha}_1,\boldsymbol{\alpha}_2,\cdots,\boldsymbol{\alpha}_n$ 线性无关，则“拉长”后的向量组 $\boldsymbol{\beta}_1,\boldsymbol{\beta}_2,\cdots,\boldsymbol{\beta}_n$ 也线性无关.

证 设 $\boldsymbol{A}=(\boldsymbol{\alpha}_1,\boldsymbol{\alpha}_2,\cdots,\boldsymbol{\alpha}_n)$，$\boldsymbol{B}=(\boldsymbol{\beta}_1,\boldsymbol{\beta}_2,\cdots,\boldsymbol{\beta}_n)$，显然有 $r(\boldsymbol{A})\leqslant r(\boldsymbol{B})$，而 $\boldsymbol{\alpha}_1,\boldsymbol{\alpha}_2,\cdots,\boldsymbol{\alpha}_n$ 线性无关，故 $r(\boldsymbol{A})=n$，此时有 $r(\boldsymbol{B})\geqslant r(\boldsymbol{A})=n$；而 $\boldsymbol{B}$ 只有 n 个列，故 $r(\boldsymbol{B})\leqslant n$；所以 $r(\boldsymbol{B})=n$，即 $\boldsymbol{\beta}_1,\boldsymbol{\beta}_2,\cdots,\boldsymbol{\beta}_n$ 线性无关.

性质 4 的逆否命题为：若向量组 $\boldsymbol{\beta}_1,\boldsymbol{\beta}_2,\cdots,\boldsymbol{\beta}_n$ 线性相关，则“截短”后的向量组 $\boldsymbol{\alpha}_1,\boldsymbol{\alpha}_2,\cdots,\boldsymbol{\alpha}_n$ 也线性相关.

例 4 讨论向量组 $\boldsymbol{\alpha}_1=(1,0,0,3,1)^{\mathrm{T}}$，$\boldsymbol{\alpha}_2=(0,1,0,1,-1)^{\mathrm{T}}$，$\boldsymbol{\alpha}_3=(0,0,1,-3,1)^{\mathrm{T}}$ 的线性相关性.

解法 1 从定义出发，考查 $k_1\boldsymbol{\alpha}_1+k_2\boldsymbol{\alpha}_2+k_3\boldsymbol{\alpha}_3=\boldsymbol{0}$，即

$$\begin{pmatrix} k_1 \\ k_2 \\ k_3 \\ 3k_1+k_2-3k_3 \\ k_1-k_2+k_3 \end{pmatrix}=\boldsymbol{0}$$

解得 $k_1=k_2=k_3=0$，知 $\boldsymbol{\alpha}_1,\boldsymbol{\alpha}_2,\boldsymbol{\alpha}_3$ 线性无关.

解法 2 由

$$\boldsymbol{A}=(\boldsymbol{\alpha}_1,\boldsymbol{\alpha}_2,\boldsymbol{\alpha}_3)=\begin{pmatrix} 1 & 0 & 0 \\ 0 & 1 & 0 \\ 0 & 0 & 1 \\ 3 & 1 & -3 \\ 1 & -1 & 1 \end{pmatrix}\sim\begin{pmatrix} 1 & 0 & 0 \\ 0 & 1 & 0 \\ 0 & 0 & 1 \\ 0 & 0 & 0 \\ 0 & 0 & 0 \end{pmatrix}$$

知 $r(\boldsymbol{A})=3$，故 $\boldsymbol{\alpha}_1,\boldsymbol{\alpha}_2,\boldsymbol{\alpha}_3$ 线性无关.

解法 3 对 $\boldsymbol{\alpha}_1,\boldsymbol{\alpha}_2,\boldsymbol{\alpha}_3$ 分别删去第 4、第 5 个分量后成为向量组 $\boldsymbol{e}_1,\boldsymbol{e}_2,\boldsymbol{e}_3$，由于行列式 $|\boldsymbol{e}_1,\boldsymbol{e}_2,\boldsymbol{e}_3|=1\neq0$，知 $\boldsymbol{e}_1,\boldsymbol{e}_2,\boldsymbol{e}_3$ 线性无关，由性质 4 知“拉长”后的向量组 $\boldsymbol{\alpha}_1,\boldsymbol{\alpha}_2,\boldsymbol{\alpha}_3$ 也线性无关.

解法 4 增加两个向量 $\boldsymbol{\alpha}_4=(0,0,0,1,0)^{\mathrm{T}}$，$\boldsymbol{\alpha}_5=(0,0,0,0,1)^{\mathrm{T}}$，则因为

$$|\boldsymbol{\alpha}_1,\boldsymbol{\alpha}_2,\boldsymbol{\alpha}_3,\boldsymbol{\alpha}_4,\boldsymbol{\alpha}_5|=\begin{vmatrix} 1 & 0 & 0 & 0 & 0 \\ 0 & 1 & 0 & 0 & 0 \\ 0 & 0 & 1 & 0 & 0 \\ 3 & 1 & -3 & 1 & 0 \\ 1 & -1 & 1 & 0 & 1 \end{vmatrix}=1\neq0$$

故 $\boldsymbol{\alpha}_1,\boldsymbol{\alpha}_2,\boldsymbol{\alpha}_3,\boldsymbol{\alpha}_4,\boldsymbol{\alpha}_5$ 线性无关，由性质 3 知 $\boldsymbol{\alpha}_1,\boldsymbol{\alpha}_2,\boldsymbol{\alpha}_3$ 也线性无关.

例 5 设 $a_1,a_2,\cdots,a_k$ 为互不相同的数，向量 $\boldsymbol{\alpha}_i=(1,a_i,a_i^2,\cdots,a_i^m)^{\mathrm{T}}(i=1,2,\cdots,k)$，讨论向量组 $\boldsymbol{\alpha}_1,\boldsymbol{\alpha}_2,\cdots,\boldsymbol{\alpha}_k$ 的线性相关性.

解 当 $k=m+1$ 时，$(\boldsymbol{\alpha}_1,\boldsymbol{\alpha}_2,\cdots,\boldsymbol{\alpha}_{m+1})$ 为方阵，这时，

$$|\boldsymbol{\alpha}_1,\boldsymbol{\alpha}_2,\cdots,\boldsymbol{\alpha}_{m+1}|=\begin{vmatrix}1 & 1 & \cdots & 1\\ a_1 & a_2 & \cdots & a_{m+1}\\ a_1^2 & a_2^2 & \cdots & a_{m+1}^2\\ \vdots & \vdots & & \vdots\\ a_1^m & a_2^m & \cdots & a_{m+1}^m\end{vmatrix}=\prod_{1\leqslant j<i\leqslant m+1}(a_i-a_j)\neq 0$$

所以 $\boldsymbol{\alpha}_1,\boldsymbol{\alpha}_2,\cdots,\boldsymbol{\alpha}_{m+1}$ 线性无关.

当 $k>m+1$ 时,向量的个数比向量的维数多,由性质 2 知 $\boldsymbol{\alpha}_1,\boldsymbol{\alpha}_2,\cdots,\boldsymbol{\alpha}_k$ 必线性相关.

当 $k<m+1$ 时,将 $\boldsymbol{\alpha}_1,\boldsymbol{\alpha}_2,\cdots,\boldsymbol{\alpha}_k$ 截短成 k 维向量 $\boldsymbol{\beta}_1,\boldsymbol{\beta}_2,\cdots,\boldsymbol{\beta}_k$,则由

$$|\boldsymbol{\beta}_1,\boldsymbol{\beta}_2,\cdots,\boldsymbol{\beta}_k|=\prod_{1\leqslant j<i\leqslant k}(a_i-a_j)\neq 0$$

知 $\boldsymbol{\beta}_1,\boldsymbol{\beta}_2,\cdots,\boldsymbol{\beta}_k$ 线性无关,由性质 4 知"拉长"后向量组 $\boldsymbol{\alpha}_1,\boldsymbol{\alpha}_2,\cdots,\boldsymbol{\alpha}_k$ 也线性无关.

练习 2 下列向量组中线性无关的是(　　).

(A) $\boldsymbol{\alpha}_1=\begin{pmatrix}0\\0\end{pmatrix},\boldsymbol{\alpha}_2=\begin{pmatrix}1\\2\end{pmatrix}$; (B) $\boldsymbol{\alpha}_1=\begin{pmatrix}2\\4\end{pmatrix},\boldsymbol{\alpha}_2=\begin{pmatrix}1\\2\end{pmatrix}$;

(C) $\boldsymbol{\alpha}_1=\begin{pmatrix}2\\4\end{pmatrix},\boldsymbol{\alpha}_2=\begin{pmatrix}1\\2\end{pmatrix},\boldsymbol{\alpha}_3=\begin{pmatrix}5\\7\end{pmatrix}$; (D) $\boldsymbol{\alpha}_1=\begin{pmatrix}1\\1\end{pmatrix},\boldsymbol{\alpha}_2=\begin{pmatrix}1\\2\end{pmatrix}$.

4.1.3 线性表示、线性相关、线性无关之间的关系

本节用定理形式给出线性表示、线性相关、线性无关之间的关系.

定理 3 向量组(Ⅰ):$\boldsymbol{\alpha}_1,\boldsymbol{\alpha}_2,\cdots,\boldsymbol{\alpha}_n(n\geqslant 2)$线性相关的充分必要条件是其中至少有一个向量可由其余 $n-1$ 个向量线性表示.

证　充分性 若向量组(Ⅰ)中有某个向量能由其余 $n-1$ 个向量线性表示,不妨设 $\boldsymbol{\alpha}_s$ 能由 $\boldsymbol{\alpha}_1,\boldsymbol{\alpha}_2,\cdots,\boldsymbol{\alpha}_{s-1},\boldsymbol{\alpha}_{s+1},\cdots,\boldsymbol{\alpha}_n$ 线性表示,即有 $\lambda_1,\lambda_2,\cdots,\lambda_{s-1},\lambda_{s+1},\cdots,\lambda_n$,使得 $\boldsymbol{\alpha}_s=\lambda_1\boldsymbol{\alpha}_1+\cdots+\lambda_{s-1}\boldsymbol{\alpha}_{s-1}+\lambda_{s+1}\boldsymbol{\alpha}_{s+1}+\cdots+\lambda_n\boldsymbol{\alpha}_n$ 成立,于是

$$\lambda_1\boldsymbol{\alpha}_1+\cdots+\lambda_{s-1}\boldsymbol{\alpha}_{s-1}+(-1)\boldsymbol{\alpha}_s+\lambda_{s+1}\boldsymbol{\alpha}_{s+1}+\cdots+\lambda_n\boldsymbol{\alpha}_n=\mathbf{0}$$

因为 $\lambda_1,\lambda_2,\cdots,\lambda_{s-1},(-1),\lambda_{s+1},\cdots,\lambda_n$ 这 n 个数不全为零(至少 $-1\neq 0$),所以向量组(Ⅰ)线性相关.

必要性 若向量组(Ⅰ)线性相关,则有不全为零的数 $k_1,k_2,\cdots,k_n$,使

$$k_1\boldsymbol{\alpha}_1+k_2\boldsymbol{\alpha}_2+\cdots+k_n\boldsymbol{\alpha}_n=\mathbf{0}$$

因为 $k_1,k_2,\cdots,k_n$ 不全为零,不妨设 $k_s\neq 0$,于是有

$$\boldsymbol{\alpha}_s=-\frac{1}{k_s}(k_1\boldsymbol{\alpha}_1+\cdots+k_{s-1}\boldsymbol{\alpha}_{s-1}+k_{s+1}\boldsymbol{\alpha}_{s+1}+\cdots+k_n\boldsymbol{\alpha}_n)$$

即 $\boldsymbol{\alpha}_s$ 能由 $\boldsymbol{\alpha}_1,\boldsymbol{\alpha}_2,\cdots,\boldsymbol{\alpha}_{s-1},\boldsymbol{\alpha}_{s+1},\cdots,\boldsymbol{\alpha}_n$ 线性表示.

值得注意的是,向量组(Ⅰ)线性相关,并不能得出(Ⅰ)中任一向量均可由其余 $n-1$ 个向量线性表示. 例如 $\boldsymbol{\alpha}_1=(0,0)^{\mathrm{T}},\boldsymbol{\alpha}_2=(1,-2)^{\mathrm{T}}$,显然,有 $3\cdot\boldsymbol{\alpha}_1+0\cdot\boldsymbol{\alpha}_2=0$,即 $\boldsymbol{\alpha}_1,\boldsymbol{\alpha}_2$ 线性相关,但只有 $\boldsymbol{\alpha}_1=0\cdot\boldsymbol{\alpha}_2$,而 $\boldsymbol{\alpha}_2$ 无论如何不能由 $\boldsymbol{\alpha}_1$ 线性表示.

定理 3 的逆否命题为:$\boldsymbol{\alpha}_1,\boldsymbol{\alpha}_2,\cdots,\boldsymbol{\alpha}_n(n\geqslant 2)$线性无关的充分必要条件是 $\boldsymbol{\alpha}_1,\boldsymbol{\alpha}_2,\cdots,\boldsymbol{\alpha}_n$ 中任一个 $\boldsymbol{\alpha}_i$ 都不能由其余 $n-1$ 个向量线性表示.

定理 4 向量组(Ⅰ):$\boldsymbol{\alpha}_1,\boldsymbol{\alpha}_2,\cdots,\boldsymbol{\alpha}_n$ 线性无关,向量组(Ⅱ):$\boldsymbol{\alpha}_1,\boldsymbol{\alpha}_2,\cdots,\boldsymbol{\alpha}_n,\boldsymbol{b}$ 线性相关的

充分必要条件是向量 $\boldsymbol{b}$ 能由向量组(Ⅰ):$\boldsymbol{\alpha}_1,\boldsymbol{\alpha}_2,\cdots,\boldsymbol{\alpha}_n$ 线性表示，且表示式唯一.

证 记矩阵 $\boldsymbol{A}=(\boldsymbol{\alpha}_1,\boldsymbol{\alpha}_2,\cdots,\boldsymbol{\alpha}_n)$，矩阵 $\boldsymbol{B}=(\boldsymbol{\alpha}_1,\boldsymbol{\alpha}_2,\cdots,\boldsymbol{\alpha}_n,\boldsymbol{b})$，则有 $r(\boldsymbol{A})\leqslant r(\boldsymbol{B})$.

必要性 **证法一** 因为向量组(Ⅰ)线性无关，由定理 2 知 $r(\boldsymbol{A})=n$；又因为向量组(Ⅱ)线性相关，有 $r(\boldsymbol{B})<n+1$. 所以 $n=r(\boldsymbol{A})\leqslant r(\boldsymbol{B})<n+1$，即 $r(\boldsymbol{B})=n$.

由 $r(\boldsymbol{A})=r(\boldsymbol{B})=n$，根据 3.3 节定理 1 知方程组

$$\boldsymbol{A}\boldsymbol{x}=(\boldsymbol{\alpha}_1,\boldsymbol{\alpha}_2,\cdots,\boldsymbol{\alpha}_n)\boldsymbol{x}=\boldsymbol{b}$$

有唯一解，即向量 $\boldsymbol{b}$ 能由向量组(Ⅰ):$\boldsymbol{\alpha}_1,\boldsymbol{\alpha}_2,\cdots,\boldsymbol{\alpha}_n$ 线性表示，且表示式唯一.

证法二 由于 $\boldsymbol{\alpha}_1,\boldsymbol{\alpha}_2,\cdots,\boldsymbol{\alpha}_n,\boldsymbol{b}$ 线性相关，所以存在不全为零的数 $\lambda_1,\lambda_2,\cdots,\lambda_n,\lambda$ 成立 $\lambda_1\boldsymbol{\alpha}_1+\cdots+\lambda_n\boldsymbol{\alpha}_n+\lambda\boldsymbol{b}=\boldsymbol{0}$. 可以证明 $\lambda\neq 0$，否则若 $\lambda=0$，有 $\lambda_1\boldsymbol{\alpha}_1+\cdots+\lambda_n\boldsymbol{\alpha}_n=\boldsymbol{0}$，由 $\boldsymbol{\alpha}_1,\boldsymbol{\alpha}_2,\cdots,\boldsymbol{\alpha}_n$ 线性无关，知 $\lambda_1=\lambda_2=\cdots=\lambda_n=0$，矛盾. 这时，$\boldsymbol{b}=-\dfrac{1}{\lambda}(\lambda_1\boldsymbol{\alpha}_1+\cdots+\lambda_n\boldsymbol{\alpha}_n)$ 即 $\boldsymbol{b}$ 可由 $\boldsymbol{\alpha}_1,\boldsymbol{\alpha}_2,\cdots,\boldsymbol{\alpha}_n$ 线性表示.

设有两种线性表示

$$\boldsymbol{b}=k_1\boldsymbol{\alpha}_1+\cdots+k_n\boldsymbol{\alpha}_n=t_1\boldsymbol{\alpha}_1+\cdots+t_n\boldsymbol{\alpha}_n$$

相减得 $(k_1-t_1)\boldsymbol{\alpha}_1+\cdots+(k_n-t_n)\boldsymbol{\alpha}_n=\boldsymbol{0}$，由 $\boldsymbol{\alpha}_1,\cdots,\boldsymbol{\alpha}_n$ 线性无关得

$$k_1-t_1=k_2-t_2=\cdots=k_n-t_n=0,$$

说明表示式唯一.

充分性 因为向量 $\boldsymbol{b}$ 可由向量组 $\boldsymbol{\alpha}_1,\boldsymbol{\alpha}_2,\cdots,\boldsymbol{\alpha}_n$ 唯一线性表示，由 3.3 节定理 1 知 $(\boldsymbol{\alpha}_1,\boldsymbol{\alpha}_2,\cdots,\boldsymbol{\alpha}_n)\boldsymbol{x}=\boldsymbol{b}$ 有唯一解，即 $r(\boldsymbol{\alpha}_1,\boldsymbol{\alpha}_2,\cdots,\boldsymbol{\alpha}_n,\boldsymbol{b})=r(\boldsymbol{\alpha}_1,\boldsymbol{\alpha}_2,\cdots,\boldsymbol{\alpha}_n)=n$，由定理 2 知 $\boldsymbol{\alpha}_1,\boldsymbol{\alpha}_2,\cdots,\boldsymbol{\alpha}_n$ 线性无关，$\boldsymbol{\alpha}_1,\boldsymbol{\alpha}_2,\cdots,\boldsymbol{\alpha}_n,\boldsymbol{b}$ 线性相关.

例 6 设向量 $\boldsymbol{b}$ 可由向量组(Ⅰ):$\boldsymbol{\alpha}_1,\boldsymbol{\alpha}_2,\cdots,\boldsymbol{\alpha}_n$ 线性表示，但不能由向量组(Ⅱ):$\boldsymbol{\alpha}_1,\boldsymbol{\alpha}_2,\cdots,\boldsymbol{\alpha}_{n-1}$ 线性表示. 若记向量组(Ⅲ):$\boldsymbol{\alpha}_1,\boldsymbol{\alpha}_2,\cdots,\boldsymbol{\alpha}_{n-1},\boldsymbol{b}$. 试证明:$\boldsymbol{\alpha}_n$ 不能由向量组(Ⅱ)线性表示，但能由向量组(Ⅲ)线性表示.

证 先证 $\boldsymbol{\alpha}_n$ 不能由向量组(Ⅱ)线性表示. 反证法，设存在 $k_1,k_2,\cdots,k_{n-1}$，使

$$\boldsymbol{\alpha}_n=k_1\boldsymbol{\alpha}_1+\cdots+k_{n-1}\boldsymbol{\alpha}_{n-1} \tag{4.1-4}$$

又 $\boldsymbol{b}$ 可由向量组(Ⅰ):$\boldsymbol{\alpha}_1,\boldsymbol{\alpha}_2,\cdots,\boldsymbol{\alpha}_n$ 线性表示，即存在 $\lambda_1,\lambda_2,\cdots,\lambda_n$，使

$$\boldsymbol{b}=\lambda_1\boldsymbol{\alpha}_1+\cdots+\lambda_{n-1}\boldsymbol{\alpha}_{n-1}+\lambda_n\boldsymbol{\alpha}_n \tag{4.1-5}$$

将式(4.1-4)代入式(4.1-5)，整理得

$$\boldsymbol{b}=(\lambda_1+\lambda_n k_1)\boldsymbol{\alpha}_1+\cdots+(\lambda_{n-1}+\lambda_n k_{n-1})\boldsymbol{\alpha}_{n-1}$$

即 $\boldsymbol{b}$ 可由向量组(Ⅱ):$\boldsymbol{\alpha}_1,\boldsymbol{\alpha}_2,\cdots,\boldsymbol{\alpha}_{n-1}$ 线性表示，矛盾.

再证 $\boldsymbol{\alpha}_n$ 能由向量组(Ⅲ)线性表示. 依题意，式(4.1-5)中的 $\lambda_n\neq 0$(否则与 $\boldsymbol{b}$ 不能由向量组(Ⅱ):$\boldsymbol{\alpha}_1,\boldsymbol{\alpha}_2,\cdots,\boldsymbol{\alpha}_{n-1}$ 线性表示相矛盾)，于是，由式(4.1-5)得

$$\boldsymbol{\alpha}_n=\frac{1}{\lambda_n}(\boldsymbol{b}-\lambda_1\boldsymbol{\alpha}_1-\cdots-\lambda_{n-1}\boldsymbol{\alpha}_{n-1})$$

例 7 已知向量组 $\boldsymbol{\alpha}_1,\boldsymbol{\alpha}_2,\boldsymbol{\alpha}_3$ 线性相关，$\boldsymbol{\alpha}_2,\boldsymbol{\alpha}_3,\boldsymbol{\alpha}_4$ 线性无关，问:(1) $\boldsymbol{\alpha}_1$ 可否由 $\boldsymbol{\alpha}_2,\boldsymbol{\alpha}_3$ 线性表示？为什么？(2) $\boldsymbol{\alpha}_4$ 可否由 $\boldsymbol{\alpha}_1,\boldsymbol{\alpha}_2,\boldsymbol{\alpha}_3$ 线性表示？为什么？

解 (1) $\boldsymbol{\alpha}_1$ 能由 $\boldsymbol{\alpha}_2,\boldsymbol{\alpha}_3$ 线性表示. 因为 $\boldsymbol{\alpha}_2,\boldsymbol{\alpha}_3,\boldsymbol{\alpha}_4$ 线性无关，由性质 3 知 $\boldsymbol{\alpha}_2,\boldsymbol{\alpha}_3$ 线性无关，而已知 $\boldsymbol{\alpha}_1,\boldsymbol{\alpha}_2,\boldsymbol{\alpha}_3$ 线性相关，由定理 4 知 $\boldsymbol{\alpha}_1$ 可由 $\boldsymbol{\alpha}_2,\boldsymbol{\alpha}_3$ 唯一线性表示.

(2) $\boldsymbol{\alpha}_4$ 不能由 $\boldsymbol{\alpha}_1,\boldsymbol{\alpha}_2,\boldsymbol{\alpha}_3$ 线性表示. 若不然，$\boldsymbol{\alpha}_4$ 可由 $\boldsymbol{\alpha}_1,\boldsymbol{\alpha}_2,\boldsymbol{\alpha}_3$ 线性表示，由(1)知 $\boldsymbol{\alpha}_1$

可由 $\boldsymbol{\alpha}_2,\boldsymbol{\alpha}_3$ 线性表示,所以 $\boldsymbol{\alpha}_4$ 可由 $\boldsymbol{\alpha}_2,\boldsymbol{\alpha}_3$ 线性表示,由定理 3 知 $\boldsymbol{\alpha}_2,\boldsymbol{\alpha}_3,\boldsymbol{\alpha}_4$ 线性相关,与 $\boldsymbol{\alpha}_2,\boldsymbol{\alpha}_3,\boldsymbol{\alpha}_4$ 线性无关矛盾,所以 $\boldsymbol{\alpha}_4$ 不能由 $\boldsymbol{\alpha}_1,\boldsymbol{\alpha}_2,\boldsymbol{\alpha}_3$ 线性表示.

练习 3 试证向量组 $\boldsymbol{\alpha}_1,\boldsymbol{\alpha}_2,\cdots,\boldsymbol{\alpha}_n(n\geqslant 2)$ 线性无关的充分必要条件是 $\boldsymbol{\alpha}_1,\boldsymbol{\alpha}_2,\cdots,\boldsymbol{\alpha}_n$ 中任一个 $\boldsymbol{\alpha}_i$ 都不能由其余 $n-1$ 个向量线性表示.

4.2 向量组的秩

4.1.1 节的定理 2 显示,在讨论向量组的线性相关性时,矩阵的秩起了十分重要的作用.下面把秩的概念引进到向量组中.

定义 1 设有向量组(Ⅰ),如果在(Ⅰ)中能选出 r 个向量 $\boldsymbol{\alpha}_1,\boldsymbol{\alpha}_2,\cdots,\boldsymbol{\alpha}_r$,满足

(1) 向量组(I_0):$\boldsymbol{\alpha}_1,\boldsymbol{\alpha}_2,\cdots,\boldsymbol{\alpha}_r$ 线性无关;

(2) 向量组(Ⅰ)中任意 $r+1$ 个向量(如果(Ⅰ)中有 $r+1$ 个向量的话)都线性相关,那么称向量组(I_0)是向量组(Ⅰ)的一个最大线性无关向量组(简称**最大无关组或极大无关组**).最大无关组中所含向量个数 r 称为**向量组(Ⅰ)的秩**.

由 4.1 节定理 4 可知,向量组(Ⅰ)中的每个向量都能由最大无关组(I_0)线性表示.

只含零向量的向量组没有最大无关组,规定它的秩为零.

线性无关向量组的最大无关组即其自身.

联系第 3 章中矩阵秩的定义,并依据 4.1.1 节中的定理 2,即得到如下定理.

定理 1 矩阵的秩既等于它的列向量组的秩(即矩阵的**列秩**),也等于它的行向量组的秩(即矩阵的**行秩**).

证 设 $\boldsymbol{A}=(\boldsymbol{\alpha}_1,\boldsymbol{\alpha}_2,\cdots,\boldsymbol{\alpha}_n)$ 为 $m\times n$ 阵,$r(\boldsymbol{A})=r$,并设 $\boldsymbol{A}$ 有某个 r 阶子式 $D_r\neq 0$,要证 $\boldsymbol{A}$ 的列向量组的秩为 r.

把 D_r 所在的 r 列构成的 $m\times r$ 矩阵记作 $\boldsymbol{B}$,由 $D_r\neq 0$ 知 $r(\boldsymbol{B})=r$,由 4.1.1 节的定理 2 知 $\boldsymbol{B}$ 的 r 个列向量线性无关. 而 $\boldsymbol{A}$ 的任意 $r+1$ 个列向量所组成的矩阵的秩 $\leqslant r(\boldsymbol{A})<r+1$,由 4.1.1 节的定理 2 知 $\boldsymbol{A}$ 的任意 $r+1$ 个列向量线性相关. 因此 $\boldsymbol{B}$ 的 r 个列向量为 $\boldsymbol{A}$ 的列向量组的最大无关组,所以 $\boldsymbol{A}$ 的列向量组的秩等于 r.

类似可证 D_r 所在的 r 个行向量即为 $\boldsymbol{A}$ 的行向量组的最大无关组,即 $\boldsymbol{A}$ 的行向量组的秩也等于 r.

向量组的最大无关组一般不是唯一的. 例如 4.1.1 节例 2

$$(\boldsymbol{\alpha}_1,\boldsymbol{\alpha}_2,\boldsymbol{\alpha}_3)=\begin{pmatrix}2&1&3\\-1&4&-6\\7&11&3\end{pmatrix}$$

由 $r(\boldsymbol{\alpha}_1,\boldsymbol{\alpha}_2)=2$ 知 $\boldsymbol{\alpha}_1,\boldsymbol{\alpha}_2$ 线性无关;由 $r(\boldsymbol{\alpha}_1,\boldsymbol{\alpha}_2,\boldsymbol{\alpha}_3)=2$ 知 $\boldsymbol{\alpha}_1,\boldsymbol{\alpha}_2,\boldsymbol{\alpha}_3$ 线性相关,因此 $\boldsymbol{\alpha}_1,\boldsymbol{\alpha}_2$ 是向量组 $\boldsymbol{\alpha}_1,\boldsymbol{\alpha}_2,\boldsymbol{\alpha}_3$ 的一个最大无关组.

此外,由 $r(\boldsymbol{\alpha}_1,\boldsymbol{\alpha}_3)=2$ 及 $r(\boldsymbol{\alpha}_2,\boldsymbol{\alpha}_3)=2$ 可知 $\boldsymbol{\alpha}_1,\boldsymbol{\alpha}_3$ 和 $\boldsymbol{\alpha}_2,\boldsymbol{\alpha}_3$ 都是向量组 $\boldsymbol{\alpha}_1,\boldsymbol{\alpha}_2,\boldsymbol{\alpha}_3$ 的最大无关组.

定义 2 设有两个向量组(Ⅰ):$\boldsymbol{\alpha}_1,\boldsymbol{\alpha}_2,\cdots,\boldsymbol{\alpha}_n$ 及(Ⅱ):$\boldsymbol{b}_1,\boldsymbol{b}_2,\cdots,\boldsymbol{b}_s$,若组(Ⅱ)中的每一个向量都能由向量组(Ⅰ)线性表示,则称向量组(Ⅱ)能由向量组(Ⅰ)线性表示. 若向量组(Ⅰ)与(Ⅱ)能相互线性表示,则称这**两个向量组等价**.

由定义 1 可知,向量组的最大无关组具有如下性质.

性质 1 向量组的最大无关组和向量组本身等价.

性质 2 向量组的任两个最大无关组等价.

对给定的一个向量组,如何求出它的一个最大无关组,并把不属于最大无关组的其他向量用这个最大无关组线性表示呢?

由于向量组的秩与矩阵有着密切的关系,所以我们将通过矩阵与齐次线性方程组的解之间的联系来回答以上问题.

记

$$(\boldsymbol{a}_1,\cdots,\boldsymbol{a}_n)=\boldsymbol{A}=\begin{pmatrix}\boldsymbol{\alpha}_1^{\mathrm{T}}\\ \vdots\\ \boldsymbol{\alpha}_m^{\mathrm{T}}\end{pmatrix},\ (\boldsymbol{b}_1,\cdots,\boldsymbol{b}_n)=\boldsymbol{B}=\begin{pmatrix}\boldsymbol{\beta}_1^{\mathrm{T}}\\ \vdots\\ \boldsymbol{\beta}_m^{\mathrm{T}}\end{pmatrix}$$

如果矩阵 $\boldsymbol{A}$ 经过初等行变换变为 $\boldsymbol{B}$,即 $\boldsymbol{A}\overset{r}{\sim}\boldsymbol{B}$,则 $\boldsymbol{A}$ 的行向量组 $\boldsymbol{\alpha}_1^{\mathrm{T}},\cdots,\boldsymbol{\alpha}_m^{\mathrm{T}}$ 与 $\boldsymbol{B}$ 的行向量组 $\boldsymbol{\beta}_1^{\mathrm{T}},\cdots,\boldsymbol{\beta}_m^{\mathrm{T}}$ 等价,从而齐次方程 $\boldsymbol{Ax}=\boldsymbol{0}$ 与 $\boldsymbol{Bx}=\boldsymbol{0}$ 同解,即

$$x_1\boldsymbol{a}_1+\cdots+x_n\boldsymbol{a}_n=\boldsymbol{0}\text{ 与 }x_1\boldsymbol{b}_1+\cdots+x_n\boldsymbol{b}_n=\boldsymbol{0}$$

同解,于是知列向量组 $\boldsymbol{a}_1,\cdots,\boldsymbol{a}_n$ 与 $\boldsymbol{b}_1,\cdots,\boldsymbol{b}_n$ 有相同的线性相关性.

如果矩阵 $\boldsymbol{B}$ 是矩阵 $\boldsymbol{A}$ 的行最简形,则从矩阵 $\boldsymbol{B}$ 容易看出向量组 $\boldsymbol{b}_1,\cdots,\boldsymbol{b}_n$ 的最大无关组,并可看出 $\boldsymbol{b}_i$ 列用最大无关组线性表示的表示式. 由于 $\boldsymbol{a}_1,\cdots,\boldsymbol{a}_n$ 与 $\boldsymbol{b}_1,\cdots,\boldsymbol{b}_n$ 有相同的线性相关性,因此对应可得向量组 $\boldsymbol{a}_1,\cdots,\boldsymbol{a}_n$ 的最大无关组及 $\boldsymbol{a}_i$ 列用最大无关组线性表示的表示式.

由此,提供了一种求给定向量组的一个最大无关组的方法.

例 1 已知向量组 $\boldsymbol{\alpha}_1=(1,-2,5,-3)^{\mathrm{T}}$,$\boldsymbol{\alpha}_2=(4,-1,-2,3)^{\mathrm{T}}$,$\boldsymbol{\alpha}_3=(5,4,-19,15)^{\mathrm{T}}$,$\boldsymbol{\alpha}_4=(-10,-1,16,-15)^{\mathrm{T}}$,求这个向量组的一个最大无关组,并把不属于最大无关组的向量用最大无关组线性表示.

解 用给出的 4 个向量作为列构造矩阵

$$\boldsymbol{A}=(\boldsymbol{\alpha}_1,\boldsymbol{\alpha}_2,\boldsymbol{\alpha}_3,\boldsymbol{\alpha}_4)=\begin{pmatrix}1&4&5&-10\\-2&-1&4&-1\\5&-2&-19&16\\-3&3&15&-15\end{pmatrix}$$

对矩阵 $\boldsymbol{A}$ 仅施行初等行变换将其变为行阶梯形矩阵 $\boldsymbol{B}$

$$\boldsymbol{A}\overset{r}{\sim}\begin{pmatrix}1&4&5&-10\\0&7&14&-21\\0&-22&-44&66\\0&15&30&-45\end{pmatrix}\overset{r}{\sim}\begin{pmatrix}1&4&5&-10\\0&1&2&-3\\0&0&0&0\\0&0&0&0\end{pmatrix}\overset{r}{\sim}\begin{pmatrix}1&0&-3&2\\0&1&2&-3\\0&0&0&0\\0&0&0&0\end{pmatrix}=\boldsymbol{B}$$

知 $r(\boldsymbol{A})=r(\boldsymbol{B})=2$,故列向量组的秩为 2,即列向量组的最大无关组含 2 个向量. 而两个非零行的首非零元在 1,2 两列,故 $\boldsymbol{b}_1,\boldsymbol{b}_2$ 为矩阵 $\boldsymbol{B}$ 的列向量组的最大无关组,而矩阵 $\boldsymbol{A}$、$\boldsymbol{B}$ 的列向量组具有相同的线性相关性,所以 $\boldsymbol{\alpha}_1,\boldsymbol{\alpha}_2$ 即为 $\boldsymbol{\alpha}_1,\boldsymbol{\alpha}_2,\boldsymbol{\alpha}_3,\boldsymbol{\alpha}_4$ 的一个最大无关组.

且显然有

$$\boldsymbol{\alpha}_3=-3\boldsymbol{\alpha}_1+2\boldsymbol{\alpha}_2,\ \boldsymbol{\alpha}_4=2\boldsymbol{\alpha}_1-3\boldsymbol{\alpha}_2$$

定理 2　设向量组(Ⅰ)能由向量组(Ⅱ)线性表示,则向量组(Ⅰ)的秩不大于向量组(Ⅱ)的秩.

证　设向量组(Ⅰ)的秩为 s,它有一个极大无关组 $\boldsymbol{\alpha}_1,\boldsymbol{\alpha}_2,\cdots,\boldsymbol{\alpha}_s$;向量组(Ⅱ)的秩为 t,它有一个极大无关组 $\boldsymbol{\beta}_1,\boldsymbol{\beta}_2,\cdots,\boldsymbol{\beta}_t$,要证 $s\leqslant t$. 由于向量组 $\boldsymbol{\alpha}_1,\boldsymbol{\alpha}_2,\cdots,\boldsymbol{\alpha}_s$ 能由向量组(Ⅰ)线性表示,向量组(Ⅰ)能由向量组(Ⅱ)线性表示,向量组(Ⅱ)能由 $\boldsymbol{\beta}_1,\boldsymbol{\beta}_2,\cdots,\boldsymbol{\beta}_t$ 线性表示,故 $\boldsymbol{\alpha}_1,\boldsymbol{\alpha}_2,\cdots,\boldsymbol{\alpha}_s$ 能由 $\boldsymbol{\beta}_1,\boldsymbol{\beta}_2,\cdots,\boldsymbol{\beta}_t$ 线性表示,即

$$(\boldsymbol{\beta}_1,\boldsymbol{\beta}_2,\cdots,\boldsymbol{\beta}_t \mid \boldsymbol{\alpha}_1,\boldsymbol{\alpha}_2,\cdots,\boldsymbol{\alpha}_s)\overset{c}{\sim}(\boldsymbol{\beta}_1,\boldsymbol{\beta}_2,\cdots,\boldsymbol{\beta}_t \mid \boldsymbol{0},\cdots,\boldsymbol{0})$$

则 $r(\boldsymbol{\beta}_1,\boldsymbol{\beta}_2,\cdots,\boldsymbol{\beta}_t \mid \boldsymbol{\alpha}_1,\boldsymbol{\alpha}_2,\cdots,\boldsymbol{\alpha}_s)=r(\boldsymbol{\beta}_1,\boldsymbol{\beta}_2,\cdots,\boldsymbol{\beta}_t)=t$,而显然

$$r(\boldsymbol{\beta}_1,\boldsymbol{\beta}_2,\cdots,\boldsymbol{\beta}_t \mid \boldsymbol{\alpha}_1,\cdots,\boldsymbol{\alpha}_s)\geqslant r(\boldsymbol{\alpha}_1,\boldsymbol{\alpha}_2,\cdots,\boldsymbol{\alpha}_s)=s$$

所以,$s\leqslant t$.

推论 1　等价的向量组的秩相等.

证　设向量组(Ⅰ)、(Ⅱ)的秩分别为 s、r,因两个向量组等价,即两个向量组可以相互线性表示,故 $r\leqslant s$ 与 $s\leqslant r$ 同时成立,所以 $s=r$.

这个推论也给向量组的秩的意义提供了保证. 因为同一个向量组的不同最大无关组均通过与原向量组等价而相互等价,因此虽然最大无关组可以有多个,但它们的秩却相等.

推论 2　(最大无关组的等价定义)

设向量组(Ⅱ)是向量组(Ⅰ)的部分组,若向量组(Ⅱ)线性无关,且向量组(Ⅰ)能由向量组(Ⅱ)线性表示,则向量组(Ⅱ)是向量组(Ⅰ)的一个最大无关组.

证　设向量组(Ⅱ)含有 r 个向量,则它的秩为 r. 因向量组(Ⅰ)能由向量组(Ⅱ)线性表示,故(Ⅰ)组的秩$\leqslant r$,从而(Ⅰ)组中任意 $r+1$ 个向量线性相关,所以向量组(Ⅱ)满足定义 1 所规定的最大无关组的条件.

推论 3　向量组(Ⅰ)可由向量组(Ⅱ)线性表示,且(Ⅰ)中向量个数大于(Ⅱ)中向量个数,则向量组(Ⅰ)必线性相关.

利用矩阵秩的两种解释,可以说明在矩阵的代数运算中,矩阵的秩保持以下定理所述的关系.

定理 3　若 $\boldsymbol{A}$、$\boldsymbol{B}$ 是两个任意的 $m\times n$ 矩阵,k 是不等于零的常数,则

$$r(k\boldsymbol{A})=r(\boldsymbol{A}) \tag{4.2-1}$$

$$r(\boldsymbol{A}+\boldsymbol{B})\leqslant r(\boldsymbol{A})+r(\boldsymbol{B}) \tag{4.2-2}$$

若 $\boldsymbol{A}$ 是 $m\times n$ 矩阵,$\boldsymbol{B}$ 是 $n\times p$ 矩阵,则有

$$r(\boldsymbol{AB})\leqslant \min(r(\boldsymbol{A}),r(\boldsymbol{B})) \tag{4.2-3}$$

以及

$$r(\boldsymbol{A})+r(\boldsymbol{B})-n\leqslant r(\boldsymbol{AB}) \tag{4.2-4}$$

若 $\boldsymbol{A}$ 为 n 阶矩阵, $\boldsymbol{A}^*$ 为其伴随矩阵,则有

$$r(\boldsymbol{A}^*)=\begin{cases} n, & r(\boldsymbol{A})=n \\ 1, & r(\boldsymbol{A})=n-1 \\ 0, & r(\boldsymbol{A})\leqslant n-2 \end{cases} \tag{4.2-5}$$

证　先证式(4.2-1). 因为与 $\boldsymbol{A}$ 的 r 阶子式 D_r 对应的 $k\boldsymbol{A}$ 的 r 阶子式为 k^rD_r,由 $k\neq 0$ 知它们同为零或同不为零,所以 $r(k\boldsymbol{A})=r(\boldsymbol{A})$成立.

再证式(4.2-2). 设矩阵 $\boldsymbol{A}=(\boldsymbol{a}_1,\cdots,\boldsymbol{a}_n)$,$\boldsymbol{B}=(\boldsymbol{b}_1,\cdots,\boldsymbol{b}_n)$,$r(\boldsymbol{A})=s$,$r(\boldsymbol{B})=t$,并可设矩阵 $\boldsymbol{A}$、$\boldsymbol{B}$ 的最大线性无关列向量组均已知,分别为 $\boldsymbol{a}_{i_1},\cdots,\boldsymbol{a}_{i_s}$ 及 $\boldsymbol{b}_{j_1},\cdots,\boldsymbol{b}_{j_t}$. 矩阵 $\boldsymbol{A}+\boldsymbol{B}$

的列向量为$\boldsymbol{a}_1+\boldsymbol{b}_1,\cdots,\boldsymbol{a}_n+\boldsymbol{b}_n$,显然其每个向量皆可由向量组$\boldsymbol{a}_{i_1},\cdots,\boldsymbol{a}_{i_s},\boldsymbol{b}_{j_1},\cdots,\boldsymbol{b}_{j_t}$线性表示. 按定理2,前一组向量的秩不会超过后一组向量的秩,当然就更不会超过后一向量组的向量个数$s+t$了,故有

$$r(\boldsymbol{A}+\boldsymbol{B})\leqslant s+t=r(\boldsymbol{A})+r(\boldsymbol{B})$$

下证式(4.2-3). 记$\boldsymbol{C}=\boldsymbol{AB}$,设矩阵$\boldsymbol{C}$和$\boldsymbol{A}$用其列向量表示为

$$\boldsymbol{C}=(\boldsymbol{c}_1,\boldsymbol{c}_2,\cdots,\boldsymbol{c}_p),\boldsymbol{A}=(\boldsymbol{a}_1,\boldsymbol{a}_2,\cdots,\boldsymbol{a}_n),\text{而 }\boldsymbol{B}=(b_{ij}),\text{由}$$

$$\boldsymbol{C}=(\boldsymbol{c}_1,\boldsymbol{c}_2,\cdots,\boldsymbol{c}_p)=(\boldsymbol{a}_1,\boldsymbol{a}_2,\cdots,\boldsymbol{a}_n)\begin{pmatrix}b_{11} & \cdots & b_{1p}\\ \vdots & & \vdots\\ b_{n1} & \cdots & b_{np}\end{pmatrix}$$

即

$$\boldsymbol{c}_j=b_{1j}\boldsymbol{a}_1+b_{2j}\boldsymbol{a}_2+\cdots+b_{nj}\boldsymbol{a}_n$$

知矩阵$\boldsymbol{C}$的列向量组能由矩阵$\boldsymbol{A}$的列向量组线性表示,利用定理2,有$r(\boldsymbol{C})\leqslant r(\boldsymbol{A})$.

因$\boldsymbol{C}^{\mathrm{T}}=\boldsymbol{B}^{\mathrm{T}}\boldsymbol{A}^{\mathrm{T}}$,由上段证明知有$r(\boldsymbol{C}^{\mathrm{T}})\leqslant r(\boldsymbol{B}^{\mathrm{T}})$,即$r(\boldsymbol{C})\leqslant r(\boldsymbol{B})$,所以式(4.2-3)得证.

下证式(4.2-4). 不妨设$r(\boldsymbol{A}_{m\times n})=s$, $r(\boldsymbol{B}_{n\times p})=t$,即$\boldsymbol{A}$中有$s$阶非零子式$|\boldsymbol{U}_{s\times s}|$,$\boldsymbol{B}$中有$t$阶非零子式$|\boldsymbol{V}_{t\times t}|$,于是,由分块矩阵

$$\begin{pmatrix}\boldsymbol{A}_{m\times n} & \boldsymbol{O}_{m\times p}\\ \boldsymbol{I}_{n\times n} & \boldsymbol{B}_{n\times p}\end{pmatrix}$$

中存在$s+t$阶非零子式

$$\begin{vmatrix}\boldsymbol{U}_{s\times s} & \boldsymbol{O}_{s\times t}\\ \boldsymbol{W}_{t\times s} & \boldsymbol{V}_{t\times t}\end{vmatrix}$$

可知$r\begin{pmatrix}\boldsymbol{A}_{m\times n} & \boldsymbol{O}_{m\times p}\\ \boldsymbol{I}_{n\times n} & \boldsymbol{B}_{n\times p}\end{pmatrix}\geqslant s+t$.

另一方面

$$\begin{pmatrix}\boldsymbol{A}_{m\times n} & \boldsymbol{O}_{m\times p}\\ \boldsymbol{I}_{n\times n} & \boldsymbol{B}_{n\times p}\end{pmatrix}\sim\begin{pmatrix}\boldsymbol{O}_{m\times n} & -(\boldsymbol{AB})_{m\times p}\\ \boldsymbol{I}_{n\times n} & \boldsymbol{B}_{n\times p}\end{pmatrix}\sim\begin{pmatrix}\boldsymbol{O}_{m\times n} & -(\boldsymbol{AB})_{m\times p}\\ \boldsymbol{I}_{n\times n} & \boldsymbol{O}_{n\times p}\end{pmatrix}\sim\begin{pmatrix}(\boldsymbol{AB})_{m\times p} & \boldsymbol{O}_{m\times n}\\ \boldsymbol{O}_{n\times p} & \boldsymbol{I}_{n\times n}\end{pmatrix}$$

由初等变换不改变矩阵的秩,有

$$r\begin{pmatrix}\boldsymbol{A}_{m\times n} & \boldsymbol{O}_{m\times p}\\ \boldsymbol{I}_{n\times n} & \boldsymbol{B}_{n\times p}\end{pmatrix}=r\begin{pmatrix}(\boldsymbol{AB})_{m\times p} & \boldsymbol{O}_{m\times n}\\ \boldsymbol{O}_{n\times p} & \boldsymbol{I}_{n\times n}\end{pmatrix}=r(\boldsymbol{AB})+r(\boldsymbol{I}_{n\times n})=r(\boldsymbol{AB})+n$$

即

$$r(\boldsymbol{AB})+n\geqslant s+t=r(\boldsymbol{A})+r(\boldsymbol{B}).$$

最后证式(4.2-5).

当$r(\boldsymbol{A})=n$时,$|\boldsymbol{A}|\neq 0$. 由$|\boldsymbol{A}^*|=|\boldsymbol{A}|^{n-1}\neq 0$知$\boldsymbol{A}^*$可逆,即$r(\boldsymbol{A}^*)=n$.

当$r(\boldsymbol{A})=n-1$时,$|\boldsymbol{A}|=0$且$\boldsymbol{A}$有$n-1$阶子式非零,故$\boldsymbol{A}^*=(\boldsymbol{A}_{ij})^{\mathrm{T}}\neq\boldsymbol{O}$. 得$r(\boldsymbol{A}^*)\geqslant 1$. 而由(4.2-4)式及$\boldsymbol{AA}^*=|\boldsymbol{A}|\boldsymbol{I}=\boldsymbol{O}$得

$$r(\boldsymbol{A})+r(\boldsymbol{A}^*)\leqslant n+r(\boldsymbol{AA}^*)=n$$

即$r(\boldsymbol{A}^*)\leqslant 1$.

综上所述,$r(\boldsymbol{A}^*)=1$.

当$r(\boldsymbol{A})<n-1$时,$\boldsymbol{A}$的所有$n-1$阶子式为零,故$\boldsymbol{A}^*=(\boldsymbol{A}_{ij})^{\mathrm{T}}=\boldsymbol{O}$得$r(\boldsymbol{A}^*)=0$.

例 2 设 n 阶矩阵 $\boldsymbol{A}$ 满足 $\boldsymbol{A}^2-2\boldsymbol{A}-3\boldsymbol{I}=\boldsymbol{O}$,试证 $r(\boldsymbol{A}-3\boldsymbol{I})+r(\boldsymbol{A}+\boldsymbol{I})=n$.

证 因为 $\boldsymbol{A}^2-2\boldsymbol{A}-3\boldsymbol{I}=\boldsymbol{O}$ 即 $(\boldsymbol{A}-3\boldsymbol{I})(\boldsymbol{A}+\boldsymbol{I})=\boldsymbol{O}$,由式(4.2-1)、式(4.2-2)、式(4.2-4)可知

$$n=r(4\boldsymbol{I})\leqslant r(3\boldsymbol{I}-\boldsymbol{A})+r(\boldsymbol{A}+\boldsymbol{I})=r(\boldsymbol{A}-3\boldsymbol{I})+r(\boldsymbol{A}+\boldsymbol{I})\leqslant n+r[(\boldsymbol{A}-3\boldsymbol{I})(\boldsymbol{A}+\boldsymbol{I})]=n$$

所以 $r(\boldsymbol{A}-3\boldsymbol{I})+r(\boldsymbol{A}+\boldsymbol{I})=n$ 成立.

例 3 设向量组(Ⅱ)能由向量组(Ⅰ)线性表示,且它们的秩相等,证明向量组(Ⅰ)与向量组(Ⅱ)等价.

证法 1 只要证明向量组(Ⅰ)能由向量组(Ⅱ)线性表示.

设两个向量组的秩都为 r,并设组(Ⅰ)和组(Ⅱ)的最大无关组依次为(Ⅰ_0):$\boldsymbol{a}_1,\cdots,\boldsymbol{a}_r$,($\text{Ⅱ}_0$):$\boldsymbol{b}_1,\cdots,\boldsymbol{b}_r$. 因组(Ⅱ)能由组(Ⅰ)线性表示,故组($\text{Ⅱ}_0$)能由组($\text{Ⅰ}_0$)线性表示,即有 r 阶方阵 $\boldsymbol{K}_r$(称 $\boldsymbol{K}_r$ 为这一线性表示的系数矩阵),使

$$(\boldsymbol{b}_1,\cdots,\boldsymbol{b}_r)=(\boldsymbol{a}_1,\cdots,\boldsymbol{a}_r)\boldsymbol{K}_r$$

因组(Ⅱ_0)线性无关,故 $r(\boldsymbol{b}_1,\cdots,\boldsymbol{b}_r)=r$. 根据定理 3 中的式(4.2-3),有

$$r(\boldsymbol{K}_r)\geqslant r(\boldsymbol{b}_1,\cdots,\boldsymbol{b}_r)=r$$

但 $r(\boldsymbol{K}_r)\leqslant r$,因此 $r(\boldsymbol{K}_r)=r$. 于是矩阵 $\boldsymbol{K}_r$ 可逆,并有

$$(\boldsymbol{a}_1,\cdots,\boldsymbol{a}_r)=(\boldsymbol{b}_1,\cdots,\boldsymbol{b}_r)\boldsymbol{K}_r^{-1}$$

即组(Ⅰ_0)能由组(Ⅱ_0)线性表示,从而向量组(Ⅰ)能由向量组(Ⅱ)线性表示.

证法 2 设向量组(Ⅰ)和(Ⅱ)的秩都为 r. 因为组(Ⅱ)能由组(Ⅰ)线性表示,故向量组(Ⅰ)和(Ⅱ)合并而成的向量组(Ⅰ,Ⅱ)能由组(Ⅰ)线性表示,而组(Ⅰ)是组(Ⅰ,Ⅱ)的部分组,故组(Ⅰ)总能由组(Ⅰ,Ⅱ)线性表示,所以组(Ⅰ)与组(Ⅰ,Ⅱ)等价,因此组(Ⅰ,Ⅱ)的秩也是 r. 又因组(Ⅱ)的秩为 r,故组(Ⅱ)的最大无关组(Ⅱ_0)含 r 个向量,根据最大无关组的定义,组(Ⅱ_0)也是组(Ⅰ,Ⅱ)的最大无关组,从而组(Ⅰ,Ⅱ)与组(Ⅱ_0)等价. 由组(Ⅰ)与组(Ⅰ,Ⅱ)等价,组(Ⅰ,Ⅱ)与组(Ⅱ_0)等价,组(Ⅱ_0)与组(Ⅱ)等价,推知向量组(Ⅰ)与向量组(Ⅱ)等价.

本例的证明中,把证明两个向量组等价,转换为证明它们的最大无关组的等价. 证法 1 证明组(Ⅱ_0)用组(Ⅰ_0)线性表示的系数矩阵可逆;证法 2 实质上是证明(Ⅱ_0)是向量组(Ⅰ,Ⅱ)的最大无关组.

事实上,我们已经知道,两向量组(Ⅰ)与(Ⅱ)等价必等秩;但反之,两向量组等秩未必等价. 如 $\boldsymbol{\alpha}_1=(1,0)^{\mathrm{T}}$ 与 $\boldsymbol{\beta}_1=(0,1)^{\mathrm{T}}$ 等秩,但不等价.

例 4 已知两个向量组 $\boldsymbol{\alpha}_1=(1,1,0,0)^{\mathrm{T}}$,$\boldsymbol{\alpha}_2=(1,0,1,1)^{\mathrm{T}}$ 以及 $\boldsymbol{\beta}_1=(0,1,-1,-1)^{\mathrm{T}}$,$\boldsymbol{\beta}_2=(2,-1,3,3)^{\mathrm{T}}$,$\boldsymbol{\beta}_3=(2,0,2,2)^{\mathrm{T}}$,证明向量组 $\boldsymbol{\alpha}_1,\boldsymbol{\alpha}_2$ 与向量组 $\boldsymbol{\beta}_1,\boldsymbol{\beta}_2,\boldsymbol{\beta}_3$ 等价.

证法 1 因为 $\boldsymbol{\beta}_1,\boldsymbol{\beta}_2$ 线性无关,而 $\boldsymbol{\beta}_3=\boldsymbol{\beta}_1+\boldsymbol{\beta}_2$,故 $\boldsymbol{\beta}_1,\boldsymbol{\beta}_2,\boldsymbol{\beta}_3$ 线性相关,故向量组 $\boldsymbol{\beta}_1,\boldsymbol{\beta}_2$ 为 $\boldsymbol{\beta}_1,\boldsymbol{\beta}_2,\boldsymbol{\beta}_3$ 一个极大无关组,即 $\boldsymbol{\beta}_1,\boldsymbol{\beta}_2$ 与 $\boldsymbol{\beta}_1,\boldsymbol{\beta}_2,\boldsymbol{\beta}_3$ 等价.

对增广矩阵($\boldsymbol{\alpha}_1,\boldsymbol{\alpha}_2,\boldsymbol{\beta}_1,\boldsymbol{\beta}_2$)施行初等行变换化为行最简形矩阵:

$$(\boldsymbol{\alpha}_1,\boldsymbol{\alpha}_2,\boldsymbol{\beta}_1,\boldsymbol{\beta}_2)=\begin{pmatrix}1&1&0&2\\1&0&1&-1\\0&1&-1&3\\0&1&-1&3\end{pmatrix}\sim\begin{pmatrix}1&1&0&2\\0&-1&1&-3\\0&1&-1&3\\0&1&-1&3\end{pmatrix}$$

$$\sim\begin{pmatrix}1&1&0&2\\0&-1&1&-3\\0&0&0&0\\0&0&0&0\end{pmatrix}\sim\begin{pmatrix}1&0&1&-1\\0&1&-1&3\\0&0&0&0\\0&0&0&0\end{pmatrix}$$

即知 $\boldsymbol{\beta}_1=\boldsymbol{\alpha}_1-\boldsymbol{\alpha}_2,\boldsymbol{\beta}_2=-\boldsymbol{\alpha}_1+3\boldsymbol{\alpha}_2$，矩阵形式为

$$(\boldsymbol{\beta}_1,\boldsymbol{\beta}_2)=(\boldsymbol{\alpha}_1,\boldsymbol{\alpha}_2)\begin{pmatrix}1&-1\\-1&3\end{pmatrix}$$

故 $\boldsymbol{\beta}_1,\boldsymbol{\beta}_2$ 可由 $\boldsymbol{\alpha}_1,\boldsymbol{\alpha}_2$ 线性表示；而 $\begin{vmatrix}1&-1\\-1&3\end{vmatrix}=2\neq0$，故 $\begin{pmatrix}1&-1\\-1&3\end{pmatrix}$ 可逆，即

$$(\boldsymbol{\alpha}_1,\boldsymbol{\alpha}_2)=(\boldsymbol{\beta}_1,\boldsymbol{\beta}_2)\begin{pmatrix}1&-1\\-1&3\end{pmatrix}^{-1}$$

于是，$\boldsymbol{\alpha}_1,\boldsymbol{\alpha}_2$ 可由 $\boldsymbol{\beta}_1,\boldsymbol{\beta}_2$ 线性表示，说明 $\boldsymbol{\alpha}_1,\boldsymbol{\alpha}_2$ 与 $\boldsymbol{\beta}_1,\boldsymbol{\beta}_2$ 等价，即 $\boldsymbol{\alpha}_1,\boldsymbol{\alpha}_2$ 与 $\boldsymbol{\beta}_1,\boldsymbol{\beta}_2,\boldsymbol{\beta}_3$ 等价.

证法 2 若记 $\boldsymbol{A}=(\boldsymbol{\alpha}_1,\boldsymbol{\alpha}_2),\boldsymbol{B}=(\boldsymbol{\beta}_1,\boldsymbol{\beta}_2,\boldsymbol{\beta}_3)$，由两向量组等价即可互相线性表示，知问题转化为方程 $\boldsymbol{AX}=\boldsymbol{B}$ 及 $\boldsymbol{BY}=\boldsymbol{A}$ 同时有解，由 3.3 节定理 1 的推论，知 $\boldsymbol{AX}=\boldsymbol{B}$ 及 $\boldsymbol{BY}=\boldsymbol{A}$ 有解的充分必要条件是 $r(\boldsymbol{A})=r(\boldsymbol{A}\,\vdots\,\boldsymbol{B})$ 及 $r(\boldsymbol{B})=r(\boldsymbol{B}\,\vdots\,\boldsymbol{A})$，亦即

$$r(\boldsymbol{A})=r(\boldsymbol{B})=r(\boldsymbol{A}\,\vdots\,\boldsymbol{B}).$$

现由

$$(\boldsymbol{\alpha}_1,\boldsymbol{\alpha}_2,\boldsymbol{\beta}_1,\boldsymbol{\beta}_2,\boldsymbol{\beta}_3)=\begin{pmatrix}1&1&0&2&2\\1&0&1&-1&0\\0&1&-1&3&2\\0&1&-1&3&2\end{pmatrix}\sim\begin{pmatrix}1&1&0&2&2\\0&-1&1&-3&-2\\0&1&-1&3&2\\0&1&-1&3&2\end{pmatrix}$$

$$\sim\begin{pmatrix}1&1&0&2&2\\0&-1&1&-3&-2\\0&0&0&0&0\\0&0&0&0&0\end{pmatrix}$$

知 $r(\boldsymbol{A})=r(\boldsymbol{B})=r(\boldsymbol{A}\,\vdots\,\boldsymbol{B})=2$，故有 $\boldsymbol{\alpha}_1,\boldsymbol{\alpha}_2$ 与 $\boldsymbol{\beta}_1,\boldsymbol{\beta}_2,\boldsymbol{\beta}_3$ 等价.

练习 4 设矩阵 $\boldsymbol{A}=\begin{pmatrix}1&1&-1\\1&2&1\\2&3&0\\0&1&2\end{pmatrix}$，$\boldsymbol{B}$ 为三阶方阵且满足 $\boldsymbol{AB}=\boldsymbol{O}$，试证 $\boldsymbol{B}$ 的列向量线性相关.

4.3 向量空间

4.3.1 基本概念

定义 1 设 V 为 n 维向量的非空集合，且集合 V 对于加法及数乘两种运算(又称为线性运算)封闭，那么就称集合 V 为**向量空间**.

所谓封闭,是指在集合 V 中进行加法和数乘两种运算后的向量仍在 V 中. 具体地说,就是:若 $\boldsymbol{a}\in V,\boldsymbol{b}\in V$,则 $\boldsymbol{a}+\boldsymbol{b}\in V$;若 $\boldsymbol{a}\in V,\lambda\in\mathbf{R}$,则 $\lambda\boldsymbol{a}\in V$.

例 1 三维向量的全体 $\boldsymbol{R}^3$,就是一个向量空间. 因为任意两个三维向量之和仍然是三维向量,数 λ 乘三维向量也仍然是三维向量,它们都属于 $\boldsymbol{R}^3$. 我们可以用有向线段形象地表示三维向量,从而向量空间 $\boldsymbol{R}^3$ 可形象地看作以坐标原点为起点的有向线段的全体.

类似地,n 维向量的全体 $\boldsymbol{R}^n$,也是一个向量空间.

例 2 集合

$$V=\{\boldsymbol{x}=(0,x_2,\cdots,x_n)^{\mathrm{T}}\mid x_2,\cdots,x_n\in\mathbf{R}\}$$

是一个向量空间. 因为若 $\boldsymbol{a}=(0,a_2,\cdots,a_n)^{\mathrm{T}}\in V,\boldsymbol{b}=(0,b_2,\cdots,b_n)^{\mathrm{T}}\in V$,则

$$\boldsymbol{a}+\boldsymbol{b}=(0,a_2+b_2,\cdots,a_n+b_n)^{\mathrm{T}}\in V,\quad \lambda\boldsymbol{a}=(0,\lambda a_2,\cdots,\lambda a_n)^{\mathrm{T}}\in V$$

集合

$$V=\{\boldsymbol{x}=(1,x_2,\cdots,x_n)^{\mathrm{T}}\mid x_2,\cdots,x_n\in\mathbf{R}\}$$

不是向量空间. 因为若 $\boldsymbol{a}=(1,a_2,\cdots,a_n)^{\mathrm{T}}\in V,\boldsymbol{b}=(1,b_1,b_2,\cdots,b_n)^{\mathrm{T}}\in V$,则

$$\boldsymbol{a}+\boldsymbol{b}=(2,a_2+b_2,\cdots,a_n+b_n)^{\mathrm{T}}\notin V$$

例 3 设 $\boldsymbol{\alpha}$、$\boldsymbol{\beta}$ 是两个已知的 n 维向量,则集合

$$V=\{\boldsymbol{x}=\lambda\boldsymbol{\alpha}+\mu\boldsymbol{\beta}\mid\lambda,\mu\in\mathbf{R}\}$$

是一个向量空间. 因为若 $\boldsymbol{x}_1=\lambda_1\boldsymbol{\alpha}+\mu_1\boldsymbol{\beta},\boldsymbol{x}_2=\lambda_2\boldsymbol{\alpha}+\mu_2\boldsymbol{\beta}$,则有

$$\boldsymbol{x}_1+\boldsymbol{x}_2=(\lambda_1+\lambda_2)\boldsymbol{\alpha}+(\mu_1+\mu_2)\boldsymbol{\beta}\in V$$

$$k\boldsymbol{x}_1=(k\lambda_1)\boldsymbol{\alpha}+(k\mu_1)\boldsymbol{\beta}\in V$$

这个向量空间称为由向量 $\boldsymbol{\alpha}$、$\boldsymbol{\beta}$ 所生成的向量空间.

一般地,由向量组 $\boldsymbol{\alpha}_1,\boldsymbol{\alpha}_2,\cdots,\boldsymbol{\alpha}_m$ 所生成的向量空间为

$$V=\{\boldsymbol{x}=\lambda_1\boldsymbol{\alpha}_1+\lambda_2\boldsymbol{\alpha}_2+\cdots+\lambda_m\boldsymbol{\alpha}_m\mid\lambda_1,\lambda_2,\cdots,\lambda_m\in\mathbf{R}\}\tag{4.3-1}$$

记作 $\mathrm{span}(\boldsymbol{\alpha}_1,\boldsymbol{\alpha}_2,\cdots,\boldsymbol{\alpha}_m)$.

定义 2 设有向量空间 V_1 及 V_2,若 $V_1\subseteq V_2$,就称 V_1 是 V_2 的**子空间**.

例如,任何由 n 维向量所组成的向量空间 V,总有 $V\subseteq\boldsymbol{R}^n$,所以这样的向量空间总是 $\boldsymbol{R}^n$ 的子空间.

练习 5 由 $\boldsymbol{\alpha}_1=(1,1,0,0)^{\mathrm{T}},\boldsymbol{\alpha}_2=(1,0,1,1)^{\mathrm{T}}$ 所生成的向量空间为 V_1,由 $\boldsymbol{\beta}_1=(2,-1,3,3)^{\mathrm{T}},\boldsymbol{\beta}_2=(0,1,-1,-1)^{\mathrm{T}}$ 所生成的向量空间为 V_2,试证 $V_1=V_2$.

4.3.2 向量空间的基和维

定义 3 给定向量空间 V 的一组向量 $\boldsymbol{\alpha}_1,\boldsymbol{\alpha}_2,\cdots,\boldsymbol{\alpha}_r$,若满足:

(1) $\boldsymbol{\alpha}_1,\boldsymbol{\alpha}_2,\cdots,\boldsymbol{\alpha}_r$ 线性无关;

(2) V 中任一向量 $\boldsymbol{\alpha}$ 都可由 $\boldsymbol{\alpha}_1,\boldsymbol{\alpha}_2,\cdots,\boldsymbol{\alpha}_r$ 线性表示,即有数 $\lambda_1,\lambda_2,\cdots,\lambda_r$ 使成立

$$\boldsymbol{\alpha}=\lambda_1\boldsymbol{\alpha}_1+\lambda_2\boldsymbol{\alpha}_2+\cdots+\lambda_r\boldsymbol{\alpha}_r\tag{4.3-2}$$

那么,向量组 $\boldsymbol{\alpha}_1,\boldsymbol{\alpha}_2,\cdots,\boldsymbol{\alpha}_r$ 就称为向量空间 V 的一个**基**,其中的向量 $\boldsymbol{\alpha}_1,\boldsymbol{\alpha}_2,\cdots,\boldsymbol{\alpha}_r$ 称为**基向量**,而称式(4.3-2)中的系数 $\lambda_1,\lambda_2,\cdots,\lambda_r$ 为向量 $\boldsymbol{\alpha}$ 在这个基下的**坐标**,称基向量的个数 r 为向量空间 V 的**维数**,用 $\dim V=r$ 记之,并称 V 为 r 维向量空间.

如果向量空间 V 没有基，那么 V 的维数为 0，这时，向量空间 V 只含一个零向量.

例 4 已知向量组 $\boldsymbol{e}_1=(1,0)^{\mathrm{T}},\boldsymbol{e}_2=(0,1)^{\mathrm{T}}$ 和向量组 $\boldsymbol{\alpha}_1=(1,1)^{\mathrm{T}},\boldsymbol{\alpha}_2=(1,0)^{\mathrm{T}}$ 及向量 $\boldsymbol{\alpha}=(4,3)^{\mathrm{T}}$. (1) 试证 $\boldsymbol{e}_1,\boldsymbol{e}_2$ 为 $\boldsymbol{R}^2$ 的一个基；$\boldsymbol{\alpha}_1,\boldsymbol{\alpha}_2$ 也为 $\boldsymbol{R}^2$ 的一个基；(2) 分别求 $\boldsymbol{\alpha}$ 在基 $\boldsymbol{e}_1,\boldsymbol{e}_2$ 和 $\boldsymbol{\alpha}_1,\boldsymbol{\alpha}_2$ 下的坐标.

解 (1) 因为 $\boldsymbol{e}_1,\boldsymbol{e}_2$ 不对应成比例，所以 $\boldsymbol{e}_1,\boldsymbol{e}_2$ 线性无关，而任一向量 $\boldsymbol{v}\in\boldsymbol{R}^2$，由 4.1.2 节的性质 2 知 $\boldsymbol{e}_1,\boldsymbol{e}_2,\boldsymbol{v}$ 线性相关，再由 4.1.2 节的定理 4 可知 $\boldsymbol{v}$ 可由 $\boldsymbol{e}_1,\boldsymbol{e}_2$ 线性表示，满足定义 3 的条件，故 $\boldsymbol{e}_1,\boldsymbol{e}_2$ 为 $\boldsymbol{R}^2$ 的一个基. 同理可证 $\boldsymbol{\alpha}_1,\boldsymbol{\alpha}_2$ 也是 $\boldsymbol{R}^2$ 的一个基.

(2) 由 $\boldsymbol{\alpha}=\begin{pmatrix}4\\3\end{pmatrix}=4\boldsymbol{e}_1+3\boldsymbol{e}_2$ 知 $\boldsymbol{\alpha}$ 在基 $\boldsymbol{e}_1,\boldsymbol{e}_2$ 下的坐标为 $(4,3)^{\mathrm{T}}$；

由 $\boldsymbol{\alpha}=\begin{pmatrix}4\\3\end{pmatrix}=3\boldsymbol{\alpha}_1+\boldsymbol{\alpha}_2$ 知 $\boldsymbol{\alpha}$ 在基 $\boldsymbol{\alpha}_1,\boldsymbol{\alpha}_2$ 下的坐标为 $(3,1)^{\mathrm{T}}$.

从以上讨论可知向量空间 $\boldsymbol{R}^2$ 的基可以不唯一，但每个基的基向量个数(即向量空间的维数)是唯一确定的；同一向量在不同基下的坐标一般是不同的.

若将向量空间看作向量集(组)，则比较 4.2 节中定理 2 的推论 2 和 4.3.2 节的定义 3 可知，V 的基就是向量组的最大无关组，V 的维数就是向量组的秩.

显然，向量组 $\boldsymbol{\alpha}_1,\boldsymbol{\alpha}_2,\cdots,\boldsymbol{\alpha}_m$ 所生成的向量空间

$$V=\{\boldsymbol{x}=\lambda_1\boldsymbol{\alpha}_1+\lambda_2\boldsymbol{\alpha}_2+\cdots+\lambda_m\boldsymbol{\alpha}_m \mid \lambda_1,\lambda_2,\cdots,\lambda_m\in\mathbf{R}\}$$

与向量组 $\boldsymbol{\alpha}_1,\boldsymbol{\alpha}_2,\cdots,\boldsymbol{\alpha}_m$ 等价，所以向量组 $\boldsymbol{\alpha}_1,\boldsymbol{\alpha}_2,\cdots,\boldsymbol{\alpha}_m$ 的最大无关组就是 V 的一个基，向量组 $\boldsymbol{\alpha}_1,\boldsymbol{\alpha}_2,\cdots,\boldsymbol{\alpha}_m$ 的秩就是 V 的维数.

由此可知，对向量空间 V，只要找到 V 的一个基 $\boldsymbol{\alpha}_1,\boldsymbol{\alpha}_2,\cdots,\boldsymbol{\alpha}_r$ (V 中的维数个线性无关的向量)，即有

$$V=\mathrm{span}(\boldsymbol{\alpha}_1,\boldsymbol{\alpha}_2,\cdots,\boldsymbol{\alpha}_r)$$

这就较清楚地显示出了向量空间 V 的构造.

练习 6 已知 $\boldsymbol{\alpha}_1=(1,0,0)^{\mathrm{T}},\boldsymbol{\alpha}_2=(0,1,0)^{\mathrm{T}},\boldsymbol{\alpha}_3=(1,1,0)^{\mathrm{T}}$，求由 $\boldsymbol{\alpha}_1,\boldsymbol{\alpha}_2,\boldsymbol{\alpha}_3$ 生成的向量空间的维及一个基.

4.3.3* 基变换与坐标变换

事实上，由向量组的任两个最大无关组等价知向量空间的任两个基等价.

定义 4 设 $\boldsymbol{\alpha}_1,\boldsymbol{\alpha}_2,\cdots,\boldsymbol{\alpha}_n$ 与 $\boldsymbol{\beta}_1,\boldsymbol{\beta}_2,\cdots,\boldsymbol{\beta}_n$ 是 n 维向量空间 V 的两个基，且满足

$$(\boldsymbol{\beta}_1,\boldsymbol{\beta}_2,\cdots,\boldsymbol{\beta}_n)=(\boldsymbol{\alpha}_1,\boldsymbol{\alpha}_2,\cdots,\boldsymbol{\alpha}_n)\boldsymbol{P} \tag{4.3-3}$$

其中 $\boldsymbol{P}$ 为 n 阶可逆阵，称式(4.3-3)为基变换公式，称 $\boldsymbol{P}$ 为由基 $\boldsymbol{\alpha}_1,\boldsymbol{\alpha}_2,\cdots,\boldsymbol{\alpha}_n$ 到基 $\boldsymbol{\beta}_1,\boldsymbol{\beta}_2,\cdots,\boldsymbol{\beta}_n$ 的**过渡矩阵**，当 $(\boldsymbol{\alpha}_1,\boldsymbol{\alpha}_2,\cdots,\boldsymbol{\alpha}_n)$ 为方阵时，有 $\boldsymbol{P}=(\boldsymbol{\alpha}_1,\boldsymbol{\alpha}_2,\cdots,\boldsymbol{\alpha}_n)^{-1}(\boldsymbol{\beta}_1,\boldsymbol{\beta}_2,\cdots,\boldsymbol{\beta}_n)$.

定理 1 设 n 维向量空间 V 中元素 $\boldsymbol{\alpha}$ 在基 $\boldsymbol{\alpha}_1,\boldsymbol{\alpha}_2,\cdots,\boldsymbol{\alpha}_n$ 与基 $\boldsymbol{\beta}_1,\boldsymbol{\beta}_2,\cdots,\boldsymbol{\beta}_n$ 下的坐标分别为 $\boldsymbol{x}=(x_1,x_2,\cdots,x_n)^{\mathrm{T}},\boldsymbol{y}=(y_1,y_2,\cdots,y_n)^{\mathrm{T}}$，则有坐标变换公式

$$\boldsymbol{x}=\boldsymbol{P}\boldsymbol{y} \text{ 或 } \boldsymbol{y}=\boldsymbol{P}^{-1}\boldsymbol{x}$$

成立.

证 因为 $\boldsymbol{\alpha}=(\boldsymbol{\alpha}_1,\boldsymbol{\alpha}_2,\cdots,\boldsymbol{\alpha}_n)\boldsymbol{x}=(\boldsymbol{\beta}_1,\boldsymbol{\beta}_2,\cdots,\boldsymbol{\beta}_n)\boldsymbol{y}=(\boldsymbol{\alpha}_1,\boldsymbol{\alpha}_2,\cdots,\boldsymbol{\alpha}_n)\boldsymbol{P}\boldsymbol{y}$，即

$$(\boldsymbol{\alpha}_1,\boldsymbol{\alpha}_2,\cdots,\boldsymbol{\alpha}_n)(\boldsymbol{x}-\boldsymbol{P}\boldsymbol{y})=\boldsymbol{0}$$

由 $\boldsymbol{\alpha}_1,\boldsymbol{\alpha}_2,\cdots,\boldsymbol{\alpha}_n$ 是一个基,故线性无关,所以齐次方程只有零解,即 $\boldsymbol{x}=\boldsymbol{P}\boldsymbol{y}$ 或 $\boldsymbol{y}=\boldsymbol{P}^{-1}\boldsymbol{x}$ 成立.

例 5　已知两个三维向量组 $\boldsymbol{\alpha}_1=(1,1,1)^{\mathrm{T}},\boldsymbol{\alpha}_2=(1,1,0)^{\mathrm{T}},\boldsymbol{\alpha}_3=(1,0,0)^{\mathrm{T}}$,以及 $\boldsymbol{\beta}_1=(6,5,3)^{\mathrm{T}},\boldsymbol{\beta}_2=(2,2,1)^{\mathrm{T}},\boldsymbol{\beta}_3=(1,1,1)^{\mathrm{T}}$. (1) 试证 $\boldsymbol{\alpha}_1,\boldsymbol{\alpha}_2,\boldsymbol{\alpha}_3$ 及 $\boldsymbol{\beta}_1,\boldsymbol{\beta}_2,\boldsymbol{\beta}_3$ 均为 $\boldsymbol{R}^3$ 的基;(2) 求由基 $\boldsymbol{\alpha}_1,\boldsymbol{\alpha}_2,\boldsymbol{\alpha}_3$ 到 $\boldsymbol{\beta}_1,\boldsymbol{\beta}_2,\boldsymbol{\beta}_3$ 的过渡矩阵 $\boldsymbol{P}$;(3) 若 $\boldsymbol{\alpha}$ 在基 $\boldsymbol{\alpha}_1,\boldsymbol{\alpha}_2,\boldsymbol{\alpha}_3$ 下的坐标为 $(2,-1,3)^{\mathrm{T}}$,求 $\boldsymbol{\alpha}$ 在基 $\boldsymbol{\beta}_1,\boldsymbol{\beta}_2,\boldsymbol{\beta}_3$ 下的坐标.

解　(1) 因为 $|\boldsymbol{\alpha}_1,\boldsymbol{\alpha}_2,\boldsymbol{\alpha}_3|=\begin{vmatrix}1&1&1\\1&1&0\\1&0&0\end{vmatrix}=-1\neq0$,所以 $\boldsymbol{\alpha}_1,\boldsymbol{\alpha}_2,\boldsymbol{\alpha}_3$ 线性无关,又 $\boldsymbol{R}^3$ 为三维向量空间,故三个线性无关向量 $\boldsymbol{\alpha}_1,\boldsymbol{\alpha}_2,\boldsymbol{\alpha}_3$ 为 $\boldsymbol{R}^3$ 的一个基.

同理,$|\boldsymbol{\beta}_1,\boldsymbol{\beta}_2,\boldsymbol{\beta}_3|=\begin{vmatrix}6&2&1\\5&2&1\\3&1&1\end{vmatrix}=\begin{vmatrix}3&1&0\\2&1&0\\3&1&1\end{vmatrix}=1\neq0$,故 $\boldsymbol{\beta}_1,\boldsymbol{\beta}_2,\boldsymbol{\beta}_3$ 也是 $\boldsymbol{R}^3$ 的一个基.

(2) 由 $(\boldsymbol{\beta}_1,\boldsymbol{\beta}_2,\boldsymbol{\beta}_3)=(\boldsymbol{\alpha}_1,\boldsymbol{\alpha}_2,\boldsymbol{\alpha}_3)\boldsymbol{P}$ 知 $\boldsymbol{P}=(\boldsymbol{\alpha}_1,\boldsymbol{\alpha}_2,\boldsymbol{\alpha}_3)^{-1}(\boldsymbol{\beta}_1,\boldsymbol{\beta}_2,\boldsymbol{\beta}_3)$,因 $(\boldsymbol{\alpha}_1,\boldsymbol{\alpha}_2,\boldsymbol{\alpha}_3)=\begin{pmatrix}1&1&1\\1&1&0\\1&0&0\end{pmatrix}$,则 $(\boldsymbol{\alpha}_1,\boldsymbol{\alpha}_2,\boldsymbol{\alpha}_3)^{-1}=\begin{pmatrix}0&0&1\\0&1&-1\\1&-1&0\end{pmatrix}$,故

$$\boldsymbol{P}=(\boldsymbol{\alpha}_1,\boldsymbol{\alpha}_2,\boldsymbol{\alpha}_3)^{-1}(\boldsymbol{\beta}_1,\boldsymbol{\beta}_2,\boldsymbol{\beta}_3)=\begin{pmatrix}0&0&1\\0&1&-1\\1&-1&0\end{pmatrix}\begin{pmatrix}6&2&1\\5&2&1\\3&1&1\end{pmatrix}=\begin{pmatrix}3&1&1\\2&1&0\\1&0&0\end{pmatrix}$$

(3) 因为 $\boldsymbol{\alpha}=(\boldsymbol{\alpha}_1,\boldsymbol{\alpha}_2,\boldsymbol{\alpha}_3)\begin{pmatrix}2\\-1\\3\end{pmatrix}=(\boldsymbol{\beta}_1,\boldsymbol{\beta}_2,\boldsymbol{\beta}_3)\boldsymbol{y}$,所以

$$\boldsymbol{y}=\boldsymbol{P}^{-1}\begin{pmatrix}2\\-1\\3\end{pmatrix}=\begin{pmatrix}0&0&1\\0&1&-2\\1&-1&-1\end{pmatrix}\begin{pmatrix}2\\-1\\3\end{pmatrix}=\begin{pmatrix}3\\-7\\0\end{pmatrix}$$

例 6　已知 $\boldsymbol{R}^3$ 中的两个基分别为 $\boldsymbol{\alpha}_1=(a,\ 1,\ 1)^{\mathrm{T}}$, $\boldsymbol{\alpha}_2=(0,\ b,\ 1)^{\mathrm{T}}$, $\boldsymbol{\alpha}_3=(0,\ 0,\ c)$ 与 $\boldsymbol{\beta}_1=(-1,\ -1,\ x)^{\mathrm{T}}$, $\boldsymbol{\beta}_2=(y,\ -1,\ 1)^{\mathrm{T}}$, $\boldsymbol{\beta}_3=(-1,\ z,\ 1)^{\mathrm{T}}$,且由基 $\boldsymbol{\alpha}_1$, $\boldsymbol{\alpha}_2,\boldsymbol{\alpha}_3$ 到基 $\boldsymbol{\beta}_1$, $\boldsymbol{\beta}_2$, $\boldsymbol{\beta}_3$ 的过渡矩阵为

$$\boldsymbol{Q}=\begin{pmatrix}-1&1&-1\\0&1&2\\0&2&0\end{pmatrix}$$

试求:(1) a, b, c 与 x, y, z 的值;

(2) $\boldsymbol{\eta}=(1,\ 2,\ 3)^{\mathrm{T}}$ 在 $\boldsymbol{\alpha}_1$, $\boldsymbol{\alpha}_2$, $\boldsymbol{\alpha}_3$ 下的坐标及在 $\boldsymbol{\beta}_1$, $\boldsymbol{\beta}_2$, $\boldsymbol{\beta}_3$ 下的坐标;

(3) 求在基 $\boldsymbol{\alpha}_1$, $\boldsymbol{\alpha}_2$, $\boldsymbol{\alpha}_3$ 和基 $\boldsymbol{\beta}_1$, $\boldsymbol{\beta}_2$, $\boldsymbol{\beta}_3$ 下有相同坐标的向量.

解　(1) 由已知可得

$(\boldsymbol{\beta}_1,\ \boldsymbol{\beta}_2,\ \boldsymbol{\beta}_3)=(\boldsymbol{\alpha}_1,\ \boldsymbol{\alpha}_2,\ \boldsymbol{\alpha}_3)\boldsymbol{Q}$ 即

$$\begin{pmatrix}-1&y&-1\\-1&-1&z\\x&1&1\end{pmatrix}=\begin{pmatrix}a&0&0\\1&b&0\\1&1&c\end{pmatrix}\begin{pmatrix}-1&1&-1\\0&1&2\\0&2&0\end{pmatrix}$$

得 $a=1$, $b=-2$, $c=-\frac{1}{2}$, $x=-1$, $y=1$, $z=-5$.

(2) $(\boldsymbol{\alpha}_1, \boldsymbol{\alpha}_2, \boldsymbol{\alpha}_3)\boldsymbol{x}=\boldsymbol{\eta}$, 即

$$\boldsymbol{x}=\begin{pmatrix}1 & 0 & 0\\ 1 & -2 & 0\\ 1 & 1 & -\frac{1}{2}\end{pmatrix}^{-1}\begin{pmatrix}1\\2\\3\end{pmatrix}=\begin{pmatrix}1 & 0 & 0\\ \frac{1}{2} & -\frac{1}{2} & 0\\ 3 & -1 & -2\end{pmatrix}\begin{pmatrix}1\\2\\3\end{pmatrix}=\begin{pmatrix}1\\-\frac{1}{2}\\-5\end{pmatrix}$$

$(\boldsymbol{\beta}_1, \boldsymbol{\beta}_2, \boldsymbol{\beta}_3)\boldsymbol{y}=\boldsymbol{\eta}$, 即

$$\boldsymbol{y}=\begin{pmatrix}-1 & 1 & -1\\ -1 & -1 & -5\\ -1 & 1 & 1\end{pmatrix}^{-1}\begin{pmatrix}1\\2\\3\end{pmatrix}=\begin{pmatrix}1 & -\frac{1}{2} & -\frac{3}{2}\\ \frac{3}{2} & -\frac{1}{2} & -1\\ -\frac{1}{2} & 0 & \frac{1}{2}\end{pmatrix}\begin{pmatrix}1\\2\\3\end{pmatrix}=\begin{pmatrix}-\frac{9}{2}\\-\frac{5}{2}\\1\end{pmatrix}$$

也可以通过

$$\boldsymbol{\eta}=(\boldsymbol{\alpha}_1, \boldsymbol{\alpha}_2, \boldsymbol{\alpha}_3)\boldsymbol{x}=(\boldsymbol{\beta}_1, \boldsymbol{\beta}_2, \boldsymbol{\beta}_3)\boldsymbol{y}$$

得坐标变换公式

$$\boldsymbol{x}=(\boldsymbol{\alpha}_1, \boldsymbol{\alpha}_2, \boldsymbol{\alpha}_3)^{-1}(\boldsymbol{\beta}_1, \boldsymbol{\beta}_2, \boldsymbol{\beta}_3)\boldsymbol{y}=\boldsymbol{Q}\boldsymbol{y}$$

即

$$\boldsymbol{y}=\boldsymbol{Q}^{-1}\boldsymbol{x}=\begin{pmatrix}-1 & 1 & -1\\ 0 & 1 & 2\\ 0 & 2 & 0\end{pmatrix}^{-1}\begin{pmatrix}1\\-\frac{1}{2}\\-5\end{pmatrix}=\begin{pmatrix}-1 & -\frac{1}{2} & \frac{3}{4}\\ 0 & 0 & \frac{1}{2}\\ 0 & \frac{1}{2} & -\frac{1}{4}\end{pmatrix}\begin{pmatrix}1\\-\frac{1}{2}\\-5\end{pmatrix}=\begin{pmatrix}-\frac{9}{2}\\-\frac{5}{2}\\1\end{pmatrix}$$

(3) 由题意知

$$(\boldsymbol{\alpha}_1, \boldsymbol{\alpha}_2, \boldsymbol{\alpha}_3)\boldsymbol{x}=(\boldsymbol{\beta}_1, \boldsymbol{\beta}_2, \boldsymbol{\beta}_3)\boldsymbol{x}$$

得

$$\begin{pmatrix}1 & 0 & 0\\ 1 & -2 & 0\\ 1 & 1 & -\frac{1}{2}\end{pmatrix}\boldsymbol{x}=\begin{pmatrix}-1 & 1 & -1\\ -1 & -1 & -5\\ -1 & 1 & 1\end{pmatrix}\boldsymbol{x}$$

即

$$\begin{pmatrix}2 & -1 & 1\\ 2 & -1 & 5\\ 2 & 0 & -\frac{3}{2}\end{pmatrix}\boldsymbol{x}=\mathbf{0}, \text{而}\begin{vmatrix}2 & -1 & 1\\ 2 & -1 & 5\\ 2 & 0 & -\frac{3}{2}\end{vmatrix}=-8\neq 0$$

解得 $\boldsymbol{x}=(0, 0, 0)^{\mathrm{T}}$.

4.4　线性方程组解的结构

在 3.2 节中,我们已经介绍了用矩阵的初等变换解线性方程组的方法,并建立了两个重要定理:

(1) n 元齐次线性方程组 $\boldsymbol{A}_{m\times n}\boldsymbol{x}=\boldsymbol{0}$ 有无穷多个解的充分必要条件是其系数矩阵的秩 $r(\boldsymbol{A})<n$,且无穷多个解的通解式中含 $n-r(\boldsymbol{A})$ 个任意参数;

(2) n 元非齐次线性方程组 $\boldsymbol{A}_{m\times n}\boldsymbol{x}=\boldsymbol{b}$ 有解的充分必要条件是系数矩阵 $\boldsymbol{A}$ 的秩等于增广矩阵 $\overline{\boldsymbol{A}}$ 的秩,且当 $r(\boldsymbol{A})=r(\overline{\boldsymbol{A}})=n$ 时方程组有唯一解;当 $r(\boldsymbol{A})=r(\overline{\boldsymbol{A}})<n$ 时方程组有无穷多个解,且其通解式中带有 $n-r(\boldsymbol{A})$ 个任意参数.

下面我们用向量组线性相关的理论来讨论线性方程组的解,尤其是线性方程组有无穷多个解的时候其解的结构. 先讨论齐次线性方程组.

4.4.1　齐次线性方程组解的结构

设有齐次线性方程组

$$\begin{cases} a_{11}x_1+a_{12}x_2+\cdots+a_{1n}x_n=0, \\ a_{21}x_1+a_{22}x_2+\cdots+a_{2n}x_n=0, \\ \quad\cdots\cdots \\ a_{m1}x_1+a_{m2}x_2+\cdots+a_{mn}x_n=0 \end{cases} \tag{4.4-1}$$

或写成矩阵形式

$$\boldsymbol{A}\boldsymbol{x}=\boldsymbol{0} \tag{4.4-2}$$

其中 $m\times n$ 矩阵 $\boldsymbol{A}=(a_{ij})$ 为方程组的系数矩阵,$\boldsymbol{x}=(x_1,x_2,\cdots,x_n)^{\mathrm{T}}$ 是 n 维未知数向量,而 m 维零向量 $\boldsymbol{0}$ 是常数项向量.

我们先来看一个例子.

例 1　设 $\boldsymbol{A}=\begin{pmatrix} 1 & 2 & 2 & 0 \\ 1 & 3 & 4 & -2 \\ 1 & 1 & 0 & 2 \end{pmatrix}$,求齐次方程 $\boldsymbol{A}\boldsymbol{x}=\boldsymbol{0}$ 的通解.

解　将 $\boldsymbol{A}$ 通过初等行变换化为行最简形

$$\boldsymbol{A}=\begin{pmatrix} 1 & 2 & 2 & 0 \\ 1 & 3 & 4 & -2 \\ 1 & 1 & 0 & 2 \end{pmatrix}\sim\begin{pmatrix} 1 & 2 & 2 & 0 \\ 0 & 1 & 2 & -2 \\ 0 & -1 & -2 & 2 \end{pmatrix}\sim\begin{pmatrix} 1 & 2 & 2 & 0 \\ 0 & 1 & 2 & -2 \\ 0 & 0 & 0 & 0 \end{pmatrix}\sim\begin{pmatrix} 1 & 0 & -2 & 4 \\ 0 & 1 & 2 & -2 \\ 0 & 0 & 0 & 0 \end{pmatrix}$$

令 $x_3=c_1,x_4=c_2$,则通解

$$\boldsymbol{x}=c_1\begin{pmatrix} 2 \\ -2 \\ 1 \\ 0 \end{pmatrix}+c_2\begin{pmatrix} -4 \\ 2 \\ 0 \\ 1 \end{pmatrix}\qquad (c_1,c_2\in\mathbf{R})$$

令 $\boldsymbol{\alpha}_1=(2,-2,1,0)^{\mathrm{T}},\boldsymbol{\alpha}_2=(-4,2,0,1)^{\mathrm{T}}$,则解集为 $\mathrm{span}(\boldsymbol{\alpha}_1,\boldsymbol{\alpha}_2)$.

由例 1 可得齐次线性方程组有如下性质.

性质 1　设 $\boldsymbol{\xi}_1,\boldsymbol{\xi}_2,\cdots,\boldsymbol{\xi}_t$ 为 $\boldsymbol{A}\boldsymbol{x}=\boldsymbol{0}$ 的解,则 $c_1\boldsymbol{\xi}_1+c_2\boldsymbol{\xi}_2+\cdots+c_t\boldsymbol{\xi}_t$ 仍为 $\boldsymbol{A}\boldsymbol{x}=\boldsymbol{0}$ 的解,其

中 $c_1,c_2,\cdots,c_t$ 为任意常数.

证 因为 $\boldsymbol{A}(c_1\boldsymbol{\xi}_1+c_2\boldsymbol{\xi}_2+\cdots+c_t\boldsymbol{\xi}_t)=c_1\boldsymbol{A}\boldsymbol{\xi}_1+c_2\boldsymbol{A}\boldsymbol{\xi}_2+\cdots+c_t\boldsymbol{A}\boldsymbol{\xi}_t=\boldsymbol{0}$, 所以 $c_1\boldsymbol{\xi}_1+c_2\boldsymbol{\xi}_2+\cdots+c_t\boldsymbol{\xi}_t$ 为 $\boldsymbol{Ax}=\boldsymbol{0}$ 的解.

由此性质知道,对齐次方程组 $\boldsymbol{Ax}=\boldsymbol{0}$ 的任意两个解 $\boldsymbol{x}$、$\boldsymbol{y}$, $\boldsymbol{x}+\boldsymbol{y}$ 和 $\lambda\boldsymbol{x}$ 仍为此齐次方程组的解($\lambda\in\mathbf{R}$). 即 $\boldsymbol{Ax}=\boldsymbol{0}$ 的解集 $N(\boldsymbol{A})$为向量空间,称它为齐次方程组(4.4-2)的**解空间**.

由向量空间的构造知道,我们只要找到 $N(\boldsymbol{A})$的一个基 $\boldsymbol{\xi}_1,\boldsymbol{\xi}_2,\cdots,\boldsymbol{\xi}_t$,即可得齐次方程组的解空间 $N(\boldsymbol{A})=\{\boldsymbol{x}\mid \boldsymbol{x}=c_1\boldsymbol{\xi}_1+\cdots+c_t\boldsymbol{\xi}_t, c_1,c_2,\cdots,c_t\in\mathbf{R}\}$.

定理1 设齐次方程组 $\boldsymbol{Ax}=\boldsymbol{0}$ 有 n 个未知量,且 $r(\boldsymbol{A})=r<n$,则 $\boldsymbol{Ax}=\boldsymbol{0}$ 的解空间维数 $\dim\boldsymbol{N}(\boldsymbol{A})=n-r$.

证 系数矩阵 $\boldsymbol{A}$ 的秩为 r,不妨设 $\boldsymbol{A}$ 的前 r 个列向量线性无关,于是 $\boldsymbol{A}$ 的行最简形矩阵为

$$\boldsymbol{B}=\begin{pmatrix}1&\cdots&0&b_{11}&\cdots&b_{1,n-r}\\ \vdots&\ddots&\vdots&\vdots&\ddots&\vdots\\ 0&\cdots&1&b_{r1}&\cdots&b_{r,n-r}\\ 0&\cdots&0&0&\cdots&0\\ \vdots&\ddots&\vdots&\vdots&\ddots&\vdots\\ 0&\cdots&0&0&\cdots&0\end{pmatrix}$$

与矩阵 $\boldsymbol{B}$ 对应,即有方程组

$$\begin{cases}x_1=-b_{11}x_{r+1}-\cdots-b_{1,n-r}x_n,\\ \qquad\cdots\cdots\\ x_r=-b_{r1}x_{r+1}-\cdots-b_{r,n-r}x_n\end{cases}\tag{4.4-3}$$

由于矩阵 $\boldsymbol{A}$ 与 $\boldsymbol{B}$ 的行向量组等价,故方程组(4.4-1)与方程组(4.4-3)同解. 在方程组(4.4-3)中,任给 $x_{r+1},\cdots,x_n$ 一组值,即唯一确定 $x_1,\cdots,x_r$ 的值,就得到方程组(4.4-3)的一个解(向量),也就是方程组(4.4-1)的解. 现在令 $x_{r+1},\cdots,x_n$ 取下列 $n-r$ 组数:

$$\begin{pmatrix}x_{r+1}\\x_{r+2}\\ \vdots\\x_n\end{pmatrix}=\begin{pmatrix}1\\0\\ \vdots\\0\end{pmatrix},\begin{pmatrix}0\\1\\ \vdots\\0\end{pmatrix},\cdots,\begin{pmatrix}0\\0\\ \vdots\\1\end{pmatrix}$$

由方程组(4.4-3)依次可得

$$\begin{pmatrix}x_1\\ \vdots\\x_r\end{pmatrix}=\begin{pmatrix}-b_{11}\\ \vdots\\-b_{r1}\end{pmatrix},\begin{pmatrix}-b_{12}\\ \vdots\\-b_{r2}\end{pmatrix},\cdots,\begin{pmatrix}-b_{1,n-r}\\ \vdots\\-b_{r,n-r}\end{pmatrix}$$

从而求得方程组(4.4-3)(也就是方程组(4.4-1))的 $n-r$ 个解:

$$\boldsymbol{\xi}_1=\begin{pmatrix}-b_{11}\\ \vdots\\-b_{r1}\\1\\0\\ \vdots\\0\end{pmatrix},\boldsymbol{\xi}_2=\begin{pmatrix}-b_{12}\\ \vdots\\-b_{r2}\\0\\1\\ \vdots\\0\end{pmatrix},\cdots,\boldsymbol{\xi}_{n-r}=\begin{pmatrix}-b_{1,n-r}\\ \vdots\\-b_{r,n-r}\\0\\0\\ \vdots\\1\end{pmatrix}$$

下面证明 $\boldsymbol{\xi}_1,\boldsymbol{\xi}_2,\cdots,\boldsymbol{\xi}_{n-r}$ 就是解空间 $N(\boldsymbol{A})$ 的一个基.

首先,由于 $(x_{r+1},x_{r+2},\cdots,x_n)^{\mathrm{T}}$ 所取的 $n-r$ 个 $n-r$ 维向量 $\begin{pmatrix}1\\0\\\vdots\\0\end{pmatrix},\begin{pmatrix}0\\1\\\vdots\\0\end{pmatrix},\cdots,\begin{pmatrix}0\\0\\\vdots\\1\end{pmatrix}$ 线性无关,所以在每个向量前面加上 r 个分量而得到的 $n-r$ 个 n 维向量 $\boldsymbol{\xi}_1,\boldsymbol{\xi}_2,\cdots,\boldsymbol{\xi}_{n-r}$ 也线性无关.

其次,我们来证明方程组(4.4-1)的任一个解向量 $\boldsymbol{\xi}=(\lambda_1,\lambda_2,\cdots,\lambda_r,\lambda_{r+1},\cdots,\lambda_n)^{\mathrm{T}}$ 都可由解 $\boldsymbol{\xi}_1,\boldsymbol{\xi}_2,\cdots,\boldsymbol{\xi}_{n-r}$ 线性表示. 为此,构造向量

$$\boldsymbol{\eta}=\boldsymbol{\xi}-\lambda_{r+1}\boldsymbol{\xi}_1-\lambda_{r+2}\boldsymbol{\xi}_2-\cdots-\lambda_n\boldsymbol{\xi}_{n-r}=(d_1,d_2,\cdots,d_r,0,\cdots,0)^{\mathrm{T}}$$

由于 $\boldsymbol{\xi}_1,\boldsymbol{\xi}_2,\cdots,\boldsymbol{\xi}_{n-r},\boldsymbol{\xi}$ 是方程组(4.4-1)的解,故 $\boldsymbol{\eta}$ 也是方程组(4.4-1)的解,将 $\boldsymbol{\eta}$ 代入方程组(4.4-3)可以得到 $d_1=d_2=\cdots=d_r=0$,即 $\boldsymbol{\eta}=\mathbf{0}$,故

$$\boldsymbol{\xi}=\lambda_{r+1}\boldsymbol{\xi}_1+\lambda_{r+2}\boldsymbol{\xi}_2+\cdots+\lambda_n\boldsymbol{\xi}_{n-r}$$

表明方程组(4.4-1)的任一解向量都可以由 $\boldsymbol{\xi}_1,\boldsymbol{\xi}_2,\cdots,\boldsymbol{\xi}_{n-r}$ 来线性表示.

这就证明了 $\boldsymbol{\xi}_1,\boldsymbol{\xi}_2,\cdots,\boldsymbol{\xi}_{n-r}$ 是解空间 $N(\boldsymbol{A})$ 的一个基. 从而知道解空间 $N(\boldsymbol{A})$ 的维数为 $n-r$.

齐次方程组解空间的基 $\boldsymbol{\xi}_1,\boldsymbol{\xi}_2,\cdots,\boldsymbol{\xi}_{n-r}$ 又称为**基础解系**,若它满足:① 解向量 $\boldsymbol{\xi}_1,\boldsymbol{\xi}_2,\cdots,\boldsymbol{\xi}_{n-r}$ 线性无关;② $\boldsymbol{Ax}=\mathbf{0}$ 的任一解可由 $\boldsymbol{\xi}_1,\boldsymbol{\xi}_2,\cdots,\boldsymbol{\xi}_{n-r}$ 线性表示.

齐次方程组(4.4-1)的解可以表示为

$$\boldsymbol{x}=k_1\boldsymbol{\xi}_1+k_2\boldsymbol{\xi}_2+\cdots+k_{n-r}\boldsymbol{\xi}_{n-r}$$

其中 $k_1,\cdots,k_{n-r}$ 为任意实数. 上式称为方程组(4.4-1)的**通解**. 此时,解空间可表示为

$$N(\boldsymbol{A})=\{\boldsymbol{x}=k_1\boldsymbol{\xi}_1+k_2\boldsymbol{\xi}_2+\cdots+k_{n-r}\boldsymbol{\xi}_{n-r}\mid k_1,\cdots,k_{n-r}\in\mathbf{R}\}=\mathrm{span}(\boldsymbol{\xi}_1,\boldsymbol{\xi}_2,\cdots,\boldsymbol{\xi}_{n-r}) \tag{4.4-4}$$

回顾本节的例 1 可得 $r(\boldsymbol{A})=2,n=4$,只要找到 $n-r(\boldsymbol{A})=2$ 个线性无关的解即可.

令 $\begin{pmatrix}x_3\\x_4\end{pmatrix}=\begin{pmatrix}1\\0\end{pmatrix}$ 得 $\begin{pmatrix}x_1\\x_2\end{pmatrix}=\begin{pmatrix}2\\-2\end{pmatrix}$;$\begin{pmatrix}x_3\\x_4\end{pmatrix}=\begin{pmatrix}0\\1\end{pmatrix}$ 得 $\begin{pmatrix}x_1\\x_2\end{pmatrix}=\begin{pmatrix}-4\\2\end{pmatrix}$,故 $\begin{pmatrix}2\\-2\\1\\0\end{pmatrix},\begin{pmatrix}-4\\2\\0\\1\end{pmatrix}$ 为此齐次方程组的基础解系,所以通解为

$$\boldsymbol{x}=c_1\begin{pmatrix}2\\-2\\1\\0\end{pmatrix}+c_2\begin{pmatrix}-4\\2\\0\\1\end{pmatrix}\qquad(c_1,c_2\in\mathbf{R})$$

若令 $\begin{pmatrix}x_2\\x_4\end{pmatrix}=\begin{pmatrix}1\\0\end{pmatrix}$ 得 $\begin{pmatrix}x_1\\x_3\end{pmatrix}=\begin{pmatrix}-1\\-\frac{1}{2}\end{pmatrix}$;$\begin{pmatrix}x_2\\x_4\end{pmatrix}=\begin{pmatrix}0\\1\end{pmatrix}$ 得 $\begin{pmatrix}x_1\\x_3\end{pmatrix}=\begin{pmatrix}-2\\1\end{pmatrix}$,故 $\begin{pmatrix}-1\\1\\-\frac{1}{2}\\0\end{pmatrix},\begin{pmatrix}-2\\0\\1\\1\end{pmatrix}$ 也为此齐次方程组的基础解系,所以通解为

$$x=c_1\begin{pmatrix}-1\\1\\-\frac{1}{2}\\0\end{pmatrix}+c_2\begin{pmatrix}-2\\0\\1\\1\end{pmatrix}\qquad (c_1,c_2\in\mathbf{R})$$

显然,基础解系可以不同,但维数 $n-r(\boldsymbol{A})$ 一定相同,生成的解空间也一样.

练习 7 已知 $\boldsymbol{\alpha}_1,\boldsymbol{\alpha}_2,\boldsymbol{\alpha}_3$ 为 $\boldsymbol{Ax}=\mathbf{0}$ 的一个基础解系,则 $\boldsymbol{Ax}=\mathbf{0}$ 的另一个基础解系可表示成(　　).

(A) $\boldsymbol{\alpha}_1,\boldsymbol{\alpha}_2,\boldsymbol{\alpha}_3$ 的一个等价向量组;　　(B) $\boldsymbol{\alpha}_1,\boldsymbol{\alpha}_2,\boldsymbol{\alpha}_3$ 的一个等秩向量组;

(C) $\boldsymbol{\alpha}_1-\boldsymbol{\alpha}_2,\boldsymbol{\alpha}_2-\boldsymbol{\alpha}_3,\boldsymbol{\alpha}_3-\boldsymbol{\alpha}_1$;　　(D) $\boldsymbol{\alpha}_1,\boldsymbol{\alpha}_1+\boldsymbol{\alpha}_2,\boldsymbol{\alpha}_1+\boldsymbol{\alpha}_2+\boldsymbol{\alpha}_3$.

4.4.2 非齐次线性方程组解的结构

一般地,$m\times n$ 的非齐次线性方程组的矩阵形式为

$$\boldsymbol{Ax}=\boldsymbol{b} \tag{4.4-5}$$

称与之具有相同系数矩阵的方程组 $\boldsymbol{Ax}=\mathbf{0}$ 为其对应(导出)的齐次线性方程组.

方程组 $\boldsymbol{Ax}=\boldsymbol{b}$ 具有如下性质:

性质 2 设 $\boldsymbol{\eta}_1,\boldsymbol{\eta}_2,\cdots,\boldsymbol{\eta}_t$ 为 $\boldsymbol{Ax}=\boldsymbol{b}$ 的解,令 $\boldsymbol{\eta}=c_1\boldsymbol{\eta}_1+c_2\boldsymbol{\eta}_2+\cdots+c_t\boldsymbol{\eta}_t$,当

$$c_1+c_2+\cdots+c_t=0$$

时,$\boldsymbol{\eta}$ 为 $\boldsymbol{Ax}=\mathbf{0}$ 的解;当

$$c_1+c_2+\cdots+c_t=1$$

时,$\boldsymbol{\eta}$ 为 $\boldsymbol{Ax}=\boldsymbol{b}$ 的解.

证 因为 $\boldsymbol{A\eta}=\boldsymbol{A}(c_1\boldsymbol{\eta}_1+c_2\boldsymbol{\eta}_2+\cdots+c_t\boldsymbol{\eta}_t)=c_1\boldsymbol{A\eta}_1+c_2\boldsymbol{A\eta}_2+\cdots+c_t\boldsymbol{A\eta}_t$

$$=(c_1+c_2+\cdots+c_t)\boldsymbol{b}$$

所以当 $c_1+c_2+\cdots+c_t=0$ 时,$\boldsymbol{A\eta}=\mathbf{0}$;当 $c_1+c_2+\cdots+c_t=1$ 时,$\boldsymbol{A\eta}=\boldsymbol{b}$.

特别地,当 $\boldsymbol{\eta}_1,\boldsymbol{\eta}_2$ 为 $\boldsymbol{Ax}=\boldsymbol{b}$ 的解时,则 $\boldsymbol{\eta}_1-\boldsymbol{\eta}_2$ 为 $\boldsymbol{Ax}=\mathbf{0}$ 的解,$\dfrac{\boldsymbol{\eta}_1+\boldsymbol{\eta}_2}{2}$ 为 $\boldsymbol{Ax}=\boldsymbol{b}$ 的解.

性质 3 设 $\boldsymbol{\xi}$ 为 $\boldsymbol{Ax}=\mathbf{0}$ 的解,$\boldsymbol{\eta}$ 为 $\boldsymbol{Ax}=\boldsymbol{b}$ 的解,则 $\boldsymbol{x}=\boldsymbol{\xi}+\boldsymbol{\eta}$ 仍为 $\boldsymbol{Ax}=\boldsymbol{b}$ 的解.

证 因为 $\boldsymbol{Ax}=\boldsymbol{A}(\boldsymbol{\xi}+\boldsymbol{\eta})=\boldsymbol{A\xi}+\boldsymbol{A\eta}=\mathbf{0}+\boldsymbol{b}=\boldsymbol{b}$,所以 $\boldsymbol{x}=\boldsymbol{\xi}+\boldsymbol{\eta}$ 为 $\boldsymbol{Ax}=\boldsymbol{b}$ 的解.

性质 3 告诉我们非齐次方程组的任一解可表示成它的某一个解与其对应的齐次线性方程组的一个解之和的形式. 当 $\boldsymbol{\xi}=c_1\boldsymbol{\xi}_1+c_2\boldsymbol{\xi}_2+\cdots+c_{n-r}\boldsymbol{\xi}_{n-r}$ 为对应齐次方程组的通解时,非齐次线性方程组 $\boldsymbol{Ax}=\boldsymbol{b}$ 的任一解可表示为

$$\boldsymbol{x}=c_1\boldsymbol{\xi}_1+c_2\boldsymbol{\xi}_2+\cdots+c_{n-r}\boldsymbol{\xi}_{n-r}+\boldsymbol{\eta}\qquad (c_1,c_2,\cdots,c_{n-r}\in\mathbf{R})$$

称此解为非齐次线性方程组的通解.

由于非齐次线性方程组的解集对于加法和数乘不封闭,故不是向量空间,所以只能记非齐次线性方程组的解集为 $\{\boldsymbol{x}\mid\boldsymbol{x}=c_1\boldsymbol{\xi}_1+c_2\boldsymbol{\xi}_2+\cdots+c_{n-r}\boldsymbol{\xi}_{n-r}+\boldsymbol{\eta},\ c_1,c_2,\cdots,c_{n-r}\in\mathbf{R}\}$,其中 $\boldsymbol{\xi}_1,\boldsymbol{\xi}_2,\cdots,\boldsymbol{\xi}_{n-r}$ 为 $\boldsymbol{Ax}=\mathbf{0}$ 的一个基础解系,$\boldsymbol{\eta}$ 为 $\boldsymbol{Ax}=\boldsymbol{b}$ 的一个特解. $\boldsymbol{Ax}=\boldsymbol{b}$ 的解的结构为

$$\boldsymbol{x}_g=\boldsymbol{x}_h+\boldsymbol{x}_p$$

其中 $\boldsymbol{x}_g$ 为 $\boldsymbol{Ax}=\boldsymbol{b}$ 的通解,$\boldsymbol{x}_h$ 为 $\boldsymbol{Ax}=\mathbf{0}$ 的通解,$\boldsymbol{x}_p$ 为 $\boldsymbol{Ax}=\boldsymbol{b}$ 的一个特解.

例 2 设$\boldsymbol{A}=\begin{pmatrix}1&2&2&0\\1&3&4&-2\\1&1&0&2\end{pmatrix}$,$\boldsymbol{b}=\begin{pmatrix}2\\3\\1\end{pmatrix}$,求$\boldsymbol{Ax}=\boldsymbol{b}$的通解.

解 本节例1已求出$\boldsymbol{Ax}=\boldsymbol{0}$的通解

$$\boldsymbol{x}_h=c_1\begin{pmatrix}2\\-2\\1\\0\end{pmatrix}+c_2\begin{pmatrix}-4\\2\\0\\1\end{pmatrix}\qquad(c_1,c_2\in\mathbf{R})$$

对比$\boldsymbol{A}$的第2列及$\boldsymbol{b}$知$\boldsymbol{Ax}=\boldsymbol{b}$有一个特解$\boldsymbol{x}_p=[0,1,0,0]^{\mathrm{T}}$,由解的结构知$\boldsymbol{Ax}=\boldsymbol{b}$的通解

$$\boldsymbol{x}_g=\boldsymbol{x}_h+\boldsymbol{x}_p=c_1\begin{pmatrix}2\\-2\\1\\0\end{pmatrix}+c_2\begin{pmatrix}-4\\2\\0\\1\end{pmatrix}+\begin{pmatrix}0\\1\\0\\0\end{pmatrix}\qquad(c_1,c_2\in\mathbf{R})$$

注 由于对应本例的齐次线性方程组的通解已求出及非齐次线性方程组的特解容易看出,否则仍需使用第3章的初等变换法求解.

下面的例子必须用解的结构才能得以解决.

例 3 已知非齐次线性方程组的系数矩阵之秩为3,又已知该方程组有三个解向量$\boldsymbol{\alpha}_1$,$\boldsymbol{\alpha}_2$,$\boldsymbol{\alpha}_3$,其中$\boldsymbol{\alpha}_1=(1,2,3,4)^{\mathrm{T}}$,$\boldsymbol{\alpha}_2+\boldsymbol{\alpha}_3=(2,3,4,5)^{\mathrm{T}}$,试求该方程组的通解.

解 设方程组的系数矩阵为$\boldsymbol{A}$,按所给条件知该非齐次线性方程组是四元方程组,且其对应的齐次线性方程组$\boldsymbol{Ax}=\boldsymbol{0}$有

$$\dim N(\boldsymbol{A})=n-r(\boldsymbol{A})=4-3=1$$

故若求得$N(\boldsymbol{A})$的一个基向量,以及非齐次线性方程组的某个解$\boldsymbol{x}_p$,即可写出$\boldsymbol{Ax}=\boldsymbol{b}$的通解. 明显地,可取$\boldsymbol{x}_p=\boldsymbol{\alpha}_1$. 同样,可验证$\boldsymbol{\alpha}_2+\boldsymbol{\alpha}_3-2\boldsymbol{\alpha}_1$必满足对应的齐次线性方程组. 现因

$$\boldsymbol{\alpha}_2+\boldsymbol{\alpha}_3-2\boldsymbol{\alpha}_1=\begin{pmatrix}2\\3\\4\\5\end{pmatrix}-2\begin{pmatrix}1\\2\\3\\4\end{pmatrix}=\begin{pmatrix}0\\-1\\-2\\-3\end{pmatrix}\neq\boldsymbol{0}$$

故它即可作为$N(\boldsymbol{A})$的1个基向量,从而可写出所讨论的非齐次线性方程组的通解为

$$\boldsymbol{x}=\boldsymbol{\alpha}_1+c(\boldsymbol{\alpha}_2+\boldsymbol{\alpha}_3-2\boldsymbol{\alpha}_1)=\begin{pmatrix}1\\2\\3\\4\end{pmatrix}+c\begin{pmatrix}0\\-1\\-2\\-3\end{pmatrix}\qquad(c\in\mathbf{R})$$

由例3可知,线性方程组解的结构在系数矩阵或增广矩阵未知时,凸显其作用.

练习 8 已知$\boldsymbol{Ax}=\boldsymbol{b}$的三个解向量为$\boldsymbol{\alpha}_1,\boldsymbol{\alpha}_2,\boldsymbol{\alpha}_3$满足$\boldsymbol{\alpha}_1+\boldsymbol{\alpha}_2=(1,2,3)^{\mathrm{T}}$,$\boldsymbol{\alpha}_2+\boldsymbol{\alpha}_3=(1,0,-1)^{\mathrm{T}}$. $\boldsymbol{\alpha}_3+\boldsymbol{\alpha}_1=(0,-1,1)^{\mathrm{T}}$,且$r(\boldsymbol{A})=1$,求$\boldsymbol{Ax}=\boldsymbol{b}$的通解.

4.5 向量的内积

4.5.1 向量的内积

定义 1 设有 n 维向量 $\boldsymbol{x}=(x_1,x_2,\cdots,x_n)^{\mathrm{T}}$, $\boldsymbol{y}=(y_1,y_2,\cdots,y_n)^{\mathrm{T}}$,称

$$\langle \boldsymbol{x},\boldsymbol{y}\rangle=x_1y_1+x_2y_2+\cdots+x_ny_n$$

为向量 $\boldsymbol{x}$ 与 $\boldsymbol{y}$ 的**内积**.

内积是向量的一种运算,若用矩阵记号表示,当 $\boldsymbol{x}$ 与 $\boldsymbol{y}$ 都是列向量时,有

$$\langle \boldsymbol{x},\boldsymbol{y}\rangle=\boldsymbol{x}^{\mathrm{T}}\boldsymbol{y}$$

内积具有下列性质(其中 $\boldsymbol{x},\boldsymbol{y},\boldsymbol{z}$ 为 n 维向量,λ 为实数):

(1) $\langle \boldsymbol{x},\boldsymbol{y}\rangle=\langle \boldsymbol{y},\boldsymbol{x}\rangle=\boldsymbol{y}^{\mathrm{T}}\boldsymbol{x}$;

(2) $\langle \lambda\boldsymbol{x},\boldsymbol{y}\rangle=\lambda\langle \boldsymbol{x},\boldsymbol{y}\rangle$;

(3) $\langle \boldsymbol{x}+\boldsymbol{y},\boldsymbol{z}\rangle=\langle \boldsymbol{x},\boldsymbol{z}\rangle+\langle \boldsymbol{y},\boldsymbol{z}\rangle$.

定义 2 令 $\|\boldsymbol{x}\|=\sqrt{\langle \boldsymbol{x},\boldsymbol{x}\rangle}=\sqrt{x_1^2+x_2^2+\cdots+x_n^2}$,称 $\|\boldsymbol{x}\|$ 为 n 维向量 $\boldsymbol{x}$ 的**长度**(或**范数**).

称满足 $\|\boldsymbol{\alpha}\|=1$ 的 n 维向量 $\boldsymbol{\alpha}$ 为**单位向量**;对 n 维非零向量 $\boldsymbol{\alpha}$,称向量 $\boldsymbol{\varepsilon}=\dfrac{\boldsymbol{\alpha}}{\|\boldsymbol{\alpha}\|}$ 为 $\boldsymbol{\alpha}$ 的规范化向量,这个过程称作向量的**规范化**(或**单位化**).

向量的长度具有下述性质:

(1) 非负性 当 $\boldsymbol{x}\neq\boldsymbol{0}$ 时, $\|\boldsymbol{x}\|>0$;当且仅当 $\boldsymbol{x}=\boldsymbol{0}$ 时, $\|\boldsymbol{x}\|=0$;

(2) 齐次性 $\|\lambda\boldsymbol{x}\|=|\lambda|\,\|\boldsymbol{x}\|$;

(3) 三角不等式 $\|\boldsymbol{x}+\boldsymbol{y}\|\leqslant\|\boldsymbol{x}\|+\|\boldsymbol{y}\|$.

向量的内积满足

$$\langle \boldsymbol{x},\boldsymbol{y}\rangle^2\leqslant\langle \boldsymbol{x},\boldsymbol{x}\rangle\langle \boldsymbol{y},\boldsymbol{y}\rangle$$

上式称为施瓦茨不等式.事实上,由 $\langle \lambda\boldsymbol{x}+\boldsymbol{y},\lambda\boldsymbol{x}+\boldsymbol{y}\rangle\geqslant 0$ 即可证得.

当 $\|\boldsymbol{x}\|\neq 0$, $\|\boldsymbol{y}\|\neq 0$ 时,称

$$\theta=\arccos\frac{\langle \boldsymbol{x},\boldsymbol{y}\rangle}{\|\boldsymbol{x}\|\,\|\boldsymbol{y}\|},\ \theta\in[0,\pi]$$

为 n 维向量 $\boldsymbol{x}$ 与 $\boldsymbol{y}$ 的夹角.

当 $\langle \boldsymbol{x},\boldsymbol{y}\rangle=0$ 时,$\boldsymbol{x}$ 与 $\boldsymbol{y}$ 的夹角为 $\dfrac{\pi}{2}$,称 $\boldsymbol{x}$ 与 $\boldsymbol{y}$ **正交**或垂直,记作 $\boldsymbol{x}\perp\boldsymbol{y}$. 显然,若向量 $\boldsymbol{x}=\boldsymbol{0}$,则 $\boldsymbol{x}$ 与任何向量都正交.

例 1 证明 $r(\boldsymbol{A}^{\mathrm{T}}\boldsymbol{A})=r(\boldsymbol{A})$.

证 设 $\boldsymbol{A}$ 为 $m\times n$ 矩阵,$\boldsymbol{x}$ 为 n 维列向量. 接下来通过证明方程组 $\boldsymbol{A}\boldsymbol{x}=\boldsymbol{0}$ 与 $\boldsymbol{A}^{\mathrm{T}}\boldsymbol{A}\boldsymbol{x}=\boldsymbol{0}$ 是同解方程组来证明这个结论.

若 $\boldsymbol{x}$ 满足 $\boldsymbol{A}\boldsymbol{x}=\boldsymbol{0}$,则有两边左乘 $\boldsymbol{A}^{\mathrm{T}}$ 得 $\boldsymbol{A}^{\mathrm{T}}(\boldsymbol{A}\boldsymbol{x})=\boldsymbol{0}$,即 $(\boldsymbol{A}^{\mathrm{T}}\boldsymbol{A})\boldsymbol{x}=\boldsymbol{0}$;

若 $\boldsymbol{x}$ 满足 $(\boldsymbol{A}^{\mathrm{T}}\boldsymbol{A})\boldsymbol{x}=\boldsymbol{0}$,则有两边左乘 $\boldsymbol{x}^{\mathrm{T}}$ 可得 $\boldsymbol{x}^{\mathrm{T}}(\boldsymbol{A}^{\mathrm{T}}\boldsymbol{A})\boldsymbol{x}=\boldsymbol{x}^{\mathrm{T}}\boldsymbol{0}=0$,即 $(\boldsymbol{A}\boldsymbol{x})^{\mathrm{T}}\boldsymbol{A}\boldsymbol{x}=0$,亦即 $\|\boldsymbol{A}\boldsymbol{x}\|=0$,由向量范数的非负性,推知必有 $\boldsymbol{A}\boldsymbol{x}=\boldsymbol{0}$ 成立.

综上可知,方程组 $\boldsymbol{Ax}=\boldsymbol{0}$ 与 $\boldsymbol{A}^{\mathrm{T}}\boldsymbol{Ax}=\boldsymbol{0}$ 是同解方程组,因此,$r(\boldsymbol{A}^{\mathrm{T}}\boldsymbol{A})=r(\boldsymbol{A})$.

练习 9 求向量 $\boldsymbol{\alpha}=(1,2,2,3)^{\mathrm{T}}$ 与向量 $\boldsymbol{\beta}=(3,1,5,1)^{\mathrm{T}}$ 的夹角.

4.5.2 正交向量组

下面讨论正交向量组的性质. 以下的这个定理揭示了正交性与线性无关性这两个概念之间的关系.

定理 1 若 n 维向量 $\boldsymbol{\alpha}_1,\boldsymbol{\alpha}_2,\cdots,\boldsymbol{\alpha}_r$ 是一组两两正交的非零向量,则 $\boldsymbol{\alpha}_1,\boldsymbol{\alpha}_2,\cdots,\boldsymbol{\alpha}_r$ 必线性无关.

证 设有 $\lambda_1,\lambda_2,\cdots,\lambda_r$ 使

$$\lambda_1\boldsymbol{\alpha}_1+\lambda_2\boldsymbol{\alpha}_2+\cdots+\lambda_r\boldsymbol{\alpha}_r=\boldsymbol{0}$$

以 $\boldsymbol{\alpha}_i^{\mathrm{T}}(i=1,2,\cdots,r)$左乘上式两端,利用已知条件,得

$$\lambda_i\boldsymbol{\alpha}_i^{\mathrm{T}}\boldsymbol{\alpha}_i=0$$

因 $\boldsymbol{\alpha}_i\neq 0$,故 $\boldsymbol{\alpha}_i^{\mathrm{T}}\boldsymbol{\alpha}_i=\|\boldsymbol{\alpha}_i\|^2\neq 0$,从而必有 $\lambda_i=0(i=1,2,\cdots,r)$. 于是向量组$\boldsymbol{\alpha}_1,\boldsymbol{\alpha}_2,\cdots,\boldsymbol{\alpha}_r$ 线性无关.

例 2 已知三维向量空间 $\boldsymbol{R}^3$ 中两个向量

$$\boldsymbol{\alpha}_1=(1,1,1)^{\mathrm{T}},\ \boldsymbol{\alpha}_2=(0,-1,1)^{\mathrm{T}}$$

正交,试求一个非零向量 $\boldsymbol{\alpha}_3$,使 $\boldsymbol{\alpha}_1,\boldsymbol{\alpha}_2,\boldsymbol{\alpha}_3$ 两两正交.

解 记 $\boldsymbol{A}=\begin{pmatrix}\boldsymbol{\alpha}_1^{\mathrm{T}}\\ \boldsymbol{\alpha}_2^{\mathrm{T}}\end{pmatrix}=\begin{pmatrix}1&1&1\\0&-1&1\end{pmatrix}$,所求 $\boldsymbol{\alpha}_3$ 应满足 $\boldsymbol{\alpha}_1^{\mathrm{T}}\boldsymbol{\alpha}_3=0,\boldsymbol{\alpha}_2^{\mathrm{T}}\boldsymbol{\alpha}_3=0$,即满足齐次线性方程组 $\boldsymbol{Ax}=\boldsymbol{0}$,即

$$\begin{pmatrix}1&1&1\\0&-1&1\end{pmatrix}\begin{pmatrix}x_1\\x_2\\x_3\end{pmatrix}=\begin{pmatrix}0\\0\end{pmatrix},\text{由 }\boldsymbol{A}=\begin{pmatrix}1&1&1\\0&-1&1\end{pmatrix}\sim\begin{pmatrix}1&2&0\\0&-1&1\end{pmatrix}$$

得 $\begin{cases}x_1=-2x_2,\\x_3=x_2.\end{cases}$ 从而有基础解系 $\begin{pmatrix}-2\\1\\1\end{pmatrix}$. 取 $\boldsymbol{\alpha}_3=\begin{pmatrix}-2\\1\\1\end{pmatrix}$即符合所求.

我们常常采用正交向量组作为向量空间的基,这时,称此基为向量空间的**正交基**. 更进一步,有:

定义 3 设 n 维向量组 $\boldsymbol{\varepsilon}_1,\boldsymbol{\varepsilon}_2,\cdots,\boldsymbol{\varepsilon}_r$ 是向量空间 $V(V\subseteq\boldsymbol{R}^n)$的一个基,若 $\boldsymbol{\varepsilon}_1,\boldsymbol{\varepsilon}_2,\cdots,\boldsymbol{\varepsilon}_r$ 两两正交,且都是单位向量,则称 $\boldsymbol{\varepsilon}_1,\boldsymbol{\varepsilon}_2,\cdots,\boldsymbol{\varepsilon}_r$ 为 V 的一个**规范正交基**.

例如,n 个两两正交的 n 维非零向量,即可构成向量空间 $\boldsymbol{R}^n$ 的一个正交基,而 n 维向量组 $\boldsymbol{e}_1,\boldsymbol{e}_2,\cdots,\boldsymbol{e}_n$ 则是向量空间 $\boldsymbol{R}^n$ 的一个规范正交基,其中 $\boldsymbol{e}_i$ 是单位矩阵 $\boldsymbol{I}_n$ 的第 i 列 $(i=1,2,\cdots,n)$,常称 $\boldsymbol{e}_1,\boldsymbol{e}_2,\cdots,\boldsymbol{e}_n$ 为$\boldsymbol{R}^n$ 的**自然基**.

又例如,例 2 中的三个向量经规范化后得到的 $\boldsymbol{\varepsilon}_1=\frac{1}{\sqrt{3}}\begin{pmatrix}1\\1\\1\end{pmatrix},\boldsymbol{\varepsilon}_2=\frac{1}{\sqrt{2}}\begin{pmatrix}0\\-1\\1\end{pmatrix},\boldsymbol{\varepsilon}_3=\frac{1}{\sqrt{6}}\begin{pmatrix}-2\\1\\1\end{pmatrix}$ 就是 $\boldsymbol{R}^3$ 的一个规范正交基.

设 $\boldsymbol{\alpha}_1,\boldsymbol{\alpha}_2,\cdots,\boldsymbol{\alpha}_r$ 是向量空间 V 的一个基,要求 V 的一个规范正交基. 这也就是要找一

组两两正交的单位向量 $\boldsymbol{\varepsilon}_1,\boldsymbol{\varepsilon}_2,\cdots,\boldsymbol{\varepsilon}_r$，使 $\boldsymbol{\varepsilon}_1,\boldsymbol{\varepsilon}_2,\cdots,\boldsymbol{\varepsilon}_r$ 与 $\boldsymbol{\alpha}_1,\boldsymbol{\alpha}_2,\cdots,\boldsymbol{\alpha}_r$ 等价. 这样一个问题，称为把 $\boldsymbol{\alpha}_1,\boldsymbol{\alpha}_2,\cdots,\boldsymbol{\alpha}_r$ 这个基规范正交化. 下面的定理给出了具体的正交化方法.

定理 2 （**施密特 Schmidt 正交化方法**）设 $\boldsymbol{\alpha}_1,\boldsymbol{\alpha}_2,\cdots,\boldsymbol{\alpha}_r$ 是定义了内积的向量空间 V 的一个基. 若令

$$\boldsymbol{\beta}_1=\boldsymbol{\alpha}_1$$

$$\boldsymbol{\beta}_2=\boldsymbol{\alpha}_2-\frac{\langle\boldsymbol{\beta}_1,\boldsymbol{\alpha}_2\rangle}{\langle\boldsymbol{\beta}_1,\boldsymbol{\beta}_1\rangle}\boldsymbol{\beta}_1$$

$$\vdots$$

$$\boldsymbol{\beta}_r=\boldsymbol{\alpha}_r-\sum_{j=1}^{r-1}\frac{\langle\boldsymbol{\beta}_j,\boldsymbol{\alpha}_r\rangle}{\langle\boldsymbol{\beta}_j,\boldsymbol{\beta}_j\rangle}\boldsymbol{\beta}_j$$

则 $\boldsymbol{\beta}_1,\boldsymbol{\beta}_2,\cdots,\boldsymbol{\beta}_r$ 就为 V 的正交基.

若进一步对 $i=1,2,\cdots,r$，令

$$\boldsymbol{\varepsilon}_i=\frac{\boldsymbol{\beta}_i}{\|\boldsymbol{\beta}_i\|}$$

则 $\boldsymbol{\varepsilon}_1,\boldsymbol{\varepsilon}_2,\cdots,\boldsymbol{\varepsilon}_r$ 就是 V 的一个规范正交基.

事实上，正交化过程写成矩阵形式即为

$$(\boldsymbol{\beta}_1,\boldsymbol{\beta}_2,\cdots,\boldsymbol{\beta}_r)=(\boldsymbol{\alpha}_1,\boldsymbol{\alpha}_2,\cdots,\boldsymbol{\alpha}_r)\boldsymbol{P}$$

其中 $\boldsymbol{P}$ 为对角元全为 1 的上三角矩阵，故 $\boldsymbol{P}$ 可逆，所以向量组 $\boldsymbol{\alpha}_1,\boldsymbol{\alpha}_2,\cdots,\boldsymbol{\alpha}_r$ 与向量组 $\boldsymbol{\beta}_1,\boldsymbol{\beta}_2,\cdots,\boldsymbol{\beta}_r$ 等价，且知 $\boldsymbol{\beta}_1,\boldsymbol{\beta}_2,\cdots,\boldsymbol{\beta}_r$ 的确两两正交.

例 3 设矩阵 $\boldsymbol{A}=(\boldsymbol{\alpha}_1,\boldsymbol{\alpha}_2,\boldsymbol{\alpha}_3)=\begin{pmatrix}1&0&1\\0&1&1\\1&2&0\\0&1&1\end{pmatrix}$，试用施密特正交化方法将矩阵 $\boldsymbol{A}$ 的列向量组规范正交化，并将其扩充成 $\boldsymbol{R}^4$ 的一组规范正交基.

解 令 $\boldsymbol{\beta}_1=\boldsymbol{\alpha}_1=(1,0,1,0)^{\mathrm{T}}$，$\boldsymbol{\beta}_2=\boldsymbol{\alpha}_2-\dfrac{\langle\boldsymbol{\beta}_1,\boldsymbol{\alpha}_2\rangle}{\langle\boldsymbol{\beta}_1,\boldsymbol{\beta}_1\rangle}\boldsymbol{\beta}_1=\begin{pmatrix}0\\1\\2\\1\end{pmatrix}-\dfrac{2}{2}\begin{pmatrix}1\\0\\1\\0\end{pmatrix}=\begin{pmatrix}-1\\1\\1\\1\end{pmatrix}$

$$\boldsymbol{\beta}_3=\boldsymbol{\alpha}_3-\frac{\langle\boldsymbol{\beta}_1,\boldsymbol{\alpha}_3\rangle}{\langle\boldsymbol{\beta}_1,\boldsymbol{\beta}_1\rangle}\boldsymbol{\beta}_1-\frac{\langle\boldsymbol{\beta}_2,\boldsymbol{\alpha}_3\rangle}{\langle\boldsymbol{\beta}_2,\boldsymbol{\beta}_2\rangle}\boldsymbol{\beta}_2=\begin{pmatrix}1\\1\\0\\1\end{pmatrix}-\frac{1}{2}\begin{pmatrix}1\\0\\1\\0\end{pmatrix}-\frac{1}{4}\begin{pmatrix}-1\\1\\1\\1\end{pmatrix}=\begin{pmatrix}\frac{3}{4}\\\frac{3}{4}\\-\frac{3}{4}\\\frac{3}{4}\end{pmatrix}$$

再规范化，得

$$\boldsymbol{\varepsilon}_1=\frac{\boldsymbol{\beta}_1}{\|\boldsymbol{\beta}_1\|}=\frac{1}{\sqrt{2}}\begin{pmatrix}1\\0\\1\\0\end{pmatrix},\quad \boldsymbol{\varepsilon}_2=\frac{\boldsymbol{\beta}_2}{\|\boldsymbol{\beta}_2\|}=\frac{1}{2}\begin{pmatrix}-1\\1\\1\\1\end{pmatrix},\quad \boldsymbol{\varepsilon}_3=\frac{\boldsymbol{\beta}_3}{\|\boldsymbol{\beta}_3\|}=\frac{1}{2}\begin{pmatrix}1\\1\\-1\\1\end{pmatrix}$$

为扩充为 $\boldsymbol{R}^4$ 的一组规范正交基,取 $\boldsymbol{\beta}_4$ 满足 $\boldsymbol{\beta}_1^{\mathrm{T}}\boldsymbol{\beta}_4=0,\boldsymbol{\beta}_2^{\mathrm{T}}\boldsymbol{\beta}_4=0,\boldsymbol{\beta}_3^{\mathrm{T}}\boldsymbol{\beta}_4=0$,即

$$\begin{cases}x_1+x_3=0,\\-x_1+x_2+x_3+x_4=0,\\x_1+x_2-x_3+x_4=0\end{cases}$$

由

$$\begin{pmatrix}1&0&1&0\\-1&1&1&1\\1&1&-1&1\end{pmatrix}\sim\begin{pmatrix}1&0&1&0\\0&1&2&1\\0&1&-2&1\end{pmatrix}\sim\begin{pmatrix}1&0&1&0\\0&1&2&1\\0&0&-4&0\end{pmatrix}\sim\begin{pmatrix}1&0&0&0\\0&1&0&1\\0&0&1&0\end{pmatrix}$$

得基础解系 $\boldsymbol{\beta}_4=(0,-1,0,1)^{\mathrm{T}}$,规范化为 $\boldsymbol{\varepsilon}_4=\frac{1}{\sqrt{2}}(0,-1,0,1)^{\mathrm{T}}$,得 $\boldsymbol{R}^4$ 的一组规范正交基为 $\boldsymbol{\varepsilon}_1,\boldsymbol{\varepsilon}_2,\boldsymbol{\varepsilon}_3,\boldsymbol{\varepsilon}_4$.

例 4　已知 $\boldsymbol{\alpha}_1=(1,1,1)^{\mathrm{T}}$,求一组非零向量 $\boldsymbol{\alpha}_2,\boldsymbol{\alpha}_3$,使 $\boldsymbol{\alpha}_1,\boldsymbol{\alpha}_2,\boldsymbol{\alpha}_3$ 两两正交.

解法 1　依题意,$\boldsymbol{\alpha}_2,\boldsymbol{\alpha}_3$ 应满足方程 $\boldsymbol{\alpha}_1^{\mathrm{T}}\boldsymbol{x}=0$,即

$$x_1+x_2+x_3=0$$

它的基础解系为

$$\boldsymbol{\xi}_1=\begin{pmatrix}1\\0\\-1\end{pmatrix},\boldsymbol{\xi}_2=\begin{pmatrix}0\\1\\-1\end{pmatrix}$$

把基础解系正交化,即符合所求. 亦即取

$$\boldsymbol{\alpha}_2=\boldsymbol{\xi}_1,\boldsymbol{\alpha}_3=\boldsymbol{\xi}_2-\frac{\langle\boldsymbol{\xi}_1,\boldsymbol{\xi}_2\rangle}{\langle\boldsymbol{\xi}_1,\boldsymbol{\xi}_1\rangle}\boldsymbol{\xi}_1$$

其中 $\langle\boldsymbol{\xi}_1,\boldsymbol{\xi}_2\rangle=1,\langle\boldsymbol{\xi}_1,\boldsymbol{\xi}_1\rangle=2$,于是得

$$\boldsymbol{\alpha}_2=\begin{pmatrix}1\\0\\-1\end{pmatrix},\boldsymbol{\alpha}_3=\begin{pmatrix}0\\1\\-1\end{pmatrix}-\frac{1}{2}\begin{pmatrix}1\\0\\-1\end{pmatrix}=\frac{1}{2}\begin{pmatrix}-1\\2\\-1\end{pmatrix}$$

解法 2　在解法 1 中求出基础解系

$$\boldsymbol{\xi}_1=\begin{pmatrix}1\\0\\-1\end{pmatrix},\boldsymbol{\xi}_2=\begin{pmatrix}0\\1\\-1\end{pmatrix}$$

后,为了避免使用施密特正交化方法,可以使用下述方法.

显然,方程 $x_1+x_2+x_3=0$ 的通解为 $\boldsymbol{x}=c_1\boldsymbol{\xi}_1+c_2\boldsymbol{\xi}_2=(c_1,c_2,-c_1-c_2)^{\mathrm{T}}(c_1,c_2\in\mathbf{R})$. 取 $\boldsymbol{\alpha}_2=\boldsymbol{\xi}_1$. 所要求的 $\boldsymbol{\alpha}_3$ 必须分别与 $\boldsymbol{\alpha}_1$、$\boldsymbol{\alpha}_2$ 正交,现在通解 $\boldsymbol{x}$ 已经与 $\boldsymbol{\alpha}_1$ 正交,所以,能与 $\boldsymbol{\alpha}_2$ 正交亦即满足 $\boldsymbol{\alpha}_2^{\mathrm{T}}\boldsymbol{x}=0$ 的 $\boldsymbol{x}$ 即可取作 $\boldsymbol{\alpha}_3$. 由 $\boldsymbol{\alpha}_2^{\mathrm{T}}\boldsymbol{x}=0$,得 $2c_1=-c_2$,取 $c_1=1$,即

得$\boldsymbol{x}=(1,-2,1)^{\mathrm{T}}$,令 $\boldsymbol{\alpha}_3=(1,-2,1)^{\mathrm{T}}$,则它即为所求.

现在再讨论正交矩阵与这里的正交向量组之间的关系.

定义 4 如果 n 阶矩阵 $\boldsymbol{A}$ 满足

$$\boldsymbol{A}^{\mathrm{T}}\boldsymbol{A}=\boldsymbol{I} \qquad (\text{即 } \boldsymbol{A}^{-1}=\boldsymbol{A}^{\mathrm{T}})$$

那么称 $\boldsymbol{A}$ 为**正交矩阵**.

上式用 $\boldsymbol{A}$ 的列向量表示,即

$$\begin{pmatrix}\boldsymbol{\alpha}_1^{\mathrm{T}}\\ \boldsymbol{\alpha}_2^{\mathrm{T}}\\ \vdots\\ \boldsymbol{\alpha}_n^{\mathrm{T}}\end{pmatrix}(\boldsymbol{\alpha}_1,\boldsymbol{\alpha}_2,\cdots,\boldsymbol{\alpha}_n)=\boldsymbol{I}=\begin{pmatrix}1 & & & \\ & 1 & & \\ & & \ddots & \\ & & & 1\end{pmatrix}$$

亦即

$$\boldsymbol{\alpha}_i^{\mathrm{T}}\boldsymbol{\alpha}_j=\begin{cases}1, & \text{当 } i=j \text{ 时};\\ 0, & \text{当 } i\neq j \text{ 时}.\end{cases} \qquad (i,j=1,2,\cdots,n)$$

这就得到如下定理.

定理 3 方阵 $\boldsymbol{A}$ 为正交矩阵的充分必要条件是 $\boldsymbol{A}$ 的列向量组是规范正交向量组.

考虑到 $\boldsymbol{A}^{\mathrm{T}}\boldsymbol{A}=\boldsymbol{I}$ 与 $\boldsymbol{A}\boldsymbol{A}^{\mathrm{T}}=\boldsymbol{I}$ 等价,所以上述结论对 $\boldsymbol{A}$ 的行向量组亦成立.

由此可见,正交矩阵 $\boldsymbol{A}$ 的 n 个列(行)向量构成向量空间 $\boldsymbol{R}^n$ 的一个规范正交基.

以例 3 中得到的 $\boldsymbol{R}^4$ 的一组规范正交基 $\boldsymbol{\varepsilon}_1,\boldsymbol{\varepsilon}_2,\boldsymbol{\varepsilon}_3,\boldsymbol{\varepsilon}_4$ 为列构成的矩阵为

$$\boldsymbol{Q}=(\boldsymbol{\varepsilon}_1,\boldsymbol{\varepsilon}_2,\boldsymbol{\varepsilon}_3,\boldsymbol{\varepsilon}_4)=\begin{pmatrix}\frac{1}{\sqrt{2}} & -\frac{1}{2} & \frac{1}{2} & 0\\ 0 & \frac{1}{2} & \frac{1}{2} & -\frac{1}{\sqrt{2}}\\ \frac{1}{\sqrt{2}} & \frac{1}{2} & -\frac{1}{2} & 0\\ 0 & \frac{1}{2} & \frac{1}{2} & \frac{1}{\sqrt{2}}\end{pmatrix}$$

显然它是一个正交矩阵.

正交矩阵具有以下性质:

(1) 正交矩阵的行列式为± 1;

(2) 正交矩阵的转置仍是正交矩阵;

(3) 正交矩阵的逆阵仍是正交矩阵;

(4) 两个正交矩阵的乘积仍是正交矩阵.

以上性质的证明可通过定义直接证明,留给读者自行完成.

练习 10 求矩阵 $\boldsymbol{A}=\begin{pmatrix}1 & -8 & -4\\ -8 & 1 & -4\\ -4 & -4 & 7\end{pmatrix}$的逆阵.

4.6 应用举例

应用一(几何应用)

设矩阵$\begin{pmatrix} a_1 & b_1 & c_1 \\ a_2 & b_2 & c_2 \\ a_3 & b_3 & c_3 \end{pmatrix}$满秩,试判断两直线

$$L_1:\frac{x-a_3}{a_1-a_2}=\frac{y-b_3}{b_1-b_2}=\frac{z-c_3}{c_1-c_2} \quad 与 \quad L_2:\frac{x-a_1}{a_2-a_3}=\frac{y-b_1}{b_2-b_3}=\frac{z-c_1}{c_2-c_3}$$

的关系.

解 将$\boldsymbol{\alpha}_i=(a_i,b_i,c_i)$视为空间中三点$M_i(i=1,2,3)$对应的向量,由空间解析几何中关于三向量混合积的几何意义知,直线L_1与L_2共面的充分必要条件是$\boldsymbol{\alpha}_1-\boldsymbol{\alpha}_2,\boldsymbol{\alpha}_2-\boldsymbol{\alpha}_3,\boldsymbol{\alpha}_3-\boldsymbol{\alpha}_1$三向量共面(线性相关). 很明显,$(\boldsymbol{\alpha}_1-\boldsymbol{\alpha}_2)+(\boldsymbol{\alpha}_2-\boldsymbol{\alpha}_3)+(\boldsymbol{\alpha}_3-\boldsymbol{\alpha}_1)=\mathbf{0}$,故$L_1$与$L_2$共面. 而令

$$k_1(\boldsymbol{\alpha}_1-\boldsymbol{\alpha}_2)+k_2(\boldsymbol{\alpha}_2-\boldsymbol{\alpha}_3)=\mathbf{0},即\ k_1\boldsymbol{\alpha}_1+(k_2-k_1)\boldsymbol{\alpha}_2-k_2\boldsymbol{\alpha}_3=\mathbf{0},$$

由题设矩阵满秩,即$\boldsymbol{\alpha}_1,\boldsymbol{\alpha}_2,\boldsymbol{\alpha}_3$线性无关知,$k_1=k_2=0$,即$\boldsymbol{\alpha}_1-\boldsymbol{\alpha}_2$与$\boldsymbol{\alpha}_2-\boldsymbol{\alpha}_3$线性无关,亦即两向量$\boldsymbol{\alpha}_1-\boldsymbol{\alpha}_2,\boldsymbol{\alpha}_2-\boldsymbol{\alpha}_3$不平行,因此$L_1$与$L_2$相交.

应用二(调味品配制问题)

例 某调料有限公司用7种成分来制造多种调味制品. 以下表格列出了6种调味制品A、B、C、D、E、F每包所需各成分的量(单位:盎司):

	A	B	C	D	E	F
红辣椒	3	1.5	4.5	7.5	9	4.5
姜黄	2	4	0	8	1	6
胡椒	1	2	0	4	2	3
欧莳萝	1	2	0	4	1	3
大蒜粉	0.5	1	0	2	2	1.5
盐	0.5	1	0	2	2	1.5
丁香油	0.25	0.5	0	2	1	0.75

(1) 一位顾客为了避免购买全部6种调味制品,他可以只购买其中的一部分并用它们配制出其余几种调味制品. 为了能配制出其余几种调味品,这位顾客必须购买的最少的调味品的种类是多少?写出所需最少的调味品的集合.

(2) (1)中得到的最少调味品集合是否唯一?你能否找到另一个最少调味品集合?

(3) 利用你在(1)中找到的最少调味的集合,按下列成分配制一种新的调味品:

红辣椒	18
姜黄	18
胡椒	9
欧莳萝	9
大蒜粉	4.5

盐　　4.5

丁香油　　3.25

写下每种调味品所需要的包数.

(4) 6 种调味品每包的价格如下(单位:元):

A	B	C	D	E	F
2.30	1.15	1.00	3.20	2.50	3.00

利用(1)(2)中所找到的最少调味品集合,计算(3)中配制的新调味品的价格.

(5) 另一位顾客希望按下列成分表配制一种调味品:

红辣椒　　12

姜黄　　14

胡椒　　7

欧莳萝　　7

大蒜粉　　35

盐　　35

丁香油　　175

他要购买的最少调味品集合是什么?

(6) 在这个大题目中,总共用到了哪些知识点,请列出来.

解　若分别记 6 种调味品各自的成分列向量为 $\boldsymbol{\alpha}_1,\cdots,\boldsymbol{\alpha}_6$,则

(1) 依题意,本小题实际上就是要找出 $\boldsymbol{\alpha}_1,\cdots,\boldsymbol{\alpha}_6$ 的一个最大无关组. 记 $\boldsymbol{M}=(\boldsymbol{\alpha}_1,\cdots,\boldsymbol{\alpha}_6)$,可对 $\boldsymbol{M}$ 作初等行变换,将其化成行最简形

$$\boldsymbol{M}=\begin{pmatrix} 3 & 1.5 & 4.5 & 7.5 & 9 & 4.5 \\ 2 & 4 & 0 & 8 & 1 & 6 \\ 1 & 2 & 0 & 4 & 2 & 3 \\ 1 & 2 & 0 & 4 & 1 & 3 \\ 0.5 & 1 & 0 & 2 & 2 & 1.5 \\ 0.5 & 1 & 0 & 2 & 2 & 1.5 \\ 0.25 & 0.5 & 0 & 2 & 1 & 0.75 \end{pmatrix} \overset{r}{\sim} \begin{pmatrix} 1 & 0 & 2 & 0 & 0 & 1 \\ 0 & 1 & -1 & 0 & 0 & 1 \\ 0 & 0 & 0 & 1 & 0 & 0 \\ 0 & 0 & 0 & 0 & 1 & 0 \\ 0 & 0 & 0 & 0 & 0 & 0 \\ 0 & 0 & 0 & 0 & 0 & 0 \\ 0 & 0 & 0 & 0 & 0 & 0 \end{pmatrix}$$

容易得到向量组 $\boldsymbol{\alpha}_1,\cdots,\boldsymbol{\alpha}_6$ 的秩为 4,且最大无关组有 6 个:$\boldsymbol{\alpha}_1,\boldsymbol{\alpha}_2,\boldsymbol{\alpha}_4,\boldsymbol{\alpha}_5$;$\boldsymbol{\alpha}_2,\boldsymbol{\alpha}_3,\boldsymbol{\alpha}_4,\boldsymbol{\alpha}_5$;$\boldsymbol{\alpha}_1,\boldsymbol{\alpha}_3,\boldsymbol{\alpha}_4,\boldsymbol{\alpha}_5$;$\boldsymbol{\alpha}_1,\boldsymbol{\alpha}_6,\boldsymbol{\alpha}_4,\boldsymbol{\alpha}_5$;$\boldsymbol{\alpha}_2,\boldsymbol{\alpha}_6,\boldsymbol{\alpha}_4,\boldsymbol{\alpha}_5$;$\boldsymbol{\alpha}_3,\boldsymbol{\alpha}_6,\boldsymbol{\alpha}_4,\boldsymbol{\alpha}_5$. 但由于问题的实际意义,只有当其余两个向量在由该最大无关组线性表示时的系数均为非负,才切实可行.

由于取 $\boldsymbol{\alpha}_2,\boldsymbol{\alpha}_3,\boldsymbol{\alpha}_4,\boldsymbol{\alpha}_5$ 为最大无关组时,有

$$\boldsymbol{\alpha}_1=\frac{1}{2}\boldsymbol{\alpha}_2+\frac{1}{2}\boldsymbol{\alpha}_3+0\boldsymbol{\alpha}_4+0\boldsymbol{\alpha}_5,\ \boldsymbol{\alpha}_6=\frac{3}{2}\boldsymbol{\alpha}_2+\frac{1}{2}\boldsymbol{\alpha}_3+0\boldsymbol{\alpha}_4+0\boldsymbol{\alpha}_5$$

故可以用 B、C、D、E 四种调味品作为最少调味品集合.

(2) 由(1)中的分析及 $\boldsymbol{\alpha}_4,\boldsymbol{\alpha}_5$ 在最大无关组中的不可替代性,最大无关组中另两个向量只能从 $\boldsymbol{\alpha}_1,\boldsymbol{\alpha}_2,\boldsymbol{\alpha}_3,\boldsymbol{\alpha}_6$ 中推选,而从 $\boldsymbol{\alpha}_1,\boldsymbol{\alpha}_6$ 用 $\boldsymbol{\alpha}_2,\boldsymbol{\alpha}_3,\boldsymbol{\alpha}_4,\boldsymbol{\alpha}_5$ 的线性表达式可以看出,任何移项的动作都将会使系数变成负数,从而失去意义. 故而(1)中的最少调味品集合唯一.

(3) 记 $\boldsymbol{\beta}=(18,18,9,9,4.5,4.5,3.25)^{\mathrm{T}}$, 则问题转化为 $\boldsymbol{\beta}$ 能否由 $\boldsymbol{\alpha}_2,\boldsymbol{\alpha}_3,\boldsymbol{\alpha}_4,\boldsymbol{\alpha}_5$ 线性表示.

$$由(\boldsymbol{\alpha}_2,\boldsymbol{\alpha}_3,\boldsymbol{\alpha}_4,\boldsymbol{\alpha}_5,\boldsymbol{\beta})\overset{r}{\sim}\left(\begin{array}{cccc|c}1&0&0&0&2.5\\0&1&0&0&1.5\\0&0&1&0&1\\0&0&0&1&0\\0&0&0&0&0\\0&0&0&0&0\\0&0&0&0&0\end{array}\right)\quad 得\ \boldsymbol{\beta}=2.5\boldsymbol{\alpha}_2+1.5\boldsymbol{\alpha}_3+1\boldsymbol{\alpha}_4$$

即知一包新调味品可由 2.5 包 B、1.5 包 C 加上 1 包 D 调味品配制而成.

(4) 依题意,易知(3)中的新调味品一包的价格应为

$$1.15\times2.5+1.00\times1.5+3.20\times1=7.575(元)$$

(5) 类似于(3),记 $\boldsymbol{\gamma}=(12,14,7,7,35,35,175)^{\mathrm{T}}$,由

$$(\boldsymbol{\alpha}_2,\boldsymbol{\alpha}_3,\boldsymbol{\alpha}_4,\boldsymbol{\alpha}_5,\boldsymbol{\gamma})\overset{r}{\sim}\left(\begin{array}{cccc|c}1&0&0&0&-595\\0&1&0&0&-333/2\\0&0&1&0&315/2\\0&0&0&1&0\\0&0&0&0&1\\0&0&0&0&0\\0&0&0&0&0\end{array}\right)$$

即知 $\boldsymbol{\gamma}$ 不能由 $\boldsymbol{\alpha}_2,\boldsymbol{\alpha}_3,\boldsymbol{\alpha}_4,\boldsymbol{\alpha}_5$ 线性表示,亦即此种调味品不能由(1)中的最少调味品集合来配制,进而此种调味品找不到最少调味品集合.

(6) 本题用到的知识点有:线性无关、最大无关组、线性表示等.

4.7 Matlab 辅助计算

Matlab 提供的有关向量运算的基本方法和函数请参见附录 1.

另外,Matlab 还可以用来进行下列运算.

4.7.1 判定向量组线性相关或线性无关性

对给定向量组,判定其线性相关或线性无关性,如果线性无关求出其最大无关组并把其他向量用最大无关组进行线性表出.

方法是:首先将给定向量组按列排列为一个矩阵,然后调用 rref 函数求得其行阶梯形形式,根据这个结果,可以判定其线性相关、线性无关性,进而判定其最大无关组并将其他向量进行线性表出.

例 1 设有向量

$$\boldsymbol{v}_1=\begin{pmatrix}3\\-2\\2\\-1\end{pmatrix},\boldsymbol{v}_2=\begin{pmatrix}2\\-6\\4\\0\end{pmatrix},\boldsymbol{v}_3=\begin{pmatrix}4\\8\\-4\\-3\end{pmatrix},\boldsymbol{v}_4=\begin{pmatrix}1\\10\\-6\\-2\end{pmatrix},\boldsymbol{v}_5=\begin{pmatrix}1\\-1\\8\\5\end{pmatrix},\boldsymbol{v}_6=\begin{pmatrix}6\\-2\\4\\8\end{pmatrix}.$$

请分别判定向量组 $S:\boldsymbol{v}_1,\boldsymbol{v}_2,\boldsymbol{v}_3,\boldsymbol{v}_4$、向量组 $T:\boldsymbol{v}_4,\boldsymbol{v}_5,\boldsymbol{v}_6$ 和向量组 $ST:\boldsymbol{v}_1,\boldsymbol{v}_2,\boldsymbol{v}_3,\boldsymbol{v}_4,\boldsymbol{v}_5,\boldsymbol{v}_6$ 的

线性相关性;若线性无关,求出其最大无关组并把其他向量用最大无关组进行线性表出.

解 考查向量组 S:

```
≫S=[3 2 4 1; -2 -6 8 10; 2 4 -4 -6; -1 0 -3 -2];
≫rref(S)
ans =
    1    0    0   -1
    0    1    0    0
    0    0    1    1
    0    0    0    0
```

不难看出,其秩为3,而向量个数为4,所以向量组线性相关.从其行阶梯形形式中不难发现最大线性无关组可取 $\boldsymbol{v}_1,\boldsymbol{v}_2,\boldsymbol{v}_3$,且 $\boldsymbol{v}_4$ 可由 $\boldsymbol{v}_1,\boldsymbol{v}_2,\boldsymbol{v}_3$ 线性表出,表出式为:

$$\boldsymbol{v}_4=-\boldsymbol{v}_1+0\boldsymbol{v}_2+1\boldsymbol{v}_3.$$

考查向量组 T:

```
≫T=[1 1 6; 10 -1 -2; -6 8 4; -2 5 8];
≫rref(T)
ans =
    1    0    0
    0    1    0
    0    0    1
    0    0    0
```

不难看出,其秩为3,而向量个数为3,所以向量组线性无关.

考查向量组 ST:

```
≫format rat
≫ST=[S, T(:,2:3)]
ST =
     3      2      4      1      1      6
    -2     -6      8     10     -1     -2
     2      4     -4     -6      8      4
    -1      0     -3     -2      5      8
≫rref(ST)
ans =
    1    0    0   -1    0   -664/7
    0    1    0    0    0    535/7
    0    0    1    1    0    236/7
    0    0    0    0    1     20/7
```

不难看出,其秩为4,而向量个数为6,所以向量组 ST 线性相关.从其行阶梯形形式中不难发现最大线性无关组可取 $\boldsymbol{v}_1,\boldsymbol{v}_2,\boldsymbol{v}_3,\boldsymbol{v}_5$,且 $\boldsymbol{v}_4,\boldsymbol{v}_6$ 可由 $\boldsymbol{v}_1,\boldsymbol{v}_2,\boldsymbol{v}_3,\boldsymbol{v}_5$ 线性表出,表出式分别为:

$$\boldsymbol{v}_4=-\boldsymbol{v}_1+0\boldsymbol{v}_2+1\boldsymbol{v}_3+0\boldsymbol{v}_5,\boldsymbol{v}_6=-\frac{664}{7}\boldsymbol{v}_1+\frac{535}{7}\boldsymbol{v}_2+\frac{236}{7}\boldsymbol{v}_3+\frac{20}{7}\boldsymbol{v}_5.$$

4.7.2 向量组正交化

可以利用 Matlab 提供的矩阵的正交分解函数 qr 将给定向量组规范正交化. 其调用格式为[Q R]=qr(A),其中"A"为给定向量组所组成的矩阵,返回值"Q"即为所求的其规范正交化向量组.

例 2 将向量组 $\boldsymbol{\alpha}_1=\begin{pmatrix}1\\1\\1\\1\end{pmatrix},\boldsymbol{\alpha}_2=\begin{pmatrix}1\\1\\1\\0\end{pmatrix},\boldsymbol{\alpha}_3=\begin{pmatrix}1\\1\\0\\0\end{pmatrix},\boldsymbol{\alpha}_4=\begin{pmatrix}1\\0\\0\\0\end{pmatrix}$规范正交化.

解
```
≫A=[1 1 1 1; 1 1 1 0; 1 1 0 0; 1 0 0 0];
≫[Q R]=qr(A);
Q=
    -0.5000   -0.2887    0.4082   -0.7071
    -0.5000   -0.2887    0.4082    0.7071
    -0.5000   -0.2887   -0.8165   -0.0000
    -0.5000    0.8660         0    0.0000
```
即其规范正交化向量组为

$$\boldsymbol{\eta}_1=-\begin{pmatrix}0.5\\0.5\\0.5\\0.5\end{pmatrix},\ \boldsymbol{\eta}_2=\begin{pmatrix}-0.2887\\-0.2887\\-0.2887\\0.8660\end{pmatrix},\ \boldsymbol{\eta}_3=\begin{pmatrix}0.4082\\0.4082\\-0.8165\\0\end{pmatrix},\ \boldsymbol{\eta}_4=\begin{pmatrix}-0.7071\\0.7071\\0\\0\end{pmatrix}$$

4.7.3 求解线性方程组

Matlab 还提供了求给定线性方程组的基础解系的方法. 具体过程是:

对齐次线性方程组 $\boldsymbol{Ax}=\boldsymbol{0}$:如果 $\boldsymbol{A}$ 为数值矩阵,调用 null(A,'r');如果 $\boldsymbol{A}$ 为符号矩阵,调用 null(A),若方程组有非零解,即可求得其基础解系;如果无非零解,则显示无非零解信息.

对非齐次线性方程组 $\boldsymbol{Ax}=\boldsymbol{b}$,令 $\boldsymbol{x}=\boldsymbol{A}\backslash\boldsymbol{b}$ 进行方程组求解,其结果可能有下述三种情况:

(1) 方程组无解:给出方程组无解的警告信息,并显示其解 $\boldsymbol{x}$ 为 inf;

(2) 方程组有唯一解:显示其解 $\boldsymbol{x}$;

(3) 方程组有无穷多解:可以求得一个特解,同时 Matlab 会提示方程组解不唯一;然后求解 $\boldsymbol{Ax}=\boldsymbol{0}$ 得其齐次线性方程组的基础解系,两者结合,可形成此非齐次线性方程组的通解.

例 3 以 4.4 节例 2 为例,采用 Matlab 求其通解.

解
```
≫ A=sym('[1 2 2 0; 1 3 4,-2; 1 1 0 2]');
≫ b=sym('[2; 3; 1]');
≫ x=A\b
Warning: System is rank deficient. Solution is not unique.
x =
```

```
[ 0]
[ 1]
[ 0]
[ 0]
```

即求得了一个特解.

```
>> null(A)
ans =
[ 2,  -4]
[-2,   2]
[ 1,   0 ]
[ 0,   1 ]
```

即求得 $\boldsymbol{Ax}=\mathbf{0}$ 的通解为：$\boldsymbol{x}_h=c_1\begin{pmatrix}2\\-2\\1\\0\end{pmatrix}+c_2\begin{pmatrix}-4\\2\\0\\1\end{pmatrix}(c_1,c_2\in\mathbf{R})$，所以原非齐次线性方程组的通解为：$\boldsymbol{x}_h=c_1\begin{pmatrix}2\\-2\\1\\0\end{pmatrix}+c_2\begin{pmatrix}-4\\2\\0\\1\end{pmatrix}+\begin{pmatrix}0\\1\\0\\0\end{pmatrix}(c_1,c_2\in\mathbf{R})$.

4.7.4 Matlab 练习

1 求解习题 4.8(1).

2 求解习题 4.26.

3 求解习题 4.30.

答案

1 ≫A=[1 0 2 2; 0 1 1 1; 1 0 2 0; 0 1 1 1; 1 0 2 2];

```
>>rref(A)
ans=
    1    0    2    0
    0    1    1    0
    0    0    0    1
    0    0    0    0
    0    0    0    0
```

秩为 3,最大无关组可取 $\boldsymbol{\alpha}_1,\boldsymbol{\alpha}_2,\boldsymbol{\alpha}_4$ 或 $\boldsymbol{\alpha}_1,\boldsymbol{\alpha}_3,\boldsymbol{\alpha}_4$.

2 ≫A=sym('[1, 0, 3, 1; 1, −3, 0, 1; 2, 1, 7, 2; 4, 2, 14, 0]');

```
b=sym('[2; -1; 5; 6]');
>>x=A\b
x=
[ 1]
```

[1]
[0]
[1]
特解为$[1,1,0,1]^T$;
≫null(A)
ans =
[−3]
[−1]
[1]
[0]
对应齐次线性方程组的通解为$C[-3,-1,1,0]^T, C\in\mathbf{R}$.

3 ≫A=[0 1 1; 1 0 1; 1 1 0];
≫[QR]=qr(A)
Q =

0	0.8165	−0.5774
−0.7071	−0.4082	−0.5774
−0.7071	0.4082	0.5774

结果为:$[0,-0.7071,-0.7071]^T,[0.8165,-0.4082,0.4082]^T,$
$[-0.5774,-0.5774,0.5774]^T$.

练习题答案

1. $t\neq-3$ 时,线性无关,$t=-3$ 时线性相关; **2.** D; **3.** 反证法;
4. 由 $r(\boldsymbol{A})+r(\boldsymbol{B})\leqslant 3+r(\boldsymbol{AB})$ 得 $r(\boldsymbol{B})<3$ 即可;
5. 略; **6.** $\dim\mathrm{span}(\boldsymbol{\alpha}_1,\boldsymbol{\alpha}_2,\boldsymbol{\alpha}_3)=2$,一个基 $\boldsymbol{\alpha}_1,\boldsymbol{\alpha}_2$; **7.** D;
8. $\boldsymbol{x}=(0,2,4)^T c_1+(1,3,2)^T c_2+\left(\frac{1}{2},0,-\frac{1}{2}\right)^T, c_1,c_2\in\mathbf{R}$;
9. $\frac{\pi}{4}$; **10.** $\frac{\boldsymbol{A}}{81}$.

习 题 四

4.1 判别下列各组向量的线性相关性:

(1) $\boldsymbol{\alpha}_1=\begin{pmatrix}1\\2\\3\end{pmatrix},\boldsymbol{\alpha}_2=\begin{pmatrix}0\\0\\0\end{pmatrix}$;(2) $\boldsymbol{\alpha}_1=\begin{pmatrix}1\\1\\-1\\1\end{pmatrix},\boldsymbol{\alpha}_2=\begin{pmatrix}0\\1\\3\\1\end{pmatrix},\boldsymbol{\alpha}_3=\begin{pmatrix}0\\0\\2\\-1\end{pmatrix}$;

(3) $\boldsymbol{\alpha}_1=\begin{pmatrix}1\\2\end{pmatrix},\boldsymbol{\alpha}_2=\begin{pmatrix}3\\4\end{pmatrix},\boldsymbol{\alpha}_3=\begin{pmatrix}5\\6\end{pmatrix}$.

4.2 判别向量 $\boldsymbol{\beta}=(1,1,1)^T$ 能否由下列向量组线性表示;若能,请表示出来:

(1) $\boldsymbol{\alpha}_1=(2,3,0)^T$, $\boldsymbol{\alpha}_2=(1,-1,0)^T$, $\boldsymbol{\alpha}_3=(7,5,0)^T$;

(2) $\boldsymbol{\alpha}_1=(1,2,0)^T$, $\boldsymbol{\alpha}_2=(2,3,0)^T$, $\boldsymbol{\alpha}_3=(0,0,1)^T$.

4.3 已知向量 $\boldsymbol{\alpha}_1=(1,2,3)^T,\boldsymbol{\alpha}_2=(2,1,0)^T,\boldsymbol{\alpha}_3=(3,4,a)^T$,问 a 取何值时,$\boldsymbol{\alpha}_1,\boldsymbol{\alpha}_2,\boldsymbol{\alpha}_3$ 线

性相关;a 取何值时,$\boldsymbol{\alpha}_1,\boldsymbol{\alpha}_2,\boldsymbol{\alpha}_3$ 线性无关?

4.4 已知 4 个向量 $\boldsymbol{\alpha}_1,\boldsymbol{\alpha}_2,\boldsymbol{\alpha}_3,\boldsymbol{\alpha}_4$ 线性相关,且其中任意 3 个向量都线性无关,试证:必有全不为零的 4 个数 k_1,k_2,k_3,k_4,使得 $k_1\boldsymbol{\alpha}_1+k_2\boldsymbol{\alpha}_2+k_3\boldsymbol{\alpha}_3+k_4\boldsymbol{\alpha}_4=\mathbf{0}$ 成立.

4.5 已知向量 $\boldsymbol{\alpha}_1=(\lambda,\lambda,\lambda)^{\mathrm{T}},\boldsymbol{\alpha}_2=(\lambda,2\lambda-1,\lambda)^{\mathrm{T}},\boldsymbol{\alpha}_3=(2,3,\lambda+3)^{\mathrm{T}},\boldsymbol{\beta}=(1,1,2\lambda-1)^{\mathrm{T}}$,问 λ 取何值时:

(1) $\boldsymbol{\beta}$ 可由 $\boldsymbol{\alpha}_1,\boldsymbol{\alpha}_2,\boldsymbol{\alpha}_3$ 线性表示,且表达式唯一?

(2) $\boldsymbol{\beta}$ 可由 $\boldsymbol{\alpha}_1,\boldsymbol{\alpha}_2,\boldsymbol{\alpha}_3$ 线性表示,且表达式不唯一?

(3) $\boldsymbol{\beta}$ 不可由 $\boldsymbol{\alpha}_1,\boldsymbol{\alpha}_2,\boldsymbol{\alpha}_3$ 线性表示?

4.6 举例说明下列各命题是错误的:

(1) 若向量组 $\boldsymbol{\alpha}_1,\boldsymbol{\alpha}_2,\cdots,\boldsymbol{\alpha}_n$ 是线性相关的,则 $\boldsymbol{\alpha}_1$ 可由 $\boldsymbol{\alpha}_2,\boldsymbol{\alpha}_3,\cdots,\boldsymbol{\alpha}_n$ 线性表示.

(2) 若向量组 $\boldsymbol{\alpha}_1+\boldsymbol{\beta}_1,\boldsymbol{\alpha}_2+\boldsymbol{\beta}_2,\cdots,\boldsymbol{\alpha}_n+\boldsymbol{\beta}_n$ 线性相关,则 $\boldsymbol{\alpha}_1,\boldsymbol{\alpha}_2,\cdots,\boldsymbol{\alpha}_n$ 线性相关,$\boldsymbol{\beta}_1,\boldsymbol{\beta}_2,\cdots,\boldsymbol{\beta}_n$ 亦线性相关.

(3) 若 $\boldsymbol{\alpha}_1,\boldsymbol{\alpha}_2,\cdots,\boldsymbol{\alpha}_n$ 线性相关,$\boldsymbol{\beta}_1,\boldsymbol{\beta}_2,\cdots,\boldsymbol{\beta}_n$ 亦线性相关,则 $\boldsymbol{\alpha}_1+\boldsymbol{\beta}_1,\boldsymbol{\alpha}_2+\boldsymbol{\beta}_2,\cdots,\boldsymbol{\alpha}_n+\boldsymbol{\beta}_n$ 也线性相关.

(4) 若 $\boldsymbol{\alpha}_1,\boldsymbol{\alpha}_2,\cdots,\boldsymbol{\alpha}_n$ 线性无关,则 $\boldsymbol{\alpha}_1,\boldsymbol{\alpha}_2,\cdots,\boldsymbol{\alpha}_{n+1}$ 也线性无关.

4.7 已知 $\boldsymbol{\alpha}_1\neq\mathbf{0}$,试证:向量组 $\boldsymbol{\alpha}_1,\boldsymbol{\alpha}_2,\cdots,\boldsymbol{\alpha}_n$ 线性无关的充分必要条件是每一个向量 $\boldsymbol{\alpha}_i$ 都不能由其前面的向量 $\boldsymbol{\alpha}_1,\boldsymbol{\alpha}_2,\cdots,\boldsymbol{\alpha}_{i-1}$ 线性表示.

4.8 求下列向量组的秩,并求出一个最大无关组:

$$(1)\ \boldsymbol{\alpha}_1=\begin{pmatrix}1\\0\\1\\0\\1\end{pmatrix},\boldsymbol{\alpha}_2=\begin{pmatrix}0\\1\\0\\1\\0\end{pmatrix},\boldsymbol{\alpha}_3=\begin{pmatrix}2\\1\\2\\1\\2\end{pmatrix},\boldsymbol{\alpha}_4=\begin{pmatrix}2\\1\\0\\1\\2\end{pmatrix};\quad (2)\ \boldsymbol{\beta}_1=\begin{pmatrix}1\\1\\1\\-1\end{pmatrix},\boldsymbol{\beta}_2=\begin{pmatrix}1\\1\\-1\\1\end{pmatrix},\boldsymbol{\beta}_3=\begin{pmatrix}1\\2\\1\\1\end{pmatrix}.$$

4.9 证明下列两个向量组是等价的:

(1) $\boldsymbol{\alpha}_1=(1,-1,4)^{\mathrm{T}},\boldsymbol{\alpha}_2=(1,0,3)^{\mathrm{T}},\boldsymbol{\alpha}_3=(0,1,-1)^{\mathrm{T}}$;

(2) $\boldsymbol{\beta}_1=(1,1,2)^{\mathrm{T}},\boldsymbol{\beta}_2=(0,-1,1)^{\mathrm{T}}$.

4.10 已知向量组 $\boldsymbol{e}_1,\boldsymbol{e}_2,\cdots,\boldsymbol{e}_n$ 可由向量组 $\boldsymbol{\alpha}_1,\boldsymbol{\alpha}_2,\cdots,\boldsymbol{\alpha}_n$ 线性表示,试证:$\boldsymbol{\alpha}_1,\boldsymbol{\alpha}_2,\cdots,\boldsymbol{\alpha}_n$ 线性无关,其中$\boldsymbol{e}_i(i=1,2,\cdots,n)$是 n 阶单位矩阵的第 i 列.

4.11 已知向量组 $\boldsymbol{\alpha}_1,\boldsymbol{\alpha}_2$,若有另一向量组 $\boldsymbol{\beta}_1=2\boldsymbol{\alpha}_1-\boldsymbol{\alpha}_2,\boldsymbol{\beta}_2=\boldsymbol{\alpha}_1+\boldsymbol{\alpha}_2,\boldsymbol{\beta}_3=-\boldsymbol{\alpha}_1+3\boldsymbol{\alpha}_2$,试证:$\boldsymbol{\beta}_1,\boldsymbol{\beta}_2,\boldsymbol{\beta}_3$ 线性相关.

4.12 设 $\boldsymbol{A}$ 为 $m\times n$ 矩阵,$\boldsymbol{B}$ 为 $n\times m$ 矩阵,则(1)如果 $m>n$,则 $|\boldsymbol{AB}|=0$; (2)如果 $m<n$,且 $\boldsymbol{AB}=\boldsymbol{I}$,则 $r(\boldsymbol{B})=m$.

4.13 已知向量组 $\boldsymbol{\alpha}_1,\boldsymbol{\alpha}_2,\cdots,\boldsymbol{\alpha}_n$ 线性无关,且 $\boldsymbol{\beta}_1=\boldsymbol{\alpha}_1+\boldsymbol{\alpha}_2,\boldsymbol{\beta}_2=\boldsymbol{\alpha}_2+\boldsymbol{\alpha}_3,\cdots,\boldsymbol{\beta}_n=\boldsymbol{\alpha}_n+\boldsymbol{\alpha}_1$,试讨论 $\boldsymbol{\beta}_1,\boldsymbol{\beta}_2,\cdots,\boldsymbol{\beta}_n$ 的线性相关性.

4.14 设 $\boldsymbol{A}$ 是 $m\times n$ 矩阵,试证:$r(\boldsymbol{A})=1$ 的充分必要条件是存在非零向量 $\boldsymbol{\alpha}$、$\boldsymbol{\beta}$,使成立 $\boldsymbol{A}=\boldsymbol{\alpha}\boldsymbol{\beta}^{\mathrm{T}}$.

4.15 称满足 $\boldsymbol{A}^2=\boldsymbol{I}$ 的矩阵 $\boldsymbol{A}$ 为**对合阵**,试证:对任一 n 阶对合阵 $\boldsymbol{A}$,有

$$r(\boldsymbol{A}-\boldsymbol{I})+r(\boldsymbol{A}+\boldsymbol{I})=n.$$

4.16　设 $V_1=\{\boldsymbol{x}=(x_1,x_2,x_3)^{\mathrm{T}}\mid x_1+x_2+x_3=0\}$，$V_2=\{\boldsymbol{x}=(x_1,x_2,x_3)^{\mathrm{T}}\mid x_1+x_2+x_3=1\}$，问 $\boldsymbol{R}^3$ 的这两个子集对 $\boldsymbol{R}^3$ 的线性运算是否构成向量空间，为什么？

4.17　试求由 $\boldsymbol{\alpha}_1,\boldsymbol{\alpha}_2,\boldsymbol{\alpha}_3$ 生成的向量空间 $V=\mathrm{span}(\boldsymbol{\alpha}_1,\boldsymbol{\alpha}_2,\boldsymbol{\alpha}_3)$ 的一个基及 V 的维数 $\dim V$，其中 $\boldsymbol{\alpha}_1=(1,-1,4)^{\mathrm{T}}$，$\boldsymbol{\alpha}_2=(1,0,3)^{\mathrm{T}}$，$\boldsymbol{\alpha}_3=(0,1,-1)^{\mathrm{T}}$.

4.18　已知一个四维向量组 $\boldsymbol{\alpha}_1=(2,1,3,-1)^{\mathrm{T}}$，$\boldsymbol{\alpha}_2=(3,-1,2,0)^{\mathrm{T}}$，$\boldsymbol{\alpha}_3=(1,3,4,-2)^{\mathrm{T}}$，$\boldsymbol{\alpha}_4=(4,-3,1,1)^{\mathrm{T}}$，(1) 求：$\boldsymbol{\alpha}_1,\boldsymbol{\alpha}_2,\boldsymbol{\alpha}_3,\boldsymbol{\alpha}_4$ 的一个最大无关组及秩；(2) 将其余向量用这个最大无关组来线性表示；(3) 增加向量扩充此最大无关组为 $\boldsymbol{R}^4$ 的一个基.

4.19　已知向量组 $\boldsymbol{\alpha}_1=(5,2,0,0)^{\mathrm{T}}$，$\boldsymbol{\alpha}_2=(2,1,0,0)^{\mathrm{T}}$，$\boldsymbol{\alpha}_3=(0,0,8,5)^{\mathrm{T}}$，$\boldsymbol{\alpha}_4=(0,0,3,2)^{\mathrm{T}}$ 为向量空间 $\boldsymbol{R}^4$ 的一个基，向量组 $\boldsymbol{\beta}_1=(1,0,0,0)^{\mathrm{T}}$，$\boldsymbol{\beta}_2=(0,2,0,0)^{\mathrm{T}}$，$\boldsymbol{\beta}_3=(0,1,2,0)^{\mathrm{T}}$，$\boldsymbol{\beta}_4=(1,0,1,1)^{\mathrm{T}}$ 为另一个基，求：(1) 从基 $\boldsymbol{\alpha}_1,\boldsymbol{\alpha}_2,\boldsymbol{\alpha}_3,\boldsymbol{\alpha}_4$ 到基 $\boldsymbol{\beta}_1,\boldsymbol{\beta}_2,\boldsymbol{\beta}_3,\boldsymbol{\beta}_4$ 的过渡矩阵 $\boldsymbol{P}$；(2) $\boldsymbol{\beta}=3\boldsymbol{\beta}_1+2\boldsymbol{\beta}_2+\boldsymbol{\beta}_3$ 在基 $\boldsymbol{\alpha}_1,\boldsymbol{\alpha}_2,\boldsymbol{\alpha}_3,\boldsymbol{\alpha}_4$ 下的坐标.

4.20　求下列齐次线性方程组的基础解系：

(1) $\begin{cases}x_1+x_2+2x_3-x_4=0,\\2x_1+x_2+x_3-x_4=0,\\2x_1+2x_2+x_3+2x_4=0;\end{cases}$　　(2) $nx_1+(n-1)x_2+\cdots+2x_{n-1}+x_n=0.$

4.21　设 $\boldsymbol{A}$、$\boldsymbol{B}$ 都是 n 阶矩阵，且 $\boldsymbol{AB}=\boldsymbol{O}$，试证 $r(\boldsymbol{A})+r(\boldsymbol{B})\leqslant n$.

4.22　若 $\boldsymbol{A}$ 是 $l\times m$ 阶**列满秩**(即秩等于列数)矩阵，$\boldsymbol{B}$ 是 $m\times n$ 矩阵，试证：$r(\boldsymbol{AB})=r(\boldsymbol{B})$.

4.23　设 $\boldsymbol{A}$ 是 n 阶方阵，试证：$r(\boldsymbol{A}^n)=r(\boldsymbol{A}^{n+1})$.

4.24　求一个齐次线性方程组，使它的基础解系为 $\boldsymbol{\xi}_1=(0,1,0,4)^{\mathrm{T}}$，$\boldsymbol{\xi}_2=(-1,0,1,-3)^{\mathrm{T}}$.

4.25　已知 n 阶方阵 $\boldsymbol{A}$ 的秩为 $n-1$，$\boldsymbol{A}^*$ 为 $\boldsymbol{A}$ 的伴随矩阵，试证：齐次线性方程组 $\boldsymbol{A}^*\boldsymbol{x}=\boldsymbol{0}$ 有无穷多个解，并求出解空间的维数和该方程组的一个基础解系.

4.26　求下列非齐次线性方程组的一个特解及对应的齐次线性方程组的基础解系：

$$\begin{cases}x_1+3x_3+x_4=2,\\x_1-3x_2+x_4=-1,\\2x_1+x_2+7x_3+2x_4=5,\\4x_1+2x_2+14x_3=6\end{cases}$$

4.27　已知非齐次线性方程组系数矩阵的秩为 3，又已知该非齐次线性方程组的三个解向量为 $\boldsymbol{x}_1,\boldsymbol{x}_2,\boldsymbol{x}_3$，试求该方程组的通解，其中 $\boldsymbol{x}_1=(4,3,2,0,1)^{\mathrm{T}}$，$\boldsymbol{x}_2=(2,1,1,4,0)^{\mathrm{T}}$，$\boldsymbol{x}_3=(2,8,1,1,1)^{\mathrm{T}}$.

4.28　设非齐次线性方程 $\boldsymbol{Ax}=\boldsymbol{b}$ 的系数矩阵的秩 $r(\boldsymbol{A}_{5\times 3})=2$，$\boldsymbol{\eta}_1$、$\boldsymbol{\eta}_2$ 是该方程组的两个解，且有 $\boldsymbol{\eta}_1+\boldsymbol{\eta}_2=(1,3,0)^{\mathrm{T}}$，$2\boldsymbol{\eta}_1+3\boldsymbol{\eta}_2=(2,5,1)^{\mathrm{T}}$，求该方程组的通解.

4.29　已知向量 $\boldsymbol{\eta}_0,\boldsymbol{\eta}_1,\cdots,\boldsymbol{\eta}_{n-r}$ 为 $\boldsymbol{A}_{m\times n}\boldsymbol{x}=\boldsymbol{b}$ 的 $n-r+1$ 个线性无关解，且 $r(\boldsymbol{A})=r$，试证：$\boldsymbol{\eta}_1-\boldsymbol{\eta}_0,\boldsymbol{\eta}_2-\boldsymbol{\eta}_0,\cdots,\boldsymbol{\eta}_{n-r}-\boldsymbol{\eta}_0$ 为 $\boldsymbol{Ax}=\boldsymbol{0}$ 的一个基础解系.

4.30　将向量组 $\boldsymbol{\alpha}_1=(0,1,1)^{\mathrm{T}}$，$\boldsymbol{\alpha}_2=(1,0,1)^{\mathrm{T}}$，$\boldsymbol{\alpha}_3=(1,1,0)^{\mathrm{T}}$ 规范正交化.

4.31　已知 $\boldsymbol{\alpha}_1,\boldsymbol{\alpha}_2,\boldsymbol{\alpha}_3$ 为 n 维规范正交向量组，且 $\boldsymbol{\beta}_1=\boldsymbol{\alpha}_1+2\lambda\boldsymbol{\alpha}_2+\lambda\boldsymbol{\alpha}_3$，$\boldsymbol{\beta}_2=\boldsymbol{\alpha}_1+\boldsymbol{\alpha}_2+\lambda\boldsymbol{\alpha}_3$，问：$\lambda$ 为何值时，向量 $\boldsymbol{\beta}_1,\boldsymbol{\beta}_2$ 正交？当它们正交时，求出 $\|\boldsymbol{\beta}_1\|$，$\|\boldsymbol{\beta}_2\|$.

4.32　若 $\boldsymbol{A}$、$\boldsymbol{B}$ 是 n 阶正交矩阵，且 $|\boldsymbol{A}|=-|\boldsymbol{B}|$，试证：$|\boldsymbol{A}+\boldsymbol{B}|=0$.

4.33　称行列式

$$\begin{vmatrix}\langle\boldsymbol{\alpha}_1,\boldsymbol{\alpha}_1\rangle & \langle\boldsymbol{\alpha}_1,\boldsymbol{\alpha}_2\rangle & \cdots & \langle\boldsymbol{\alpha}_1,\boldsymbol{\alpha}_k\rangle\\ \langle\boldsymbol{\alpha}_2,\boldsymbol{\alpha}_1\rangle & \langle\boldsymbol{\alpha}_2,\boldsymbol{\alpha}_2\rangle & \cdots & \langle\boldsymbol{\alpha}_2,\boldsymbol{\alpha}_k\rangle\\ \vdots & & & \vdots\\ \langle\boldsymbol{\alpha}_k,\boldsymbol{\alpha}_1\rangle & \langle\boldsymbol{\alpha}_k,\boldsymbol{\alpha}_2\rangle & \cdots & \langle\boldsymbol{\alpha}_k,\boldsymbol{\alpha}_k\rangle\end{vmatrix}$$

为 k 个向量 $\boldsymbol{\alpha}_1, \boldsymbol{\alpha}_2, \cdots, \boldsymbol{\alpha}_k$ 的格拉姆行列式,记为 $\boldsymbol{G}(\boldsymbol{\alpha}_1, \boldsymbol{\alpha}_2, \cdots, \boldsymbol{\alpha}_k)$. 那么,有一个判断向量组 $\boldsymbol{\alpha}_1, \boldsymbol{\alpha}_2, \cdots, \boldsymbol{\alpha}_k$ 线性相关性的定理是:向量组 $\boldsymbol{\alpha}_1, \boldsymbol{\alpha}_2, \cdots, \boldsymbol{\alpha}_k$ 线性相关的充分必要条件是其格拉姆行列式 $\boldsymbol{G}(\boldsymbol{\alpha}_1, \boldsymbol{\alpha}_2, \cdots, \boldsymbol{\alpha}_k)=0$,试证明此定理.

4.34 设 $\boldsymbol{p}_1, \boldsymbol{p}_2, \cdots, \boldsymbol{p}_k$ 是 $\boldsymbol{R}^n$ 中 k 个线性无关的向量,试证:存在 n 阶满秩阵 $\boldsymbol{P}$,以此 k 个向量为其前 k 列.

4.35 设 $\boldsymbol{\eta}_1, \boldsymbol{\eta}_2, \cdots, \boldsymbol{\eta}_k$ 是 $\boldsymbol{R}^n$ 中 k 个两两规范正交的向量,试证:存在 n 阶正交阵 $\boldsymbol{Q}$,以此 k 个向量为其前 k 列.

5 特征值问题

本章将介绍矩阵的特征值、特征向量的概念；进而导出矩阵可对角化的条件、方法. 它们在数学各分支、科学技术及数量经济分析等多个领域有着广泛的应用.

5.1 方阵的特征值与特征向量

5.1.1 特征值与特征向量的概念

在求常系数线性微分方程组、机械振动、电磁振荡等实际问题中，常可归结为求一个方阵的特征值与特征向量的问题.

定义 1 设 $\boldsymbol{A}$ 是 n 阶方阵，若存在数 λ 和 n 维非零列向量 $\boldsymbol{x}$，使得

$$\boldsymbol{A}\boldsymbol{x}=\lambda\boldsymbol{x} \tag{5.1-1}$$

成立，则称数 λ 是矩阵 $\boldsymbol{A}$ 的**特征值**；非零列向量 $\boldsymbol{x}$ 为矩阵 $\boldsymbol{A}$ 的对应于(或属于)λ 的**特征向量**.

为了计算矩阵 $\boldsymbol{A}$ 的特征值和特征向量，把式(5.1-1)等价地改写成 $(\boldsymbol{A}-\lambda\boldsymbol{I})\boldsymbol{x}=\boldsymbol{0}$ 之后，发现特征向量 $\boldsymbol{x}$ 即齐次线性方程组

$$(\boldsymbol{A}-\lambda\boldsymbol{I})\boldsymbol{x}=\boldsymbol{0} \tag{5.1-2}$$

的非零解.

事实上，n 个未知量 n 个方程的齐次线性方程组即式(5.1-2)有非零解的充分必要条件为

$$|\boldsymbol{A}-\lambda\boldsymbol{I}|=0$$

这说明 $\boldsymbol{A}$ 的特征值 λ 必满足 $|\boldsymbol{A}-\lambda\boldsymbol{I}|=0$.

将 n 阶行列式 $|\boldsymbol{A}-\lambda\boldsymbol{I}|$ 展开得到关于 λ 的一元 n 次多项式

$$f(\lambda)=|\boldsymbol{A}-\lambda\boldsymbol{I}|=\begin{vmatrix} a_{11}-\lambda & a_{12} & \cdots & a_{1n} \\ a_{21} & a_{22}-\lambda & \cdots & a_{2n} \\ \vdots & \vdots & \ddots & \vdots \\ a_{n1} & a_{n2} & \cdots & a_{nn}-\lambda \end{vmatrix}$$

$$=(-1)^n\lambda^n+a_1\lambda^{n-1}+\cdots+a_{n-1}\lambda+a_n$$

称为 $\boldsymbol{A}$ 关于 λ 的**特征多项式**. 将 $|\boldsymbol{A}-\lambda\boldsymbol{I}|=0$ 称为矩阵 $\boldsymbol{A}$ 关于 λ 的**特征方程**. 特征方程的根就是 $\boldsymbol{A}$ 的特征值，也称为 $\boldsymbol{A}$ 的特征根. 代数基本定理告诉我们：一元 n 次代数方程必有 n 个根，其中可能有重根和虚根.

5.1.2 特征值与特征向量的求法

求 n 阶方阵 $\boldsymbol{A}$ 的特征值及对应特征向量的步骤如下：

(1) 利用行列式计算特征多项式 $|\boldsymbol{A}-\lambda\boldsymbol{I}|$，求出特征方程的全部根，即 $\boldsymbol{A}$ 的全部特征值.

(2) 对每一个特征值 λ_i，求出对应的特征向量，即解出齐次线性方程组 $(\boldsymbol{A}-\lambda_i\boldsymbol{I})\boldsymbol{x}=\boldsymbol{0}$ 的一个基础解系 $\boldsymbol{\xi}_1,\boldsymbol{\xi}_2,\cdots,\boldsymbol{\xi}_t$，则对应 λ_i 的全部特征向量为

$$\boldsymbol{x}=c_1\boldsymbol{\xi}_1+c_2\boldsymbol{\xi}_2+\cdots+c_t\boldsymbol{\xi}_t \qquad (c_1,c_2,\cdots,c_t\text{ 不全为零})$$

显然 $\boldsymbol{A}$ 的特征值 λ_i 对应的全部特征向量不构成一个向量空间(因为没有加法和数乘的封闭性)，但只要添上一个零向量即构成了向量空间，称为对应于 λ_i 的**特征子空间**，即齐次线性方程组 $(\boldsymbol{A}-\lambda_i\boldsymbol{I})\boldsymbol{x}=\boldsymbol{0}$ 的解空间，记作 $N(\boldsymbol{A}-\lambda_i\boldsymbol{I})$. 我们称 $N(\boldsymbol{A}-\lambda_i\boldsymbol{I})$的维数

$$\dim N(\boldsymbol{A}-\lambda_i\boldsymbol{I})=n-r(\boldsymbol{A}-\lambda_i\boldsymbol{I})$$

为 λ_i 的**几何重数**，用 ρ_{λ_i} 记之，而称特征值 λ_i 在特征方程 $f(\lambda)=0$ 中出现的重数为**代数重数**，用 m_{λ_i} 记之.

例 1 试求上三角矩阵 $\boldsymbol{A}$ 的特征值和特征向量，其中

$$\boldsymbol{A}=\begin{pmatrix}1&1&-1\\0&2&1\\0&0&3\end{pmatrix}$$

解 由 $|\boldsymbol{A}-\lambda\boldsymbol{I}|=0$，即

$$|\boldsymbol{A}-\lambda\boldsymbol{I}|=\begin{vmatrix}1-\lambda&1&-1\\0&2-\lambda&1\\0&0&3-\lambda\end{vmatrix}=(1-\lambda)(2-\lambda)(3-\lambda)=0$$

得 $\boldsymbol{A}$ 的三个特征值为 $\lambda_1=1,\lambda_2=2,\lambda_3=3$.

对于 $\lambda_1=1$，解方程组 $(\boldsymbol{A}-\lambda_1\boldsymbol{I})\boldsymbol{x}=\boldsymbol{0}$，由

$$(\boldsymbol{A}-\boldsymbol{I})=\begin{pmatrix}0&1&-1\\0&1&1\\0&0&2\end{pmatrix}\sim\begin{pmatrix}0&1&-1\\0&0&2\\0&0&2\end{pmatrix}\sim\begin{pmatrix}0&1&0\\0&0&1\\0&0&0\end{pmatrix}$$

得基础解系 $\boldsymbol{\xi}_1=(1,0,0)^{\mathrm{T}}$，进而得全部特征向量为 $\boldsymbol{x}=c\boldsymbol{\xi}_1=c(1,0,0)^{\mathrm{T}}(c\neq0)$.

对于 $\lambda_2=2$，解方程组 $(\boldsymbol{A}-\lambda_2\boldsymbol{I})\boldsymbol{x}=\boldsymbol{0}$，由

$$(\boldsymbol{A}-2\boldsymbol{I})=\begin{pmatrix}-1&1&-1\\0&0&1\\0&0&1\end{pmatrix}\sim\begin{pmatrix}1&-1&0\\0&0&1\\0&0&0\end{pmatrix}$$

得基础解系 $\boldsymbol{\xi}_2=(1,1,0)^{\mathrm{T}}$，进而得全部特征向量 $\boldsymbol{x}=c\boldsymbol{\xi}_2=c(1,1,0)^{\mathrm{T}}(c\neq0)$.

对于 $\lambda_3=3$，解方程组 $(\boldsymbol{A}-\lambda_3\boldsymbol{I})\boldsymbol{x}=\boldsymbol{0}$，由

$$(\boldsymbol{A}-3\boldsymbol{I})=\begin{pmatrix}-2&1&-1\\0&-1&1\\0&0&0\end{pmatrix}\sim\begin{pmatrix}1&0&0\\0&1&-1\\0&0&0\end{pmatrix}$$

得基础解系 $\boldsymbol{\xi}_3=(0,1,1)^{\mathrm{T}}$，进而得全部特征向量 $\boldsymbol{x}=c\boldsymbol{\xi}_3=c(0,1,1)^{\mathrm{T}}(c\neq0)$.

注 这个例子表明上三角矩阵的特征值即为其主对角线上的 n 个元素. 同理，对下三角矩阵乃至对角矩阵，均有同样的结论.

例 2　求矩阵 $\boldsymbol{A}=\begin{pmatrix}3&1&0\\-4&-1&0\\4&8&-2\end{pmatrix}$ 的特征值和特征向量.

解　求特征方程

$$|\boldsymbol{A}-\lambda\boldsymbol{I}|=\begin{vmatrix}3-\lambda&1&0\\-4&-1-\lambda&0\\4&8&-2-\lambda\end{vmatrix}=(-2-\lambda)\begin{vmatrix}3-\lambda&1\\-4&-1-\lambda\end{vmatrix}$$

$$=-(2+\lambda)(\lambda^2-2\lambda+1)=-(2+\lambda)(\lambda-1)^2=0$$

得 $\lambda_1=-2,\lambda_{2,3}=1$.

对于 $\lambda_1=-2$,解 $(\boldsymbol{A}-(-2)\boldsymbol{I})\boldsymbol{x}=\boldsymbol{0}$,由

$$(\boldsymbol{A}+2\boldsymbol{I})=\begin{pmatrix}5&1&0\\-4&1&0\\4&8&0\end{pmatrix}\sim\begin{pmatrix}5&1&0\\1&2&0\\0&9&0\end{pmatrix}\sim\begin{pmatrix}1&2&0\\0&-9&0\\0&9&0\end{pmatrix}\sim\begin{pmatrix}1&0&0\\0&1&0\\0&0&0\end{pmatrix}$$

得基础解系 $\boldsymbol{\xi}_1=(0,0,1)^{\mathrm{T}}$,这时 $m_{-2}=\rho_{-2}=1$. 全部特征向量为

$$\boldsymbol{x}=c[0,0,1]^{\mathrm{T}}(c\neq0)$$

对于 $\lambda_{2,3}=1$,解 $(\boldsymbol{A}-\boldsymbol{I})\boldsymbol{x}=\boldsymbol{0}$,由

$$(\boldsymbol{A}-\boldsymbol{I})=\begin{pmatrix}2&1&0\\-4&-2&0\\4&8&-3\end{pmatrix}\sim\begin{pmatrix}2&1&0\\0&0&0\\0&6&-3\end{pmatrix}\sim\begin{pmatrix}1&\frac{1}{2}&0\\0&-2&1\\0&0&0\end{pmatrix}$$

得基础解系 $\boldsymbol{\xi}_2=\left(-\frac{1}{2},1,2\right)^{\mathrm{T}}$;这时 $m_1=2,\rho_1=1$(代数重数>几何重数). 全部特征向量为

$$\boldsymbol{x}=c\left(-\frac{1}{2},1,2\right)^{\mathrm{T}}(c\neq0).$$

例 3　求矩阵 $\boldsymbol{A}=\begin{pmatrix}1&2&2\\2&1&2\\2&2&1\end{pmatrix}$ 的特征值和特征向量.

解　求特征方程

$$|\boldsymbol{A}-\lambda\boldsymbol{I}|=\begin{vmatrix}1-\lambda&2&2\\2&1-\lambda&2\\2&2&1-\lambda\end{vmatrix}=\begin{vmatrix}5-\lambda&5-\lambda&5-\lambda\\2&1-\lambda&2\\2&2&1-\lambda\end{vmatrix}=(5-\lambda)\begin{vmatrix}1&1&1\\2&1-\lambda&2\\2&2&1-\lambda\end{vmatrix}$$

$$=(5-\lambda)\begin{vmatrix}1&1&1\\0&-(1+\lambda)&0\\0&0&-(1+\lambda)\end{vmatrix}=(5-\lambda)(1+\lambda)^2=0$$

得 $\lambda_1=5,\lambda_{2,3}=-1$.

对于 $\lambda_1=5$,解 $(\boldsymbol{A}-5\boldsymbol{I})\boldsymbol{x}=\boldsymbol{0}$,由

$$(\boldsymbol{A}-5\boldsymbol{I})=\begin{pmatrix}-4&2&2\\2&-4&2\\2&2&-4\end{pmatrix}\sim\begin{pmatrix}1&1&-2\\0&-6&6\\0&0&0\end{pmatrix}\sim\begin{pmatrix}1&0&-1\\0&1&-1\\0&0&0\end{pmatrix}$$

得基础解系 $\boldsymbol{\xi}_1=(1,1,1)^{\mathrm{T}}$. 全部特征向量为

$$\boldsymbol{x}=c(1,1,1)^{\mathrm{T}}(c\neq0)$$

对于 $\lambda_{2,3}=-1$,解 $(\boldsymbol{A}+\boldsymbol{I})\boldsymbol{x}=\boldsymbol{0}$,由

$$(\boldsymbol{A}+\boldsymbol{I})=\begin{pmatrix}2&2&2\\2&2&2\\2&2&2\end{pmatrix}\sim\begin{pmatrix}1&1&1\\0&0&0\\0&0&0\end{pmatrix}$$

得基础解系为 $\boldsymbol{\xi}_2=(-1,1,0)^{\mathrm{T}},\boldsymbol{\xi}_3=(-1,0,1)^{\mathrm{T}}$. 全部特征向量为

$$\boldsymbol{x}=c_1\begin{pmatrix}-1\\1\\0\end{pmatrix}+c_2\begin{pmatrix}-1\\0\\1\end{pmatrix}\quad(c_1,c_2\text{ 不全为零})$$

这时 $m_5=\rho_5=1;m_{-1}=\rho_{-1}=2$(代数重数=几何重数).

例 4 求矩阵 $\boldsymbol{A}=\begin{pmatrix}0&2\\-2&0\end{pmatrix}$ 的特征值和特征向量.

解 矩阵 $\boldsymbol{A}$ 的特征多项式为

$$|\boldsymbol{A}-\lambda\boldsymbol{I}|=\begin{vmatrix}-\lambda&2\\-2&-\lambda\end{vmatrix}=\lambda^2+4$$

特征方程 $|\boldsymbol{A}-\lambda\boldsymbol{I}|=0$ 在实数域上无解,即 $\boldsymbol{A}$ 在实数域上无特征值. 如果在复数域上讨论 $\boldsymbol{A}$ 的特征值和特征向量,则 $\boldsymbol{A}$ 的特征值 $\lambda_1=2\mathrm{i},\lambda_2=-2\mathrm{i}$(i 为虚数单位).

对于 $\lambda_1=2\mathrm{i}$,解 $(\boldsymbol{A}-2\mathrm{i}\boldsymbol{I})\boldsymbol{x}=\boldsymbol{0}$,由

$$\boldsymbol{A}-2\mathrm{i}\boldsymbol{I}=\begin{pmatrix}-2\mathrm{i}&2\\-2&-2\mathrm{i}\end{pmatrix}\sim\begin{pmatrix}1&\mathrm{i}\\0&0\end{pmatrix}$$

得基础解系 $\boldsymbol{\xi}_1=(1,\mathrm{i})^{\mathrm{T}}$,进而全部特征向量为 $c\boldsymbol{\xi}_1(c\neq0)$.

对于 $\lambda_2=-2\mathrm{i}$,解 $(\boldsymbol{A}+2\mathrm{i}\boldsymbol{I})\boldsymbol{x}=\boldsymbol{0}$,由

$$\boldsymbol{A}+2\mathrm{i}\boldsymbol{I}=\begin{pmatrix}2\mathrm{i}&2\\-2&2\mathrm{i}\end{pmatrix}\sim\begin{pmatrix}1&-\mathrm{i}\\0&0\end{pmatrix}$$

得基础解系 $\boldsymbol{\xi}_2=(1,-\mathrm{i})^{\mathrm{T}}$,进而全部特征向量为 $c\boldsymbol{\xi}_2(c\neq0)$.

由例 4 可以看出,即使 $\boldsymbol{A}$ 是实矩阵,其特征值仍可能为复数.

练习 1 求矩阵 $\boldsymbol{A}=\begin{pmatrix}0&0&1\\0&2&0\\3&0&0\end{pmatrix}$ 的全部特征值和全部特征向量.

5.1.3 特征值与特征向量的性质

性质 1 若 n 阶矩阵 $\boldsymbol{A}=(a_{ij})$ 有特征值 $\lambda_1,\lambda_2,\cdots,\lambda_n$,则必有

$$\prod_{i=1}^{n}\lambda_i=|\boldsymbol{A}| \tag{5.1-3}$$

$$\sum_{i=1}^{n}\lambda_i=\sum_{i=1}^{n}a_{ii}=\mathrm{tr}(\boldsymbol{A}) \tag{5.1-4}$$

证 根据多项式因式分解与方程根的关系,有如下恒等式

$$|\boldsymbol{A}-\lambda\boldsymbol{I}|=f(\lambda)=(\lambda_1-\lambda)(\lambda_2-\lambda)\cdots(\lambda_n-\lambda)$$

以 $\lambda=0$ 代入上述恒等式,即得式(5.1-3). 为证式(5.1-4),可以比较以上恒等式两端 $(-\lambda)^{n-1}$ 项的系数. 看右端,$(-\lambda)^{n-1}$ 的系数为 $\lambda_1+\lambda_2+\cdots+\lambda_n$;看左端,含 $(-\lambda)^{n-1}$ 的项必来自于 $|\boldsymbol{A}-\lambda\boldsymbol{I}|$ 的对角线元素的乘积项

$$(a_{11}-\lambda)(a_{22}-\lambda)\cdots(a_{nn}-\lambda)$$

因而 $(-\lambda)^{n-1}$ 的系数是 $\sum_{i=1}^{n}a_{ii}$, 这就是矩阵的迹,记作 $\mathrm{tr}(\boldsymbol{A})$. 因恒等式两边同次幂的系数必相等,故而得

$$\sum_{i=1}^{n}\lambda_i=\sum_{i=1}^{n}a_{ii}=\mathrm{tr}(\boldsymbol{A})$$

性质 2 设方阵 $\boldsymbol{A}$ 有特征值 λ 及对应的特征向量 $\boldsymbol{x}$,则 $\boldsymbol{A}^2$ 有特征值 λ^2,对应的特征向量仍为 $\boldsymbol{x}$,反之未必成立.

证 由题意可知 $\boldsymbol{Ax}=\lambda\boldsymbol{x}$,左乘 $\boldsymbol{A}$ 得 $\boldsymbol{A}^2\boldsymbol{x}=\lambda\boldsymbol{Ax}$,即 $\boldsymbol{A}^2\boldsymbol{x}=\lambda^2\boldsymbol{x}$ 知 $\boldsymbol{A}^2$ 有特征值 λ^2 及对应的特征向量 $\boldsymbol{x}$.

令 $\boldsymbol{A}^2=\begin{pmatrix}4&0\\0&4\end{pmatrix}$,则 $\boldsymbol{A}^2$ 的两个特征值均为 4,进而推出 $\boldsymbol{A}$ 的可能特征值为 2 或 -2,此时满足条件的 $\boldsymbol{A}$ 就有 $\begin{pmatrix}2&0\\0&2\end{pmatrix}$、$\begin{pmatrix}-2&0\\0&-2\end{pmatrix}$ 或 $\begin{pmatrix}2&0\\0&-2\end{pmatrix}$ 等多种可能.

令 $\boldsymbol{A}=\begin{pmatrix}0&1\\0&0\end{pmatrix}$,则 $\boldsymbol{A}^2=\begin{pmatrix}0&0\\0&0\end{pmatrix}$. 此时任一二维非零向量均为 $\boldsymbol{A}^2$ 的对应于特征值 0 的特征向量,但 $\boldsymbol{A}$ 的特征向量的第二个分量却必须为零. 例如 $(0,1)^{\mathrm{T}}$ 是 $\boldsymbol{A}^2$ 的特征向量,但它却不可能成为 $\boldsymbol{A}$ 的特征向量.

推广 设方阵 $\boldsymbol{A}$ 有特征值 λ 及对应的特征向量 $\boldsymbol{x}$,则 $\boldsymbol{A}$ 的多项式

$$\varphi(\boldsymbol{A})=a_0\boldsymbol{I}+a_1\boldsymbol{A}+\cdots+a_m\boldsymbol{A}^m$$

有特征值 $\varphi(\lambda)=a_0+a_1\lambda+\cdots+a_m\lambda^m$,对应的特征向量仍为 $\boldsymbol{x}$.

Hamilton-Caylay 定理:任一 n 阶矩阵 $\boldsymbol{A}$ 的特征多项式 $f(\lambda)=|\boldsymbol{A}-\lambda\boldsymbol{I}|$,则必成立 $f(\boldsymbol{A})=\boldsymbol{O}$.

例 5 (Hamilton-Caylay 定理应用)设矩阵 $\boldsymbol{A}=\begin{pmatrix}-1&1&0\\-4&3&0\\1&0&2\end{pmatrix}$,且

$$g(x)=x^{2008}-4x^{2007}+5x^{2006}-2x^{2005}-x^2+1,$$

求 $g(\boldsymbol{A})$ 及 $g(\boldsymbol{A})$ 的特征值.

解 $f(\lambda)=|\boldsymbol{A}-\lambda\boldsymbol{I}|=2-5\lambda+4\lambda^2-\lambda^3=(2-\lambda)(1-\lambda)^2$.

故 $\boldsymbol{A}$ 的特征值为 $\lambda_1=2$, $\lambda_2=\lambda_3=1$.

$f(x)$ 除 $g(x)$ 得: $g(x)=-x^{2005}f(x)-x^2+1$, 故

$$g(\boldsymbol{A})=-\boldsymbol{A}^{2005}f(\boldsymbol{A})-\boldsymbol{A}^2+\boldsymbol{I}$$

因 $f(\boldsymbol{A})=\boldsymbol{O}$,故 $g(\boldsymbol{A})=-\boldsymbol{A}^2+\boldsymbol{I}=\begin{pmatrix}4&-2&0\\8&-4&0\\-1&-1&-3\end{pmatrix}$.

$g(\boldsymbol{A})$ 的特征值为 $g(\lambda_1)$, $g(\lambda_2)$, $g(\lambda_3)$.

由于 $f(\lambda_1)=f(\lambda_2)=f(\lambda_3)=0$，故

$$g(\lambda_1)=-\lambda_1^2+1=-3,$$
$$g(\lambda_2)=-\lambda_2^2+1=0,$$
$$g(\lambda_3)=-\lambda_3^2+1=0$$

$g(\boldsymbol{A})$的三个特征值分别为-3，0，0.

注 复杂矩阵多项式计算方法：①看矩阵是否可对角化；②利用 Hamilton 定理.

性质 3 方阵 $\boldsymbol{A}$ 与 $\boldsymbol{A}^{\mathrm{T}}$ 有相同的特征值，但特征向量未必一样.

证 因为 $|\boldsymbol{A}^{\mathrm{T}}-\lambda\boldsymbol{I}|=|\boldsymbol{A}^{\mathrm{T}}-(\lambda\boldsymbol{I})^{\mathrm{T}}|=|(\boldsymbol{A}-\lambda\boldsymbol{I})^{\mathrm{T}}|=|\boldsymbol{A}-\lambda\boldsymbol{I}|=0$，所以 $\boldsymbol{A}$ 与 $\boldsymbol{A}^{\mathrm{T}}$ 有相同的特征值.

令 $\boldsymbol{A}=\begin{pmatrix}0&1\\0&0\end{pmatrix}$，则特征值为 $\lambda_{1,2}=0$，特征向量为 $\boldsymbol{x}=c(1,0)^{\mathrm{T}}(c\neq0)$；而 $\boldsymbol{A}^{\mathrm{T}}=\begin{pmatrix}0&0\\1&0\end{pmatrix}$，特征值也为 $\lambda_{1,2}=0$，但特征向量却为 $\boldsymbol{x}=c(0,1)^{\mathrm{T}}(c\neq0)$，两特征向量不同.

性质 4 可逆方阵 $\boldsymbol{A}$ 有特征值 λ，对应特征向量 $\boldsymbol{x}$ 的充分必要条件是 $\boldsymbol{A}^{-1}$ 有特征值 $\dfrac{1}{\lambda}$，对应的特征向量为 $\boldsymbol{x}$.

证 事实上，若 $\boldsymbol{Ax}=\lambda\boldsymbol{x}$，两边左乘 $\boldsymbol{A}^{-1}$ 且同除以 λ 得 $\boldsymbol{A}^{-1}\boldsymbol{x}=\dfrac{1}{\lambda}\boldsymbol{x}$；若 $\boldsymbol{A}^{-1}\boldsymbol{x}=\dfrac{1}{\lambda}\boldsymbol{x}$，两边左乘 $\boldsymbol{A}$ 且同乘以 λ 得 $\boldsymbol{Ax}=\lambda\boldsymbol{x}$.

推论 可逆方阵 $\boldsymbol{A}$ 有特征值 λ，对应特征向量 $\boldsymbol{x}$ 的充分必要条件 $\boldsymbol{A}^*$ 有特征值 $\dfrac{|\boldsymbol{A}|}{\lambda}$，对应的特征向量为 $\boldsymbol{x}$.

性质 5 设 $\lambda_1,\lambda_2,\cdots,\lambda_m$ 是方阵 $\boldsymbol{A}$ 的 m 个互不相同的特征值，$\boldsymbol{x}_1,\boldsymbol{x}_2,\cdots,\boldsymbol{x}_m$ 是分别与 $\lambda_1,\lambda_2,\cdots,\lambda_m$ 对应的特征向量，则 $\boldsymbol{x}_1,\boldsymbol{x}_2,\cdots,\boldsymbol{x}_m$ 线性无关.

证 对特征值的个数作数学归纳法.

由于特征向量是不为零的，所以单个的特征向量必然线性无关. 现在假设对应于 k 个不同特征值的特征向量线性无关，我们证明对应于 $k+1$ 个不同特征值 $\lambda_1,\lambda_2,\cdots,\lambda_k,\lambda_{k+1}$ 的特征向量 $\boldsymbol{x}_1,\boldsymbol{x}_2,\cdots,\boldsymbol{x}_k,\boldsymbol{x}_{k+1}$ 也线性无关.

假设有关系式

$$t_1\boldsymbol{x}_1+t_2\boldsymbol{x}_2+\cdots+t_k\boldsymbol{x}_k+t_{k+1}\boldsymbol{x}_{k+1}=\boldsymbol{0} \tag{5.1-5}$$

成立. 等式两端乘以 λ_{k+1}，得

$$t_1\lambda_{k+1}\boldsymbol{x}_1+t_2\lambda_{k+1}\boldsymbol{x}_2+\cdots+t_k\lambda_{k+1}\boldsymbol{x}_k+t_{k+1}\lambda_{k+1}\boldsymbol{x}_{k+1}=\boldsymbol{0} \tag{5.1-6}$$

式(5.1-5)两端左乘 $\boldsymbol{A}$ 得 $\boldsymbol{A}(t_1\boldsymbol{x}_1+t_2\boldsymbol{x}_2+\cdots+t_{k+1}\boldsymbol{x}_{k+1})=\boldsymbol{0}$ 即

$$t_1\lambda_1\boldsymbol{x}_1+t_2\lambda_2\boldsymbol{x}_2+\cdots+t_k\lambda_k\boldsymbol{x}_k+t_{k+1}\lambda_{k+1}\boldsymbol{x}_{k+1}=\boldsymbol{0} \tag{5.1-7}$$

式(5.1-7)减去式(5.1-6)，得

$$t_1(\lambda_1-\lambda_{k+1})\boldsymbol{x}_1+t_2(\lambda_2-\lambda_{k+1})\boldsymbol{x}_2+\cdots+t_k(\lambda_k-\lambda_{k+1})\boldsymbol{x}_k=\boldsymbol{0}$$

根据归纳假设，$\boldsymbol{x}_1,\boldsymbol{x}_2,\cdots,\boldsymbol{x}_k$ 线性无关，于是

$$t_i(\lambda_i-\lambda_{k+1})=0 \quad (i=1,2,\cdots,k)$$

但$(\lambda_i-\lambda_{k+1})\neq0 \quad (i=1,2,\cdots,k)$，所以 $t_i=0$. 此时，式(5.1-5)变成 $t_{k+1}\boldsymbol{x}_{k+1}=\boldsymbol{0}$，因为 $\boldsymbol{x}_{k+1}\neq\boldsymbol{0}$，所以 $t_{k+1}=0$. 这就证明了向量组 $\boldsymbol{x}_1,\boldsymbol{x}_2,\cdots,\boldsymbol{x}_k,\boldsymbol{x}_{k+1}$ 线性无关.

类似可证:$\boldsymbol{A}$ 的由不同特征值各自对应的线性无关特征向量全体构成的向量组也是线性无关的.

练习 2 已知 n 阶矩阵 $\boldsymbol{A}$ 的各列元素之和都为 2,求 $3\boldsymbol{A}^{-1}$ 的一个特征值.

5.2 相似矩阵

定义 1 对 n 阶矩阵 $\boldsymbol{A}$,$\boldsymbol{B}$,若存在 n 阶可逆矩阵 $\boldsymbol{P}$,使得成立

$$\boldsymbol{B}=\boldsymbol{P}^{-1}\boldsymbol{A}\boldsymbol{P} \tag{5.2-1}$$

则称 $\boldsymbol{A}$ 与 $\boldsymbol{B}$ **相似**,或称 $\boldsymbol{A}$ 相似于 $\boldsymbol{B}$. 并称 $\boldsymbol{P}$ 为**相似变换矩阵**.

相似矩阵有以下性质:

性质 1 $\boldsymbol{A}$ 与 $\boldsymbol{A}$ 相似(反身性).

性质 2 若 $\boldsymbol{A}$ 与 $\boldsymbol{B}$ 相似,则 $\boldsymbol{B}$ 与 $\boldsymbol{A}$ 相似(对称性).

性质 3 若 $\boldsymbol{A}$ 与 $\boldsymbol{B}$ 相似,$\boldsymbol{B}$ 与 $\boldsymbol{C}$ 相似,则 $\boldsymbol{A}$ 与 $\boldsymbol{C}$ 相似(传递性).

性质 4 若 $\boldsymbol{A}$ 与 $\boldsymbol{B}$ 相似,则 $\boldsymbol{A}^{\mathrm{T}}$ 与 $\boldsymbol{B}^{\mathrm{T}}$、$\boldsymbol{A}^m$ 与 $\boldsymbol{B}^m$(m 为任一正整数)相似.

性质 5 若可逆阵 $\boldsymbol{A}$ 与 $\boldsymbol{B}$ 相似,则 $\boldsymbol{A}^{-1}$ 与 $\boldsymbol{B}^{-1}$ 也相似.

性质 6 若 $\boldsymbol{A}$ 与 $\boldsymbol{B}$ 相似,则 $\boldsymbol{A}$ 与 $\boldsymbol{B}$ 的特征多项式相同,从而有相同的特征值.

证 这里我们仅证明性质 5、性质 6,其余留给读者自行完成.

因为可逆矩阵 $\boldsymbol{A}$ 与 $\boldsymbol{B}$ 相似,则存在可逆矩阵 $\boldsymbol{P}$,使得 $\boldsymbol{P}^{-1}\boldsymbol{A}\boldsymbol{P}=\boldsymbol{B}$ 成立,两边求逆可得 $\boldsymbol{P}^{-1}\boldsymbol{A}^{-1}\boldsymbol{P}=\boldsymbol{B}^{-1}$,所以 $\boldsymbol{A}^{-1}$ 与 $\boldsymbol{B}^{-1}$ 相似. 这样证明了性质 5,下面来证明性质 6.

因为 $\boldsymbol{A}$ 与 $\boldsymbol{B}$ 相似,则存在可逆矩阵 $\boldsymbol{P}$,使得 $\boldsymbol{B}=\boldsymbol{P}^{-1}\boldsymbol{A}\boldsymbol{P}$,这时有

$$|\boldsymbol{B}-\lambda\boldsymbol{I}|=|\boldsymbol{P}^{-1}\boldsymbol{A}\boldsymbol{P}-\lambda\boldsymbol{I}|=|\boldsymbol{P}^{-1}(\boldsymbol{A}-\lambda\boldsymbol{I})\boldsymbol{P}|=|\boldsymbol{P}^{-1}|\,|\boldsymbol{A}-\lambda\boldsymbol{I}|\,|\boldsymbol{P}|=|\boldsymbol{A}-\lambda\boldsymbol{I}|$$

所以 $\boldsymbol{A}$ 与 $\boldsymbol{B}$ 的特征多项式相同,从而 $\boldsymbol{A}$ 与 $\boldsymbol{B}$ 有相同的特征值. 联系式(5.1-3)、式(5.1-4)可知:**相似矩阵具有相同的迹及相同的行列式.**

注意,这个性质的逆命题不成立. 即若 $\boldsymbol{A}$ 与 $\boldsymbol{B}$ 的特征多项式或所有的特征值都相同,$\boldsymbol{A}$ 却不一定与 $\boldsymbol{B}$ 相似. 这可参看下例.

例如 $\boldsymbol{A}=\begin{pmatrix}1&0\\0&1\end{pmatrix}$,$\boldsymbol{B}=\begin{pmatrix}1&1\\0&1\end{pmatrix}$. 容易算出 $\boldsymbol{A}$ 与 $\boldsymbol{B}$ 的特征多项式均为 $(\lambda-1)^2$,但事实上,$\boldsymbol{A}$ 是一个单位矩阵,对任意的可逆矩阵 $\boldsymbol{P}$ 有

$$\boldsymbol{P}^{-1}\boldsymbol{A}\boldsymbol{P}=\boldsymbol{P}^{-1}\boldsymbol{I}\boldsymbol{P}=\boldsymbol{P}^{-1}\boldsymbol{P}=\boldsymbol{I}$$

因此若 $\boldsymbol{B}$ 与 $\boldsymbol{A}$ 相似,则 $\boldsymbol{B}$ 必是单位矩阵. 而现在 $\boldsymbol{B}$ 不是单位矩阵.

定义 2 如果矩阵 $\boldsymbol{A}$ 相似于一个对角阵,则称矩阵 $\boldsymbol{A}$ **可对角化.**

定理 1 n 阶方阵 $\boldsymbol{A}$ 可对角化的充分必要条件是 $\boldsymbol{A}$ 有 n 个线性无关的特征向量.

证 必要性 如矩阵 $\boldsymbol{A}$ 可对角化,即存在可逆阵 $\boldsymbol{P}$ 及对角阵 $\boldsymbol{\Lambda}$,使得 $\boldsymbol{P}^{-1}\boldsymbol{A}\boldsymbol{P}=\boldsymbol{\Lambda}$,则 $\boldsymbol{A}\boldsymbol{P}=\boldsymbol{P}\boldsymbol{\Lambda}$,令 $\boldsymbol{P}=(\boldsymbol{x}_1,\boldsymbol{x}_2,\cdots,\boldsymbol{x}_n)$,则 $\boldsymbol{x}_i\neq\boldsymbol{0}$ 且 $\boldsymbol{A}\boldsymbol{P}=\boldsymbol{P}\boldsymbol{\Lambda}$ 可写成

$$\boldsymbol{A}(\boldsymbol{x}_1,\boldsymbol{x}_2,\cdots,\boldsymbol{x}_n)=(\boldsymbol{x}_1,\boldsymbol{x}_2,\cdots,\boldsymbol{x}_n)\begin{pmatrix}\lambda_1&0&\cdots&0\\0&\lambda_2&\cdots&0\\\vdots&\vdots&\ddots&\vdots\\0&0&\cdots&\lambda_n\end{pmatrix}$$

即

$$Ax_i=\lambda_i x_i \quad (i=1,2,\cdots,n)$$

所以,λ_i 为A 的特征值,对应λ_i 的特征向量为x_i. 由于P 可逆,故$x_1,x_2,\cdots,x_n$ 线性无关.

充分性 设A 有n 个线性无关的特征向量$x_1,x_2,\cdots,x_n$ 分别对应的特征值为$\lambda_1,\lambda_2,\cdots,\lambda_n$,则$Ax_i=\lambda_i x_i(i=1,2,\cdots,n)$. 令$P=(x_1,x_2,\cdots,x_n)$,显然$P$ 可逆,且

$$AP=A(x_1,x_2,\cdots,x_n)=(\lambda_1x_1,\lambda_2x_2,\cdots,\lambda_nx_n)=(x_1,x_2,\cdots,x_n)\begin{pmatrix}\lambda_1 & 0 & \cdots & 0\\ 0 & \lambda_2 & \cdots & 0\\ \vdots & \vdots & \ddots & \vdots\\ 0 & 0 & \cdots & \lambda_n\end{pmatrix}=P\Lambda$$

所以

$$P^{-1}AP=\Lambda$$

注 若$\lambda_1,\lambda_2,\cdots,\lambda_n$ 对应的线性无关的特征向量为$\xi_1,\xi_2,\cdots,\xi_n$,则可以取相似变换矩阵$P=(\xi_1,\xi_2,\cdots,\xi_n)$,对角阵$\Lambda=\mathrm{diag}(\lambda_1,\lambda_2,\cdots,\lambda_n)$.

由定理1及5.1节中的性质5可得以下推论:

推论1 如果n 阶方阵A 的n 个特征值互不相同,则A 必可对角化.

推论2 设n 阶方阵A 有m 个互不相同的特征值$\lambda_1,\lambda_2,\cdots,\lambda_m$,其几何重数分别为$r_1,r_2,\cdots,r_m$,且$r_1+r_2+\cdots+r_m=n$,即对应$r_i$ 重特征值λ_i 有r_i 个线性无关的特征向量$(i=1,2,\cdots,m)$,则A 可对角化.

推论1和推论2是判断方阵A 是否可对角化的常用条件,实际上,结合本节定理2,还有如下推论.

推论3 n 阶方阵A 可对角化的充分必要条件为其每一特征值的代数重数等于几何重数,即对每个λ 有$m_\lambda=\rho_\lambda$. 亦即$m_\lambda=n-r(A-\lambda I)$.

定理2 对A 的每个特征值λ_0,必有$1\leqslant\rho_{\lambda_0}\leqslant m_{\lambda_0}$.

证 因为λ_0 为A 的特征值,所以$|A-\lambda_0 I|=0$ 即$r(A-\lambda_0 I)<n$,

故$\rho_{\lambda_0}=n-r(A-\lambda_0 I)\geqslant 1$,

设$\rho_{\lambda_0}=k$,即$p_1, p_2, \cdots, p_k$ 是A 的属于λ_0 的线性无关特征向量,即有

$$Ap_i=\lambda_0 p_i,\ i=1,\ 2,\ \cdots,\ k$$

则可以构造一个可逆阵P,使向量组$p_1, p_2, \cdots, p_k$ 恰为其第1, 2, …, k 列(参考习题4.34),第$k+1$, …, n 列依次记为$p_{k+1}, \cdots, p_n$,则虽然它们未必是A 的特征向量,但一定成立

$$Ap_j=\sum_{i=1}^{n}b_{ij}p_i,\ j=k+1,\ \cdots,\ n$$

这是因为,线性无关的向量组$p_1, p_2, \cdots, p_n$ 可以作为R^n 的一组基,n 维向量Ap_j 可以由它们唯一线性表示,其中b_{ij} 是系数. 将上两式合并一个矩阵等式,即有

$$A(p_1,\ p_2,\ \cdots,\ p_n)=(p_1,\ p_2,\ \cdots,\ p_n)\begin{pmatrix}\lambda_0 & & & b_{1,k+1} & \cdots & b_{1,n}\\ & \ddots & & \vdots & & \vdots\\ & & \lambda_0 & b_{k,k+1} & \cdots & b_{k,n}\\ & & & \vdots & & \vdots\\ & & & b_{n,k+1} & \cdots & b_{n,n}\end{pmatrix}$$

由 $\boldsymbol{P}=(\boldsymbol{p}_1,\boldsymbol{p}_2,\cdots,\boldsymbol{p}_n)$ 可逆,得 $\boldsymbol{P}^{-1}\boldsymbol{AP}=\begin{pmatrix}\lambda_0 & & & b_{1,k+1} & \cdots & b_{1,n}\\ & \ddots & & \vdots & & \vdots\\ & & \lambda_0 & b_{k,k+1} & \cdots & b_{k,n}\\ & & & \vdots & & \vdots\\ & & & b_{n,k+1} & \cdots & b_{n,n}\end{pmatrix}$

(5.2-1)

若分别记 $\boldsymbol{B}_1=\begin{pmatrix}b_{1,k+1} & \cdots & b_{1,n}\\ \vdots & & \vdots\\ b_{k,k+1} & \cdots & b_{k,n}\end{pmatrix}$, $\boldsymbol{A}_1=\begin{pmatrix}b_{k+1,k+1} & \cdots & b_{k+1,n}\\ \vdots & & \vdots\\ b_{n,k+1} & \cdots & b_{n,n}\end{pmatrix}$

式(5.2-1)可写成分块形式

$$\boldsymbol{P}^{-1}\boldsymbol{AP}=\begin{bmatrix}\lambda_0\boldsymbol{I}_k & \boldsymbol{B}_1\\ \boldsymbol{O} & \boldsymbol{A}_1\end{bmatrix} \tag{5.2-2}$$

因 $\boldsymbol{A}$ 与 $\boldsymbol{P}^{-1}\boldsymbol{AP}$ 相似,故具有相同的特征多项式,即

$$|\boldsymbol{A}-\lambda\boldsymbol{I}|=\begin{vmatrix}(\lambda_0-\lambda)\boldsymbol{I}_k & \boldsymbol{B}_1\\ \boldsymbol{O} & \boldsymbol{A}_1-\lambda\boldsymbol{I}_{n-k}\end{vmatrix}=(\lambda_0-\lambda)^k\,|\boldsymbol{A}_1-\lambda\boldsymbol{I}_{n-k}|$$

令 $|\boldsymbol{A}-\lambda\boldsymbol{I}|=0$ 得 λ_0 至少是 $\boldsymbol{A}$ 的 k 重根. 故

$$m_{\lambda_0}\geqslant k=n-r(\boldsymbol{A}-\lambda_0\boldsymbol{I})=\rho_{\lambda_0}$$

由定理 2 知,对单特征根必满足 $m_\lambda=\rho_\lambda$,有重根时,如有一个 λ 成立 $\rho_\lambda<m_\lambda$,则由推论 3 可知 $\boldsymbol{A}$ 必不可对角化.

据此,判别 $\boldsymbol{A}$ 可对角化与否的步骤为:

(1) 解特征方程 $|\boldsymbol{A}-\lambda\boldsymbol{I}|=0$ 得出全部特征值;

(2) 若特征值两两不等,则 $\boldsymbol{A}$ 必可对角化;

(3) 若特征值有重根,对每个重特征值 λ_i,再判断其代数重数是否等于其几何重数. 如果有一个特征值不满足,则 $\boldsymbol{A}$ 必不可对角化.

例 1 下列矩阵中,哪些可以对角化?哪些不可对角化?对于可对角化的矩阵,求出可逆阵 $\boldsymbol{P}$,使得 $\boldsymbol{P}^{-1}\boldsymbol{AP}=\boldsymbol{\Lambda}$:

(1) $\boldsymbol{A}=\begin{pmatrix}1 & 1 & -1\\ 0 & 2 & 1\\ 0 & 0 & 3\end{pmatrix}$; (2) $\boldsymbol{B}=\begin{pmatrix}3 & 1 & 0\\ -4 & -1 & 0\\ 4 & 8 & -2\end{pmatrix}$; (3) $\boldsymbol{C}=\begin{pmatrix}1 & 2 & 2\\ 2 & 1 & 2\\ 2 & 2 & 1\end{pmatrix}$.

解 以上三个矩阵就是 5.1.2 节中的例 1、例 2、例 3 中的矩阵,由此可知:

(1) 因为 $\boldsymbol{A}$ 的 3 个特征值互不相同,由推论 1 知必可对角化. 记对应于特征值 1,2,3 的特征向量分别为 $\boldsymbol{\xi}_1=(1,0,0)^{\mathrm{T}}$,$\boldsymbol{\xi}_2=(1,1,0)^{\mathrm{T}}$,$\boldsymbol{\xi}_3=(0,1,1)^{\mathrm{T}}$. 令

$$\boldsymbol{P}=(\boldsymbol{\xi}_1,\boldsymbol{\xi}_2,\boldsymbol{\xi}_3)=\begin{pmatrix}1 & 1 & 0\\ 0 & 1 & 1\\ 0 & 0 & 1\end{pmatrix},\boldsymbol{\Lambda}=\begin{pmatrix}1 & 0 & 0\\ 0 & 2 & 0\\ 0 & 0 & 3\end{pmatrix},$$

则必有 $\boldsymbol{P}^{-1}\boldsymbol{AP}=\boldsymbol{\Lambda}$.

(2) 由于 $\boldsymbol{B}$ 的特征值 1 为二重根,但对应的几何重数为 1 即 $\rho_1=1<2=m_1$,故由推论 3 知 $\boldsymbol{B}$ 不可对角化.

(3) 由于矩阵 $\boldsymbol{C}$ 的 3 个特征值分别为 5,−1,−1,对应的 3 个线性无关的特征向量可取 $\boldsymbol{\xi}_1=(1,1,1)^{\mathrm{T}}$,$\boldsymbol{\xi}_2=(-1,1,0)^{\mathrm{T}}$,$\boldsymbol{\xi}_3=(-1,0,1)^{\mathrm{T}}$,故由推论 3 知,$\boldsymbol{C}$ 必可对角化,令

$$\boldsymbol{P}=(\boldsymbol{\xi}_1,\boldsymbol{\xi}_2,\boldsymbol{\xi}_3)=\begin{pmatrix}1&-1&-1\\1&1&0\\1&0&1\end{pmatrix},\boldsymbol{\Lambda}=\begin{pmatrix}5&0&0\\0&-1&0\\0&0&-1\end{pmatrix}$$

必有 $\boldsymbol{P}^{-1}\boldsymbol{CP}=\boldsymbol{\Lambda}$ 成立.

例 2 已知矩阵 $\boldsymbol{A}$ 与 $\boldsymbol{B}$ 相似,其中

$$\boldsymbol{A}=\begin{pmatrix}2&0&0\\0&a&2\\0&2&3\end{pmatrix},\quad \boldsymbol{B}=\begin{pmatrix}2&0&0\\0&1&0\\0&0&b\end{pmatrix}$$

(1) 求 a,b 的值; (2) 求可逆矩阵 $\boldsymbol{P}$,使 $\boldsymbol{P}^{-1}\boldsymbol{AP}=\boldsymbol{B}$; (3) 求 $\boldsymbol{A}^n$(n 为正整数).

解 (1) 由相似矩阵具有相同的特征值及式(5.1-3)和式(5.1-4)可知 $\mathrm{tr}(\boldsymbol{A})=\mathrm{tr}(\boldsymbol{B})$,即 $2+a+3=2+1+b$;$|\boldsymbol{A}|=|\boldsymbol{B}|$ 即 $2(3a-4)=2b$;故 $b=a+2$,$b=3a-4$ 得 $a=3$,$b=5$.

(2) 对 $\lambda=2$,求得 $(\boldsymbol{A}-2\boldsymbol{I})\boldsymbol{x}=\boldsymbol{0}$ 的基础解系 $(1,0,0)^{\mathrm{T}}$;

对 $\lambda=1$,求得 $(\boldsymbol{A}-\boldsymbol{I})\boldsymbol{x}=\boldsymbol{0}$ 的基础解系 $(0,-1,1)^{\mathrm{T}}$;

对 $\lambda=5$,求得 $(\boldsymbol{A}-5\boldsymbol{I})\boldsymbol{x}=\boldsymbol{0}$ 的基础解系 $(0,1,1)^{\mathrm{T}}$.

令 $\boldsymbol{P}=\begin{pmatrix}1&0&0\\0&-1&1\\0&1&1\end{pmatrix}$,则 $\boldsymbol{P}^{-1}\boldsymbol{AP}=\boldsymbol{B}$ 成立.

(3) 因 $\boldsymbol{A}=\boldsymbol{PBP}^{-1}$,有 $\boldsymbol{A}^n=\boldsymbol{PB}^n\boldsymbol{P}^{-1}$,由 $\boldsymbol{P}=\begin{pmatrix}1&0&0\\0&-1&1\\0&1&1\end{pmatrix}$,解得 $\boldsymbol{P}^{-1}=\begin{pmatrix}1&0&0\\0&-\frac{1}{2}&\frac{1}{2}\\0&\frac{1}{2}&\frac{1}{2}\end{pmatrix}$,

故

$$\boldsymbol{A}^n=\begin{pmatrix}1&0&0\\0&-1&1\\0&1&1\end{pmatrix}\begin{pmatrix}2^n&0&0\\0&1&0\\0&0&5^n\end{pmatrix}\begin{pmatrix}1&0&0\\0&-\frac{1}{2}&\frac{1}{2}\\0&\frac{1}{2}&\frac{1}{2}\end{pmatrix}=\begin{pmatrix}2^n&0&0\\0&\frac{5^n+1}{2}&\frac{5^n-1}{2}\\0&\frac{5^n-1}{2}&\frac{5^n+1}{2}\end{pmatrix}$$

练习 3 设 $\boldsymbol{A}=\begin{pmatrix}0&0&1\\a&1&b\\1&0&0\end{pmatrix}$ 可对角化,求 a 与 b 应满足的关系式.

5.3 实对称矩阵的对角化

正如 5.2 节所讨论的那样,一般的方阵并不都可对角化,但对于在应用中经常遇到的实对称矩阵而言一定可以对角化,这是由于实对称矩阵的特征值和特征向量具有一些特殊的性质.

性质 1 n 阶实对称矩阵 $\boldsymbol{A}$ 的特征值全是实数.

证　大家知道,复数 $\lambda=a+b\mathrm{i}$ 的共轭复数 $\bar{\lambda}=a-b\mathrm{i}$, $\lambda\bar{\lambda}=a^2+b^2=\|\lambda\|^2$,矩阵 $\boldsymbol{A}=(a_{ij})_{n\times n}$,则 $\boldsymbol{A}$ 的共轭 $\overline{\boldsymbol{A}}=(\bar{a}_{ij})_{n\times n}$,结合矩阵乘法的定义显然有性质 $\overline{\boldsymbol{AB}}=\overline{\boldsymbol{A}}\,\overline{\boldsymbol{B}}$.

设复数 λ 为实对称矩阵 $\boldsymbol{A}$ 的特征值,复向量 $\boldsymbol{x}$ 为对应的特征向量,即 $\boldsymbol{Ax}=\lambda\boldsymbol{x}$, $\boldsymbol{x}\neq\boldsymbol{0}$,成立

$$\boldsymbol{A}\bar{\boldsymbol{x}}=\overline{\boldsymbol{A}}\bar{\boldsymbol{x}}=\overline{\boldsymbol{Ax}}=\overline{\lambda\boldsymbol{x}}=\bar{\lambda}\bar{\boldsymbol{x}}$$

于是有

$$\bar{\boldsymbol{x}}^{\mathrm{T}}\boldsymbol{Ax}=\bar{\boldsymbol{x}}^{\mathrm{T}}(\boldsymbol{Ax})=\bar{\boldsymbol{x}}^{\mathrm{T}}\cdot\lambda\boldsymbol{x}=\lambda\bar{\boldsymbol{x}}^{\mathrm{T}}\boldsymbol{x}$$

及

$$\bar{\boldsymbol{x}}^{\mathrm{T}}\boldsymbol{Ax}=(\bar{\boldsymbol{x}}^{\mathrm{T}}\boldsymbol{A}^{\mathrm{T}})\boldsymbol{x}=(\boldsymbol{A}\bar{\boldsymbol{x}})^{\mathrm{T}}\boldsymbol{x}=(\bar{\lambda}\bar{\boldsymbol{x}})^{\mathrm{T}}\boldsymbol{x}=\bar{\lambda}\bar{\boldsymbol{x}}^{\mathrm{T}}\boldsymbol{x}$$

两式相减,得

$$(\lambda-\bar{\lambda})\bar{\boldsymbol{x}}^{\mathrm{T}}\boldsymbol{x}=0$$

但因 $\boldsymbol{x}\neq\boldsymbol{0}$, 所以

$$\bar{\boldsymbol{x}}^{\mathrm{T}}\boldsymbol{x}=\sum_{i=1}^{n}\bar{\boldsymbol{x}}_i\boldsymbol{x}_i=\sum_{i=1}^{n}\|\boldsymbol{x}_i\|^2\neq 0$$

故 $\lambda-\bar{\lambda}=0$,即 $\lambda=\bar{\lambda}$, 说明实对称矩阵的特征值 λ 是实数.

性质 2　设 λ_1,λ_2 是实对称矩阵 $\boldsymbol{A}$ 的两个不同的特征值,$\boldsymbol{x}_1,\boldsymbol{x}_2$ 是对应的特征向量,则 $\boldsymbol{x}_1$ 与 $\boldsymbol{x}_2$ 正交.

证　由已知 $\lambda_1\boldsymbol{x}_1=\boldsymbol{Ax}_1,\lambda_2\boldsymbol{x}_2=\boldsymbol{Ax}_2,\lambda_1\neq\lambda_2$. 因为 $\boldsymbol{A}$ 对称,故

$$\lambda_1\boldsymbol{x}_1^{\mathrm{T}}=(\lambda_1\boldsymbol{x}_1)^{\mathrm{T}}=(\boldsymbol{Ax}_1)^{\mathrm{T}}=\boldsymbol{x}_1^{\mathrm{T}}\boldsymbol{A}^{\mathrm{T}}=\boldsymbol{x}_1^{\mathrm{T}}\boldsymbol{A}$$

右乘 $\boldsymbol{x}_2$,得

$$\lambda_1\boldsymbol{x}_1^{\mathrm{T}}\boldsymbol{x}_2=\boldsymbol{x}_1^{\mathrm{T}}\boldsymbol{Ax}_2=\boldsymbol{x}_1^{\mathrm{T}}(\lambda_2\boldsymbol{x}_2)=\lambda_2\boldsymbol{x}_1^{\mathrm{T}}\boldsymbol{x}_2$$

整理得 $(\lambda_1-\lambda_2)\boldsymbol{x}_1^{\mathrm{T}}\boldsymbol{x}_2=0$,但 $(\lambda_1-\lambda_2)\neq 0$,故 $\boldsymbol{x}_1^{\mathrm{T}}\boldsymbol{x}_2=0$,即 $\boldsymbol{x}_1$ 与 $\boldsymbol{x}_2$ 正交.

性质 3　n 阶实对称矩阵 $\boldsymbol{A}$ 的每一特征值 λ,都有代数重数,等于几何重数,即 $m_\lambda=\rho_\lambda$.

证　设矩阵 $\boldsymbol{A}$ 的特征值 λ 的代数重数 $m_\lambda=k$, 几何重数 $\rho_\lambda=l$, 则可找到 l 个规范正交的特征向量 $\boldsymbol{q}_i(i=1,2,\cdots,l)$,满足

$$\boldsymbol{Aq}_i=\lambda\boldsymbol{q}_i$$

于是构造出一个 n 阶正交阵 $\boldsymbol{P}$,使 $\boldsymbol{P}$ 的前 l 列就是 $\boldsymbol{q}_1,\boldsymbol{q}_2,\cdots,\boldsymbol{q}_l$(参考习题 4.35),从定理 2 可知 $l\leqslant k$,下证 $l=k$.

由于 $\boldsymbol{P}^{-1}\boldsymbol{AP}=\boldsymbol{P}^{\mathrm{T}}\boldsymbol{AP}$ 也是对称阵,故定理 2 中的式(5.2-2)成为

$$\boldsymbol{P}^{-1}\boldsymbol{AP}=\begin{pmatrix}\lambda&&&&\\&\lambda&&&\\&&\ddots&&\\&&&\lambda&\\&&&&\boldsymbol{A}_1\end{pmatrix}\Big\}l$$

假定 $l<k$,从上式可知 λ 必是 $\boldsymbol{A}_1$ 的一个特征值,仿照上面的步骤,对 $\boldsymbol{A}_1$ 可作出一个 $n-l$ 阶的正交阵 $\boldsymbol{P}_1$,使

$$\boldsymbol{P}_1^{-1}\boldsymbol{A}_1\boldsymbol{P}_1=\begin{pmatrix}\lambda&&&&\\&\lambda&&&\\&&\ddots&&\\&&&\lambda&\\&&&&\boldsymbol{A}_2\end{pmatrix}\Big\}k-l$$

从而可作出 n 阶正交阵

$$Q=P\begin{pmatrix}I_l & O\\ O & P_1\end{pmatrix}$$

因

$$Q^{-1}=Q^{\mathrm{T}}=\begin{pmatrix}I_l & O\\ O & P_1^{\mathrm{T}}\end{pmatrix}P^{\mathrm{T}}$$

故

$$Q^{-1}AQ=\left[\begin{array}{ccccc}\lambda & & & & \\ & \lambda & & & \\ & & \ddots & & \\ & & & \lambda & \\ & & & & A_2\end{array}\right]\begin{matrix}\left.\begin{matrix}\\ \\ \\ \\ \end{matrix}\right\}k\\ \\ \end{matrix}$$

于是,可以看出,矩阵

$$Q^{-1}(A-\lambda I)Q=Q^{-1}AQ-\lambda I=\begin{pmatrix}O & O\\ O & A_2-\lambda I\end{pmatrix}$$

的秩,即 $r(A-\lambda I)=r(A_2-\lambda I)$ 不会超过 $n-k\leqslant n-(l+1)$,故齐次方程组

$$(A-\lambda I)x=0$$

的解空间的维数将不会低于$(l+1)$,与已知矩阵 A 的特征值 λ 的几何重数为 l 是矛盾的,说明假设 $l<k$ 错误,得证 $l=k$,即 $\rho_\lambda=m_\lambda$.

由性质 3 可知实对称矩阵必可对角化,即存在可逆阵 P 使 $P^{-1}AP=\Lambda$ 成立. 进而,问实对称矩阵是否可以正交对角化,即找到正交阵 Q,使得 $Q^{-1}AQ=Q^{\mathrm{T}}AQ=\Lambda$ 成立? 回答是肯定的.

当实对称阵 A 的 n 个特征值互不相同时,由性质 3 知对应的特征向量必正交,只要对每个向量规范化,即得 n 个彼此正交的单位向量,拼成的矩阵 Q 即为正交阵.

当实对称阵 A 有重根时,通过对重根对应的基础解系进行施密特正交化后,再对每个特征向量规范化即得 n 个彼此正交的单位向量,拼成的矩阵 Q 即为正交阵.

下面我们举例说明对实对称阵如何正交对角化.

例 1 对于下列实对称阵 A,求正交矩阵 Q,使 $Q^{-1}AQ$ 为对角阵:

(1) $A=\begin{pmatrix}1 & 0 & 1\\ 0 & 1 & 1\\ 1 & 1 & 2\end{pmatrix}$; (2) $A=\begin{pmatrix}1 & -2 & 2\\ -2 & -2 & 4\\ 2 & 4 & -2\end{pmatrix}$.

解 (1) 因为 $|A-\lambda I|=\begin{vmatrix}1-\lambda & 0 & 1\\ 0 & 1-\lambda & 1\\ 1 & 1 & 2-\lambda\end{vmatrix}=(1-\lambda)(\lambda^2-3\lambda+1)-(1-\lambda)$

$$=(1-\lambda)(\lambda-3)\lambda=0$$

所以 3 个特征值 $\lambda_1=0,\lambda_2=1,\lambda_3=3$ 是互不相同的. 可分别对应求出 3 个特征向量: $x_1=(1,1,-1)^{\mathrm{T}},x_2=(-1,1,0)^{\mathrm{T}},x_3=(1,1,2)^{\mathrm{T}}$,它们是两两正交的,再规范化后可得 $\varepsilon_1=\dfrac{x_1}{\|x_1\|}=\left(\dfrac{1}{\sqrt{3}},\dfrac{1}{\sqrt{3}},-\dfrac{1}{\sqrt{3}}\right)^{\mathrm{T}},\varepsilon_2=\dfrac{x_2}{\|x_2\|}=\left(-\dfrac{1}{\sqrt{2}},\dfrac{1}{\sqrt{2}},0\right)^{\mathrm{T}},\varepsilon_3=\dfrac{x_3}{\|x_3\|}=\left(\dfrac{1}{\sqrt{6}},\dfrac{1}{\sqrt{6}},\dfrac{2}{\sqrt{6}}\right)^{\mathrm{T}}$,

则有正交阵 $\boldsymbol{Q}=(\boldsymbol{\varepsilon}_1,\boldsymbol{\varepsilon}_2,\boldsymbol{\varepsilon}_3)=\begin{pmatrix}\frac{1}{\sqrt{3}} & -\frac{1}{\sqrt{2}} & \frac{1}{\sqrt{6}}\\ \frac{1}{\sqrt{3}} & \frac{1}{\sqrt{2}} & \frac{1}{\sqrt{6}}\\ -\frac{1}{\sqrt{3}} & 0 & \frac{2}{\sqrt{6}}\end{pmatrix}$,使得

$$\boldsymbol{Q}^{-1}\boldsymbol{A}\boldsymbol{Q}=\boldsymbol{Q}^{\mathrm{T}}\boldsymbol{A}\boldsymbol{Q}=\boldsymbol{\Lambda}=\begin{pmatrix}0&0&0\\0&1&0\\0&0&3\end{pmatrix}$$

(2) 因为 $|\boldsymbol{A}-\lambda\boldsymbol{I}|=\begin{vmatrix}1-\lambda & -2 & 2\\ -2 & -2-\lambda & 4\\ 2 & 4 & -2-\lambda\end{vmatrix}=\begin{vmatrix}1-\lambda & -2 & 2\\ 0 & 2-\lambda & 2-\lambda\\ 2 & 4 & -2-\lambda\end{vmatrix}$

$$=\begin{vmatrix}1-\lambda & -2 & 4\\ 0 & 2-\lambda & 0\\ 2 & 4 & -6-\lambda\end{vmatrix}=(2-\lambda)(\lambda^2+5\lambda-14)$$

$$=(2-\lambda)(\lambda-2)(\lambda+7)=0$$

所以 $\lambda_{1,2}=2,\lambda_3=-7$.

当 $\lambda_{1,2}=2$ 时,由 $(\boldsymbol{A}-2\boldsymbol{I})=\begin{pmatrix}-1&-2&2\\-2&-4&4\\2&4&-4\end{pmatrix}\sim\begin{pmatrix}1&2&-2\\0&0&0\\0&0&0\end{pmatrix}$,得基础解系为

$\boldsymbol{\alpha}_1=\begin{pmatrix}-2\\1\\0\end{pmatrix},\boldsymbol{\alpha}_2=\begin{pmatrix}2\\0\\1\end{pmatrix}$,进行施密特正交化得

$$\boldsymbol{\beta}_1=\boldsymbol{\alpha}_1=\begin{pmatrix}-2\\1\\0\end{pmatrix},\boldsymbol{\beta}_2=\boldsymbol{\alpha}_2-\frac{\langle\boldsymbol{\beta}_1,\boldsymbol{\alpha}_2\rangle}{\langle\boldsymbol{\beta}_1,\boldsymbol{\beta}_1\rangle}\boldsymbol{\beta}_1=\begin{pmatrix}2\\0\\1\end{pmatrix}-\frac{(-4)}{5}\begin{pmatrix}-2\\1\\0\end{pmatrix}=\begin{pmatrix}\frac{2}{5}\\ \frac{4}{5}\\ 1\end{pmatrix}$$

再规范化可得 $\boldsymbol{\varepsilon}_1=\frac{1}{\sqrt{5}}\begin{pmatrix}-2\\1\\0\end{pmatrix},\boldsymbol{\varepsilon}_2=\frac{1}{\sqrt{45}}\begin{pmatrix}2\\4\\5\end{pmatrix}$.

当 $\lambda_3=-7$ 时,由

$$(\boldsymbol{A}+7\boldsymbol{I})=\begin{pmatrix}8&-2&2\\-2&5&4\\2&4&5\end{pmatrix}\sim\begin{pmatrix}0&-18&-18\\0&9&9\\2&4&5\end{pmatrix}\sim\begin{pmatrix}0&0&0\\0&1&1\\2&0&1\end{pmatrix}\sim\begin{pmatrix}0&0&0\\-2&1&0\\2&0&1\end{pmatrix}$$

得基础解系 $\boldsymbol{\alpha}_3=\begin{pmatrix}1\\2\\-2\end{pmatrix}$,规范化得 $\boldsymbol{\varepsilon}_3=\begin{pmatrix}\frac{1}{3}\\ \frac{2}{3}\\ -\frac{2}{3}\end{pmatrix}$. 于是有正交阵

$$Q=(\boldsymbol{\varepsilon}_1,\boldsymbol{\varepsilon}_2,\boldsymbol{\varepsilon}_3)=\begin{pmatrix}-\frac{2}{\sqrt{5}} & \frac{2}{\sqrt{45}} & \frac{1}{3}\\ \frac{1}{\sqrt{5}} & \frac{4}{\sqrt{45}} & \frac{2}{3}\\ 0 & \frac{5}{\sqrt{45}} & -\frac{2}{3}\end{pmatrix}$$

使成立 $Q^{-1}AQ=\Lambda=\begin{pmatrix}2&0&0\\0&2&0\\0&0&-7\end{pmatrix}$.

例 2 假设 6,3,3 为实对称矩阵 A 的特征值,且属于特征值 6 的特征向量为 $\boldsymbol{\eta}=(1,-1,1)^{\mathrm{T}}$.(1) 求属于特征值 3 的特征向量;(2) 求矩阵 A.

解 (1)因为 A 为实对称阵,所以属于不同特征值的特征向量必正交,那么属于 3 的特征向量 $\boldsymbol{x}$ 应满足 $\boldsymbol{\eta}^{\mathrm{T}}\boldsymbol{x}=(1,-1,1)\boldsymbol{x}=0$,即 $x_1-x_2+x_3=0$,解之得对应于 3 的全部特征向量为

$$\boldsymbol{x}=c_1\begin{pmatrix}1\\1\\0\end{pmatrix}+c_2\begin{pmatrix}-1\\0\\1\end{pmatrix}(c_1,c_2\text{ 不全为零})$$

(2) 由(1)取基础解系 $\boldsymbol{\alpha}_1=(1,1,0)^{\mathrm{T}},\boldsymbol{\alpha}_2=(-1,0,1)^{\mathrm{T}}$,施密特正交化得

$$\boldsymbol{\beta}_1=\boldsymbol{\alpha}_1=(1,1,0)^{\mathrm{T}},\boldsymbol{\beta}_2=\boldsymbol{\alpha}_2-\frac{\langle\boldsymbol{\beta}_1,\boldsymbol{\alpha}_2\rangle}{\langle\boldsymbol{\beta}_1,\boldsymbol{\beta}_1\rangle}\boldsymbol{\beta}_1=\left(-\frac{1}{2},\frac{1}{2},1\right)^{\mathrm{T}}$$

规范化得 $\boldsymbol{\varepsilon}_1=\begin{pmatrix}\frac{1}{\sqrt{2}}\\ \frac{1}{\sqrt{2}}\\ 0\end{pmatrix}$, $\boldsymbol{\varepsilon}_2=\begin{pmatrix}-\frac{1}{\sqrt{6}}\\ \frac{1}{\sqrt{6}}\\ \frac{2}{\sqrt{6}}\end{pmatrix}$, $\boldsymbol{\varepsilon}_3=\frac{\boldsymbol{\eta}}{\|\boldsymbol{\eta}\|}=\begin{pmatrix}\frac{1}{\sqrt{3}}\\ -\frac{1}{\sqrt{3}}\\ \frac{1}{\sqrt{3}}\end{pmatrix}$,令 $Q=(\boldsymbol{\varepsilon}_1,\boldsymbol{\varepsilon}_2,\boldsymbol{\varepsilon}_3)$,则有 $Q^{-1}AQ=\Lambda$,即

$$A=Q\Lambda Q^{-1}=Q\Lambda Q^{\mathrm{T}}=\begin{pmatrix}\frac{1}{\sqrt{2}} & -\frac{1}{\sqrt{6}} & \frac{1}{\sqrt{3}}\\ \frac{1}{\sqrt{2}} & \frac{1}{\sqrt{6}} & -\frac{1}{\sqrt{3}}\\ 0 & \frac{2}{\sqrt{6}} & \frac{1}{\sqrt{3}}\end{pmatrix}\begin{pmatrix}3&0&0\\0&3&0\\0&0&6\end{pmatrix}\begin{pmatrix}\frac{1}{\sqrt{2}} & \frac{1}{\sqrt{2}} & 0\\ -\frac{1}{\sqrt{6}} & \frac{1}{\sqrt{6}} & \frac{2}{\sqrt{6}}\\ \frac{1}{\sqrt{3}} & -\frac{1}{\sqrt{3}} & \frac{1}{\sqrt{3}}\end{pmatrix}=\begin{pmatrix}4&-1&1\\-1&4&-1\\1&-1&4\end{pmatrix}$$

事实上,若 $P=(\boldsymbol{\alpha}_1,\boldsymbol{\alpha}_2,\boldsymbol{\eta})=\begin{pmatrix}1&-1&1\\1&0&-1\\0&1&1\end{pmatrix}$,则 $P^{-1}=\begin{pmatrix}\frac{1}{3}&\frac{2}{3}&\frac{1}{3}\\ -\frac{1}{3}&\frac{1}{3}&\frac{2}{3}\\ \frac{1}{3}&-\frac{1}{3}&\frac{1}{3}\end{pmatrix}$,由

$$\boldsymbol{P}^{-1}\boldsymbol{A}\boldsymbol{P}=\boldsymbol{\Lambda}=\begin{pmatrix}3&0&0\\0&3&0\\0&0&6\end{pmatrix}$$

也可得到

$$\boldsymbol{A}=\boldsymbol{P}\boldsymbol{\Lambda}\boldsymbol{P}^{-1}=\begin{pmatrix}1&-1&1\\1&0&-1\\0&1&1\end{pmatrix}\begin{pmatrix}3&0&0\\0&3&0\\0&0&6\end{pmatrix}\begin{pmatrix}\frac{1}{3}&\frac{2}{3}&\frac{1}{3}\\-\frac{1}{3}&\frac{1}{3}&\frac{2}{3}\\\frac{1}{3}&-\frac{1}{3}&\frac{1}{3}\end{pmatrix}=\begin{pmatrix}4&-1&1\\-1&4&-1\\1&-1&4\end{pmatrix}$$

练习 4 判断矩阵 $\boldsymbol{A}=\begin{pmatrix}1&1&\cdots&1\\1&1&\cdots&1\\\vdots&\vdots&\ddots&\vdots\\1&1&\cdots&1\end{pmatrix}$ 与矩阵 $\boldsymbol{B}=\begin{pmatrix}n&0&\cdots&0\\1&0&\cdots&0\\\vdots&\vdots&\ddots&\vdots\\1&0&\cdots&0\end{pmatrix}$ 是否相似,为什么?

5.4** 约当标准形

5.4.1 约当(Jordan)标准形简介

我们在 5.2 节已经讲过,对一般矩阵而言,它不一定相似于一个对角矩阵. 那么能否相似于一个虽不是对角阵但仍相当简单的矩阵呢? 研究发现,任何一个方阵都可以相似于所谓的约当矩阵. 有关一个矩阵化为约当矩阵的理论称为**约当标准形理论**,它在实际中有广泛的应用,但由于它的理论比较复杂,我们在这里不打算全面介绍它,而只介绍这个理论的最主要的结果.

定义 1 设 $\boldsymbol{J}$ 是一个 s 阶矩阵,记 $\boldsymbol{J}=(a_{ij})_{s\times s}$,若 $\boldsymbol{J}$ 中元素满足以下条件:

(1) $a_{ii}=\lambda$;

(2) $a_{i,i+1}=1(i=1,2,\cdots,s-1)$;

(3) $\boldsymbol{J}$ 的其余元素全部为零.

则称 $\boldsymbol{J}$ 是一个 s 阶约当块. $\boldsymbol{J}$ 的形状为

$$\boldsymbol{J}=\begin{pmatrix}\lambda&1&&&\\&\lambda&1&&\\&&\ddots&\ddots&\\&&&\lambda&1\\&&&&\lambda\end{pmatrix}$$

定义 2 如果一个分块对角阵 $\boldsymbol{J}$ 的所有子块都是约当块,则称 $\boldsymbol{J}$ 为约当矩阵,即

$$\boldsymbol{J}=\begin{pmatrix}\boldsymbol{J}_1&&&\\&\boldsymbol{J}_2&&\\&&\ddots&\\&&&\boldsymbol{J}_t\end{pmatrix}$$

其中

$$J_i=\begin{pmatrix}\lambda_i & 1 & & & \\ & \lambda_i & 1 & & \\ & & \ddots & \ddots & \\ & & & \lambda_i & 1 \\ & & & & \lambda_i\end{pmatrix}$$

是约当块.

注意:每个约当块的阶数可能不相同,不同块的主对角线上元素也可以相等.

例 1 下列矩阵都是约当矩阵:

$$(1)\begin{pmatrix}1&0&0\\0&2&1\\0&0&2\end{pmatrix};\ (2)\begin{pmatrix}\sqrt{2}&1&0&0\\0&\sqrt{2}&0&0\\0&0&1&1\\0&0&0&1\end{pmatrix};\ (3)\begin{pmatrix}1&&&\\&2&&\\&&3&\\&&&4\end{pmatrix};\ (4)\begin{pmatrix}0&0&0\\0&-1&1\\0&0&-1\end{pmatrix}.$$

从中可以看出,对角矩阵是约当矩阵的特殊情况.

例 2 下列矩阵均不是约当矩阵:

$$(1)\begin{pmatrix}1&0&0\\0&0&1\\0&0&-1\end{pmatrix};\qquad (2)\begin{pmatrix}1&1&0&0\\0&1&0&0\\0&0&2&-1\\0&0&0&2\end{pmatrix}.$$

由约当矩阵的定义可以看出,约当矩阵是一种上三角矩阵. 因此,约当矩阵主对角线上的元素就是它的特征值.

下面就是著名的约当定理,我们略去了它的证明.

定理 1 任意的 n 阶方阵 $\boldsymbol{A}$ 都相似于一个约当矩阵. 也就是说,存在可逆矩阵 $\boldsymbol{P}$ 使 $\boldsymbol{P}^{-1}\boldsymbol{AP}=\boldsymbol{J}$ 是一个约当矩阵.

若不计较 $\boldsymbol{J}$ 主对角线上约当块的次序的话,则该约当矩阵是唯一的.

当矩阵 $\boldsymbol{A}$ 与约当矩阵 $\boldsymbol{J}$ 相似时,就说 $\boldsymbol{J}$ 是 $\boldsymbol{A}$ 的约当标准形,并记为 $\boldsymbol{J}_{\boldsymbol{A}}$. 若矩阵能相似对角化,则对角矩阵就是其约当标准形.

5.4.2 约当标准形的求法

求一个矩阵的约当标准形及变换矩阵有多种方法,我们在此介绍以定理 1 为前提的分析确定法. 即定理 1 已肯定了 $\boldsymbol{A}$ 能相似于一个约当矩阵 $\boldsymbol{J}_{\boldsymbol{A}}$,也指出存在可逆矩阵 $\boldsymbol{P}$,使得 $\boldsymbol{P}^{-1}\boldsymbol{AP}=\boldsymbol{J}_{\boldsymbol{A}}$,我们由此来分析 $\boldsymbol{J}_{\boldsymbol{A}}$ 的构造和 $\boldsymbol{P}$ 的求法.

设 $\boldsymbol{A}$ 为 n 阶方阵,由 $\boldsymbol{A}$ 相似于 $\boldsymbol{J}_{\boldsymbol{A}}$,得 $\boldsymbol{J}_{\boldsymbol{A}}$ 主对角线上元素是 $\boldsymbol{A}$ 的全部特征值. 设 $\boldsymbol{A}$ 的特征多项式为

$$|\lambda \boldsymbol{I}-\boldsymbol{A}|=(\lambda-\lambda_1)^{k_1}(\lambda-\lambda_2)^{k_2}\cdots(\lambda-\lambda_s)^{k_s}$$

其中 λ_i 是 $\boldsymbol{A}$ 的 k_i 重特征值,$\lambda_1,\lambda_2,\cdots,\lambda_s$ 互异,显然 $\sum\limits_{i=1}^{s}k_i=n$.

在定义 2 所示的标准形中,把同一特征值对应的若干个约当块排在一起,就有约当标

准形

$$\boldsymbol{J}_{\boldsymbol{A}}=\begin{pmatrix}\boldsymbol{A}_1(\lambda_1) & & & \\ & \boldsymbol{A}_2(\lambda_2) & & \\ & & \ddots & \\ & & & \boldsymbol{A}_s(\lambda_s)\end{pmatrix} \tag{5.4-1}$$

其中 $\boldsymbol{A}_i(\lambda_i)$是主对角线上元素为 λ_i 的 k_i 阶约当子矩阵. 根据式(5.4-1)所示 $\boldsymbol{J}_{\boldsymbol{A}}$ 的结构,把变换矩阵 $\boldsymbol{P}$ 相应取 k_1 列,k_2 列,…,k_s 列分块:

$$\boldsymbol{P}=(\boldsymbol{p}_1,\boldsymbol{p}_2,\cdots,\boldsymbol{p}_s)$$

其中 $\boldsymbol{p}_i$ 为 $n\times k_i$ 阶子块矩阵. 由 $\boldsymbol{AP}=\boldsymbol{PJ}_{\boldsymbol{A}}$,即

$$\boldsymbol{A}(\boldsymbol{p}_1,\boldsymbol{p}_2,\cdots,\boldsymbol{p}_s)=(\boldsymbol{p}_1,\boldsymbol{p}_2,\cdots,\boldsymbol{p}_s)\begin{pmatrix}\boldsymbol{A}_1(\lambda_1) & & & \\ & \boldsymbol{A}_2(\lambda_2) & & \\ & & \ddots & \\ & & & \boldsymbol{A}_s(\lambda_s)\end{pmatrix}$$

亦即

$$(\boldsymbol{Ap}_1,\boldsymbol{Ap}_2,\cdots,\boldsymbol{Ap}_s)=[\boldsymbol{p}_1\boldsymbol{A}_1(\lambda_1),\boldsymbol{p}_2\boldsymbol{A}_2(\lambda_2),\cdots,\boldsymbol{p}_s\boldsymbol{A}_s(\lambda)]$$

得

$$\boldsymbol{Ap}_i=\boldsymbol{p}_i\boldsymbol{A}_i(\lambda_i)(i=1,2,\cdots,s) \tag{5.4-2}$$

为表述简单起见,不失一般性,我们从式(5.4-2)中取 $i=1$,从等式 $\boldsymbol{Ap}_1=\boldsymbol{p}_1\boldsymbol{A}_1(\lambda_1)$分析 $\boldsymbol{p}_1$ 和 $\boldsymbol{A}_1(\lambda_1)$的情况.

设 k_1 阶约当矩阵 $\boldsymbol{A}_1(\lambda_1)$有 t 个约当块,即

$$\boldsymbol{A}_1(\lambda_1)=\begin{pmatrix}\boldsymbol{J}_1(\lambda_1) & & & \\ & \boldsymbol{J}_2(\lambda_1) & & \\ & & \ddots & \\ & & & \boldsymbol{J}_t(\lambda_1)\end{pmatrix} \tag{5.4-3}$$

其中 $\boldsymbol{J}_j(\lambda_1)$的阶数为 n_j. 有 $\sum\limits_{j=1}^{t}n_j=k_1$, 而且

$$\boldsymbol{J}_j(\lambda_j)=\begin{pmatrix}\lambda_1 & 1 & & \\ & \lambda_1 & 1 & \\ & & \ddots & \ddots \\ & & & \lambda_1\end{pmatrix}_{n_j\times n_j} \tag{5.4-4}$$

再把 $\boldsymbol{p}_1$ 按 n_1 列,n_2 列,…,n_t 列作相应分块为

$$\boldsymbol{p}_1=(\boldsymbol{p}_1{}^{(1)},\boldsymbol{p}_2{}^{(1)},\cdots,\boldsymbol{p}_t{}^{(1)})$$

其中 $\boldsymbol{p}_j{}^{(1)}$为 $n\times n_j$ 阶子矩阵($j=1,2,\cdots,t$).

设 $\boldsymbol{p}_j{}^{(1)}=(\boldsymbol{\alpha}_1,\boldsymbol{\beta}_2,\cdots,\boldsymbol{\beta}_{n_j})$,结合式(5.4-2),式(5.4-3)以及式(5.4-4)有

$$\boldsymbol{A}(\boldsymbol{\alpha}_1,\boldsymbol{\beta}_2,\cdots,\boldsymbol{\beta}_{n_j})=(\boldsymbol{\alpha}_1,\boldsymbol{\beta}_2,\cdots,\boldsymbol{\beta}_{n_j})\begin{pmatrix}\lambda_1 & 1 & & & \\ & \lambda_1 & 1 & & \\ & & \ddots & \ddots & \\ & & & \ddots & 1 \\ & & & & \lambda_1\end{pmatrix}_{n_j\times n_j}$$

得由 n_j 个方程组成的方程组

$$\begin{cases}\boldsymbol{A}\boldsymbol{\alpha}_1=\lambda_1\boldsymbol{\alpha}_1\\ \boldsymbol{A}\boldsymbol{\beta}_2=\boldsymbol{\alpha}_1+\lambda_1\boldsymbol{\beta}_2\\ \boldsymbol{A}\boldsymbol{\beta}_3=\boldsymbol{\beta}_2+\lambda_1\boldsymbol{\beta}_3\\ \qquad\vdots\\ \boldsymbol{A}\boldsymbol{\beta}_{n_j}=\boldsymbol{\beta}_{n_j-1}+\lambda_1\boldsymbol{\beta}_{n_j}\end{cases}$$

它等价于

$$\begin{cases}(\boldsymbol{A}-\lambda_1\boldsymbol{I})\boldsymbol{\alpha}_1=\boldsymbol{0}\\ (\boldsymbol{A}-\lambda_1\boldsymbol{I})\boldsymbol{\beta}_2=\boldsymbol{\alpha}_1\\ (\boldsymbol{A}-\lambda_1\boldsymbol{I})\boldsymbol{\beta}_3=\boldsymbol{\beta}_2\\ \qquad\vdots\\ (\boldsymbol{A}-\lambda_1\boldsymbol{I})\boldsymbol{\beta}_{n_j}=\boldsymbol{\beta}_{n_j-1}\end{cases}\tag{5.4-5}$$

由式(5.4-5)求得的一组向量$\{\boldsymbol{\alpha}_1,\boldsymbol{\beta}_2,\cdots,\boldsymbol{\beta}_{n_j}\}$称为**约当链**. 其中 $\boldsymbol{\alpha}_1$ 是 $\boldsymbol{A}$ 关于 λ_1 的一个特征向量,称 $\boldsymbol{\beta}_2,\cdots,\boldsymbol{\beta}_{n_j}$ 为广义特征向量. 它的长度 n_j 就是 $\boldsymbol{J}_j(\lambda_1)$的阶,从而确定约当块 $\boldsymbol{J}_j(\lambda_1)$阶数 n_j 的方法一般是取 $\boldsymbol{A}$ 关于 λ_1 的一个特征向量 $\boldsymbol{\alpha}_1$,由式(5.4-5)中第二式所表示的非齐次线性方程组求得一个 $\boldsymbol{\beta}_2$,再由 $\boldsymbol{\beta}_2$ 代入第三式求 $\boldsymbol{\beta}_3,\cdots$,该过程进行到$(\boldsymbol{A}-\lambda_1\boldsymbol{I})\boldsymbol{\beta}_{n_j+1}=\boldsymbol{\beta}_{n_j}$ 无解时终止,链条长度 n_j 也就得到了.

由式(5.4-3)知,$\boldsymbol{A}$ 关于 λ_1 有多少个约当块 $\boldsymbol{J}_j(\lambda_1)$,就有多少条约当链,每条约当链中的第一个向量是 $\boldsymbol{A}$ 的特征向量. 因此,对特征值 λ_1,若从齐次线性方程组$(\lambda_i\boldsymbol{I}-\boldsymbol{A})\boldsymbol{x}=\boldsymbol{0}$ 中求出 t 个线性无关的特征向量,则 λ_1 就对应 t 个约当块.

由此归纳出求 n 阶方块 $\boldsymbol{A}$ 的约当矩阵 $\boldsymbol{J}_A$ 和可逆变换矩阵 $\boldsymbol{P}$ 的方法步骤如下.

(1) 求 $\boldsymbol{A}$ 的特征多项式

$$|\lambda\boldsymbol{I}-\boldsymbol{A}|=(\lambda-\lambda_1)^{k_1}(\lambda-\lambda_2)^{k_2}\cdots(\lambda-\lambda_s)^{k_s}$$

$\lambda_1,\cdots,\lambda_s$ 互异,从而 λ_i 是 $\boldsymbol{A}$ 的 k_i 重特征值,由此确定 $\boldsymbol{A}_i(\lambda_i)$的阶数为 k_i.

(2) 由$(\boldsymbol{A}-\lambda_i\boldsymbol{I})\boldsymbol{x}=\boldsymbol{0}$ 求 $\boldsymbol{A}$ 的t_i 个线性无关的特征向量$\boldsymbol{\alpha}_1,\boldsymbol{\alpha}_2,\cdots,\boldsymbol{\alpha}_{t_i}$,由此确定$\boldsymbol{A}_i(\lambda_i)$中有 t_i 个约当块$\boldsymbol{J}_{ij}(\lambda_i)$.

(3) 若 $t_i<k_i$,则在 λ_i 对应的特征向量集合 $L\{\alpha_1,\alpha_2,\cdots,\alpha_{t_i}\}$中适当选取特征向量 $\boldsymbol{\alpha}_{i1}$(不一定有 $\boldsymbol{\alpha}_{i1}=\boldsymbol{\alpha}_i,i=1,2,\cdots,t_i$),按式(5.4-5)求约当链 $\boldsymbol{\alpha}_{i1},\boldsymbol{\beta}_{i2},\cdots,\boldsymbol{\beta}_{in_j}$,确定约当块 $\boldsymbol{J}_{ij}(\lambda_i)(i=1,2,\cdots,t_i)$. 特别地,长度为 1 的约当链即为一个特征向量,它对应一阶约当块(λ_i).

(4) 以 λ_i 对应的t_i 条约当链为列构成矩阵 $\boldsymbol{p}_i$,则 $\boldsymbol{p}_i$ 为含 k_i 个列的矩阵,而且

$$\begin{aligned}\boldsymbol{A}\boldsymbol{p}_i&=\boldsymbol{p}_i\begin{pmatrix}\boldsymbol{J}_{i1}(\lambda_i) & & & \\ & \boldsymbol{J}_{i2}(\lambda_i) & & \\ & & \ddots & \\ & & & \boldsymbol{J}_{it_i}(\lambda_i)\end{pmatrix}\\ &=\boldsymbol{p}_i\boldsymbol{A}_i(\lambda_i),\quad i=1,2,\cdots,s\end{aligned}$$

则 $\boldsymbol{P}=(\boldsymbol{p}_1,\boldsymbol{p}_2,\cdots,\boldsymbol{p}_s)$满足

$$AP=P\begin{pmatrix}A_1(\lambda_1) & & \\ & \ddots & \\ & & A_s(\lambda_s)\end{pmatrix}=PJ_A$$

即 $P^{-1}AP=J_A$.

例 3　设

$$A=\begin{pmatrix}-1 & 1 & 0\\ -4 & 3 & 0\\ 1 & 0 & 2\end{pmatrix}$$

求变换矩阵 P 和约当矩阵 J_A，使 $P^{-1}AP=J_A$.

解　由 $|A-\lambda I|=(\lambda-1)^2(2-\lambda)=0$ 得 $\lambda_1=2,\lambda_2=\lambda_3=1$，由此有

$$J_A=\begin{pmatrix}A_1(2) & \\ & A_2(1)\end{pmatrix}$$

$A_i(\lambda_i)$是主对角线元素为 λ_i 的约当阵.

由 $\lambda_1=2$ 是单根，得 $A_1(2)=2$.

从$(A-2I)x=0$，解得一个向量

$$\alpha_1=(0,0,1)^T$$

当 $\lambda_2=\lambda_3=1$ 时，由$(A-I)x=0$，解得只有一个线性无关的特征向量 $\alpha_2=(1,2,-1)^T$，从而 $A_2(1)$只含一个约当块，即 $A_2(1)=\begin{pmatrix}1 & 1\\ 0 & 1\end{pmatrix}$，由式(5.4-5)，求解

$$(A-I)\beta=\begin{pmatrix}1\\ 2\\ -1\end{pmatrix}$$

可取 $\beta=(0,1,-1)^T$，作为所需的一个广义特征向量 β，故

$$P=(\alpha_1,\alpha_2,\beta)=\begin{pmatrix}0 & 1 & 0\\ 0 & 2 & 1\\ 1 & -1 & -1\end{pmatrix},\quad J_A=\begin{pmatrix}2 & 0 & 0\\ 0 & 1 & 1\\ 0 & 0 & 1\end{pmatrix}$$

且有

$$P^{-1}AP=J_A$$

例 4　设

$$A=\begin{pmatrix}2 & 1 & 0 & -1\\ 0 & 2 & 0 & 0\\ 0 & 0 & 2 & 1\\ 0 & 0 & 0 & 2\end{pmatrix}$$

求变换矩阵 P 和约当矩阵 J_A，使 $P^{-1}AP=J_A$.

解　$|A-\lambda I|=(\lambda-2)^4$，$\lambda=2$ 为 A 的四重特征值. 从$(A-2I)x=0$，即

$$\begin{pmatrix}0 & 1 & 0 & -1\\ 0 & 0 & 0 & 0\\ 0 & 0 & 0 & 1\\ 0 & 0 & 0 & 0\end{pmatrix}x=0$$

求得两个线性无关的特征向量：

$$\boldsymbol{\alpha}_1=(1,0,0,0)^{\mathrm{T}},\quad \boldsymbol{\alpha}_2=(0,0,1,0)^{\mathrm{T}}$$

所以 $\boldsymbol{J}_A=\boldsymbol{A}(2)$ 由两个约当块组成，这只有两种可能

$$\boldsymbol{J}_A=\left(\begin{array}{c:ccc}2 & & & \\ \hdashline & 2 & 1 & \\ & & 2 & 1 \\ & & & 2\end{array}\right) \text{或} \quad \boldsymbol{J}_A=\left(\begin{array}{cc:cc}2 & 1 & & \\ & 2 & & \\ \hdashline & & 2 & 1 \\ & & & 2\end{array}\right)$$

取 $\boldsymbol{\alpha}_1$，因

$$r(\boldsymbol{A}-2\boldsymbol{I} \vdots \boldsymbol{\alpha}_1)=r(\boldsymbol{A}-2\boldsymbol{I})$$

故方程组 $(\boldsymbol{A}-2\boldsymbol{I})\boldsymbol{\beta}_2=\boldsymbol{\alpha}_1$ 有解. 由此解 $(\boldsymbol{A}-2\boldsymbol{I})\boldsymbol{\beta}_2=\boldsymbol{\alpha}_1$，即

$$\begin{pmatrix}0 & 1 & 0 & -1 \\ 0 & 0 & 0 & 0 \\ 0 & 0 & 0 & 1 \\ 0 & 0 & 0 & 0\end{pmatrix}\boldsymbol{\beta}_2=\begin{pmatrix}1 \\ 0 \\ 0 \\ 0\end{pmatrix}$$

得一广义特征向量

$$\boldsymbol{\beta}_2=(0,1,0,0)^{\mathrm{T}}$$

但 $(\boldsymbol{A}-2\boldsymbol{I})\boldsymbol{\beta}_3=\boldsymbol{\beta}_2$ 无解，故 $\{\boldsymbol{\alpha}_1,\boldsymbol{\beta}_2\}$ 为一长为 2 的约当链，它对应一个二阶约当块. 又取 $(\boldsymbol{A}-2\boldsymbol{I})\boldsymbol{y}_2=\boldsymbol{\alpha}_2$，即

$$\begin{pmatrix}0 & 1 & 0 & -1 \\ 0 & 0 & 0 & 0 \\ 0 & 0 & 0 & 1 \\ 0 & 0 & 0 & 0\end{pmatrix}\boldsymbol{y}_2=\begin{pmatrix}0 \\ 0 \\ 1 \\ 0\end{pmatrix}$$

得另一广义特征向量

$$\boldsymbol{y}_2=(0,1,0,1)^{\mathrm{T}}$$

因 $\boldsymbol{\alpha}_1,\boldsymbol{\beta}_2,\boldsymbol{\alpha}_2,\boldsymbol{y}_2$ 已经组成 $\boldsymbol{P}$ 的 4 个列，故不再求，事实上 $(\boldsymbol{A}-2\boldsymbol{I})\boldsymbol{y}_3=\boldsymbol{y}_2$ 也是无解的. 所以

$$\boldsymbol{P}=\begin{pmatrix}1 & 0 & 0 & 0 \\ 0 & 1 & 0 & 1 \\ 0 & 0 & 1 & 0 \\ 0 & 0 & 0 & 1\end{pmatrix},\quad \boldsymbol{J}_A=\begin{pmatrix}2 & 1 & & \\ & 2 & & \\ & & 2 & 1 \\ & & & 2\end{pmatrix}$$

例 5 设

$$\boldsymbol{A}=\begin{pmatrix}2 & -1 & -1 \\ 2 & -1 & -2 \\ -2 & 1 & 2\end{pmatrix}$$

求 $\boldsymbol{A}$ 的约当矩阵 $\boldsymbol{J}_A$ 及变换矩阵 $\boldsymbol{P}$.

解 $|\boldsymbol{A}-\lambda\boldsymbol{I}|=-(\lambda-1)^3$，即 $\lambda=1$ 为三重特征值.

对 $\lambda=1$ 解 $(\boldsymbol{A}-\boldsymbol{I})\boldsymbol{\alpha}=\boldsymbol{0}$，即

$$\begin{pmatrix}1 & -1 & -1 \\ 2 & -2 & -2 \\ -2 & 1 & 1\end{pmatrix}\boldsymbol{\alpha}=\boldsymbol{0}$$

得 $\boldsymbol{\alpha}=k_1(1,1,0)^{\mathrm{T}}+k_2(1,0,1)^{\mathrm{T}}$,它有两个线性无关的特征向量

$$\boldsymbol{\alpha}_1=(1,1,0)^{\mathrm{T}},\qquad \boldsymbol{\alpha}_2=(1,0,1)^{\mathrm{T}}$$

故必有

$$\boldsymbol{J}_{\boldsymbol{A}}=\begin{pmatrix}1 & & \\ & 1 & 1\\ & & 1\end{pmatrix}$$

(请读者思考:如果 $\lambda=1$ 的线性无关特征向量为 1 个或 3 个时,$\boldsymbol{A}$ 的约当标准形分别为什么?)

为求一个广义特征向量,取

$$\boldsymbol{\alpha}_1=(1,1,0)^{\mathrm{T}}$$

但 $(\boldsymbol{A}-\boldsymbol{I})\boldsymbol{\beta}=\boldsymbol{\alpha}_1$ 无解,再选择 $\boldsymbol{\alpha}_2=(1,0,1)^{\mathrm{T}}$,$(\boldsymbol{A}-\boldsymbol{I})\boldsymbol{\beta}=\boldsymbol{\alpha}_2$ 也无解. 这并不意味广义特征向量不存在,只说明在求约当链时,第一个特征向量选择不当,为此取特征向量一般表达式:

$$\boldsymbol{\alpha}=k_1(1,1,0)^{\mathrm{T}}+k_2(1,0,1)^{\mathrm{T}}=(k_1+k_2,k_1,k_2)^{\mathrm{T}}$$

$$(\boldsymbol{A}-\boldsymbol{I}\mid\boldsymbol{\alpha})=\left(\begin{array}{ccc:c}1 & -1 & -1 & k_1+k_2\\ 2 & -2 & -2 & k_1\\ -1 & 1 & 1 & k_2\end{array}\right)\sim\left(\begin{array}{ccc:c}1 & -1 & -1 & k_1+k_2\\ 0 & 0 & 0 & k_1+2k_2\\ 0 & 0 & 0 & 0\end{array}\right)$$

由方程组有解,取 $k_1=2$、$k_2=-1$,得 $\boldsymbol{\alpha}_3=(1,2,-1)^{\mathrm{T}}$.

现在 $(\boldsymbol{A}-\boldsymbol{I})\boldsymbol{\beta}=\boldsymbol{\alpha}_3$ 有解,因而从中求得

$$\boldsymbol{\beta}=(1,0,0)^{\mathrm{T}}$$

因为 $\boldsymbol{\alpha}_2$ 与 $\boldsymbol{\alpha}_3$ 线性无关,故可以取

$$\boldsymbol{P}=(\boldsymbol{\alpha}_2,\boldsymbol{\alpha}_3,\boldsymbol{\beta})=\begin{pmatrix}1 & 1 & 1\\ 0 & 2 & 0\\ 1 & -1 & 0\end{pmatrix},\quad \boldsymbol{J}_{\boldsymbol{A}}=\begin{pmatrix}1 & & \\ & 1 & 1\\ & & 1\end{pmatrix}$$

又 $\boldsymbol{\alpha}_1$ 与 $\boldsymbol{\alpha}_3$ 也线性无关,也可取 $\boldsymbol{P}=(\boldsymbol{\alpha}_1,\boldsymbol{\alpha}_3,\boldsymbol{\beta})$.

5.5 应用举例

应用一(环境保护与工业发展问题)

为了定量分析工业发展与环境污染的关系,某地区提出如下增长模型:设 x_0 是该地区目前的污染损耗(由土壤、河流、湖泊及大气等污染指数测得),y_0 是该地区的工业产值. 以四年为一个发展周期,一个周期后的污染损耗和工业产值分别记为 x_1 和 y_1,它们之间的关系是

$$x_1=\frac{8}{3}x_0-\frac{1}{3}y_0,\quad y_1=\frac{-2}{3}x_0+\frac{7}{3}y_0$$

写成矩阵形式就是

$$\begin{pmatrix}x_1\\y_1\end{pmatrix}=\begin{pmatrix}\frac{8}{3} & -\frac{1}{3}\\ -\frac{2}{3} & \frac{7}{3}\end{pmatrix}\begin{pmatrix}x_0\\y_0\end{pmatrix}\text{或 }\boldsymbol{\alpha}_1=\boldsymbol{A}\boldsymbol{\alpha}_0$$

其中 $\boldsymbol{\alpha}_1=\begin{pmatrix}x_1\\y_1\end{pmatrix}$，　$\boldsymbol{\alpha}_0=\begin{pmatrix}x_0\\y_0\end{pmatrix}$为当前水平，$\boldsymbol{A}=\begin{pmatrix}\frac{8}{3} & -\frac{1}{3}\\ -\frac{2}{3} & \frac{7}{3}\end{pmatrix}$.

记 x_k 和 y_k 为第 k 个周期后的污染损耗和工业产值，则此增长模型为

$$\begin{cases}x_k=\frac{8}{3}x_{k-1}-\frac{1}{3}y_{k-1},\\ y_k=-\frac{2}{3}x_{k-1}+\frac{7}{3}y_{k-1}\end{cases}\quad(k=1,2,\cdots)$$

即 $\begin{pmatrix}x_k\\y_k\end{pmatrix}=\frac{1}{3}\begin{pmatrix}8 & -1\\ -2 & 7\end{pmatrix}\begin{pmatrix}x_{k-1}\\y_{k-1}\end{pmatrix}$或 $\boldsymbol{\alpha}_k=\boldsymbol{A}\boldsymbol{\alpha}_{k-1}(k=1,2,\cdots)$.

由此模型及当前的水平 $\boldsymbol{\alpha}_0$，可以预测若干发展周期后的水平：

$$\boldsymbol{\alpha}_1=\boldsymbol{A}\boldsymbol{\alpha}_0,\boldsymbol{\alpha}_2=\boldsymbol{A}\boldsymbol{\alpha}_1=\boldsymbol{A}^2\boldsymbol{\alpha}_0,\cdots,\boldsymbol{\alpha}_k=\boldsymbol{A}^k\boldsymbol{\alpha}_0.$$

如果直接计算 $\boldsymbol{A}$ 的各次幂，计算将十分繁琐. 而利用矩阵特征值和特征向量的有关性质，不但使计算大大简化，而且模型的结构和性质也更为清晰. 为此，先计算 $\boldsymbol{A}$ 的特征值.

$\boldsymbol{A}$ 的特征多项式为

$$|\boldsymbol{A}-\lambda\boldsymbol{I}|=\begin{vmatrix}\frac{8}{3}-\lambda & -\frac{1}{3}\\ -\frac{2}{3} & \frac{7}{3}-\lambda\end{vmatrix}=\lambda^2-5\lambda+6$$

所以 $\boldsymbol{A}$ 的特征值为$\lambda_1=2,\lambda_2=3$.

对于特征值 $\lambda_1=2$，解齐次线性方程组$(\boldsymbol{A}-2\boldsymbol{I})\boldsymbol{x}=\boldsymbol{0}$，可得 $\boldsymbol{A}$ 的属于$\lambda_1=2$ 的一个特征向量 $\boldsymbol{p}_1=\begin{pmatrix}1\\2\end{pmatrix}$.

对于特征值 $\lambda_2=3$，解齐次线性方程组$(\boldsymbol{A}-3\boldsymbol{I})\boldsymbol{x}=\boldsymbol{0}$，可得 $\boldsymbol{A}$ 的属于$\lambda_2=3$ 的一个特征向量 $\boldsymbol{p}_2=\begin{pmatrix}1\\-1\end{pmatrix}$.

如果当前的水平 $\boldsymbol{\alpha}_0$ 恰好等于 $\boldsymbol{p}_1$，则 $k=n$ 时，

$$\boldsymbol{\alpha}_n=\boldsymbol{A}^n\boldsymbol{\alpha}_0=\boldsymbol{A}^n\boldsymbol{p}_1=\lambda_1^n\boldsymbol{p}_1=2^n\begin{pmatrix}1\\2\end{pmatrix}$$

即 $x_n=2^n,y_n=2^{n+1}$.

它表明，经过 n 个发展周期后，工业产值已达到一个相当高的水平(2^{n+1})，但其中一半被污染损耗(2^n)所抵消，造成了资源的严重浪费.

如果当前的水平 $\boldsymbol{\alpha}_0=\begin{pmatrix}11\\19\end{pmatrix}$，则不能直接应用上述方法分析. 此时由于 $\boldsymbol{\alpha}_0=10\boldsymbol{p}_1+\boldsymbol{p}_2$，于是

$$\begin{aligned}\boldsymbol{\alpha}_n &= \boldsymbol{A}^n\boldsymbol{\alpha}_0 = 10\boldsymbol{A}^n\boldsymbol{p}_1 + \boldsymbol{A}^n\boldsymbol{p}_2 \\ &= 10\cdot 2^n\boldsymbol{p}_1 + 3^n\boldsymbol{p}_2 \\ &= \begin{pmatrix} 10\cdot 2^n + 3^n \\ 20\cdot 2^n - 3^n \end{pmatrix}\end{aligned}$$

特别地,当 $n=4$ 时,污染损耗为 $x_4=241$,工业产值为 $y_4=239$,损耗已超过了产值,经济将出现负增长.

由上面的分析可以看出:尽管 $\boldsymbol{A}$ 的特征向量 $\boldsymbol{p}_2$ 没有实际意义(因 $\boldsymbol{p}_2$ 中含负分量),但任一具有实际意义的向量 $\boldsymbol{\alpha}_0$ 都可以表示为 $\boldsymbol{p}_1,\boldsymbol{p}_2$ 的线性组合,从而在分析过程中,$\boldsymbol{p}_2$ 仍具有重要作用.

应用二(第 1 章应用二续)

为了计算 n 年之后从事各业人员总数的发展趋势,即求

$$\begin{pmatrix} x_n \\ y_n \\ z_n \end{pmatrix} = \boldsymbol{A}\begin{pmatrix} x_{n-1} \\ y_{n-1} \\ z_{n-1} \end{pmatrix} = \boldsymbol{A}^n\begin{pmatrix} x_0 \\ y_0 \\ z_0 \end{pmatrix}$$

实际上,就需要计算 $\boldsymbol{A}$ 的 n 次幂 $\boldsymbol{A}^n$,为此可先将 $\boldsymbol{A}$ 对角化. 事实上,计算可得

$$|\boldsymbol{A}-\lambda\boldsymbol{I}| = \begin{vmatrix} 0.7-\lambda & 0.2 & 0.1 \\ 0.2 & 0.7-\lambda & 0.1 \\ 0.1 & 0.1 & 0.8-\lambda \end{vmatrix} = (1-\lambda)(0.7-\lambda)(0.5-\lambda)$$

故有 $\lambda_1=1,\lambda_2=0.7,\lambda_3=0.5$. 进而可分别求得对应的规范特征向量为 $\boldsymbol{\varepsilon}_1=\left(\frac{1}{\sqrt{3}},\frac{1}{\sqrt{3}},\frac{1}{\sqrt{3}}\right)^{\mathrm{T}}$,$\boldsymbol{\varepsilon}_2=\left(\frac{1}{\sqrt{6}},\frac{1}{\sqrt{6}},\frac{-2}{\sqrt{6}}\right)^{\mathrm{T}}$,$\boldsymbol{\varepsilon}_3=\left(-\frac{1}{\sqrt{2}},\frac{1}{\sqrt{2}},0\right)^{\mathrm{T}}$,若令 $\boldsymbol{Q}=(\boldsymbol{\varepsilon}_1,\boldsymbol{\varepsilon}_2,\boldsymbol{\varepsilon}_3)$,则有

$$\boldsymbol{A}=\boldsymbol{Q}\boldsymbol{\Lambda}\boldsymbol{Q}^{-1}$$

从而有

$$\begin{aligned}\boldsymbol{A}^n &= \boldsymbol{Q}\boldsymbol{\Lambda}^n\boldsymbol{Q}^{-1} = \boldsymbol{Q}\begin{pmatrix} 1 & 0 & 0 \\ 0 & 0.7 & 0 \\ 0 & 0 & 0.5 \end{pmatrix}^n\boldsymbol{Q}^{\mathrm{T}} \\ &= \begin{pmatrix} \frac{1}{\sqrt{3}} & \frac{1}{\sqrt{6}} & \frac{-1}{\sqrt{2}} \\ \frac{1}{\sqrt{3}} & \frac{1}{\sqrt{6}} & \frac{1}{\sqrt{6}} \\ \frac{1}{\sqrt{3}} & \frac{-2}{\sqrt{6}} & 0 \end{pmatrix}\begin{pmatrix} 1^n & 0 & 0 \\ 0 & (0.7)^n & 0 \\ 0 & 0 & (0.5)^n \end{pmatrix}\begin{pmatrix} \frac{1}{\sqrt{3}} & \frac{1}{\sqrt{3}} & \frac{1}{\sqrt{3}} \\ \frac{1}{\sqrt{6}} & \frac{1}{\sqrt{6}} & \frac{-2}{\sqrt{6}} \\ \frac{-1}{\sqrt{2}} & \frac{1}{\sqrt{6}} & 0 \end{pmatrix}\end{aligned}$$

于是,由

$$\begin{pmatrix} x_n \\ y_n \\ z_n \end{pmatrix} = \boldsymbol{A}^n\begin{pmatrix} x_0 \\ y_0 \\ z_0 \end{pmatrix}$$

当 $n\to\infty$ 时,$(0.7)^n\to 0,(0.5)^n\to 0$,可得

$$\begin{pmatrix} x_{10} \\ y_{10} \\ z_{10} \end{pmatrix}=\begin{pmatrix} \frac{1}{3} & \frac{1}{3} & \frac{1}{3} \\ \frac{1}{3} & \frac{1}{3} & \frac{1}{3} \\ \frac{1}{3} & \frac{1}{3} & \frac{1}{3} \end{pmatrix}\begin{pmatrix} 15 \\ 9 \\ 6 \end{pmatrix}=\begin{pmatrix} 10 \\ 10 \\ 10 \end{pmatrix}$$

即多年之后,从事这三种职业的人数将趋于相等,均为 10 万人.

应用三(线性齐次微分方程组)

已知 $\boldsymbol{A}$ 是 5.4 节例 3 中所示的矩阵.

(1) 求 $\boldsymbol{A}$ 的方幂 $\boldsymbol{A}^m$;

(2) 求解线性齐次微分方程组 $\frac{\mathrm{d}\boldsymbol{X}}{\mathrm{d}t}=\boldsymbol{AX}$,其中 $\boldsymbol{X}=(x_1,x_2,\cdots,x_n)^{\mathrm{T}}$,$\frac{\mathrm{d}\boldsymbol{X}}{\mathrm{d}t}=\left(\frac{\mathrm{d}x_1}{\mathrm{d}t},\frac{\mathrm{d}x_2}{\mathrm{d}t},\cdots,\frac{\mathrm{d}x_n}{\mathrm{d}t}\right)^{\mathrm{T}}$.

解　例 3 中已经求得 $\boldsymbol{J}=\begin{pmatrix} 2 & 0 & 0 \\ 0 & 1 & 1 \\ 0 & 0 & 1 \end{pmatrix}$,$\boldsymbol{P}=\begin{pmatrix} 0 & 1 & 0 \\ 0 & 2 & 1 \\ 1 & -1 & -1 \end{pmatrix}$.

(1) 由 $\boldsymbol{P}^{-1}\boldsymbol{AP}=\boldsymbol{J}$,得 $\boldsymbol{A}^m=\boldsymbol{PJ}^m\boldsymbol{P}^{-1}$,所以本例的关键是求出约当标准形的方幂 $\boldsymbol{J}^m$.

若 $\boldsymbol{J}=\begin{pmatrix} \boldsymbol{J}_1 & & & \\ & \boldsymbol{J}_2 & & \\ & & \ddots & \\ & & & \boldsymbol{J}_t \end{pmatrix}$,其中 $\boldsymbol{J}_i=\begin{pmatrix} \lambda_i & 1 & & & \\ & \lambda_i & 1 & & \\ & & \ddots & \ddots & \\ & & & \lambda_i & 1 \\ & & & & \lambda_i \end{pmatrix}_{n_i\times n_i}$

则容易证明

$$\boldsymbol{J}^m=\mathrm{diag}(\boldsymbol{J}_1^m,\boldsymbol{J}_2^m,\cdots,\boldsymbol{J}_t^m)$$

其中

$$\boldsymbol{J}_i^m=\begin{pmatrix} \lambda_i^m & (\lambda_i^m)' & \frac{1}{2!}(\lambda_i^m)'' & \cdots & \frac{(\lambda_i^m)^{(n_i-1)}}{(n_i-1)!} \\ & \lambda_i^m & (\lambda_i^m)' & \cdots & \vdots \\ & & \lambda_i^m & \ddots & \vdots \\ & & & \ddots & (\lambda_i^m)' \\ & & & & \lambda_i^m \end{pmatrix}$$

这里求导时应先将 λ_i 看作变量,然后用 λ_i 具体值代入.

对于本例,有

$$\boldsymbol{J}^m=\begin{pmatrix} 2^m & & \\ & 1^m & m\cdot 1^{m-1} \\ & & 1^m \end{pmatrix}=\begin{pmatrix} 2^m & & \\ & 1 & m \\ & & 1 \end{pmatrix}$$

故得

$$\boldsymbol{A}^m=\boldsymbol{P}\boldsymbol{J}^m\boldsymbol{P}^{-1}=\begin{pmatrix}0&1&0\\0&2&1\\1&-1&-1\end{pmatrix}\begin{pmatrix}2^m&&\\&1&m\\&&1\end{pmatrix}\begin{pmatrix}-1&1&1\\1&0&0\\-2&1&0\end{pmatrix}$$

$$=\begin{pmatrix}1-2m&m&0\\-4m&1+2m&0\\1+2m-2^m&-1-m+2^m&2^m\end{pmatrix}$$

(2) 作可逆线性变换 $\boldsymbol{X}=\boldsymbol{P}\boldsymbol{Y}$,其中 $\boldsymbol{Y}=(y_1,y_2,y_3)^{\mathrm{T}}$,则方程组 $\frac{\mathrm{d}\boldsymbol{X}}{\mathrm{d}t}=\boldsymbol{A}\boldsymbol{X}$ 变为

$$\frac{\mathrm{d}\boldsymbol{Y}}{\mathrm{d}t}=\boldsymbol{P}^{-1}\boldsymbol{A}\boldsymbol{P}\boldsymbol{Y}=\boldsymbol{J}\boldsymbol{Y}=\begin{pmatrix}2&0&0\\0&1&1\\0&0&1\end{pmatrix}\boldsymbol{Y}$$

即

$$\frac{\mathrm{d}y_1}{\mathrm{d}t}=2y_1,\ \frac{\mathrm{d}y_2}{\mathrm{d}t}=y_2+y_3,\ \frac{\mathrm{d}y_3}{\mathrm{d}t}=y_3$$

第一、第三两个方程的解为

$$y_1=c_1\mathrm{e}^{2t},y_3=c_3\mathrm{e}^t$$

将求得的 y_3 代入第二个方程,解得

$$y_2=\mathrm{e}^t(c_3t+c_2)$$

再由 $\boldsymbol{X}=\boldsymbol{P}\boldsymbol{Y}$,得原微分方程组的解为

$$\begin{cases}x_1=y_2=\mathrm{e}^t(c_3t+c_2),\\x_2=2y_2+y_3=\mathrm{e}^t(2c_3t+c_3+2c_2),\\x_3=y-y_2-y_3=c_1\mathrm{e}^{2t}-\mathrm{e}^t(c_3t+c_3+c_2)\end{cases}$$

其中 c_1,c_2,c_3 是任意常数.

5.6 Matlab 辅助计算

5.6.1 求方阵的特征值和特征向量

方法 1 对给定方阵 $\boldsymbol{A}$,通过调用 eig 函数可以求得其特征值和特征向量. 具体调用格式为:[V D]=eig(A) 其中 $\boldsymbol{V}$ 为求得的特征向量矩阵,$\boldsymbol{D}$ 为对角矩阵,其对角线元素是 $\boldsymbol{A}$ 的特征值,$\boldsymbol{A}$ 可以是符号矩阵或数值矩阵,当 $\boldsymbol{A}$ 是数值矩阵时,结果 $\boldsymbol{V}$ 为规范的特征向量.

例 1 求矩阵 $\boldsymbol{A}=\begin{pmatrix}1&1&1&1\\0&0&1&1\\0&0&1&0\\0&0&1&2\end{pmatrix}$ 的特征值和特征向量.

解

```
>> A=[1 1 1 1; 0 0 1 1; 0 0 1 0; 0 0 1 2];
>> [V D]=eig(A)
V =
```

```
    1.0000   -0.7071    0.8018         0
         0    0.7071    0.2673         0
         0         0         0    0.7071
         0         0    0.5345   -0.7071
D =
     1     0     0     0
     0     0     0     0
     0     0     2     0
     0     0     0     1
```

即其特征值为 1,0,2,1;对应的特征向量为 $\begin{pmatrix}1\\0\\0\\0\end{pmatrix}$, $\begin{pmatrix}-0.7071\\0.7071\\0\\0\end{pmatrix}$, $\begin{pmatrix}0.8018\\0.2673\\0\\0.5345\end{pmatrix}$, $\begin{pmatrix}0\\0\\0.7071\\-0.7071\end{pmatrix}$.

例 2 给定矩阵 $\boldsymbol{A}=\begin{pmatrix}1&1&2\\-1&2&1\\0&1&3\end{pmatrix}$,求 $\boldsymbol{A}$,$\boldsymbol{A}^2$,$\boldsymbol{A}^3$,$\boldsymbol{A}^4$,$\boldsymbol{A}^{-1}$ 的特征值,从中是否可以找出其规律性?

解

```
>>format rat
>>A=[1 1 2; -1 2 1; 0 1 3];
>>eig(A)
ans =
  1
  2
  3
>>eig(A^2)
ans=
  9
  4
  1
>>eig(A^3)
ans=
  27
  8
  1
>>eig(A^4)
ans=
  16
  81
  1
```

```
≫eig(inv(A))
ans=
  1
  1/2
  1/3
```

不难看出,A^n 的特征值等于(A 的特征值)^n;A^{-1} 的特征值等于(A 的特征值)$^{-1}$.

方法 2　方阵的特征值和特征向量也可通过定义逐步求解.

其过程为:对给定矩阵 A,求解其特征方程 $|A-\lambda I|=0$,得到其特征值 λ,然后求解齐次线性方程组$(A-\lambda x)=0$ 求得对应的特征向量.

例 3　求矩阵 $A=\begin{pmatrix}1&1&1&1\\0&0&1&1\\0&0&1&0\\0&0&1&2\end{pmatrix}$ 的特征值和特征向量(参见例 1).

解

```
≫syms lamda
≫A=[1 1 1 1; 0 0 1 1; 0 0 1 0; 0 0 1 2];
≫B=A-lamda * eye(4)
B=
[ 1-lamda,         1,         1,          1]
[       0,    -lamda,         1,          1]
[       0,         0,   1-lamda,          0]
[       0,         0,         1,    2-lamda]
≫P=det(B)
P=
-(1-lamda)^2 * lamda * (2-lamda)
≫solve(P)
ans=
[ 1]
[ 1]
[ 0]
[ 2]
```

即特征值为:1,1,0,2

```
≫B=A-1 * eye(4);
≫rref(B)
ans=
     0     1     0     0
     0     0     1     1
     0     0     0     0
     0     0     0     0
```

即对特征值 1,可以取其特征向量为:$[1,0,0,0]^T,[0,0,1,-1]^T$;

```
≫B=A-0*eye(4);
≫rref(B)
ans =
    1    1    0    0
    0    0    1    0
    0    0    0    1
    0    0    0    0
```

即对特征值 0,可以取其特征向量为:$[1,-1,0,0]^T$;

```
≫B=A-2*eye(4);
≫rref(B)
ans =
    1    0    0    -3/2
    0    1    0    -1/2
    0    0    1     0
    0    0    0     0
```

即对特征值 2,可以取其特征向量为:$\left(\frac{3}{2},\frac{1}{2},0,1\right)^T$;

5.6.2 求矩阵的约当标准形

对给定矩阵 $\boldsymbol{A}$,通过调用 jordan 函数可以求得其约当标准形,并且还可以同时求得变换矩阵. 具体调用格式为

[P J]=jordan(A) 其中 $\boldsymbol{J}$ 为 $\boldsymbol{A}$ 的约当标准形,$\boldsymbol{P}$ 为变换矩阵.

例 4 求矩阵 $\boldsymbol{A}=\begin{pmatrix}-1 & 1 & 0\\ -4 & 3 & 0\\ 1 & 0 & 2\end{pmatrix}$ 的约当标准形 $\boldsymbol{J}$ 及变换矩阵 $\boldsymbol{P}$.

解

```
≫ A=[-1 1 0; -4 3 0; 1 0 2];
≫ [P  J]=jordan(A)
P=
    0    -2    1
    0    -4    0
   -1     2    1
J=
    2    0    0
    0    1    1
    0    0    1
```

5.6.3 Matlab 练习

1 求矩阵的特征值和特征向量 $\boldsymbol{A}=\begin{pmatrix}1 & -2 & -2 & -2\\ -2 & 1 & -2 & -2\\ -2 & -2 & 1 & -2\\ -2 & -2 & -2 & 1\end{pmatrix}$.

2 求矩阵 $\boldsymbol{A}=\begin{pmatrix}1 & 1 & 0\\ 4 & 3 & 0\\ 1 & 0 & 2\end{pmatrix}$ 的约当标准形 $\boldsymbol{J}$ 及变换矩阵 $\boldsymbol{P}$.

答案

1
```
>>A=[1 -2 -2 -2;-2 1 -2 -2 ;-2-2 1 -2;-2 -2 -2 1];
>>[V D]=eig(A)
V =

    0.5000   -0.2113   -0.7887    0.2887
    0.5000    0.7887   -0.2113    0.2887
    0.5000   -0.5774   -0.5774    0.2887
    0.5000         0         0   -0.8660


D =

   -5.0000         0         0         0
         0    3.0000         0         0
         0         0    3.0000         0
         0         0         0    3.0000
```

2
```
>>A=[1 1 0; 4 3 0; 1 0 2];
>>[P J]=jordan(A)
P=

         0    0.2764    0.7236
         0    0.8944   -0.8944
    0.2000    0.1236   -0.3236


J =

    2.0000         0         0
         0    4.2361         0
         0         0   -0.2361
```

练习题答案

1. $\lambda_1=2,\lambda_2=\sqrt{3},\lambda_3=-\sqrt{3}$,对应 $\boldsymbol{\alpha}_1=(0,1,0)^{\mathrm{T}}c,c\neq0$;$\boldsymbol{\alpha}_2=(1,0,\sqrt{3})^{\mathrm{T}}c,c\neq0$;$\boldsymbol{\alpha}_3=(1,0,-\sqrt{3})^{\mathrm{T}}c,c\neq0$;

2. $\frac{3}{2}$； **3.** $a+b=0$； **4.** 相似.

习 题 五

5.1 求下列矩阵的特征值与特征向量：

(1) $\boldsymbol{A}=\begin{pmatrix}1 & 2\\ 3 & 2\end{pmatrix}$；(2) $\boldsymbol{A}=\begin{pmatrix}2 & 0 & 0\\ 1 & 2 & 1\\ 0 & 0 & 2\end{pmatrix}$；(3) $\boldsymbol{A}=\begin{pmatrix}0 & 1 & 1 & -1\\ 1 & 0 & -1 & 1\\ 1 & -1 & 0 & 1\\ -1 & 1 & 1 & 0\end{pmatrix}$.

5.2 已知 n 阶可逆矩阵 $\boldsymbol{A}$ 的 n 个特征值 $\lambda_1,\lambda_2,\cdots,\lambda_n$ 及对应的特征向量 $u_1,u_2,\cdots,u_n$，试求伴随矩阵 $\boldsymbol{A}^*$ 的特征值及对应的特征向量.

5.3 设 $\boldsymbol{\alpha}=(1,2,\cdots,n)^{\mathrm{T}}$，$\boldsymbol{A}=\boldsymbol{\alpha}\boldsymbol{\alpha}^{\mathrm{T}}$，求 $\boldsymbol{A}$ 的特征值与特征向量.

5.4 试证：若 $\boldsymbol{B}=\boldsymbol{P}^{-1}\boldsymbol{A}\boldsymbol{P}$，$\lambda_0$ 是 $\boldsymbol{A}$ 的某个特征值，又知 $\boldsymbol{g}$ 是 $\boldsymbol{A}$ 的属于 λ_0 的特征向量，则 $\boldsymbol{P}^{-1}\boldsymbol{g}$ 是 $\boldsymbol{B}$ 的属于 λ_0 的特征向量.

5.5 已知三阶矩阵 $\boldsymbol{A}=\begin{pmatrix}a & -1 & c\\ 5 & b & 3\\ 1-c & 0 & -a\end{pmatrix}$ 的行列式为 -1，且与 $\boldsymbol{A}$ 对应的伴随矩阵 $\boldsymbol{A}^*$ 有一个特征向量 $(-1,-1,1)^{\mathrm{T}}$，求 a,b,c 的值.

5.6 设矩阵 $\boldsymbol{A}$ 满足 $\boldsymbol{A}^2=\boldsymbol{A}$（称这样的 $\boldsymbol{A}$ 为**幂等阵**），试证：

(1) $\boldsymbol{A}$ 的特征值只能是 1 或 0；

(2) $\boldsymbol{A}+2\boldsymbol{I}$ 必为可逆阵.

5.7 设三阶矩阵 $\boldsymbol{A}$ 的特征值为 $1,-1,2$，求：

(1) $\boldsymbol{B}=\boldsymbol{A}^2-4\boldsymbol{A}+3\boldsymbol{I}$ 的特征值；(2) $|\boldsymbol{B}|$；(3) $|\boldsymbol{A}-5\boldsymbol{I}|$.

5.8 已知三阶矩阵 $\boldsymbol{A}$ 的 3 个特征值为 1,2,3. (1) 求矩阵 $\boldsymbol{B}=\begin{pmatrix}(2\boldsymbol{A})^{-1} & \\ & \boldsymbol{A}^*\end{pmatrix}$ 的特征值；(2) 求 $|\boldsymbol{B}|$；(3) 计算 $A_{11}+A_{22}+A_{33}$ 的值.

5.9 设 $\boldsymbol{\eta}_1,\boldsymbol{\eta}_2$ 分别是矩阵 $\boldsymbol{A}$ 属于不同特征值 λ_1,λ_2 的特征向量，试证：$\boldsymbol{\eta}_1+\boldsymbol{\eta}_2$ 不是 $\boldsymbol{A}$ 的特征向量.

5.10 问下列矩阵能否与对角矩阵相似？为什么？

(1) $\begin{pmatrix}1 & 0 & 1\\ 0 & 1 & 0\\ 1 & 0 & 1\end{pmatrix}$； (2) $\begin{pmatrix}-2 & 0 & -4\\ 1 & 2 & 1\\ 1 & 0 & 3\end{pmatrix}$； (3) $\begin{pmatrix}3 & 1 & 0\\ -4 & -1 & 0\\ 4 & -8 & -2\end{pmatrix}$.

5.11 已知

$$\boldsymbol{A}=\begin{pmatrix}-2 & 0 & 0\\ 2 & a & 2\\ 3 & 1 & 1\end{pmatrix},\quad \boldsymbol{B}=\begin{pmatrix}-1 & 0 & 0\\ 0 & 2 & 0\\ 0 & 0 & b\end{pmatrix}.$$

若已知 $\boldsymbol{A}$ 与 $\boldsymbol{B}$ 相似，试求 a、b 的值及矩阵 $\boldsymbol{P}$，使得 $\boldsymbol{P}^{-1}\boldsymbol{A}\boldsymbol{P}=\boldsymbol{B}$.

5.12　已知矩阵 $\boldsymbol{A}=\begin{pmatrix}-1 & 1 & 0\\-2 & 2 & 0\\4 & x & 1\end{pmatrix}$ 可以对角化，求参数 x 及 $\boldsymbol{A}^n$.

5.13　设两个非零向量 $\boldsymbol{\alpha}=(a_1,a_2,\cdots,a_n)^{\mathrm{T}}$，$\boldsymbol{\beta}=(b_1,b_2,\cdots,b_n)^{\mathrm{T}}$，满足 $\boldsymbol{\alpha}^{\mathrm{T}}\boldsymbol{\beta}=0$，记 n 阶方阵 $\boldsymbol{A}=\boldsymbol{\alpha}\boldsymbol{\beta}^{\mathrm{T}}$，试证：$\boldsymbol{A}$ 不可对角化.

5.14　设 $\boldsymbol{A}$、$\boldsymbol{B}$ 是两个 n 阶方阵，已知 $\boldsymbol{A}$ 有两两不等的特征值，且 $\boldsymbol{AB}=\boldsymbol{BA}$. 试证：

(1) $\boldsymbol{A}$ 的特征向量必是 $\boldsymbol{B}$ 的特征向量；

(2) $\boldsymbol{B}$ 必可对角化.

5.15　已知三阶矩阵 $\boldsymbol{A}$ 有 3 个不同的特征值 $\lambda_1=1$，$\lambda_2=2$，$\lambda_3=3$，对应的 3 个特征向量分别为 $\boldsymbol{\alpha}_1=(1,1,1)^{\mathrm{T}}$，$\boldsymbol{\alpha}_2=(1,2,4)^{\mathrm{T}}$，$\boldsymbol{\alpha}_3=(1,3,9)^{\mathrm{T}}$，又向量 $\boldsymbol{\beta}=(1,1,3)^{\mathrm{T}}$. (1) 用 $\boldsymbol{\alpha}_1$，$\boldsymbol{\alpha}_2$，$\boldsymbol{\alpha}_3$ 来表示 $\boldsymbol{\beta}$；(2) 求矩阵 $\boldsymbol{A}$；(3) 求 $\boldsymbol{A}^n\boldsymbol{\beta}$.

5.16　已知任意 n 维向量都是 $\boldsymbol{A}$ 的特征向量，试证：$\boldsymbol{A}$ 为数量阵.

5.17　求正交矩阵 $\boldsymbol{Q}$，将下列矩阵正交对角化：

(1) $\boldsymbol{A}=\begin{pmatrix}2 & 0 & 0\\0 & 3 & 2\\0 & 2 & 3\end{pmatrix}$；　(2) $\boldsymbol{B}=\begin{pmatrix}2 & -1 & -1\\-1 & 2 & -1\\-1 & -1 & 2\end{pmatrix}$.

5.18　已知 4、-2、-2 是实对称矩阵 $\boldsymbol{A}$ 的 3 个特征值，向量 $\boldsymbol{\eta}_1=(1,2,-1)^{\mathrm{T}}$ 是属于 $\lambda_1=4$ 的特征向量.

(1) 能否求出属于特征值 $\lambda=-2$ 的两个相互正交的特征向量？若能，请求出来.

(2) 能否根据所给条件求出矩阵 $\boldsymbol{A}$？如果能，请求出来.

6 二次型

本章将介绍二次型的概念，并利用实对称矩阵与二次型的对应关系来得到化二次型为标准形的正交变换法；进一步介绍惯性定理及正定矩阵的概念和判别法.

6.1 二次型及其标准形

在平面解析几何中，为了便于研究二次曲线

$$ax^2+bxy+cy^2=1 \tag{6.1-1}$$

的几何性质，我们可以选择适当的坐标变换

$$\begin{cases}x=x'\cos\theta-y'\sin\theta,\\ y=x'\sin\theta+y'\cos\theta\end{cases}$$

把方程化成标准形式

$$mx'^2+ny'^2=1.$$

由 m,n 的符号很快能判断出此二次曲线表示的是一个圆、椭圆或者双曲线等.

式(6.1-1)的左边是一个二次齐次多项式，从代数学观点看，就是通过可逆线性变换，将一个二次齐次多项式化为只含平方项的多项式. 这样的问题，在许多理论问题或实际应用中常会遇到. 现在我们把这类问题一般化，讨论 n 个变量的二次齐次多项式的化简问题.

6.1.1 二次型的定义

定义 1 称含 n 个变量的二次齐次函数

$$f(x_1,x_2,\cdots,x_n)=a_{11}x_1^2+2a_{12}x_1x_2+\cdots+2a_{1n}x_1x_n+a_{22}x_2^2+\cdots+2a_{2n}x_2x_n+\cdots+a_{nn}x_n^2 \tag{6.1-2}$$

为 n 元二次型，简称为**二次型.**

当 a_{ij} 为实数时，称 f 为实二次型；当 a_{ij} 为复数时，称 f 为复二次型. 本书仅讨论实二次型.

称只含有平方项的二次型为标准形二次型，简称为**标准形.**

令 $a_{ij}=a_{ji}$，则有 $2a_{ij}x_ix_j=a_{ij}x_ix_j+a_{ji}x_jx_i$，式(6.1-2)可改写成

$$\begin{aligned}f=&a_{11}x_1^2+a_{12}x_1x_2+\cdots+a_{1n}x_1x_n+\\ &a_{21}x_2x_1+a_{22}x_2^2+\cdots+a_{2n}x_2x_n+\\ &\cdots+\end{aligned}$$

$$a_{n1}x_nx_1+a_{n2}x_nx_2+\cdots+a_{nn}x_n^2$$

或简写成

$$f=\sum_{i=1}^{n}\sum_{j=1}^{n}a_{ij}x_ix_j=\sum_{i,j=1}^{n}a_{ij}x_ix_j \tag{6.1-3}$$

其矩阵形式为

$$f=\boldsymbol{x}^{\mathrm{T}}\boldsymbol{A}\boldsymbol{x} \tag{6.1-4}$$

其中 $\boldsymbol{x}=(x_1,x_2,\cdots,x_n)^{\mathrm{T}},\boldsymbol{A}=\begin{pmatrix}a_{11}&a_{12}&\cdots&a_{1n}\\a_{21}&a_{22}&\cdots&a_{2n}\\\vdots&\vdots&\ddots&\vdots\\a_{n1}&a_{n2}&\cdots&a_{nn}\end{pmatrix},\boldsymbol{A}^{\mathrm{T}}=\boldsymbol{A}.$

由此可知,n 个变量的二次型 f 与实对称矩阵 $\boldsymbol{A}$ 有一一对应关系,称实对称矩阵 $\boldsymbol{A}$ 为二次型 f 的矩阵,称 f 为实对称阵 $\boldsymbol{A}$ 的二次型. 显然,标准形二次型的矩阵是个对角矩阵.

例 1 试写出二次型

$$f(x_1,x_2,x_3)=x_1^2+2x_1x_2+2x_1x_3+x_2^2-x_3^2$$

的矩阵.

解 这是一个含 3 个变量的二次型,其对应的实对称矩阵的对角元 a_{ii} 应为 x_i^2 的系数. 对非对角元,由于 $a_{ij}=a_{ji}$,故取 x_ix_j 系数的一半. 于是有

$$\boldsymbol{A}=\begin{pmatrix}1&1&1\\1&1&0\\1&0&-1\end{pmatrix}$$

但如果二次型为 $f(x_1,x_2,x_3,x_4)=x_1^2+2x_1x_2+2x_1x_3+x_2^2-x_3^2$,其对应的实对称矩阵应为

$$\boldsymbol{A}=\begin{pmatrix}1&1&1&0\\1&1&0&0\\1&0&-1&0\\0&0&0&0\end{pmatrix}$$

注 一般不特别指明一个二次型的变量个数时,以式中出现的个数为准.

在二次型的研究中,中心问题之一是要对给定的二次型式(6.1-4),确定一个可逆矩阵 $\boldsymbol{P}$,使得通过可逆线性变换

$$\boldsymbol{x}=\boldsymbol{P}\boldsymbol{y} \tag{6.1-5}$$

将 f 化简成关于新变量 $y_1,y_2,\cdots,y_n$ 的标准形

$$f=\sum_{i=1}^{n}d_iy_j^2=\boldsymbol{y}^{\mathrm{T}}\boldsymbol{D}\boldsymbol{y} \tag{6.1-6}$$

其中

$$\boldsymbol{D}=\mathrm{diag}(d_1,d_2,\cdots,d_n)$$

把式(6.1-5)代入式(6.1-4),得

$$f(\boldsymbol{x})=\boldsymbol{x}^{\mathrm{T}}\boldsymbol{A}\boldsymbol{x}=(\boldsymbol{P}\boldsymbol{y})^{\mathrm{T}}\boldsymbol{A}(\boldsymbol{P}\boldsymbol{y})=\boldsymbol{y}^{\mathrm{T}}(\boldsymbol{P}^{\mathrm{T}}\boldsymbol{A}\boldsymbol{P})\boldsymbol{y}$$

故若能找到可逆矩阵 $\boldsymbol{P}$,使

$$\boldsymbol{P}^{\mathrm{T}}\boldsymbol{A}\boldsymbol{P}=\boldsymbol{D} \tag{6.1-7}$$

其中 $\boldsymbol{D}$ 为对角阵,则式(6.1-6)随之可得.

定义 2 对 n 阶方阵 $\boldsymbol{A}$ 和 $\boldsymbol{B}$,若存在 n 阶可逆矩阵 $\boldsymbol{P}$,使成立

$$\boldsymbol{B}=\boldsymbol{P}^{\mathrm{T}}\boldsymbol{A}\boldsymbol{P}$$

则称 $\boldsymbol{A}$ 与 $\boldsymbol{B}$ **合同**.

由于上式中的 $\boldsymbol{P}$ 可逆,故 $\boldsymbol{A}$ 与 $\boldsymbol{B}$ 合同时,$\boldsymbol{B}$ 亦必合同于 $\boldsymbol{A}$. 而且若存在两个可逆矩阵 $\boldsymbol{P},\boldsymbol{Q}$,分别使 $\boldsymbol{A}$ 合同于 $\boldsymbol{B}$,$\boldsymbol{B}$ 合同于 $\boldsymbol{C}$,即有 $\boldsymbol{B}=\boldsymbol{P}^{\mathrm{T}}\boldsymbol{A}\boldsymbol{P},\boldsymbol{C}=\boldsymbol{Q}^{\mathrm{T}}\boldsymbol{B}\boldsymbol{Q}$,则有 $\boldsymbol{C}=(\boldsymbol{P}\boldsymbol{Q})^{\mathrm{T}}\boldsymbol{A}(\boldsymbol{P}\boldsymbol{Q})$,即 $\boldsymbol{A}$ 合同于 $\boldsymbol{C}$. 这说明合同具有对称性和传递性.

于是,化实二次型成标准形的问题可归结为由式(6.1-7)表出的矩阵问题,即实对称矩阵合同于实对角阵的问题. 由 5.3 节的实对称矩阵的正交对角化方法(正交相似即正交合同),可得到化二次型为标准形的现成方法——**正交变换法**.

练习 1 试写出二次型 $f=\boldsymbol{x}^{\mathrm{T}}\begin{pmatrix}1&1&2\\3&2&3\\4&5&3\end{pmatrix}\boldsymbol{x}$ 对应的实对称矩阵 $\boldsymbol{A}$.

6.1.2 正交变换法化二次型为标准形

定理 1 任一个二次型 $f(\boldsymbol{x})=\boldsymbol{x}^{\mathrm{T}}\boldsymbol{A}\boldsymbol{x}$ 均可经过一个正交变换 $\boldsymbol{x}=\boldsymbol{Q}\boldsymbol{y}$,使得二次型化成标准形 $f=\boldsymbol{y}^{\mathrm{T}}\boldsymbol{\Lambda}\boldsymbol{y}$.

证 由 5.3 节知任一实对称矩阵 $\boldsymbol{A}$ 必可正交对角化,即存在正交阵 $\boldsymbol{Q}$ 使得 $\boldsymbol{Q}^{\mathrm{T}}\boldsymbol{A}\boldsymbol{Q}=\boldsymbol{\Lambda}$,将 $\boldsymbol{x}=\boldsymbol{Q}\boldsymbol{y}$ 代入二次型 $f(\boldsymbol{x})$ 得 $f(\boldsymbol{x})=\boldsymbol{x}^{\mathrm{T}}\boldsymbol{A}\boldsymbol{x}=(\boldsymbol{Q}\boldsymbol{y})^{\mathrm{T}}\boldsymbol{A}(\boldsymbol{Q}\boldsymbol{y})=\boldsymbol{y}^{\mathrm{T}}\boldsymbol{Q}^{\mathrm{T}}\boldsymbol{A}\boldsymbol{Q}\boldsymbol{y}=\boldsymbol{y}^{\mathrm{T}}\boldsymbol{\Lambda}\boldsymbol{y}=\sum_{i=1}^{n}\lambda_i y_i^2$,其中 $\lambda_1,\lambda_2,\cdots,\lambda_n$ 为 $\boldsymbol{A}$ 的 n 个特征值.

需要指出的是,式(6.1-5)中的可逆矩阵不仅一定可以找到,而且满足条件的这种矩阵 $\boldsymbol{P}$ 还不止一个. 这样,就导致一个二次型会有不同形式的标准形,即标准形不唯一. 但从式(6.1-6)可见,标准形的非零系数个数即秩 $r(\boldsymbol{D})$,它等于 $r(\boldsymbol{A})$,故称二次型 f 之矩阵 $\boldsymbol{A}$ 的秩为**二次型的秩**,即其任一标准形中非零系数的个数.

注 $f=\boldsymbol{x}^{\mathrm{T}}\boldsymbol{A}\boldsymbol{x}$ 经正交变换 $\boldsymbol{x}=\boldsymbol{Q}\boldsymbol{y}$ 化成的标准形系数一定是 $\boldsymbol{A}$ 的特征值.

对正交变换 $\boldsymbol{x}=\boldsymbol{Q}\boldsymbol{y}$ 而言,正交变换将保持向量的范数(或长度)不变,即在 $\boldsymbol{x}=\boldsymbol{Q}\boldsymbol{y}$ 时,必有

$$\|\boldsymbol{x}\|^2=\|\boldsymbol{y}\|^2$$

事实上,有

$$\|\boldsymbol{x}\|^2=\langle\boldsymbol{x},\boldsymbol{x}\rangle=\langle\boldsymbol{Q}\boldsymbol{y},\boldsymbol{Q}\boldsymbol{y}\rangle=(\boldsymbol{Q}\boldsymbol{y})^{\mathrm{T}}(\boldsymbol{Q}\boldsymbol{y})=\boldsymbol{y}^{\mathrm{T}}\boldsymbol{Q}^{\mathrm{T}}\boldsymbol{Q}\boldsymbol{y}=\boldsymbol{y}^{\mathrm{T}}\boldsymbol{y}=\langle\boldsymbol{y},\boldsymbol{y}\rangle=\|\boldsymbol{y}\|^2$$

在几何及统计等方面的应用中,当需用变量变换的方法处理二次型时,因希望能保持长度不变,而常使用正交变换的方法.

例 2 试确定一个正交变换,化二次型

$$f(x_1,x_2,x_3)=2x_1^2-4x_1x_2+x_2^2-4x_2x_3$$

为标准形,并问 $f=1$ 为何曲面?

解 二次型 f 的实对称阵

$$\boldsymbol{A}=\begin{pmatrix}2&-2&0\\-2&1&-2\\0&-2&0\end{pmatrix}$$

令$|\boldsymbol{A}-\lambda\boldsymbol{I}|=0$,可求$\boldsymbol{A}$的特征值,由

$$|\boldsymbol{A}-\lambda\boldsymbol{I}|=\begin{vmatrix}2-\lambda & -2 & 0\\ -2 & 1-\lambda & -2\\ 0 & -2 & -\lambda\end{vmatrix}$$

$$=(-2)\times(-1)^{2+1}\begin{vmatrix}-2 & 0\\ -2 & -\lambda\end{vmatrix}+(1-\lambda)(-1)^{2+2}\begin{vmatrix}2-\lambda & 0\\ 0 & -\lambda\end{vmatrix}+$$

$$(-2)\times(-1)^{2+3}\begin{vmatrix}2-\lambda & -2\\ 0 & -2\end{vmatrix}$$

$$=4\lambda-(1-\lambda)(2-\lambda)\lambda+4(\lambda-2)=(\lambda-1)(8+2\lambda-\lambda^2)=(\lambda-1)(4-\lambda)(2+\lambda)=0$$

得$\lambda_1=4,\lambda_2=1,\lambda_3=-2$.

对于$\lambda_1=4$,解方程组$(\boldsymbol{A}-4\boldsymbol{I})\boldsymbol{x}=\boldsymbol{0}$,由

$$(\boldsymbol{A}-4\boldsymbol{I})=\begin{pmatrix}-2 & -2 & 0\\ -2 & -3 & -2\\ 0 & -2 & -4\end{pmatrix}\sim\begin{pmatrix}1 & 1 & 0\\ 0 & -1 & -2\\ 0 & -2 & -4\end{pmatrix}\sim\begin{pmatrix}1 & 0 & -2\\ 0 & 1 & 2\\ 0 & 0 & 0\end{pmatrix}$$

得基础解系为$\boldsymbol{\alpha}_1=(2,-2,1)^{\mathrm{T}}$,规范化得$\boldsymbol{\varepsilon}_1=\dfrac{1}{3}(2,-2,1)^{\mathrm{T}}$.

对于$\lambda_2=1$,解方程组$(\boldsymbol{A}-\boldsymbol{I})\boldsymbol{x}=\boldsymbol{0}$,由

$$(\boldsymbol{A}-\boldsymbol{I})=\begin{pmatrix}1 & -2 & 0\\ -2 & 0 & -2\\ 0 & -2 & -1\end{pmatrix}\sim\begin{pmatrix}1 & -2 & 0\\ 0 & -4 & -2\\ 0 & -2 & -1\end{pmatrix}\sim\begin{pmatrix}1 & -2 & 0\\ 0 & 2 & 1\\ 0 & 0 & 0\end{pmatrix}$$

得基础解系为$\boldsymbol{\alpha}_2=(2,1,-2)^{\mathrm{T}}$,规范化得$\boldsymbol{\varepsilon}_2=\dfrac{1}{3}(2,1,-2)^{\mathrm{T}}$.

对于$\lambda_3=-2$,解方程组$(\boldsymbol{A}+2\boldsymbol{I})\boldsymbol{x}=\boldsymbol{0}$,由

$$(\boldsymbol{A}+2\boldsymbol{I})=\begin{pmatrix}4 & -2 & 0\\ -2 & 3 & -2\\ 0 & -2 & 2\end{pmatrix}\sim\begin{pmatrix}4 & -2 & 0\\ -2 & 1 & 0\\ 0 & -2 & 2\end{pmatrix}\sim\begin{pmatrix}-2 & 1 & 0\\ 0 & -2 & 2\\ 0 & 0 & 0\end{pmatrix}\sim\begin{pmatrix}-2 & 1 & 0\\ -2 & 0 & 1\\ 0 & 0 & 0\end{pmatrix}$$

得基础解系为$\boldsymbol{\alpha}_3=(1,2,2)^{\mathrm{T}}$,规范化得$\boldsymbol{\varepsilon}_3=\dfrac{1}{3}(1,2,2)^{\mathrm{T}}$.

则$\boldsymbol{Q}=(\boldsymbol{\varepsilon}_1,\boldsymbol{\varepsilon}_2,\boldsymbol{\varepsilon}_3)=\begin{pmatrix}\frac{2}{3} & \frac{2}{3} & \frac{1}{3}\\ -\frac{2}{3} & \frac{1}{3} & \frac{2}{3}\\ \frac{1}{3} & -\frac{2}{3} & \frac{2}{3}\end{pmatrix}$为正交阵,正交变换$\boldsymbol{x}=\boldsymbol{Q}\boldsymbol{y}$化

$$f=x^{\mathrm{T}}\boldsymbol{A}x=y^{\mathrm{T}}(\boldsymbol{Q}^{\mathrm{T}}\boldsymbol{A}\boldsymbol{Q})y=y^{\mathrm{T}}\boldsymbol{\Lambda}y$$

即

$$f=2x_1^2-4x_1x_2+x_2^2-4x_2x_3=4y_1^2+y_2^2-2y_3^2$$

当$f=1$时,表示三维空间中的单叶双曲面.

例 3 假设二次型$f=ax_1^2+2x_1x_2+2x_1x_3+2bx_2x_3$经过正交变换$\boldsymbol{x}=\boldsymbol{Q}\boldsymbol{y}$,化为标准形$f=y_1^2+y_2^2-2y_3^2$,求$a,b$及正交矩阵$\boldsymbol{Q}$.

解 二次型 f 的实对称矩阵为

$$A=\begin{pmatrix}a & 1 & 1\\ 1 & 0 & b\\ 1 & b & 0\end{pmatrix}$$

由正交变换化二次型为标准形 $f=y_1^2+y_2^2-2y_3^2$,知 $1,1,-2$ 即为 $\boldsymbol{A}$ 的 3 个特征值,由 $a_{11}+a_{22}+a_{33}=\lambda_1+\lambda_2+\lambda_3$ 及 $|\boldsymbol{A}|=\lambda_1\lambda_2\lambda_3$ 知 $a=1+1-2$ 及 $b(2-ab)=-2$ 得

$$a=0,\ b=-1$$

对于 $\lambda_{1,2}=1$,解方程组 $(\boldsymbol{A}-\boldsymbol{I})\boldsymbol{x}=\boldsymbol{0}$,由

$$(\boldsymbol{A}-\boldsymbol{I})=\begin{pmatrix}-1 & 1 & 1\\ 1 & -1 & -1\\ 1 & -1 & -1\end{pmatrix}\sim\begin{pmatrix}1 & -1 & -1\\ 0 & 0 & 0\\ 0 & 0 & 0\end{pmatrix}$$

得基础解系为 $\boldsymbol{\alpha}_1=(1,1,0)^{\mathrm{T}},\boldsymbol{\alpha}_2=(1,0,1)^{\mathrm{T}}$,正交化得

$$\boldsymbol{\beta}_1=\boldsymbol{\alpha}_1=(1,1,0)^{\mathrm{T}},\boldsymbol{\beta}_2=\boldsymbol{\alpha}_2-\frac{\langle\boldsymbol{\beta}_1,\boldsymbol{\alpha}_2\rangle}{\langle\boldsymbol{\beta}_1,\boldsymbol{\beta}_1\rangle}\boldsymbol{\beta}_1=\left(\frac{1}{2},-\frac{1}{2},1\right)^{\mathrm{T}}$$

规范化得 $\boldsymbol{\varepsilon}_1=\frac{1}{\sqrt{2}}(1,1,0)^{\mathrm{T}},\boldsymbol{\varepsilon}_2=\frac{1}{\sqrt{6}}(1,-1,2)^{\mathrm{T}}$.

对于 $\lambda_3=-2$,解方程组 $(\boldsymbol{A}+2\boldsymbol{I})\boldsymbol{x}=\boldsymbol{0}$,由

$$(\boldsymbol{A}+2\boldsymbol{I})=\begin{pmatrix}2 & 1 & 1\\ 1 & 2 & -1\\ 1 & -1 & 2\end{pmatrix}\sim\begin{pmatrix}1 & -1 & 2\\ 0 & 3 & -3\\ 0 & 3 & -3\end{pmatrix}\sim\begin{pmatrix}1 & 0 & 1\\ 0 & 1 & -1\\ 0 & 0 & 0\end{pmatrix}$$

得基础解系为 $\boldsymbol{\alpha}_3=(-1,1,1)^{\mathrm{T}}$,规范化得 $\boldsymbol{\varepsilon}_3=\frac{1}{\sqrt{3}}(-1,1,1)^{\mathrm{T}}$,则

$$\boldsymbol{Q}=(\boldsymbol{\varepsilon}_1,\boldsymbol{\varepsilon}_2,\boldsymbol{\varepsilon}_3)=\begin{pmatrix}\frac{1}{\sqrt{2}} & \frac{1}{\sqrt{6}} & -\frac{1}{\sqrt{3}}\\ \frac{1}{\sqrt{2}} & -\frac{1}{\sqrt{6}} & \frac{1}{\sqrt{3}}\\ 0 & \frac{2}{\sqrt{6}} & \frac{1}{\sqrt{3}}\end{pmatrix}$$

为正交矩阵,即为所求.

练习 2 已知 $x^2+ay^2+z^2+2bxy+2xz+2yz=4$ 经正交变换 $(x,y,z)^{\mathrm{T}}=\boldsymbol{Q}(\xi,\eta,\zeta)^{\mathrm{T}}$ 化为 $\eta^2+4\zeta^2=4$,求 a,b 及正交矩阵 $\boldsymbol{Q}$.

6.1.3 配方法(拉格朗日法)化二次型为标准形*

6.1.2 节我们证明了任一个二次型都可以通过正交变换化为标准形

$$f=\lambda_1y_1^2+\lambda_2y_2^2+\cdots+\lambda_ny_n^2$$

其标准形中的系数 $\lambda_1,\lambda_2,\cdots,\lambda_n$ 恰是二次型 f 对应的实对称矩阵 $\boldsymbol{A}$ 的 n 个特征值,且满足长度不变性,即 $\|\boldsymbol{x}\|=\|\boldsymbol{y}\|$. 如果仅要求可逆变换化二次型为标准形,则有很多种方法,这里仅介绍配方法化二次型为标准形的实例.

例 4 用配方法求可逆变换 $\boldsymbol{x}=\boldsymbol{P}\boldsymbol{y}$ 化二次型

$$f=2x_1^2-4x_1x_2+x_2^2-4x_2x_3$$

为标准形.

解 对二次型 f 配方得

$$\begin{aligned} f &=2(x_1-x_2)^2-x_2^2-4x_2x_3 \\ &=2(x_1-x_2)^2-(x_2+2x_3)^2+4x_3^2 \end{aligned}$$

若令 $\begin{cases} y_1=x_1-x_2, \\ y_2=x_2+2x_3, \\ y_3=x_3, \end{cases}$ 即 $\begin{cases} x_1=y_1+y_2-2y_3, \\ x_2=y_2-2y_3, \\ x_3=y_3 \end{cases}$ 为可逆线性变换,其矩阵形式为

$$\begin{pmatrix} x_1 \\ x_2 \\ x_3 \end{pmatrix}=\begin{pmatrix} 1 & 1 & -2 \\ 0 & 1 & -2 \\ 0 & 0 & 1 \end{pmatrix}\begin{pmatrix} y_1 \\ y_2 \\ y_3 \end{pmatrix}$$

则可化二次型为标准形

$$f=2y_1^2-y_2^2+4y_3^2.$$

若令 $\begin{cases} y_1=\sqrt{2}(x_1-x_2), \\ y_2=2x_3, \\ y_3=x_2+2x_3, \end{cases}$ 即 $\begin{cases} x_1=\dfrac{1}{\sqrt{2}}y_1-y_2+y_3, \\ x_2=-y_2+y_3, \\ x_3=\dfrac{1}{2}y_2 \end{cases}$ 为可逆线性变换,其矩阵形式为

$$\begin{pmatrix} x_1 \\ x_2 \\ x_3 \end{pmatrix}=\begin{pmatrix} \dfrac{1}{\sqrt{2}} & -1 & 1 \\ 0 & -1 & 1 \\ 0 & \dfrac{1}{2} & 0 \end{pmatrix}\begin{pmatrix} y_1 \\ y_2 \\ y_3 \end{pmatrix}$$

则可化二次型为标准形

$$f=y_1^2+y_2^2-y_3^2$$

例 5 用配方法求可逆变换 $\boldsymbol{x}=\boldsymbol{P}\boldsymbol{y}$ 化二次型

$$f=x_1x_2+2x_1x_3-x_2x_3$$

为标准形.

解 先用可逆线性变换让二次型出现平方项,再配方.

令 $\begin{cases} x_1=y_1+y_2, \\ x_2=y_1-y_2, \\ x_3=y_3, \end{cases}$ 即 $\begin{pmatrix} x_1 \\ x_2 \\ x_3 \end{pmatrix}=\begin{pmatrix} 1 & 1 & 0 \\ 1 & -1 & 0 \\ 0 & 0 & 1 \end{pmatrix}\begin{pmatrix} y_1 \\ y_2 \\ y_3 \end{pmatrix}=\boldsymbol{P}_1\begin{pmatrix} y_1 \\ y_2 \\ y_3 \end{pmatrix}$

为可逆线性变换,它化 f 为二次型

$$\begin{aligned} f &=x_1x_2+2x_1x_3-x_2x_3=y_1^2-y_2^2+2(y_1+y_2)y_3-(y_1-y_2)y_3 \\ &=y_1^2+y_1y_3-y_2^2+3y_2y_3=(y_1+\frac{1}{2}y_3)^2-y_2^2+3y_2y_3-\frac{1}{4}y_3^2 \\ &=(y_1+\frac{1}{2}y_3)^2-(y_2-\frac{3}{2}y_3)^2+2y_3^2 \end{aligned}$$

再令$\begin{cases} z_1=y_1+\dfrac{1}{2}y_3, \\ z_2=y_2-\dfrac{3}{2}y_3, \\ z_3=y_3, \end{cases}$ 即$\begin{cases} y_1=z_1-\dfrac{1}{2}z_3, \\ y_2=z_2+\dfrac{3}{2}z_3, \\ y_3=z_3, \end{cases}$ 亦即

$$\begin{pmatrix} y_1 \\ y_2 \\ y_3 \end{pmatrix}=\begin{pmatrix} 1 & 0 & -\dfrac{1}{2} \\ 0 & 1 & \dfrac{3}{2} \\ 0 & 0 & 1 \end{pmatrix}\begin{pmatrix} z_1 \\ z_2 \\ z_3 \end{pmatrix}=\boldsymbol{P}_2\begin{pmatrix} z_1 \\ z_2 \\ z_3 \end{pmatrix}$$

为可逆线性变换,它化 f 为标准形

$$f=z_1^2-z_2^2+2z_3^2$$

这时可逆变换为

$$\begin{pmatrix} x_1 \\ x_2 \\ x_3 \end{pmatrix}=\boldsymbol{P}_1\begin{pmatrix} y_1 \\ y_2 \\ y_3 \end{pmatrix}=\boldsymbol{P}_1\boldsymbol{P}_2\begin{pmatrix} z_1 \\ z_2 \\ z_3 \end{pmatrix}=\begin{pmatrix} 1 & 1 & 0 \\ 1 & -1 & 0 \\ 0 & 0 & 1 \end{pmatrix}\begin{pmatrix} 1 & 0 & -\dfrac{1}{2} \\ 0 & 1 & \dfrac{3}{2} \\ 0 & 0 & 1 \end{pmatrix}\begin{pmatrix} z_1 \\ z_2 \\ z_3 \end{pmatrix}=\begin{pmatrix} 1 & 1 & 1 \\ 1 & -1 & -2 \\ 0 & 0 & 1 \end{pmatrix}\begin{pmatrix} z_1 \\ z_2 \\ z_3 \end{pmatrix}$$

练习 3 用配方法求可逆变换 $\boldsymbol{x}=\boldsymbol{P}\boldsymbol{y}$ 化二次型 $f=x_1^2+2x_1x_2+x_2^2+x_2x_3$ 为标准形.

6.1.4** 初等变换法

对给定的二次型 $f=\boldsymbol{x}^{\mathrm{T}}\boldsymbol{A}\boldsymbol{x}$,令 $\boldsymbol{x}=\boldsymbol{P}\boldsymbol{y}$ 可逆线性变换,化二次型 $f=\boldsymbol{x}^{\mathrm{T}}\boldsymbol{A}\boldsymbol{x}=(\boldsymbol{P}\boldsymbol{y})^{\mathrm{T}}\boldsymbol{A}(\boldsymbol{P}\boldsymbol{y})=\boldsymbol{y}^{\mathrm{T}}(\boldsymbol{P}^{\mathrm{T}}\boldsymbol{A}\boldsymbol{P})\boldsymbol{y}$ 为标准形,即 $\boldsymbol{P}^{\mathrm{T}}\boldsymbol{A}\boldsymbol{P}=\boldsymbol{\Lambda}$ 为对角阵.

由第 1 章可逆阵可表示成初等列矩阵的乘积

$$\boldsymbol{P}=\boldsymbol{C}_1\boldsymbol{C}_2\cdots\boldsymbol{C}_k$$

这时,$\boldsymbol{P}^{\mathrm{T}}\boldsymbol{A}\boldsymbol{P}=\boldsymbol{\Lambda}$ 可化为

$$\boldsymbol{C}_k^{\mathrm{T}}\cdots\boldsymbol{C}_2^{\mathrm{T}}\boldsymbol{C}_1^{\mathrm{T}}\boldsymbol{A}\boldsymbol{C}_1\boldsymbol{C}_2\cdots\boldsymbol{C}_k=\boldsymbol{\Lambda}$$

由于三类列初等矩阵 $\boldsymbol{C}_{ij}$, $\boldsymbol{C}_i(\lambda)$, $\boldsymbol{C}_{ij}(k)$,满足

$$\boldsymbol{C}_{ij}^{\mathrm{T}}=\boldsymbol{C}_{ij}=\boldsymbol{R}_{ij},\ \boldsymbol{C}_i^{\mathrm{T}}(\lambda)=\boldsymbol{C}_i(\lambda)=\boldsymbol{R}_i(\lambda),$$
$$\boldsymbol{C}_{ij}^{\mathrm{T}}(k)=\boldsymbol{C}_{ji}(k)=\boldsymbol{R}_{ij}(k)$$

说明同时成对地对 $\boldsymbol{A}$ 施以行及列的初等变换,将 $\boldsymbol{A}$ 化成对角阵时,记录所用的列(或行)初等矩阵之积可得 $\boldsymbol{P}$(或 $\boldsymbol{P}^{\mathrm{T}}$).

例 6 用初等变换法求可逆变换 $\boldsymbol{x}=\boldsymbol{P}\boldsymbol{y}$ 化二次型

$$f=x_1x_2+2x_1x_3-x_2x_3$$

为标准形.

解 用记录行初等矩阵之积求 $\boldsymbol{P}^{\mathrm{T}}$ 的做法.

$$\left(\begin{array}{ccc:ccc}0 & \frac{1}{2} & 1 & 1 & 0 & 0\\ \frac{1}{2} & 0 & -\frac{1}{2} & 0 & 1 & 0\\ 1 & -\frac{1}{2} & 0 & 0 & 0 & 1\end{array}\right)\underset{c_{21}(1)}{\overset{r_{21}(1)}{\sim}}\left(\begin{array}{ccc:ccc}1 & \frac{1}{2} & \frac{1}{2} & 1 & 1 & 0\\ \frac{1}{2} & 0 & -\frac{1}{2} & 0 & 1 & 0\\ \frac{1}{2} & -\frac{1}{2} & 0 & 0 & 0 & 1\end{array}\right)$$

$$\underset{c_{12}(-\frac{1}{2})}{\overset{r_{12}(-\frac{1}{2})}{\sim}}\left(\begin{array}{ccc:ccc}1 & 0 & \frac{1}{2} & 1 & 1 & 0\\ 0 & -\frac{1}{4} & -\frac{3}{4} & -\frac{1}{2} & \frac{1}{2} & 0\\ \frac{1}{2} & -\frac{3}{4} & 0 & 0 & 0 & 1\end{array}\right)\underset{c_{13}(-\frac{1}{2})}{\overset{r_{13}(-\frac{1}{2})}{\sim}}\left(\begin{array}{ccc:ccc}1 & 0 & 0 & 1 & 1 & 0\\ 0 & -\frac{1}{4} & -\frac{3}{4} & -\frac{1}{2} & \frac{1}{2} & 0\\ 0 & -\frac{3}{4} & -\frac{1}{4} & -\frac{1}{2} & -\frac{1}{2} & 1\end{array}\right)$$

$$\underset{c_{2}(-2)}{\overset{r_{2}(-2)}{\sim}}\left(\begin{array}{ccc:ccc}1 & 0 & 0 & 1 & 1 & 0\\ 0 & -1 & \frac{3}{2} & 1 & -1 & 0\\ 0 & \frac{3}{2} & -\frac{1}{4} & -\frac{1}{2} & -\frac{1}{2} & 1\end{array}\right)\underset{c_{23}(\frac{3}{2})}{\overset{r_{23}(\frac{3}{2})}{\sim}}\left(\begin{array}{ccc:ccc}1 & 0 & 0 & 1 & 1 & 0\\ 0 & -1 & 0 & 1 & -1 & 0\\ 0 & 0 & 2 & 1 & -2 & 1\end{array}\right)$$

故 $\boldsymbol{P}^{\mathrm{T}}=\begin{pmatrix}1 & 1 & 0\\ 1 & -1 & 0\\ 1 & -2 & 1\end{pmatrix}$,得 $\boldsymbol{P}=\begin{pmatrix}1 & 1 & 1\\ 1 & -1 & -2\\ 0 & 0 & 1\end{pmatrix}$,$\boldsymbol{x}=\boldsymbol{P}\boldsymbol{y}$ 化二次型 $f=x_1x_2+2x_1x_3-x_2x_3$ 为标准形 $f=y_1^2-y_2^2+2y_3^2$.

6.2　正定二次型与正定矩阵

从 6.1 节的讨论,我们知道化二次型为标准形的过程中,可逆变换 $\boldsymbol{x}=\boldsymbol{P}\boldsymbol{y}$ 不唯一,对应的标准形也不唯一,但标准形中非零系数个数、正系数个数、负系数个数都是不变的,这就是下述的**惯性定理**.

定理 1　设二次型 $f=\boldsymbol{x}^{\mathrm{T}}\boldsymbol{A}\boldsymbol{x}$,秩为 r,经过两个可逆线性变换

$$\boldsymbol{x}=\boldsymbol{P}\boldsymbol{y}\quad 及\quad \boldsymbol{x}=\boldsymbol{Q}\boldsymbol{z}$$

分别化二次型为标准形

$$f=t_1y_1^2+t_2y_2^2+\cdots+t_ry_r^2\quad (t_i\neq 0)\ 及$$

$$f=k_1z_1^2+k_2z_2^2+\cdots+k_rz_r^2\quad (k_i\neq 0)\quad (i=1,2,\cdots,r)$$

则 $t_1,t_2,\cdots,t_r$ 中正数的个数与 $k_1,k_2,\cdots,k_r$ 中正数的个数相等. 这里正数个数称为二次型 f(或 $\boldsymbol{A}$)的**正惯性指数**,负数个数称为二次型 f(或 $\boldsymbol{A}$)的**负惯性指数**,非零系数个数称为二次型 f(或 $\boldsymbol{A}$)的**秩**,分别记作 π,υ,r.

规定二次型 f 的**规范形**为 $f=y_1^2+y_2^2+\cdots+y_p^2-y_{p+1}^2-\cdots-y_r^2$,其系数依次为 $1,1,\cdots,1,-1,-1,\cdots,-1,0,0,\cdots,0$(如果有的话),显然规范形是唯一的.

比较常用的二次型是标准形的系数为全正(或全负)的情形,我们来定义正定(或负定)二次型.

定义 1　设 $f=\boldsymbol{x}^{\mathrm{T}}\boldsymbol{A}\boldsymbol{x}$ 为 n 元实二次型,若对任意一组不全为零的实数 $x_1,x_2,\cdots,x_n$ 或 $\boldsymbol{x}=(x_1,x_2,\cdots,x_n)^{\mathrm{T}}\neq\boldsymbol{0}$,总有

$f>0$,则称这个二次型为**正定二次型**,对应的实对称阵为**正定矩阵**,用$\boldsymbol{A}>0$记之;

$f<0$,则称这个二次型为**负定二次型**,对应的实对称阵为**负定矩阵**,用$\boldsymbol{A}<0$记之;

$f\geqslant 0$,且有非零向量$\boldsymbol{x}_0$,使得$f=\boldsymbol{x}_0^{\mathrm{T}}\boldsymbol{A}\boldsymbol{x}_0=0$,则称这个二次型为**半正定二次型**,对应的实对称阵为**半正定矩阵**,用$\boldsymbol{A}\geqslant 0$记之;

$f\leqslant 0$,且有非零向量$\boldsymbol{x}_0$,使得$f=\boldsymbol{x}_0^{\mathrm{T}}\boldsymbol{A}\boldsymbol{x}_0=0$,则称这个二次型为**半负定二次型**,对应的实对称阵为**半负定矩阵**,用$\boldsymbol{A}\leqslant 0$记之;

f可正、可负,称二次型f为**不定型**.

注 本书中,只考虑实对称矩阵的正定(负定,半正定,半负定以及不定)性.

例如$f(x_1,x_2,x_3)=x_1^2+x_2^2+x_3^2$为正定二次型,$f(x_1,x_2,x_3)=x_1^2+2x_2^2$为半正定二次型,$f(x_1,x_2,x_3)=x_1^2-x_2^2$为不定型.

给出一个二次型,如果它是标准形,那么它正定的充分必要条件是它的n个平方项的系数全为正. 对于一般的二次型,怎样来判断其是否为正定呢? 利用惯性定理可得如下定理.

定理 2 n个变量的实二次型$f=\boldsymbol{x}^{\mathrm{T}}\boldsymbol{A}\boldsymbol{x}$为正定的充分必要条件是其正惯性指数$\pi$等于变量个数$n$.

证 充分性 因为有可逆线性变换

$$\boldsymbol{x}=\boldsymbol{P}\boldsymbol{y}$$

可将二次型化成标准形

$$f=\sum_{i=1}^{n}d_i y_i^2$$

其中$d_1,d_2,\cdots,d_n>0$,对任一$\boldsymbol{x}\neq\boldsymbol{0}$,必有$\boldsymbol{y}=\boldsymbol{P}^{-1}\boldsymbol{x}\neq\boldsymbol{0}$(否则与$\boldsymbol{x}\neq\boldsymbol{0}$矛盾),使

$$f(\boldsymbol{x})=\sum_{i=1}^{n}d_i y_i^2>0$$

故$f(\boldsymbol{x})$为正定二次型.

必要性 用反证法. 设$\pi<n$,则可找到可逆线性变换

$$\boldsymbol{x}=\boldsymbol{P}\boldsymbol{y}$$

将$f=\boldsymbol{x}^{\mathrm{T}}\boldsymbol{A}\boldsymbol{x}$化成标准形$f=\sum\limits_{i=1}^{n}d_i y_i^2$,且其中有某个系数$d_s\leqslant 0$,取$\boldsymbol{y}=\boldsymbol{e}_s=(0,\cdots,1,\cdots,0)^{\mathrm{T}}$,就有$\boldsymbol{x}=\boldsymbol{P}\boldsymbol{e}_s\neq\boldsymbol{0}$,此时

$$f=\boldsymbol{x}^{\mathrm{T}}\boldsymbol{A}\boldsymbol{x}=\boldsymbol{e}_s^{\mathrm{T}}\boldsymbol{P}^{\mathrm{T}}\boldsymbol{A}\boldsymbol{P}\boldsymbol{e}_s=d_s\leqslant 0$$

与$f=\boldsymbol{x}^{\mathrm{T}}\boldsymbol{A}\boldsymbol{x}$正定矛盾. 故必有$\pi=n$.

注 n个变量的实二次型$f=\boldsymbol{x}^{\mathrm{T}}\boldsymbol{A}\boldsymbol{x}$为负定的充分必要条件是其负惯性指数$v$为$n$;$f=\boldsymbol{x}^{\mathrm{T}}\boldsymbol{A}\boldsymbol{x}$为半正定的充分必要条件是其正惯指数$\pi$,满足$0<\pi<n$,负惯指数为0;$f=\boldsymbol{x}^{\mathrm{T}}\boldsymbol{A}\boldsymbol{x}$为半负定的充分必要条件是其正惯指数为0,负惯指数$v$,满足$0<v<n$.

推论 n阶实对称矩阵$\boldsymbol{A}$正定的充分必要条件是矩阵$\boldsymbol{A}$具有n个正的特征值.

因此,可得下面正定的判别定理.

定理 3 设实二次型$f=\boldsymbol{x}^{\mathrm{T}}\boldsymbol{A}\boldsymbol{x}$,则下列四条正定的结论等价:

(1) 对任意的n维非零向量$\boldsymbol{x}$,有$f=\boldsymbol{x}^{\mathrm{T}}\boldsymbol{A}\boldsymbol{x}>0$;

(2) 二次型f的实对称矩阵的特征值全为正数;

(3) 存在可逆阵 $\boldsymbol{P}$,使得 $\boldsymbol{A}=\boldsymbol{P}^{\mathrm{T}}\boldsymbol{P}$;

(4) 实二次型 $f=\boldsymbol{x}^{\mathrm{T}}(-\boldsymbol{A})\boldsymbol{x}$ 为负定二次型.

证 由定理 2 的证明中取可逆变换 $\boldsymbol{x}=\boldsymbol{P}\boldsymbol{y}$ 为正交变换 $\boldsymbol{x}=\boldsymbol{Q}\boldsymbol{y}$,这时,标准形中的 n 个平方项系数恰为 $\boldsymbol{A}$ 特征值,故(1)与(2)等价;

由定理 2 的证明中取特殊可逆变换 $\boldsymbol{x}=\boldsymbol{C}\boldsymbol{y}$,化二次型为规范形,故 $\boldsymbol{A}$ 正定的充分必要条件是规范形为 $\boldsymbol{y}^{\mathrm{T}}\boldsymbol{I}\boldsymbol{y}$,故 $\boldsymbol{C}^{\mathrm{T}}\boldsymbol{A}\boldsymbol{C}=\boldsymbol{I}$(合同于单位阵),令 $\boldsymbol{P}=\boldsymbol{C}^{-1}$ 可得(1)与(3)等价;

由定义 1 及 $f=\boldsymbol{x}^{\mathrm{T}}(-\boldsymbol{A})\boldsymbol{x}=-\boldsymbol{x}^{\mathrm{T}}\boldsymbol{A}\boldsymbol{x}$ 可知,对任意非零向量 $\boldsymbol{x}$,$\boldsymbol{x}^{\mathrm{T}}\boldsymbol{A}\boldsymbol{x}>0$ 的充分必要条件是 $\boldsymbol{x}^{\mathrm{T}}(-\boldsymbol{A})\boldsymbol{x}<0$,故(1)与(4)等价.

类似可以证得,n 元实二次型 f(或矩阵 $\boldsymbol{A}$)半正定的充分必要条件为 f 的负惯性指数为零,正惯性指数小于 n,或 $\boldsymbol{A}$ 的特征值全部非负且含有 0.

例 1 若 $\boldsymbol{A}$ 为正定矩阵,则 $a_{ii}>0$;若 $\boldsymbol{A}$ 为负定矩阵,则 $a_{ii}<0$.

证法 1 因为 $\boldsymbol{A}$ 为正定矩阵,所以对非零向量 $\boldsymbol{x}=\boldsymbol{e}_i=(0,0,\cdots,1,\cdots,0)^{\mathrm{T}}$,有

$$f=\boldsymbol{x}^{\mathrm{T}}\boldsymbol{A}\boldsymbol{x}=\boldsymbol{e}_i^{\mathrm{T}}\boldsymbol{A}\boldsymbol{e}_i=a_{ii}>0 \qquad (i=1,2,\cdots,n)$$

成立.

同理,$\boldsymbol{A}$ 为负定矩阵,则对非零向量 $\boldsymbol{x}=\boldsymbol{e}_i=(0,\cdots,1,\cdots,0)^{\mathrm{T}}$ 有

$$f=\boldsymbol{x}^{\mathrm{T}}\boldsymbol{A}\boldsymbol{x}=\boldsymbol{e}_i^{\mathrm{T}}\boldsymbol{A}\boldsymbol{e}_i=a_{ii}<0 \quad (i=1,2,\cdots,n)$$

成立.

证法 2 设 $\boldsymbol{A}$ 为正定矩阵,由定理 3 知存在可逆阵 $\boldsymbol{P}$ 使 $\boldsymbol{A}=\boldsymbol{P}^{\mathrm{T}}\boldsymbol{P}$,由于 $\boldsymbol{P}$ 可逆,所以 $\boldsymbol{P}$ 的每个列向量 $\boldsymbol{p}_1,\boldsymbol{p}_2,\cdots,\boldsymbol{p}_n$ 都是非零向量,故

$$a_{ii}=\boldsymbol{p}_i^{\mathrm{T}}\boldsymbol{p}_i=\|\boldsymbol{p}_i\|^2>0$$

同理可得,$\boldsymbol{A}$ 为负定矩阵时,$a_{ii}<0$ 成立.

例 2 实对称阵 $\boldsymbol{A}$ 正定,则 $\boldsymbol{A}^{-1}$,$\boldsymbol{A}^*$ 也正定.

证法 1 显然 $\boldsymbol{A}^{-1}$,$\boldsymbol{A}^*$ 均为对称矩阵. 因为 $\boldsymbol{A}$ 正定,由定理 3 知 $\boldsymbol{A}$ 的所有特征值全大于零,故 $\boldsymbol{A}^{-1}$ 的所有特征值为 $\boldsymbol{A}$ 的所有特征值的倒数,也全大于零,所以 $\boldsymbol{A}^{-1}$ 也正定. 进而 $|\boldsymbol{A}|$ 为特征值的乘积也大于零,故 $\boldsymbol{A}^*=|\boldsymbol{A}|\boldsymbol{A}^{-1}$ 的特征值全大于零,于是 $\boldsymbol{A}^*$ 也正定.

证法 2 显然 $\boldsymbol{A}^{-1}$,$\boldsymbol{A}^*$ 均为对称矩阵. 因为 $\boldsymbol{A}$ 正定,所以存在可逆阵 $\boldsymbol{P}$,使得 $\boldsymbol{A}=\boldsymbol{P}^{\mathrm{T}}\boldsymbol{P}$,这时

$$\boldsymbol{A}^{-1}=\boldsymbol{P}^{-1}(\boldsymbol{P}^{\mathrm{T}})^{-1}=\boldsymbol{Q}^{\mathrm{T}}\boldsymbol{Q}$$

其中 $\boldsymbol{Q}=(\boldsymbol{P}^{\mathrm{T}})^{-1}$ 为可逆阵,故 $\boldsymbol{A}^{-1}$ 正定. $\boldsymbol{A}^*=|\boldsymbol{A}|\boldsymbol{A}^{-1}=\boldsymbol{R}^{\mathrm{T}}\boldsymbol{R}$,其中 $\boldsymbol{R}=\sqrt{|\boldsymbol{A}|}\,(\boldsymbol{P}^{\mathrm{T}})^{-1}$ 为可逆阵,故 $\boldsymbol{A}^*$ 也正定.

例 3 试问 t 为何值时,

$$f=x_1^2-4x_1x_2-2x_2^2+4x_1x_3-2x_3^2+8x_2x_3+t(x_1^2+x_2^2+x_3^2)$$

为正定二次型?

解 二次型 $q=x_1^2-4x_1x_2-2x_2^2+4x_1x_3-2x_3^2+8x_2x_3$ 的实对称矩阵为

$$\boldsymbol{A}=\begin{pmatrix}1&-2&2\\-2&-2&4\\2&4&-2\end{pmatrix}$$

令$|\boldsymbol{A}-\lambda\boldsymbol{I}|=0$,求出3个特征值为2,2,$-7$,必有正交变换将二次型$q$化为标准形

$$q=2y_1^2+2y_2^2-7y_3^2$$

同时,由正交变换保持长度不变性知,该正交变换将二次型f化为标准形

$$f=2y_1^2+2y_2^2-7y_3^2+t(y_1^2+y_2^2+y_3^2)=(2+t)y_1^2+(2+t)y_2^2+(t-7)y_3^2$$

为了使二次型f正定,必须$2+t>0,2+t>0,t-7>0$,故得$t>7$.

若称对角线元是$\boldsymbol{A}$的前k个对角线元$a_{11},a_{22},\cdots,a_{kk}$的$k$阶子式为矩阵$\boldsymbol{A}$的$k$阶**顺序主子式**(或前主子式),则可以利用实对称矩阵的各阶顺序主子式的值来判定其是否为正定,这里不加证明地给出下面判别正定的定理.

定理4 n阶实对称矩阵$\boldsymbol{A}$为正定的充分必要条件是$\boldsymbol{A}$的各阶顺序主子式皆为正数,即

$$D_1>0,\quad D_2>0,\quad \cdots,\quad D_n>0 \tag{6.2-1}$$

其中

$$D_k=\begin{vmatrix} a_{11} & a_{12} & \cdots & a_{1k} \\ a_{21} & a_{22} & \cdots & a_{2k} \\ \vdots & \vdots & \ddots & \vdots \\ a_{k1} & a_{k2} & \cdots & a_{kk} \end{vmatrix}\ (k=1,2,\cdots,n)$$

值得着重指出的是,将式(6.2-1)改为

$$D_1<0,\quad D_2<0,\quad \cdots,\quad D_n<0$$

不是$\boldsymbol{A}$为负定的充分必要条件. 事实上,根据定理4可以得到以下推论.

推论 n阶实对称矩阵$\boldsymbol{A}$为负定的充分必要条件是

$$(-1)^kD_k>0\qquad(k=1,2,\cdots,n) \tag{6.2-2}$$

其中D_k是$\boldsymbol{A}$的k阶顺序主子式.

证 对于$(-f)=\boldsymbol{x}^{\mathrm{T}}(-\boldsymbol{A})\boldsymbol{x}$而言,矩阵$-\boldsymbol{A}$的$k$阶顺序主子式$(k=1,2,\cdots,n)$

$$\begin{vmatrix} -a_{11} & -a_{22} & \cdots & -a_{1k} \\ -a_{21} & -a_{22} & \cdots & -a_{2k} \\ \vdots & \vdots & \ddots & \vdots \\ -a_{k1} & -a_{k2} & \cdots & -a_{kk} \end{vmatrix}=(-1)^kD_k>0$$

是$-\boldsymbol{A}$为正定的充分必要条件,也就是$\boldsymbol{A}$为负定的充分必要条件.

例4 判断二次型$f=-5x^2-6y^2-6z^2+4xy+4xz$的负定性.

解 因为二次型f的实对称矩阵为

$$\boldsymbol{A}=\begin{pmatrix} -5 & 2 & 2 \\ 2 & -6 & 0 \\ 2 & 0 & -6 \end{pmatrix}$$

而$a_{11}=-5<0$, $\begin{vmatrix} a_{11} & a_{12} \\ a_{21} & a_{22} \end{vmatrix}=\begin{vmatrix} -5 & 2 \\ 2 & -6 \end{vmatrix}=26>0$, $|\boldsymbol{A}|=-132<0$,由定理4的推论可知f为负定二次型.

注 本题也可通过判断$-\boldsymbol{A}$为正定阵来解决.

例5 求λ的取值,使二次型

$$f(x_1,x_2,x_3)=x_1^2+2x_2^2+3x_3^2+2x_1x_2-2x_1x_3+2\lambda x_2x_3$$

为正定二次型.

解 二次型 f 的实对称矩阵为

$$\boldsymbol{A}=\begin{pmatrix}1 & 1 & -1\\ 1 & 2 & \lambda\\ -1 & \lambda & 3\end{pmatrix}$$

由于 f 为正定二次型,故所有顺序主子式全大于零,即

$$1>0,\ \begin{vmatrix}1 & 1\\ 1 & 2\end{vmatrix}>0,\ |\boldsymbol{A}|>0$$

解出 $-(1+\sqrt{2})<\lambda<\sqrt{2}-1$,即为所求.

例 6 设 $n(>1)$ 维列向量 $\boldsymbol{\alpha}\neq\boldsymbol{0}$,试证矩阵 $\boldsymbol{A}=\boldsymbol{\alpha}\boldsymbol{\alpha}^{\mathrm{T}}$ 为半正定矩阵.

解法一 由 $\boldsymbol{A}^{\mathrm{T}}=(\boldsymbol{\alpha}\boldsymbol{\alpha}^{\mathrm{T}})^{\mathrm{T}}=\boldsymbol{\alpha}\boldsymbol{\alpha}^{\mathrm{T}}=\boldsymbol{A}$,知 $\boldsymbol{A}$ 为对称矩阵;

又对任何非零向量 $\boldsymbol{x}$,有

$$\boldsymbol{x}^{\mathrm{T}}\boldsymbol{A}\boldsymbol{x}=\boldsymbol{x}^{\mathrm{T}}\boldsymbol{\alpha}\boldsymbol{\alpha}^{\mathrm{T}}\boldsymbol{x}=(\boldsymbol{\alpha}^{\mathrm{T}}\boldsymbol{x})^{\mathrm{T}}(\boldsymbol{\alpha}^{\mathrm{T}}\boldsymbol{x})=\|\boldsymbol{\alpha}^{\mathrm{T}}\boldsymbol{x}\|^2\geqslant 0$$

而显然齐次线性方程组 $\boldsymbol{\alpha}^{\mathrm{T}}\boldsymbol{x}=\boldsymbol{0}$ 有非零解,所以由定义即知矩阵 $\boldsymbol{A}$ 为半正定矩阵.

解法二 由 $\boldsymbol{\alpha}\neq\boldsymbol{0}$,知 $\boldsymbol{A}=\boldsymbol{\alpha}\boldsymbol{\alpha}^{\mathrm{T}}\neq\boldsymbol{O}$,故 $r(\boldsymbol{A})\geqslant 1$;又 $r(\boldsymbol{A})\leqslant\min\{r(\boldsymbol{\alpha}),r(\boldsymbol{\alpha}^{\mathrm{T}})\}=1$,所以 $r(\boldsymbol{A})=1$. 故 $(\boldsymbol{A}-0\boldsymbol{I})\boldsymbol{x}=\boldsymbol{0}$ 有 $n-1$ 个线性无关的特征向量,由 $\boldsymbol{A}$ 为实对称矩阵,可知 0 必为 $\boldsymbol{A}$ 的 $n-1$ 重特征值;又由 $\boldsymbol{A}\boldsymbol{\alpha}=(\boldsymbol{\alpha}\boldsymbol{\alpha}^{\mathrm{T}})\boldsymbol{\alpha}=\boldsymbol{\alpha}(\boldsymbol{\alpha}^{\mathrm{T}}\boldsymbol{\alpha})=(\boldsymbol{\alpha}^{\mathrm{T}}\boldsymbol{\alpha})\boldsymbol{\alpha}$ 即知 $\boldsymbol{A}$ 的第 n 个特征值为 $\boldsymbol{\alpha}^{\mathrm{T}}\boldsymbol{\alpha}=\|\boldsymbol{\alpha}\|^2(>0)$,故 $\boldsymbol{A}$ 的特征值全部非负且含有 0,进而 $\boldsymbol{A}$ 必为半正定矩阵.

练习 4 举例说明 $\boldsymbol{A},\boldsymbol{B}$ 都正定,但 $\boldsymbol{A}\boldsymbol{B}$ 未必正定.

6.3 应用举例

应用一(二次曲面方程的化简问题)

利用正交变换和平移变换,可以对三维空间中的二次曲面方程表达式进行化简.

例 化简二次曲面方程

$$f=x_1^2+2x_2^2+3x_3^2-4x_1x_2-4x_2x_3-4x_1+6x_2+2x_3+1=0$$

并指出它的形状.

解 记 $\boldsymbol{A}=\begin{pmatrix}1 & -2 & 0\\ -2 & 2 & -2\\ 0 & -2 & 3\end{pmatrix},\boldsymbol{x}=\begin{pmatrix}x_1\\ x_2\\ x_3\end{pmatrix},\boldsymbol{\alpha}=\begin{pmatrix}-2\\ 3\\ 1\end{pmatrix}$,则二次曲面方程可记为

$$f=\boldsymbol{x}^{\mathrm{T}}\boldsymbol{A}\boldsymbol{x}+2\boldsymbol{\alpha}^{\mathrm{T}}\boldsymbol{x}+1=0.$$

先求 $\boldsymbol{A}$ 的特征值,解方程 $\begin{vmatrix}1-\lambda & -2 & 0\\ -2 & 2-\lambda & -2\\ 0 & -2 & 3-\lambda\end{vmatrix}=0$ 得 $\lambda_1=2,\lambda_2=5,\lambda_3=-1$.

再解线性方程组 $(\boldsymbol{A}-\lambda_i\boldsymbol{I})\boldsymbol{x}=\boldsymbol{0}$ 得对应的特征向量分别为

$$\boldsymbol{\xi}_1=\begin{pmatrix}2\\-1\\-2\end{pmatrix},\boldsymbol{\xi}_2=\begin{pmatrix}1\\-2\\2\end{pmatrix},\boldsymbol{\xi}_3=\begin{pmatrix}2\\2\\1\end{pmatrix}$$

单位化得

$$\boldsymbol{\varepsilon}_1=\frac{1}{3}\begin{pmatrix}2\\-1\\-2\end{pmatrix},\boldsymbol{\varepsilon}_2=\frac{1}{3}\begin{pmatrix}1\\-2\\2\end{pmatrix},\boldsymbol{\varepsilon}_3=\frac{1}{3}\begin{pmatrix}2\\2\\1\end{pmatrix}$$

于是得正交变换矩阵 $\boldsymbol{Q}=[\boldsymbol{\varepsilon}_1,\boldsymbol{\varepsilon}_2,\boldsymbol{\varepsilon}_3]=\frac{1}{3}\begin{pmatrix}2&1&2\\-1&-2&2\\-2&2&1\end{pmatrix}$,使得 $\boldsymbol{Q}^{\mathrm{T}}\boldsymbol{A}\boldsymbol{Q}=\begin{pmatrix}2&&\\&5&\\&&-1\end{pmatrix}=\boldsymbol{\Lambda}$.

进而正交变换 $\boldsymbol{x}=\boldsymbol{Q}\boldsymbol{y}$ 将二次曲面方程化为

$$f=\boldsymbol{x}^{\mathrm{T}}\boldsymbol{A}\boldsymbol{x}+2\boldsymbol{\alpha}^{\mathrm{T}}\boldsymbol{x}+1=\boldsymbol{y}^{\mathrm{T}}\boldsymbol{Q}^{\mathrm{T}}\boldsymbol{A}\boldsymbol{Q}\boldsymbol{y}+2\boldsymbol{\alpha}^{\mathrm{T}}\boldsymbol{Q}\boldsymbol{y}+1=\boldsymbol{y}^{\mathrm{T}}\boldsymbol{\Lambda}\boldsymbol{y}+2\boldsymbol{\alpha}^{\mathrm{T}}\boldsymbol{Q}\boldsymbol{y}+1=0$$

即

$$f=2y_1^2+5y_2^2-y_3^2-6y_1-4y_2+2y_3+1=0$$

亦即

$$f=2\left(y_1-\frac{3}{2}\right)^2+5\left(y_2-\frac{2}{5}\right)^2-(y_3-1)^2-\frac{33}{10}=0$$

令 $\begin{cases}z_1=y_1-\dfrac{3}{2},\\ z_2=y_2-\dfrac{2}{5},\\ z_3=y_3-1,\end{cases}$ 则有

$$f=2z_1^2+5z_2^2-z_3^2-\frac{33}{10}=0$$

从而原二次曲面方程化为

$$2z_1^2+5z_2^2-z_3^2=\frac{33}{10}$$

它表示的是空间中的一个单叶双曲面.

应用二(多元函数的极值问题)

我们利用二次型的有定性,给出在多元微积分中,关于多元函数极值判定的一个充分条件.

设 n 元函数 $f(x_1,x_2,\cdots,x_n)$ 在 $\boldsymbol{x}_0=(x_1^0,x_2^0,\cdots,x_n^0)$ 的某邻域内有一阶、二阶连续偏导数. 又 $(x_1^0+h_1,x_2^0+h_2,\cdots,x_n^0+h_n)$ 为该邻域中任意一点.

由多元函数的泰勒公式知:

$$f(\boldsymbol{x}_0+\boldsymbol{h})=f(\boldsymbol{x}_0)+\sum_{i=1}^{n}f_i(\boldsymbol{x}_0)h_i+\frac{1}{2!}\sum_{i=1}^{n}\sum_{j=1}^{n}f_{ij}(\boldsymbol{x}_0+\theta\boldsymbol{h})h_ih_j,\text{其中 }0<\theta<1,$$

$\boldsymbol{x}_0=(x_1^0,x_2^0,\cdots,x_n^0)$,$\boldsymbol{h}=(h_1,h_2,\cdots,h_n)$

$$f_i(\boldsymbol{x}_0)=\frac{\partial f(\boldsymbol{x}_0)}{\partial x_i}(i=1,2,\cdots,n)$$

$$f_{ij}(\boldsymbol{x}_0+\theta\boldsymbol{h})=f_{ij}(\boldsymbol{x}_0+\theta\boldsymbol{h})=\frac{\partial^2 f(\boldsymbol{x}_0+\theta\boldsymbol{h})}{\partial x_i\partial x_j}=\frac{\partial^2 f(\boldsymbol{x}_0+\theta\boldsymbol{h})}{\partial x_j\partial x_i}(i,j=1,2,\cdots,n)$$

当 $\boldsymbol{x}_0=(x_1^0,x_2^0,\cdots,x_n^0)$是 $f(\boldsymbol{x}_0)$的驻点时,则有 $f_i(\boldsymbol{x}_0)=0(i=1,2,\cdots,n)$,于是 $f(\boldsymbol{x}_0)$是否为 $f(\boldsymbol{x})$的极值,取决于 $\sum\limits_{i=1}^{n}\sum\limits_{j=1}^{n}f_{ij}(\boldsymbol{x}_0+\theta\boldsymbol{h})h_ih_j$ 的符号. 由 $f_{ij}(\boldsymbol{x})$在 $\boldsymbol{x}_0$ 的某邻域中的连续性知,在该邻域内,上式的符号可由 $\sum\limits_{i=1}^{n}\sum\limits_{j=1}^{n}f_{ij}(\boldsymbol{x}_0)h_ih_j$ 的符号决定. 而后一式是 h_1,$h_2,\cdots,h_n$ 的一个 n 元二次型,它的符号取决于对称矩阵

$$\boldsymbol{H}(\boldsymbol{x}_0)=\begin{pmatrix} f_{11}(\boldsymbol{x}_0) & f_{12}(\boldsymbol{x}_0) & \cdots & f_{1n}(\boldsymbol{x}_0)\\ f_{21}(\boldsymbol{x}_0) & f_{22}(\boldsymbol{x}_0) & \cdots & f_{2n}(\boldsymbol{x}_0)\\ \vdots & \vdots & \vdots & \vdots\\ f_{n1}(\boldsymbol{x}_0) & f_{n2}(\boldsymbol{x}_0) & \cdots & f_{nn}(\boldsymbol{x}_0)\end{pmatrix}$$

是否为有定矩阵. 我们称这个矩阵为 $f(\boldsymbol{x})$在 $\boldsymbol{x}_0$ 处的 n 阶黑塞(Hess)矩阵,其顺序 k 阶主子式记为$|\boldsymbol{H}_k(\boldsymbol{x}_0)|(k=1,2,\cdots,n)$.

我们有如下判别法:

(1) 当$|\boldsymbol{H}_k(\boldsymbol{x}_0)|>0(k=1,2,\cdots,n)$,则 $f(\boldsymbol{x}_0)$为 $f(\boldsymbol{x})$的极小值.

(2) 当$(-1)^k|\boldsymbol{H}_k(\boldsymbol{x}_0)|>0(k=1,2,\cdots,n)$,则 $f(\boldsymbol{x}_0)$为 $f(\boldsymbol{x})$的极大值.

(3) $\boldsymbol{H}(\boldsymbol{x}_0)$为不定矩阵,$f(\boldsymbol{x}_0)$非极值.

(4) $\boldsymbol{H}(\boldsymbol{x}_0)$为半正定或半负定矩阵时,$f(\boldsymbol{x}_0)$既可能是极值,也可能不是极值,尚需利用其他方法来判定.

例 求出函数

$f(x_1,x_2,x_3)=x_1^3+3x_1x_2+3x_1x_3+x_2^3+3x_2x_3+x_3^3$ 的极值.

解 $f_1=3x_1^2+3x_2+3x_3=0$

$f_2=3x_1+3x_2^2+3x_3=0$

$f_3=3x_1+3x_2+3x_3^2=0$

解方程组得驻点 $\boldsymbol{x}_0=(0,0,0)$,$\tilde{\boldsymbol{x}}_0=(-2,-2,-2)$.

$$\begin{array}{lll} f_{11}=6x_1 & f_{12}=3 & f_{13}=3\\ f_{21}=3 & f_{22}=6x_2 & f_{23}=3\\ f_{31}=3 & f_{32}=3 & f_{33}=6x_3\end{array}$$

$$\boldsymbol{H}(\boldsymbol{x}_0)=\begin{pmatrix}0&3&3\\3&0&3\\3&3&0\end{pmatrix},\boldsymbol{H}(\tilde{\boldsymbol{x}}_0)=\begin{pmatrix}-12&3&3\\3&-12&3\\3&3&-12\end{pmatrix}$$

$|\boldsymbol{H}_1(\boldsymbol{x}_0)|=0$,$|\boldsymbol{H}_2(\boldsymbol{x}_0)|=-9$,$|\boldsymbol{H}_3(\boldsymbol{x}_0)|=54$.

由于 $\boldsymbol{H}(\boldsymbol{x}_0)$是不定矩阵,故在点(0,0,0)处 $f(x_1,x_2,x_3)$没有极值. 而在点 $\tilde{\boldsymbol{x}}=(-2,-2,-2)$处,有

$$|\boldsymbol{H}_1(\tilde{\boldsymbol{x}})|=-12<0,|\boldsymbol{H}_2(\tilde{\boldsymbol{x}})|=\begin{vmatrix}12&3\\3&-12\end{vmatrix}=135>0$$

$$|\boldsymbol{H}(\tilde{\boldsymbol{x}})|=\begin{vmatrix}-12 & 3 & 3\\ 3 & -12 & 3\\ 3 & 3 & -12\end{vmatrix}=-1350<0$$

故 $\boldsymbol{H}(\boldsymbol{x})$为负定矩阵,所以 $f(-2,-2,-2)=12$ 是给定函数的极大值. 实际上,此极值判别的充分条件完全可以用到一般的多元函数上去.

6.4 Matlab 辅助计算

6.4.1 二次型化标准形

调用格式为:[P,T]=schur(A),其中 **A** 为给定二次型所对应的实对称矩阵. 该函数的返回值 **T** 为 **A** 的特征值所构成的对角形矩阵,**P** 为 **T** 对应的正交变换的正交矩阵.

例 1 试确定一个正交变换,化二次型 $f(x_1,x_2,x_3)=2x_1^2-4x_1x_2+x_2^2-4x_2x_3$ 为标准形(参见 6.1 节例 2).

解
```
>>format rat
>>A=[2 -2  0;-2  1 -2;0 -2  0];
>>[P,T]=schur(A)
P =
   -1/3          2/3          -2/3
   -2/3          1/3           2/3
   -2/3         -2/3          -1/3
T =
   -2       0        0
   0        1        0
   0        0        4
```

得所求正交变换矩阵 $\boldsymbol{P}=\begin{pmatrix}-\frac{1}{3} & \frac{2}{3} & -\frac{2}{3}\\ -\frac{2}{3} & \frac{1}{3} & \frac{2}{3}\\ -\frac{2}{3} & -\frac{2}{3} & -\frac{1}{3}\end{pmatrix}$,正交变换 $\boldsymbol{x}=\boldsymbol{P}\boldsymbol{y}$ 化二次型 $f(x_1,x_2,x_3)=2x_1^2-4x_1x_2+x_2^2-4x_2x_3=-2y_1^2+y_2^2+4y_3^2$.

6.4.2 判定二次型是否正定

Matlab 没有直接提供判定一个矩阵是否为正定矩阵的命令,但可以根据判定二次型是否正定的有关定理和性质,经过适当的程序设计,实现这一功能. 这里介绍如下两种方法.

方法 1 利用特征值判定二次型的正定性

对给定二次型矩阵 **A**,首先通过调用 eig 函数可以求得其所有的特征值,如果其特征值均为正,则矩阵 **A** 为正定矩阵,相应的二次型为正定二次型. 具体实现过程为

```
function    Y=ispositive1(A)
```

```
if(all(eig(A)>0))
   Y=1;
else
  Y=0;
end
```

调用过程为:输入二次型矩阵 **A**,ispositive1(A)返回 1,则为正定二次型;返回 0,则为非正定二次型.

例 2 判定二次型 $f=3x_1^2+x_2^2+4x_3^2+2x_4^2+2x_1x_2+2x_1x_3+2x_2x_4$ 的正定性.

解
```
>>A=[3,1 1 0;1,1,0,1;1,0,4,0;0,1,0,2];
>>Y=ispositive1(A)
Y=
    1
```

得该二次型为正定二次型.

方法 2 利用各阶顺序主子式判定二次型的正定性

对给定二次型矩阵 **A**,计算其各阶顺序主子式的值,如果全部大于 0,则矩阵 **A** 为正定矩阵,相应的二次型为正定二次型. 具体实现过程为

```
function  Y=ispositive2(A)
  n=size(A);
  D=[];
for i =1:n(1)
    A1=A(1:i,1:i);            %取出各阶顺序主子式
    D=[D det(A1)];            %计算其行列式值
end
if all(D>0)                   %判定是否大于 0
  Y=1;
else
  Y=0;
end
```

调用过程为:输入二次型矩阵 **A**,ispositive2(A)返回 1,则为正定二次型;返回 0,则为非正定二次型.

例 3 判定二次型 $f=3x_1^2+x_2^2+4x_3^2+2x_4^2+2x_1x_2+2x_1x_3+2x_2x_4$ 的正定性.

解
```
>>A=[3,1 1 0;1,1,0,1;1,0,4,0;0,1,0,2];
>>Y=ispositive2(A)
Y=
    1
```

得该二次型为正定二次型(与方法 1 的结论相同).

6.4.3 Matlab 练习

试确定一个正交变换,化二次型 $f(x_1,x_2,x_3)=-5x_1^2-6x_2^2-6x_3^2+4x_1x_2+4x_1x_3$ 为

标准形,并判断此二次型的正定性.

答案

```
≫A=[-5 2 2;2 -6 0;2 0 -6];
≫[P T]=schur(A)
P=
-0.6426      0.0000     -0.7662
 0.5418     -0.7071     -0.4544
 0.5418      0.7071     -0.4544
T=
-8.3723      0           0
      0     -6.0000      0
      0      0          -2.6277
```

正交变换 $\boldsymbol{x}=\boldsymbol{P}\boldsymbol{y}$ 化二次型

$f(x_1,x_2,x_3)=-5x_1^2-6x_2^2-6x_3^2+4x_1x_2+4x_1x_3=-8.3723y_1^2-6y_2^2-2.6277y_3^2$.

调用 ispositive1(A)或 ispositive2(A)均返回 0 值,说明此二次型为非正定二次型。从其标准形形式中可以看出此二次型为负定二次型.

练习题答案

1. $\boldsymbol{A}=\begin{pmatrix}1&2&3\\2&2&4\\3&4&3\end{pmatrix}$;**2.** $a=3,b=1,\boldsymbol{Q}=\begin{pmatrix}\frac{1}{\sqrt{2}}&\frac{1}{\sqrt{3}}&\frac{1}{\sqrt{6}}\\0&\frac{1}{\sqrt{3}}&\frac{2}{\sqrt{6}}\\-\frac{1}{\sqrt{2}}&\frac{1}{\sqrt{3}}&\frac{1}{\sqrt{6}}\end{pmatrix}$;

3. $\boldsymbol{x}=\boldsymbol{P}\boldsymbol{z}=\begin{pmatrix}1&-1&-1\\0&1&1\\0&1&-1\end{pmatrix}$,$f=z_1^2+z_2^2-z_3^2$;

4. $\boldsymbol{A}=\begin{pmatrix}1&1\\1&3\end{pmatrix}$正定,$\boldsymbol{B}=\begin{pmatrix}2&1\\1&3\end{pmatrix}$正定,但$\boldsymbol{AB}=\begin{pmatrix}3&4\\5&10\end{pmatrix}$不对称,故必不正定.

习 题 六

6.1 用正交变换化下列二次型为标准形,并求所用的正交变换矩阵.

(1) $f=2x_1^2+x_2^2-4x_1x_2-4x_2x_3$;

(2) $f=2x_1x_2-2x_3x_4$.

6.2 已知二次型 $f=5x^2-2xy+6xz+5y^2-6yz+cz^2$ 的秩为 2,求参数 c;并指出 $f=1$ 表示何种曲面.

6.3 试用配方法(即拉格朗日法)求出满秩线性变换矩阵 $\boldsymbol{P}$,将下列二次型化成标准形;并问二次型的秩、正惯性指数、负惯性指数分别等于多少?

(1) $f=x_1^2+2x_2^2+2x_3^2+2x_1x_2+2x_1x_3+4x_2x_3$；

(2) $f=x_1x_2-2x_1x_3+3x_2x_3$.

6.4 设 $f=\boldsymbol{x}^{\mathrm{T}}\boldsymbol{A}\boldsymbol{x}$ 是一个 n 元实二次型，$\lambda_1\leqslant\lambda_2\leqslant\cdots\leqslant\lambda_n$ 是 $\boldsymbol{A}$ 的 n 个特征值，试证：对任一实 n 维向量 $\boldsymbol{x}$，有 $\lambda_1\boldsymbol{x}^{\mathrm{T}}\boldsymbol{x}\leqslant\boldsymbol{x}^{\mathrm{T}}\boldsymbol{A}\boldsymbol{x}\leqslant\lambda_n\boldsymbol{x}^{\mathrm{T}}\boldsymbol{x}$.

6.5 已知矩阵 $\boldsymbol{A}$，$\boldsymbol{B}$ 都是正定矩阵，试证：矩阵 $\boldsymbol{A}+\boldsymbol{B}$ 也是正定矩阵.

6.6 判定下列二次型的正定性：

(1) $f=3x_1^2+x_2^2+6x_1x_2+6x_1x_3+2x_2x_3$；

(2) $f=x_1^2+3x_2^2+9x_3^2+16x_4^2-2x_1x_2+4x_1x_3+2x_1x_4-6x_2x_4-12x_3x_4$；

(3) $f=-5x_1^2-6x_2^2-4x_3^2+4x_1x_2+4x_1x_3$；

(4) $f=(x_1+x_3-x_4)^2+(x_2+x_3-x_4)^2+(x_3+2x_4)^2$.

6.7 设 n 阶实对称矩阵 $\boldsymbol{A}$ 满足 $\boldsymbol{A}(\boldsymbol{A}^2-6\boldsymbol{A}+11\boldsymbol{I})=6\boldsymbol{I}$，证明：$\boldsymbol{A}$ 是正定矩阵.

6.8 已知 $\boldsymbol{A}$ 是 n 阶正定矩阵，证明：$|\boldsymbol{A}+\boldsymbol{I}|>1$.

6.9 问参数 t 取何值时，下列二次型 f 正定：

(1) $f=x_1^2+x_2^2+5x_3^2+2tx_1x_2-2x_1x_3+4x_2x_3$；

(2) $f=x_1^2+2x_2^2+(1-t)x_3^2+2tx_1x_2+2x_1x_3$.

6.10 已知二次型 $f=9x_1^2+3x_3^2+4x_1x_2+16x_1x_3-20x_2x_3+k(x_1^2+x_2^2+x_3^2)$.

(1) 若通过正交变换 $\boldsymbol{x}=\boldsymbol{Q}\boldsymbol{y}$ 化成标准形 $-7y_1^2+11y_2^2+20y_3^2$，试求出 k 的值及正交矩阵 $\boldsymbol{Q}$；

(2) 试求出使 f 为正定二次型的 k 的取值范围.

6.11 设 $\boldsymbol{A}$ 为 m 阶实对称正定矩阵，$\boldsymbol{B}$ 为 $m\times n$ 实矩阵，试证：$\boldsymbol{B}^{\mathrm{T}}\boldsymbol{A}\boldsymbol{B}$ 为正定矩阵的充分必要条件是 $r(\boldsymbol{B})=n$.

7

线性空间与线性变换**

线性空间是线性代数的主要内容,它是线性代数中的一个最基本的概念. 第 4 章中提到的向量空间,就是线性空间的一种. 在这一章中,我们要把一些概念推广,使向量及向量空间的概念更具一般性.

7.1 线性空间的定义与简单性质

7.1.1 线性空间的定义

数集 $\boldsymbol{P}$ 包含 0 和 1,若 $\boldsymbol{P}$ 中任意两个数(可以相同)的和、差、积、商(除数不为零)仍然是 $\boldsymbol{P}$ 中的数,则称 $\boldsymbol{P}$ 为一个数域.

定义 1 设 $\mathbf{V}$ 是一个非空集合,$\mathbf{R}$ 为实数域,在集合 $\mathbf{V}$ 的元素之间定义了一种代数运算,叫做**加法**;即给出了一个法则,对于 $\mathbf{V}$ 中任意两个元素 $\boldsymbol{\alpha}$ 与 $\boldsymbol{\beta}$,在 $\mathbf{V}$ 中总有唯一一个元素 $\boldsymbol{\gamma}$ 与它们对应,称为 $\boldsymbol{\alpha}$ 与 $\boldsymbol{\beta}$ 的和,记为 $\boldsymbol{\gamma}=\boldsymbol{\alpha}+\boldsymbol{\beta}$. 又在实数域 $\mathbf{R}$ 与集合 $\mathbf{V}$ 的元素之间还定义了一种运算,叫做**数量乘法**,即对于实数域 $\mathbf{R}$ 中任一数 λ 与 $\mathbf{V}$ 中任一元素 $\boldsymbol{\alpha}$,在 $\mathbf{V}$ 中都有唯一一个元素 $\boldsymbol{\delta}$ 与它们对应,称为 λ 与 $\boldsymbol{\alpha}$ 的数量乘积,记为 $\boldsymbol{\delta}=\lambda\boldsymbol{\alpha}$. 一般称集合 $\mathbf{V}$ 对于加法和数量乘法这两种运算封闭. 若加法和数量乘法还满足以下八条运算规则(设 $\boldsymbol{\alpha}, \boldsymbol{\beta}, \boldsymbol{\gamma}\in\mathbf{V}$; $\lambda, \mu\in\mathbf{R}$),那么称 $\mathbf{V}$ 为(实数域 $\mathbf{R}$ 上的)**线性空间**.

加法满足下列四条规则:

(1) $\boldsymbol{\alpha}+\boldsymbol{\beta}=\boldsymbol{\beta}+\boldsymbol{\alpha}$;

(2) $(\boldsymbol{\alpha}+\boldsymbol{\beta})+\boldsymbol{\gamma}=\boldsymbol{\alpha}+(\boldsymbol{\beta}+\boldsymbol{\gamma})$;

(3) 在 $\mathbf{V}$ 中有一个**零元素** $\mathbf{0}$,对于 $\mathbf{V}$ 中任一元素 $\boldsymbol{\alpha}$ 都有

$$\mathbf{0}+\boldsymbol{\alpha}=\boldsymbol{\alpha};$$

(4) 对于 $\mathbf{V}$ 中任一个元素 $\boldsymbol{\alpha}$,都有 $\boldsymbol{\alpha}$ 的**负元素** $\boldsymbol{\beta}\in\mathbf{V}$,使

$$\boldsymbol{\alpha}+\boldsymbol{\beta}=\mathbf{0};$$

数量乘法满足下列两条规则:

(5) $1\boldsymbol{\alpha}=\boldsymbol{\alpha}$;

(6) $\lambda(\mu\boldsymbol{\alpha})=(\lambda\mu)\boldsymbol{\alpha}$;

数量乘法与加法满足下列两条规则:

(7) $(\lambda+\mu)\boldsymbol{\alpha}=\lambda\boldsymbol{\alpha}+\mu\boldsymbol{\alpha}$;

(8) $\lambda(\boldsymbol{\alpha}+\boldsymbol{\beta})=\lambda\boldsymbol{\alpha}+\lambda\boldsymbol{\beta}$

简言之,凡满足八条规则的加法和数量乘法,就称之为线性运算;凡定义了线性运算的集合,就是线性空间. 若 $\boldsymbol{V}$ 中的元素是向量,则 $\boldsymbol{V}$ 就是第 4 章中的向量空间. 今后,$\boldsymbol{V}$ 中的元素不论其本来的形式如何,统称为向量,这时线性空间也可称为向量空间.

下面举几个例子.

例 1 元素属于实数集合 $\mathbf{R}$ 的 $m\times n$ 矩阵全体,按矩阵的加法和矩阵与数的数量乘法,显然满足八个线性运算规则及封闭性,故它们构成一个线性空间,用 $\boldsymbol{R}^{m\times n}$ 表示.

例 2 所有实系数 x 的多项式的全体对于多项式加法及数与多项式乘法构成线性空间.

例 3 次数不超过 n 的实系数多项式的全体,记作 $P[x]_n$,即

$$P[x]_n=\{\boldsymbol{p}=a_nx^n+a_{n-1}x^{n-1}+\cdots+a_1x+a_0 \mid a_n,\ \cdots,\ a_1,\ a_0\in\mathbf{R}\}$$

对于通常的多项式加法和数与多项式乘法构成线性空间. 这是因为 $P[x]_n$ 中对于多项式加法和数与多项式乘法满足八条线性运算及封闭性,所以 $P[x]_n$ 构成线性空间.

例 4 n 次实系数多项式的全体

$$Q[x]_n=\{\boldsymbol{p}=a_nx^n+\cdots+a_1x+a_0 \mid a_n,\ \cdots,\ a_1,\ a_0\in\mathbf{R},\ a_n\neq 0\}$$

对于通常的多项式加法和数与多项式乘法运算不构成线性空间. 这是因为

$$0\boldsymbol{p}=0x^n+\cdots+0x+0=\boldsymbol{0}\overline{\in} Q[x]_n,$$

即 $Q[x]_n$ 对运算不封闭.

例 5 n 维向量全体

$$\boldsymbol{S}^n=\{\boldsymbol{x}=(x_1,\ x_2,\ \cdots,\ x_n)^{\mathrm{T}} \mid x_1,\ x_2,\ \cdots,\ x_n\in\mathbf{R}\}$$

对于通常的向量加法及如下定义的乘法

$$\lambda\circ(x_1,\ x_2,\ \cdots,\ x_n)^{\mathrm{T}}=(0,\ 0,\ \cdots,\ 0)^{\mathrm{T}}$$

不构成线性空间.

可以验证,虽然 $\boldsymbol{S}^n$ 对于两个运算都封闭,但因 $1\circ\boldsymbol{x}=\boldsymbol{0}$,不满足运算规则(5),即所定义的运算不是线性运算,所以 $\boldsymbol{S}^n$ 不是线性空间.

比较 $\boldsymbol{R}^n$ 与 $\boldsymbol{S}^n$ 可知,作为集合是相同的,但定义的运算不同,导致 $\boldsymbol{R}^n$ 是线性空间,而 $\boldsymbol{S}^n$ 不是线性空间,因此,构成线性空间的本质是线性运算.

例 6 全体正实数 $\mathbf{R}^+$,定义加法及数乘运算如下:

$$a\oplus b=ab,\ (a,\ b\in\mathbf{R}^+);\ \lambda\cdot a=a^\lambda,\ (\lambda\in\mathbf{R},\ a\in\mathbf{R}^+)$$

构成线性空间.

证 对任意的 $a,\ b\in\mathbf{R}^+$,有 $a\oplus b=ab\in\mathbf{R}^+$,加法封闭;

对任意的 $\lambda\in\mathbf{R},\ a\in\mathbf{R}^+$,有 $\lambda\cdot a=a^\lambda\in\mathbf{R}^+$,数乘封闭.

且有

$$a\oplus b=ab=ba=b\oplus a;$$

$$(a\oplus b)\oplus c=(ab)\oplus c=(ab)c=a(bc)=a(b\oplus c)=a\oplus(b\oplus c);$$

$\mathbf{R}^+$ 中有零元素 1,对任意的 $a\in\mathbf{R}^+$,有 $a\oplus 1=a1=a$;

$\mathbf{R}^+$ 中有负元素 a^{-1},对任意的 $a\in\mathbf{R}^+$ 有 $a\oplus a^{-1}=aa^{-1}=1$;

$$1 \cdot a = a^1 = a;$$

$$\lambda \cdot (\mu \cdot a) = \lambda \cdot a^{\mu} = (a^{\mu})^{\lambda} = a^{\lambda\mu} = (\lambda\mu) \cdot a$$

$$(\lambda + \mu) \cdot a = a^{\lambda+\mu} = a^{\lambda} \cdot a^{\mu} = a^{\lambda} \oplus a^{\mu} = \lambda \cdot a \oplus \mu \cdot a$$

$$\lambda \cdot (a \oplus b) = \lambda \cdot (ab) = (ab)^{\lambda} = a^{\lambda} b^{\lambda} = a^{\lambda} \oplus b^{\lambda} = \lambda \cdot a \oplus \lambda \cdot b$$

因此,$\mathbf{R}^+$ 对给定的运算构成线性空间.

7.1.2 线性空间的性质

1. 线性空间 $\mathbf{V}$ 的零元素是唯一的.

证 设 $\mathbf{V}$ 中有两个零元素为 $\mathbf{0}_1$ 和 $\mathbf{0}_2$,由定义知,对任意的 $\boldsymbol{\alpha} \in \mathbf{V}$,有

$$\boldsymbol{\alpha} + \mathbf{0}_1 = \boldsymbol{\alpha},$$

$$\boldsymbol{\alpha} + \mathbf{0}_2 = \boldsymbol{\alpha}$$

第一式中,令 $\boldsymbol{\alpha} = \mathbf{0}_2$,第二式中,令 $\boldsymbol{\alpha} = \mathbf{0}_1$,得

$$\mathbf{0}_2 + \mathbf{0}_1 = \mathbf{0}_2,$$

$$\mathbf{0}_1 + \mathbf{0}_2 = \mathbf{0}_1$$

比较两式,得 $\mathbf{0}_1 = \mathbf{0}_2$,即零元素是唯一的. 以后记为 $\mathbf{0}$.

2. 线性空间 $\mathbf{V}$ 的任一元素的负元素是唯一的.

证 设 $\boldsymbol{\alpha}$ 有两个负元素 $\boldsymbol{\beta}$ 与 $\boldsymbol{\gamma}$,由定义知

$$\boldsymbol{\alpha} + \boldsymbol{\beta} = \boldsymbol{\beta} + \boldsymbol{\alpha} = \mathbf{0},\ \boldsymbol{\alpha} + \boldsymbol{\gamma} = \boldsymbol{\gamma} + \boldsymbol{\alpha} = \mathbf{0}$$

于是

$$\boldsymbol{\beta} = \boldsymbol{\beta} + \mathbf{0} = \boldsymbol{\beta} + (\boldsymbol{\alpha} + \boldsymbol{\gamma}) = (\boldsymbol{\beta} + \boldsymbol{\alpha}) + \boldsymbol{\gamma} = \mathbf{0} + \boldsymbol{\gamma} = \boldsymbol{\gamma}$$

即负元素唯一,记为 $-\boldsymbol{\alpha}$.

3. $0\boldsymbol{\alpha} = \mathbf{0}$; $(-1)\boldsymbol{\alpha} = -\boldsymbol{\alpha}$; $\lambda\mathbf{0} = \mathbf{0}$.

证 $\lambda\boldsymbol{\alpha} = (\lambda + 0)\boldsymbol{\alpha} = \lambda\boldsymbol{\alpha} + 0\boldsymbol{\alpha}$, 两边同时加 $-\lambda\boldsymbol{\alpha}$ 得

$$0\boldsymbol{\alpha} = \mathbf{0};$$

$\boldsymbol{\alpha} + (-1)\boldsymbol{\alpha} = [1 + (-1)]\boldsymbol{\alpha} = 0\boldsymbol{\alpha} = \mathbf{0}$,由负元素的唯一性知 $(-1)\boldsymbol{\alpha} = -\boldsymbol{\alpha}$;

$$\lambda\mathbf{0} = \lambda[\boldsymbol{\alpha} + (-1)\boldsymbol{\alpha}] = \lambda\boldsymbol{\alpha} + (-\lambda)\boldsymbol{\alpha} = [\lambda + (-\lambda)]\boldsymbol{\alpha} = 0\boldsymbol{\alpha} = \mathbf{0}.$$

4. 若 $\lambda\boldsymbol{\alpha} = \mathbf{0}$,则 $\lambda = 0$ 或 $\boldsymbol{\alpha} = \mathbf{0}$.

证 若 $\lambda = 0$,由性质 3 知 $0\boldsymbol{\alpha} = \mathbf{0}$;若 $\lambda \neq 0$,又 $\lambda\boldsymbol{\alpha} = \mathbf{0}$, 两边乘以 $\frac{1}{\lambda}$,得

$$\frac{1}{\lambda}(\lambda\boldsymbol{\alpha}) = \frac{1}{\lambda}\mathbf{0} = \mathbf{0},$$

而

$$\frac{1}{\lambda}(\lambda\boldsymbol{\alpha}) = \frac{\lambda}{\lambda}\boldsymbol{\alpha} = 1\boldsymbol{\alpha} = \boldsymbol{\alpha},$$

所以

$$\boldsymbol{\alpha} = \mathbf{0}.$$

定义 2 设 $\mathbf{V}$ 是一个线性空间,$\boldsymbol{L}$ 是 $\mathbf{V}$ 的一个非空子集,如果 $\boldsymbol{L}$ 对于 $\mathbf{V}$ 中所定义的加法和数乘运算也构成一个线性空间,则称 $\boldsymbol{L}$ 为 $\mathbf{V}$ 的线性**子空间**.

我们知道,一个非空子集 $\boldsymbol{L} \subset \mathbf{V}$,显然,对 $\mathbf{V}$ 中运算规则(1)(2)(5)(6)(7)(8)是成立的.

假如 $\boldsymbol{L}$ 对运算是封闭的,则规则(3)(4)也成立.所以,只要满足封闭性,就能保证 $\boldsymbol{L}$ 是 $\boldsymbol{V}$ 的线性子空间,因此有

定理 1 线性空间 $\boldsymbol{V}$ 的非空子集 $\boldsymbol{L}$ 构成线性子空间的充分必要条件是 $\boldsymbol{L}$ 对于 $\boldsymbol{V}$ 的线性运算封闭.

显然,m 维向量全体对于通常的加法和数乘是封闭的,所以 $\boldsymbol{R}^m$ 是例 1 中 $\boldsymbol{R}^{m\times n}$ 的线性子空间,例 3 是例 2 的线性子空间,全体数量阵对矩阵的加法和数乘也构成例 1 的线性子空间.

7.2 基、维与坐标

在第 4 章中,我们讨论了向量的线性组合,线性相关与线性无关的概念、性质及有关结论,同时,描述了向量空间的基、维与坐标.这里推广到线性空间.

定义 1 设 $\boldsymbol{V}$ 是数域 $\boldsymbol{F}$ 上的一个线性空间,$\boldsymbol{\alpha}_1, \boldsymbol{\alpha}_2, \cdots, \boldsymbol{\alpha}_s (s\geqslant 1)$ 是 $\boldsymbol{V}$ 中的 s 个元素,$k_1, k_2,\cdots, k_s$ 是数域 $\boldsymbol{F}$ 中的数,对元素

$$\boldsymbol{\xi}=k_1\boldsymbol{\alpha}_1+k_2\boldsymbol{\alpha}_2+\cdots+k_s\boldsymbol{\alpha}_s,$$

称元素 $\boldsymbol{\xi}$ 可由一组元素 $\boldsymbol{\alpha}_1, \boldsymbol{\alpha}_2, \cdots, \boldsymbol{\alpha}_s$ **线性表示**.

定义 2 设元素组(Ⅰ):$\boldsymbol{\alpha}_1, \boldsymbol{\alpha}_2, \cdots, \boldsymbol{\alpha}_s$,元素组(Ⅱ):$\boldsymbol{\beta}_1, \boldsymbol{\beta}_2, \cdots, \boldsymbol{\beta}_t$ 是线性空间 $\boldsymbol{V}$ 中的两组元素,如果元素组(Ⅰ)中每个元素都可由元素组(Ⅱ)线性表示,则称元素组(Ⅰ)可由元素组(Ⅱ)线性表示.如果元素组(Ⅰ)与(Ⅱ)可互相线性表示,则称元素组(Ⅰ)与(Ⅱ)**等价**.

定义 3 线性空间 $\boldsymbol{V}$ 中的元素 $\boldsymbol{\alpha}_1, \boldsymbol{\alpha}_2, \cdots, \boldsymbol{\alpha}_s (s\geqslant 1)$,如果在数域 $\boldsymbol{F}$ 上有 s 个不全为零的数 $k_1, k_2, \cdots, k_s$,使得

$$k_1\boldsymbol{\alpha}_1+k_2\boldsymbol{\alpha}_2+\cdots+k_s\boldsymbol{\alpha}_s=\boldsymbol{0}$$

成立,则称元素组 $\boldsymbol{\alpha}_1, \boldsymbol{\alpha}_2, \cdots, \boldsymbol{\alpha}_s$ 线性相关.

如果元素组 $\boldsymbol{\alpha}_1, \boldsymbol{\alpha}_2, \cdots, \boldsymbol{\alpha}_s$ 不是线性相关,则称之为线性无关.换句话说,如果

$$k_1\boldsymbol{\alpha}_1+k_2\boldsymbol{\alpha}_2+\cdots+k_s\boldsymbol{\alpha}_s=\boldsymbol{0}\text{ 当且仅当 }k_1=k_2=\cdots=k_s=0,$$

则称 $\boldsymbol{\alpha}_1, \boldsymbol{\alpha}_2, \cdots, \boldsymbol{\alpha}_s$ 线性无关.

事实上,可以将 n 维向量空间中的概念、结论平行地搬到抽象的线性空间 $\boldsymbol{V}$ 中.下面再给出几个常用结论.

定理 1 由一个元素 $\boldsymbol{\alpha}$ 构成的元素组线性相关的充分必要条件是 $\boldsymbol{\alpha}=\boldsymbol{0}$.两个以上元素 $\boldsymbol{\alpha}_1, \boldsymbol{\alpha}_2, \cdots, \boldsymbol{\alpha}_s$ 线性相关的充分必要条件是其中至少有一个元素可以由其他元素来线性表示.

定理 2 对于 $\boldsymbol{V}$ 中的一组元素,如果其部分元素线性相关,则其全体也线性相关;如果这个元素组线性无关,则其任何部分元素组也线性无关.

定理 3 如果元素组 $\boldsymbol{\alpha}_1, \boldsymbol{\alpha}_2, \cdots, \boldsymbol{\alpha}_s$ 线性无关,而元素组 $\boldsymbol{\alpha}_1, \boldsymbol{\alpha}_2, \cdots, \boldsymbol{\alpha}_s, \boldsymbol{\beta}$ 线性相关,则元素 $\boldsymbol{\beta}$ 可由 $\boldsymbol{\alpha}_1, \boldsymbol{\alpha}_2, \cdots, \boldsymbol{\alpha}_s$ 线性表示,且表示式唯一.

定理 4 如果元素组 $\boldsymbol{\alpha}_1, \boldsymbol{\alpha}_2, \cdots, \boldsymbol{\alpha}_s$ 线性无关,并且可由元素组 $\boldsymbol{\beta}_1, \boldsymbol{\beta}_2, \cdots, \boldsymbol{\beta}_t$ 线性表示,则有 $s\leqslant t$.

由此可推出:两个等价的线性无关元素组,一定含相同个数的元素.

在第 4 章中,向量空间的维数最多是 n;而在线性空间中,最多有多少个线性无关的元素呢?这是线性空间的一个重要特征.

定义 4 在线性空间 $\boldsymbol{V}$ 中,如果存在 n 个元素 $\boldsymbol{\alpha}_1, \boldsymbol{\alpha}_2, \cdots, \boldsymbol{\alpha}_n$,满足:

(1) $\boldsymbol{\alpha}_1, \boldsymbol{\alpha}_2, \cdots, \boldsymbol{\alpha}_n$ 线性无关;

(2) $\boldsymbol{V}$ 中任一元素 $\boldsymbol{\xi}$ 总可以由 $\boldsymbol{\alpha}_1, \boldsymbol{\alpha}_2, \cdots, \boldsymbol{\alpha}_n$ 线性表示.

那么,称 $\boldsymbol{\alpha}_1, \boldsymbol{\alpha}_2, \cdots, \boldsymbol{\alpha}_n$ 为线性空间 $\boldsymbol{V}$ 的一个基,n 称为线性空间的维数,即 $\dim\boldsymbol{V}=n$. 线性空间可称为 n 维线性空间,记作 $\boldsymbol{V}_n$.

已知 $\boldsymbol{\alpha}_1, \boldsymbol{\alpha}_2, \cdots, \boldsymbol{\alpha}_n$ 为 $\boldsymbol{V}_n$ 的一个基,则 $\boldsymbol{V}_n$ 可表示成

$$\boldsymbol{V}_n=\{\boldsymbol{\xi}=x_1\boldsymbol{\alpha}_1+x_2\boldsymbol{\alpha}_2+\cdots+x_n\boldsymbol{\alpha}_n \mid x_1, x_2, \cdots, x_n \in \mathbf{R}\}$$

这清楚地显示出了线性空间的构造.

注:向量空间的维数最多是 n,而线性空间的维数可以是无限维的,如前面的例 2,一个基可以取

$$1, x, x^2, x^3, \cdots, x^n, \cdots$$

维数为无穷的线性空间,称为无限维空间,本书只讨论有限维线性空间.

定义 5 设 $\boldsymbol{\alpha}_1, \boldsymbol{\alpha}_2, \cdots, \boldsymbol{\alpha}_n$ 是线性空间 $\boldsymbol{V}_n$ 的一个基,对于任一元素 $\boldsymbol{\xi}\in\boldsymbol{V}_n$,总有且仅有一组有序数 $x_1, x_2, \cdots, x_n$,使

$$\boldsymbol{\xi}=x_1\boldsymbol{\alpha}_1+x_2\boldsymbol{\alpha}_2+\cdots+x_n\boldsymbol{\alpha}_n$$

成立,$x_1, x_2, \cdots, x_n$ 这组有序数就称为元素 $\boldsymbol{\xi}$ 在 $\boldsymbol{\alpha}_1, \boldsymbol{\alpha}_2, \cdots, \boldsymbol{\alpha}_n$ 这个基下的**坐标**,并记作 $(x_1, x_2, \cdots, x_n)^{\mathrm{T}}$.

例 1 在线性空间 $P[x]_n$ 中,$1, x, x^2, \cdots, x^{n-1}, x^n$ 是 $P[x]_n$ 的一个基,它是 $n+1$ 维的. 在这个基下,多项式 $f(x)=a_0+a_1x+\cdots+a_nx^n$ 的坐标就是它的系数 $(a_0, a_1, \cdots, a_n)^{\mathrm{T}}$.

如果在 $\boldsymbol{V}$ 中取另一个基

$$\boldsymbol{\varepsilon}_1=1, \boldsymbol{\varepsilon}_2=(x-a), \cdots, \boldsymbol{\varepsilon}_n=(x-a)^n,$$

那么,按泰勒展开公式

$$f(x)=f(a)+f'(a)(x-a)+\cdots+\frac{f^{(n)}(a)}{n!}(x-a)^n$$

因此,$f(x)$ 在基 $\boldsymbol{\varepsilon}_1, \boldsymbol{\varepsilon}_2, \cdots, \boldsymbol{\varepsilon}_n$ 下的坐标是

$$\left(f(a), f'(a), \cdots, \frac{f^{(n)}(a)}{n!}\right)^{\mathrm{T}}$$

例 2 在 n 维线性空间 $\boldsymbol{R}^n$ 中,显然

$$\boldsymbol{\varepsilon}_1=(1, 0, \cdots, 0)^{\mathrm{T}}, \boldsymbol{\varepsilon}_2=(0, 1, \cdots, 0)^{\mathrm{T}}, \cdots, \boldsymbol{\varepsilon}_n=(0, 0, \cdots, 1)^{\mathrm{T}}$$

为一个基,对每个向量 $\boldsymbol{\xi}=(a_1, a_2, \cdots, a_n)^{\mathrm{T}}$,都有

$$\boldsymbol{\xi}=a_1\boldsymbol{\varepsilon}_1+a_2\boldsymbol{\varepsilon}_2+\cdots+a_n\boldsymbol{\varepsilon}_n$$

所以,$\boldsymbol{\xi}$ 在基 $\boldsymbol{\varepsilon}_1, \boldsymbol{\varepsilon}_2, \cdots, \boldsymbol{\varepsilon}_n$ 下的坐标为 $(a_1, a_2, \cdots, a_n)^{\mathrm{T}}$.

而

$$\boldsymbol{\eta}_1=(1, 1, \cdots, 1)^{\mathrm{T}}, \boldsymbol{\eta}_2=(0, 1, \cdots, 1)^{\mathrm{T}}, \cdots, \boldsymbol{\eta}_n=(0, 0, \cdots, 1)^{\mathrm{T}}$$

也是 $\boldsymbol{R}^n$ 的一个基,对于每个向量 $\boldsymbol{\xi}=(a_1, a_2, \cdots, a_n)^{\mathrm{T}}$, 都有

$$\boldsymbol{\xi}=a_1\boldsymbol{\eta}_1+(a_2-a_1)\boldsymbol{\eta}_2+\cdots+(a_n-a_{n-1})\boldsymbol{\eta}_n$$

所以,$\boldsymbol{\xi}$ 在基 $\boldsymbol{\eta}_1, \boldsymbol{\eta}_2, \cdots, \boldsymbol{\eta}_n$ 下的坐标为 $(a_1, a_2-a_1, \cdots, a_n-a_{n-1})^{\mathrm{T}}$.

例 3 二阶实矩阵的全体 $\boldsymbol{V}$,对于矩阵的加法和数乘构成一个线性空间,对于 $\boldsymbol{V}$ 中的矩阵

$$\boldsymbol{E}_{11}=\begin{pmatrix}1&0\\0&0\end{pmatrix},\ \boldsymbol{E}_{12}=\begin{pmatrix}0&1\\0&0\end{pmatrix},\ \boldsymbol{E}_{21}=\begin{pmatrix}0&0\\1&0\end{pmatrix},\ \boldsymbol{E}_{22}=\begin{pmatrix}0&0\\0&1\end{pmatrix}$$

由

$$\boldsymbol{O}=k_1\boldsymbol{E}_{11}+k_2\boldsymbol{E}_{12}+k_3\boldsymbol{E}_{21}+k_4\boldsymbol{E}_{22}=\begin{pmatrix}k_1&k_2\\k_3&k_4\end{pmatrix}\Leftrightarrow k_1=k_2=k_3=k_4=0$$

知 $\boldsymbol{E}_{11}$, $\boldsymbol{E}_{12}$, $\boldsymbol{E}_{21}$, $\boldsymbol{E}_{22}$ 线性无关. 而对于任一二阶实矩阵

$$\boldsymbol{A}=\begin{pmatrix}a_{11}&a_{12}\\a_{21}&a_{22}\end{pmatrix}\in\boldsymbol{V}$$

有

$$\boldsymbol{A}=a_{11}\boldsymbol{E}_{11}+a_{12}\boldsymbol{E}_{12}+a_{21}\boldsymbol{E}_{21}+a_{22}\boldsymbol{E}_{22}$$

从而 $\boldsymbol{E}_{11}$, $\boldsymbol{E}_{12}$, $\boldsymbol{E}_{21}$, $\boldsymbol{E}_{22}$ 为 $\boldsymbol{V}$ 的一个基,维数 $\dim\boldsymbol{V}=4$, 矩阵 $\boldsymbol{A}$ 在这个基下的坐标为 $(a_{11}, a_{12}, a_{21}, a_{22})^{\mathrm{T}}$.

7.3 基变换与坐标变换

在 n 维线性空间中,任意 n 个线性无关的元素都可以作为空间的基. 由 7.2 节的例 1 可见,同一个元素在不同的基下有不同的坐标,那么,我们来看看,随着基的改变,向量的坐标是怎样变化的.

设 $\boldsymbol{\varepsilon}_1, \boldsymbol{\varepsilon}_2, \cdots, \boldsymbol{\varepsilon}_n$ 及 $\boldsymbol{\eta}_1, \boldsymbol{\eta}_2, \cdots, \boldsymbol{\eta}_n$ 是线性空间 $\boldsymbol{V}_n$ 中的两个基,且有

$$\begin{cases}\boldsymbol{\eta}_1=a_{11}\boldsymbol{\varepsilon}_1+a_{21}\boldsymbol{\varepsilon}_2+\cdots+a_{n1}\boldsymbol{\varepsilon}_n,\\ \boldsymbol{\eta}_2=a_{12}\boldsymbol{\varepsilon}_1+a_{22}\boldsymbol{\varepsilon}_2+\cdots+a_{n2}\boldsymbol{\varepsilon}_n,\\ \quad\cdots\cdots\\ \boldsymbol{\eta}_n=a_{1n}\boldsymbol{\varepsilon}_1+a_{2n}\boldsymbol{\varepsilon}_2+\cdots+a_{nn}\boldsymbol{\varepsilon}_n\end{cases}\tag{7.3-1}$$

利用分块矩阵的乘法形式,上式化为

$$(\boldsymbol{\eta}_1, \boldsymbol{\eta}_2, \cdots, \boldsymbol{\eta}_n)=(\boldsymbol{\varepsilon}_1, \boldsymbol{\varepsilon}_2, \cdots, \boldsymbol{\varepsilon}_n)\begin{pmatrix}a_{11}&a_{12}&\cdots&a_{1n}\\a_{21}&a_{22}&\cdots&a_{2n}\\\vdots&\vdots&&\vdots\\a_{n1}&a_{n2}&\cdots&a_{nn}\end{pmatrix}\tag{7.3-2}$$

或简记为

$$(\boldsymbol{\eta}_1, \boldsymbol{\eta}_2, \cdots, \boldsymbol{\eta}_n)=(\boldsymbol{\varepsilon}_1, \boldsymbol{\varepsilon}_2, \cdots, \boldsymbol{\varepsilon}_n)\boldsymbol{A}$$

其中 $\boldsymbol{A}=(a_{ij})_{n\times n}$ 称为由基 $\boldsymbol{\varepsilon}_1, \boldsymbol{\varepsilon}_2, \cdots, \boldsymbol{\varepsilon}_n$ 到 $\boldsymbol{\eta}_1, \boldsymbol{\eta}_2, \cdots, \boldsymbol{\eta}_n$ 的**过渡矩阵**. $\boldsymbol{A}$ 的每一列分别是基 $\boldsymbol{\eta}_1, \boldsymbol{\eta}_2, \cdots, \boldsymbol{\eta}_n$ 在基 $\boldsymbol{\varepsilon}_1, \boldsymbol{\varepsilon}_2, \cdots, \boldsymbol{\varepsilon}_n$ 下的坐标,式(7.3-1),式(7.3-2)称为**基变换公式**.

事实上,过渡矩阵 $\boldsymbol{A}$ 可逆,如不然,即 $|\boldsymbol{A}|=0$,则存在 n 维非零向量 $\boldsymbol{x}=(x_1, x_2, \cdots, x_n)^{\mathrm{T}}$,使成立 $\boldsymbol{Ax}=\boldsymbol{0}$,于是

$$x_1\boldsymbol{\eta}_1+x_2\boldsymbol{\eta}_2+\cdots+x_n\boldsymbol{\eta}_n=(\boldsymbol{\eta}_1,\ \boldsymbol{\eta}_2,\ \cdots,\ \boldsymbol{\eta}_n)\boldsymbol{x}=(\boldsymbol{\varepsilon}_1,\ \boldsymbol{\varepsilon}_2,\ \cdots,\ \boldsymbol{\varepsilon}_n)\boldsymbol{A}\boldsymbol{x}=\boldsymbol{0}$$

这与 $\boldsymbol{\eta}_1,\ \boldsymbol{\eta}_2,\ \cdots,\ \boldsymbol{\eta}_n$ 线性无关矛盾.

类似可证,若 $\boldsymbol{\varepsilon}_1,\ \boldsymbol{\varepsilon}_2,\ \cdots,\ \boldsymbol{\varepsilon}_n$ 是线性空间 $\boldsymbol{V}_n$ 的基,另一组元素 $\boldsymbol{\eta}_1,\ \boldsymbol{\eta}_2,\ \cdots,\ \boldsymbol{\eta}_n$ 满足式(7.3-2),且矩阵 $\boldsymbol{A}$ 可逆,则 $\boldsymbol{\eta}_1,\ \boldsymbol{\eta}_2,\ \cdots,\ \boldsymbol{\eta}_n$ 必定也是空间 $\boldsymbol{V}_n$ 的基.

定理 1 设 $\boldsymbol{V}_n$ 中的元素 $\boldsymbol{\xi}$ 在基 $\boldsymbol{\varepsilon}_1,\ \boldsymbol{\varepsilon}_2,\ \cdots,\ \boldsymbol{\varepsilon}_n$ 下的坐标为 $(x_1,\ x_2,\ \cdots,\ x_n)^{\mathrm{T}}$,在基 $\boldsymbol{\eta}_1,\ \boldsymbol{\eta}_2,\ \cdots,\ \boldsymbol{\eta}_n$ 下的坐标为 $(x'_1,\ x'_2,\ \cdots,\ x'_n)^{\mathrm{T}}$,若两个基满足关系式(7.3-2),则有**坐标变换公式**

$$\begin{pmatrix}x_1\\x_2\\\vdots\\x_n\end{pmatrix}=\boldsymbol{A}\begin{pmatrix}x'_1\\x'_2\\\vdots\\x'_n\end{pmatrix}\ \text{或}\ \begin{pmatrix}x'_1\\x'_2\\\vdots\\x'_n\end{pmatrix}=\boldsymbol{A}^{-1}\begin{pmatrix}x_1\\x_2\\\vdots\\x_n\end{pmatrix}\tag{7.3-3}$$

证 因为

$$(\boldsymbol{\varepsilon}_1,\ \boldsymbol{\varepsilon}_2,\ \cdots,\ \boldsymbol{\varepsilon}_n)\begin{pmatrix}x_1\\x_2\\\vdots\\x_n\end{pmatrix}=\boldsymbol{\xi}=(\boldsymbol{\eta}_1,\ \boldsymbol{\eta}_2,\ \cdots,\ \boldsymbol{\eta}_n)\begin{pmatrix}x'_1\\x'_2\\\vdots\\x'_n\end{pmatrix}=(\boldsymbol{\varepsilon}_1,\ \boldsymbol{\varepsilon}_2,\ \cdots,\ \boldsymbol{\varepsilon}_n)\boldsymbol{A}\begin{pmatrix}x'_1\\x'_2\\\vdots\\x'_n\end{pmatrix}$$

由于 $\boldsymbol{\varepsilon}_1,\ \boldsymbol{\varepsilon}_2,\ \cdots,\ \boldsymbol{\varepsilon}_n$ 线性无关,元素 $\boldsymbol{\xi}$ 在基下的坐标唯一. 故关系式(7.3-3)成立.

此命题的逆命题也成立,即若任一元素的两种坐标满足坐标变换公式(7.3-3),则两个基满足基变换公式(7.3-2).

例 1 设在线性空间 $\boldsymbol{V}$ 中有两个基

(Ⅰ):$\boldsymbol{\alpha}_1,\ \boldsymbol{\alpha}_2,\ \boldsymbol{\alpha}_3,\ \boldsymbol{\alpha}_4$;(Ⅱ):$2\boldsymbol{\alpha}_1+\boldsymbol{\alpha}_2,\ \boldsymbol{\alpha}_2+\boldsymbol{\alpha}_3,\ \boldsymbol{\alpha}_3+\boldsymbol{\alpha}_4,\ \boldsymbol{\alpha}_4$.

(1) 求基(Ⅰ)到基(Ⅱ)的过渡矩阵;

(2) 设 $\boldsymbol{\xi}$ 在基(Ⅰ)下的坐标为 $\boldsymbol{x}=(1,\ 1,\ 1,\ 1)^{\mathrm{T}}$,求 $\boldsymbol{\xi}$ 在基(Ⅱ)下的坐标 $\boldsymbol{x}'$.

解 (1) 因为 $2\boldsymbol{\alpha}_1+\boldsymbol{\alpha}_2$ 在基(Ⅰ)下的坐标为 $(2,\ 1,\ 0,\ 0)^{\mathrm{T}}$,$\boldsymbol{\alpha}_2+\boldsymbol{\alpha}_3$ 在基(Ⅰ)下的坐标为 $(0,\ 1,\ 1,\ 0)^{\mathrm{T}}$,$\boldsymbol{\alpha}_3+\boldsymbol{\alpha}_4$ 在基(Ⅰ)下的坐标为 $(0,\ 0,\ 1,\ 1)^{\mathrm{T}}$,$\boldsymbol{\alpha}_4$ 在基(Ⅰ)下的坐标为 $(0,\ 0,\ 0,\ 1)^{\mathrm{T}}$,由式(7.3-2)知

$$(2\boldsymbol{\alpha}_1+\boldsymbol{\alpha}_2,\ \boldsymbol{\alpha}_2+\boldsymbol{\alpha}_3,\ \boldsymbol{\alpha}_3+\boldsymbol{\alpha}_4,\ \boldsymbol{\alpha}_4)=(\boldsymbol{\alpha}_1,\ \boldsymbol{\alpha}_2,\ \boldsymbol{\alpha}_3,\ \boldsymbol{\alpha}_4)\begin{pmatrix}2&0&0&0\\1&1&0&0\\0&1&1&0\\0&0&1&1\end{pmatrix}$$

所以从基(Ⅰ)到基(Ⅱ)的过渡矩阵为

$$\boldsymbol{A}=\begin{pmatrix}2&0&0&0\\1&1&0&0\\0&1&1&0\\0&0&1&1\end{pmatrix}$$

(2) 利用坐标变换公式(7.3-3)得 $\boldsymbol{x}'=\boldsymbol{A}^{-1}\boldsymbol{x}$.

$$(\boldsymbol{A}\mid\boldsymbol{x})=\left(\begin{array}{cccc:c}2&0&0&0&1\\1&1&0&0&1\\0&1&1&0&1\\0&0&1&1&1\end{array}\right)\underset{r_{23}(-1)}{\overset{r_{12}\left(-\frac{1}{2}\right)}{\sim}}\left(\begin{array}{cccc:c}2&0&0&0&1\\0&1&0&0&\frac{1}{2}\\0&0&1&0&\frac{1}{2}\\0&0&1&1&1\end{array}\right)\underset{r_1\left(\frac{1}{2}\right)}{\overset{r_{34}(-1)}{\sim}}\left(\begin{array}{cccc:c}1&0&0&0&\frac{1}{2}\\0&1&0&0&\frac{1}{2}\\0&0&1&0&\frac{1}{2}\\0&0&0&1&\frac{1}{2}\end{array}\right)$$

所以 $\boldsymbol{\xi}$ 在基(Ⅱ)下的坐标 $\boldsymbol{x}'=\left(\frac{1}{2},\frac{1}{2},\frac{1}{2},\frac{1}{2}\right)^{\mathrm{T}}$.

例 2　在 $P[x]_3$ 中的两个元素组

$\boldsymbol{\varepsilon}_1=x^3+x^2+x+1$, $\boldsymbol{\varepsilon}_2=x^2+x+1$, $\boldsymbol{\varepsilon}_3=x+1$, $\boldsymbol{\varepsilon}_4=1$;

$\boldsymbol{\eta}_1=2x^3+x^2+1$, $\boldsymbol{\eta}_2=x^2+2x+2$, $\boldsymbol{\eta}_3=-2x^3+x^2+x+2$, $\boldsymbol{\eta}_4=x^3+3x^2+x+2$.

(1) 求证:$\boldsymbol{\varepsilon}_1,\boldsymbol{\varepsilon}_2,\boldsymbol{\varepsilon}_3,\boldsymbol{\varepsilon}_4$ 及 $\boldsymbol{\eta}_1,\boldsymbol{\eta}_2,\boldsymbol{\eta}_3,\boldsymbol{\eta}_4$ 均为 $P[x]_3$ 的基;

(2) 求坐标变换关系.

解　(1) 由 7.1 节的例 3 知,$x^3, x^2, x, 1$ 是 $P[x]_3$ 的一个基,所以有

$$(\boldsymbol{\varepsilon}_1,\boldsymbol{\varepsilon}_2,\boldsymbol{\varepsilon}_3,\boldsymbol{\varepsilon}_4)=(x^3,x^2,x,1)\boldsymbol{A}=(x^3,x^2,x,1)\begin{pmatrix}1&0&0&0\\1&1&0&0\\1&1&1&0\\1&1&1&1\end{pmatrix}$$

$$(\boldsymbol{\eta}_1,\boldsymbol{\eta}_2,\boldsymbol{\eta}_3,\boldsymbol{\eta}_4)=(x^3,x^2,x,1)\boldsymbol{B}=(x^3,x^2,x,1)\begin{pmatrix}2&0&-2&1\\1&1&1&3\\0&2&1&1\\1&2&2&2\end{pmatrix}$$

可以验证 $|\boldsymbol{A}|=1$, $|\boldsymbol{B}|=13$, 故 $\boldsymbol{A}$, $\boldsymbol{B}$ 均为可逆阵,从而 $\boldsymbol{\varepsilon}_1,\boldsymbol{\varepsilon}_2,\boldsymbol{\varepsilon}_3,\boldsymbol{\varepsilon}_4$ 是 $P[x]_3$ 的一个基,$\boldsymbol{\eta}_1,\boldsymbol{\eta}_2,\boldsymbol{\eta}_3,\boldsymbol{\eta}_4$ 也是 $P[x]_3$ 的一个基.

(2) 由(1)知

$$\begin{aligned}(\boldsymbol{\eta}_1,\boldsymbol{\eta}_2,\boldsymbol{\eta}_3,\boldsymbol{\eta}_4)&=(\boldsymbol{\varepsilon}_1,\boldsymbol{\varepsilon}_2,\boldsymbol{\varepsilon}_3,\boldsymbol{\varepsilon}_4)\boldsymbol{A}^{-1}\boldsymbol{B}\\&=(\boldsymbol{\varepsilon}_1,\boldsymbol{\varepsilon}_2,\boldsymbol{\varepsilon}_3,\boldsymbol{\varepsilon}_4)\begin{pmatrix}1&0&0&0\\-1&1&0&0\\0&-1&1&0\\0&0&-1&1\end{pmatrix}\begin{pmatrix}2&0&-2&1\\1&1&1&3\\0&2&1&1\\1&2&2&2\end{pmatrix}\\&=(\boldsymbol{\varepsilon}_1,\boldsymbol{\varepsilon}_2,\boldsymbol{\varepsilon}_3,\boldsymbol{\varepsilon}_4)\begin{pmatrix}2&0&-2&1\\-1&1&3&2\\-1&1&0&-2\\1&0&1&1\end{pmatrix}\end{aligned}$$

即基 $\boldsymbol{\varepsilon}_1,\boldsymbol{\varepsilon}_2,\boldsymbol{\varepsilon}_3,\boldsymbol{\varepsilon}_4$ 到基 $\boldsymbol{\eta}_1,\boldsymbol{\eta}_2,\boldsymbol{\eta}_3,\boldsymbol{\eta}_4$ 的过渡矩阵

$$\boldsymbol{P}=\boldsymbol{A}^{-1}\boldsymbol{B}=\begin{pmatrix}2&0&-2&1\\-1&1&3&2\\-1&1&0&-2\\1&0&1&1\end{pmatrix}$$

坐标变换关系为

$$\begin{pmatrix}x_1\\x_2\\x_3\\x_4\end{pmatrix}=\boldsymbol{P}\begin{pmatrix}x'_1\\x'_2\\x'_3\\x'_4\end{pmatrix}=\begin{pmatrix}2&0&-2&1\\-1&1&3&2\\-1&1&0&-2\\1&0&1&1\end{pmatrix}\begin{pmatrix}x'_1\\x'_2\\x'_3\\x'_4\end{pmatrix}\text{及}$$

$$\begin{pmatrix}x'_1\\x'_2\\x'_3\\x'_4\end{pmatrix}=\boldsymbol{P}^{-1}\begin{pmatrix}x_1\\x_2\\x_3\\x_4\end{pmatrix}=\frac{1}{13}\begin{pmatrix}1&-3&3&11\\7&5&8&-1\\-4&-1&1&8\\3&4&-4&-6\end{pmatrix}\begin{pmatrix}x_1\\x_2\\x_3\\x_4\end{pmatrix}$$

7.4 线性变换

本节主要研究线性空间的元素之间的各种各样的联系. 在线性空间中,元素之间的联系就反映为线性空间的变换(或映射).

定义 1 设 $\boldsymbol{M}$ 与 $\boldsymbol{M}'$ 是两个集合,所谓 $\boldsymbol{M}$ 到 $\boldsymbol{M}'$ 的一个变换(或映射)就是指一个法则,它使 $\boldsymbol{M}$ 中任一个元素 $\boldsymbol{\alpha}$ 都有 $\boldsymbol{M}'$ 中一个确定的元素 $\boldsymbol{\beta}$ 与之对应. 如果映射 $\mathscr{T}$ 使元素 $\boldsymbol{\beta}\in\boldsymbol{M}'$ 与元素 $\boldsymbol{\alpha}\in\boldsymbol{M}$ 对应,则记为

$$\mathscr{T}(\boldsymbol{\alpha})=\boldsymbol{\beta},$$

$\boldsymbol{\beta}$ 称为 $\boldsymbol{\alpha}$ 在变换 $\mathscr{T}$ 下的**象**,而 $\boldsymbol{\alpha}$ 称为 $\boldsymbol{\beta}$ 在变换 $\mathscr{T}$ 下的一个**原象**. 象的全体称为象集,记作 $\mathscr{T}(\boldsymbol{M})$,即

$$\mathscr{T}(\boldsymbol{M})=\{\boldsymbol{\beta}=\mathscr{T}(\boldsymbol{\alpha})\mid\boldsymbol{\alpha}\in\boldsymbol{M}\},$$

显然　$\mathscr{T}(\boldsymbol{M})\subseteq\boldsymbol{M}'$.

7.4.1 线性变换的定义

定义 2 设 $\boldsymbol{V}_n$、$\boldsymbol{W}_m$ 分别是实数域 $\mathbf{R}$ 上的 n 维和 m 维线性空间,$\mathscr{T}$ 是一个从 $\boldsymbol{V}_n$ 到 $\boldsymbol{W}_m$ 的变换,且满足

(1) 任给 $\boldsymbol{\alpha}_1,\ \boldsymbol{\alpha}_2\in\boldsymbol{V}_n$,成立

$$\mathscr{T}(\boldsymbol{\alpha}_1+\boldsymbol{\alpha}_2)=\mathscr{T}(\boldsymbol{\alpha}_1)+\mathscr{T}(\boldsymbol{\alpha}_2);$$

(2) 任给 $\boldsymbol{\alpha}\in\boldsymbol{V}_n,\ k\in\mathbf{R}$,成立

$$\mathscr{T}(k\boldsymbol{\alpha})=k\,\mathscr{T}(\boldsymbol{\alpha}),$$

则 $\mathscr{T}$ 就称为从 $\boldsymbol{V}_n$ 到 $\boldsymbol{W}_m$ 的一个**线性变换**,记作

$$\mathscr{T}:\boldsymbol{V}_n\to\boldsymbol{W}_m$$

简言之,线性变换就是保持线性组合的对应的变换. 但要注意,$\boldsymbol{V}_n$ 与 $\boldsymbol{W}_m$ 中的加法和数量乘法未必一样.

例 1　设$\mathscr{T}: \boldsymbol{R}^3 \to \boldsymbol{R}^2$ 规定为任一向量 $\boldsymbol{x}=(x_1, x_2, x_3)^{\mathrm{T}} \in \boldsymbol{R}^3$,成立$\mathscr{T}(\boldsymbol{x})=(x_1, x_2)^{\mathrm{T}}$. 容易验证$\mathscr{T}$是个线性变换.

事实上,对 $\boldsymbol{R}^3$ 中任意两个向量 $\boldsymbol{x}=(x_1, x_2, x_3)^{\mathrm{T}}$, $\boldsymbol{y}=(y_1, y_2, y_3)^{\mathrm{T}}$,

$$\mathscr{T}(\boldsymbol{x}+\boldsymbol{y})=\mathscr{T}\begin{pmatrix}x_1+y_1\\x_2+y_2\\x_3+y_3\end{pmatrix}=\begin{pmatrix}x_1+y_1\\x_2+y_2\end{pmatrix}=\begin{pmatrix}x_1\\y_1\end{pmatrix}+\begin{pmatrix}x_2\\y_2\end{pmatrix}=\mathscr{T}(\boldsymbol{x})+\mathscr{T}(\boldsymbol{y})$$

又对任一实数 k,成立

$$\mathscr{T}(k\boldsymbol{x})=\mathscr{T}\begin{pmatrix}kx_1\\kx_2\\kx_3\end{pmatrix}=\begin{pmatrix}kx_1\\kx_2\end{pmatrix}=k\begin{pmatrix}x_1\\x_2\end{pmatrix}=k\,\mathscr{T}(\boldsymbol{x})$$

若定义 1 中的$\boldsymbol{W}_m=\boldsymbol{V}_n$, 则称$\mathscr{T}$是线性空间$\boldsymbol{V}_n$ 中的线性变换. 下面我们只讨论线性空间$\boldsymbol{V}_n$ 中的线性变换. 以后我们一般用花写拉丁字母 $\mathscr{A}$, $\mathscr{B}$, …代表 $\boldsymbol{V}_n$ 中的变换.

例 2　线性空间 $\boldsymbol{V}_n$ 中的**恒等变换**(或称**单位变换**)

$$\mathscr{E}(\boldsymbol{\alpha})=\boldsymbol{\alpha}\qquad(\boldsymbol{\alpha}\in\boldsymbol{V}_n)$$

以及零变换 $\boldsymbol{O}$,即

$$\boldsymbol{O}(\boldsymbol{\alpha})=\boldsymbol{0}\qquad(\boldsymbol{\alpha}\in\boldsymbol{V}_n)$$

都是线性变换.

(验证留给读者自行完成).

例 3　在线性空间 $P[x]_3$ 中,

(1) 微分运算 $\mathscr{D}$ 是一个线性变换. 这是因为任取

$$\begin{aligned}\boldsymbol{p}&=a_3x^3+a_2x^2+a_1x+a_0\in P[x]_3,\\\mathscr{D}\boldsymbol{p}&=3a_3x^2+2a_2x+a_1,\\\boldsymbol{q}&=b_3x^3+b_2x^2+b_1x+b_0\in P[x]_3,\\\mathscr{D}\boldsymbol{q}&=3b_3x^2+2b_2x+b_1,\end{aligned}$$

有

$$\begin{aligned}\mathscr{D}(\boldsymbol{p}+\boldsymbol{q})&=\mathscr{D}[(a_3+b_3)x^3+(a_2+b_2)x^2+(a_1+b_1)x+(a_0+b_0)]\\&=3(a_3+b_3)x^2+2(a_2+b_2)x+(a_1+b_1)\\&=(3a_3x^2+2a_2x+a_1)+(3b_3x^2+2b_2x+b_1)\\&=\mathscr{D}\boldsymbol{p}+\mathscr{D}\boldsymbol{q};\end{aligned}$$

$$\begin{aligned}\mathscr{D}(k\boldsymbol{p})&=\mathscr{D}(ka_3x^3+ka_2x^2+ka_1x+ka_0)\\&=k(3a_3x^2+2a_2x+a_1)=k\mathscr{D}\boldsymbol{p}.\end{aligned}$$

(2) 如果 $\mathscr{T}(\boldsymbol{p})=a_0$, 那么 $\mathscr{T}$ 也是一个线性变换. 这是因为

$$\mathscr{T}(\boldsymbol{p}+\boldsymbol{q})=a_0+b_0=\mathscr{T}(\boldsymbol{p})+\mathscr{T}(\boldsymbol{q});$$

$$\mathscr{T}(k\boldsymbol{p})=ka_0=k\mathscr{T}(\boldsymbol{p}).$$

(3) 如果 $\mathscr{T}_1(\boldsymbol{p})=1$,那么 $\mathscr{T}_1$ 是个变换,但不是线性变换. 这是因为 $\mathscr{T}_1(\boldsymbol{p}+\boldsymbol{q})=1$,而 $\mathscr{T}_1(\boldsymbol{p})+\mathscr{T}_1(\boldsymbol{q})=1+1=2$, 故

$$\mathscr{T}_1(\boldsymbol{p}+\boldsymbol{q})\neq\mathscr{T}_1(\boldsymbol{p})+\mathscr{T}_1(\boldsymbol{q}).$$

例 4 定义在闭区间$[a, b]$上的全体连续函数组成实数域 $\mathbf{R}$ 上的一个线性空间，记作 $C(a, b)$. 在这个空间中，变换

$$\mathscr{T}(f(x))=\int_a^x f(t)\mathrm{d}t$$

是一个线性变换，称为**积分变换**.

例 5 由关系式

$$\mathscr{T}\begin{pmatrix}x\\y\end{pmatrix}=\begin{pmatrix}\cos\varphi & -\sin\varphi\\ \sin\varphi & \cos\varphi\end{pmatrix}\begin{pmatrix}x\\y\end{pmatrix}$$

确定 xOy 平面上的一个变换 $\mathscr{T}$，说明变换 $\mathscr{T}$ 的几何意义.

解 记 $\begin{cases}x=r\cos\theta,\\ y=r\sin\theta,\end{cases}$ 于是

$$\mathscr{T}\begin{pmatrix}x\\y\end{pmatrix}=\begin{pmatrix}x\cos\varphi-y\sin\varphi\\ x\sin\varphi+y\cos\varphi\end{pmatrix}=\begin{pmatrix}r\cos\theta\cos\varphi-r\sin\theta\sin\varphi\\ r\cos\theta\sin\varphi+r\sin\theta\cos\varphi\end{pmatrix}$$
$$=\begin{pmatrix}r\cos(\theta+\varphi)\\ r\sin(\theta+\varphi)\end{pmatrix}.$$

这表示变换 $\mathscr{T}$ 把任一向量按逆时针方向旋转 φ 角(由例 6 可知这个变换是一个线性变换).

7.4.2 线性变换的性质

不难直接从定义推出 $\mathbf{V}_n$ 中线性变换 $\mathscr{T}$ 的以下简单性质:

性质 1 $\mathscr{T}(\mathbf{0})=\mathbf{0}$, $\mathscr{T}(-\boldsymbol{\alpha})=-\mathscr{T}(\boldsymbol{\alpha})$;

这是因为

$$\mathscr{T}(\mathbf{0})=\mathscr{T}(0\boldsymbol{\alpha})=0\mathscr{T}(\boldsymbol{\alpha})=\mathbf{0},$$
$$\mathscr{T}(-\boldsymbol{\alpha})=\mathscr{T}((-1)\boldsymbol{\alpha})=(-1)\mathscr{T}(\boldsymbol{\alpha})=-\mathscr{T}(\boldsymbol{\alpha}).$$

性质 2 线性变换保持线性组合与线性关系式不变. 即若 $\boldsymbol{\beta}=k_1\boldsymbol{\alpha}_1+k_2\boldsymbol{\alpha}_2+\cdots+k_m\boldsymbol{\alpha}_m$，则

$$\mathscr{T}(\boldsymbol{\beta})=k_1\mathscr{T}(\boldsymbol{\alpha}_1)+k_2\mathscr{T}(\boldsymbol{\alpha}_2)+\cdots+k_m\mathscr{T}(\boldsymbol{\alpha}_m).$$

结合性质 1、2 可得

性质 3 若 $\boldsymbol{\alpha}_1, \boldsymbol{\alpha}_2, \cdots, \boldsymbol{\alpha}_m$ 线性相关，则 $\mathscr{T}(\boldsymbol{\alpha}_1), \mathscr{T}(\boldsymbol{\alpha}_2), \cdots, \mathscr{T}(\boldsymbol{\alpha}_m)$也线性相关.

但应注意，性质 3 的逆是不对的. 线性变换可能把线性无关的元素组也变成线性相关的元素组，例如零变换就是这样.

性质 4 线性变换 $\mathscr{T}$ 的象集 $\mathscr{T}(\mathbf{V}_n)$是一个线性空间($\mathbf{V}_n$ 的子空间)，称为线性变换 $\mathscr{T}$ 的**值域**(或称**象空间**).

证 设 $\boldsymbol{\beta}_1, \boldsymbol{\beta}_2\in\mathscr{T}(\mathbf{V}_n)$，则有 $\boldsymbol{\alpha}_1, \boldsymbol{\alpha}_2\in\mathbf{V}_n$，使 $\mathscr{T}(\boldsymbol{\alpha}_1)=\boldsymbol{\beta}_1$, $\mathscr{T}(\boldsymbol{\alpha}_2)=\boldsymbol{\beta}_2$, 从而

$$\boldsymbol{\beta}_1+\boldsymbol{\beta}_2=\mathscr{T}(\boldsymbol{\alpha}_1)+\mathscr{T}(\boldsymbol{\alpha}_2)=\mathscr{T}(\boldsymbol{\alpha}_1+\boldsymbol{\alpha}_2)\in\mathscr{T}(\mathbf{V}_n),(\text{因 }\boldsymbol{\alpha}_1+\boldsymbol{\alpha}_2\in\mathbf{V}_n);$$
$$k\boldsymbol{\beta}_1=k\mathscr{T}(\boldsymbol{\alpha}_1)=\mathscr{T}(k\boldsymbol{\alpha}_1)\in\mathscr{T}(\mathbf{V}_n),(\text{因 }k\boldsymbol{\alpha}_1\in\mathbf{V}_n),$$

由于 $\mathscr{T}(\mathbf{V}_n)\subset\mathbf{V}_n$，而由上述证明可知它对 $\mathbf{V}_n$ 中的线性运算封闭，故它是 $\mathbf{V}_n$ 的子空间.

性质 5 使 $\mathscr{T}(\boldsymbol{\alpha})=\mathbf{0}$ 成立的 $\boldsymbol{\alpha}$ 的全体

$$\mathscr{T}^{-1}(\mathbf{0})=\{\boldsymbol{\alpha}\mid\boldsymbol{\alpha}\in\mathbf{V}_n, \mathscr{T}(\boldsymbol{\alpha})=\mathbf{0}\},$$

也是 $\mathbf{V}_n$ 的子空间. $\mathscr{T}^{-1}(\mathbf{0})$称为线性变换 $\mathscr{T}$ 的**核(或称零空间)**.

证 $\mathscr{T}^{-1}(\mathbf{0})\subset\mathbf{V}_n$,且若 $\boldsymbol{\alpha}_1, \boldsymbol{\alpha}_2\in\mathscr{T}^{-1}(\mathbf{0})$,即 $\mathscr{T}(\boldsymbol{\alpha}_1)=\mathbf{0}$, $\mathscr{T}(\boldsymbol{\alpha}_2)=\mathbf{0}$, 则

$$\mathscr{T}(\boldsymbol{\alpha}_1+\boldsymbol{\alpha}_2)=\mathscr{T}(\boldsymbol{\alpha}_1)+\mathscr{T}(\boldsymbol{\alpha}_2)=\mathbf{0},$$

所以 $\boldsymbol{\alpha}_1+\boldsymbol{\alpha}_2\in\mathscr{T}^{-1}(\mathbf{0})$;

若 $\boldsymbol{\alpha}_1\in\mathscr{T}^{-1}(\mathbf{0})$, $k\in\mathbf{R}$,则 $\mathscr{T}(k\boldsymbol{\alpha}_1)=k\mathscr{T}(\boldsymbol{\alpha}_1)=k\mathbf{0}=\mathbf{0}$,所以 $k\boldsymbol{\alpha}_1\in\mathscr{T}^{-1}(\mathbf{0})$.

以上表明 $\mathscr{T}^{-1}(\mathbf{0})$对线性运算封闭,所以 $\mathscr{T}^{-1}(\mathbf{0})$是 $\mathbf{V}_n$ 的子空间.

例 6 设有 n 阶矩阵

$$\boldsymbol{A}=\begin{pmatrix} a_{11} & a_{12} & \cdots & a_{1n} \\ a_{21} & a_{22} & \cdots & a_{2n} \\ \vdots & \vdots & & \vdots \\ a_{n1} & a_{n2} & \cdots & a_{nn} \end{pmatrix}=(\boldsymbol{\alpha}_1, \boldsymbol{\alpha}_2, \cdots, \boldsymbol{\alpha}_n),$$

其中

$$\boldsymbol{\alpha}_i=\begin{pmatrix} a_{1i} \\ a_{2i} \\ \vdots \\ a_{ni} \end{pmatrix}\ (i=1, 2, \cdots, n)$$

定义 $\boldsymbol{R}^n$ 中的变换 $\boldsymbol{y}=\mathscr{T}(\boldsymbol{x})$ 为

$$\mathscr{T}(\boldsymbol{x})=\boldsymbol{A}\boldsymbol{x},\ (\boldsymbol{x}\in\boldsymbol{R}^n)$$

则 $\mathscr{T}$ 为线性变换. 这是因为

设 $\boldsymbol{\alpha}, \boldsymbol{\beta}\in\boldsymbol{R}^n$,则

$$\mathscr{T}(\boldsymbol{\alpha}+\boldsymbol{\beta})=\boldsymbol{A}(\boldsymbol{\alpha}+\boldsymbol{\beta})=\boldsymbol{A}\boldsymbol{\alpha}+\boldsymbol{A}\boldsymbol{\beta}=\mathscr{T}(\boldsymbol{\alpha})+\mathscr{T}(\boldsymbol{\beta});$$
$$\mathscr{T}(k\boldsymbol{\alpha})=\boldsymbol{A}(k\boldsymbol{\alpha})=k\boldsymbol{A}\boldsymbol{\alpha}=k\mathscr{T}(\boldsymbol{\alpha}).$$

又, $\mathscr{T}$ 的值域就是由 $\boldsymbol{\alpha}_1, \boldsymbol{\alpha}_2, \cdots, \boldsymbol{\alpha}_n$ 所生成的向量空间

$$\mathscr{T}(\boldsymbol{R}^n)=\{\boldsymbol{y}=x_1\boldsymbol{\alpha}_1+x_2\boldsymbol{\alpha}_2+\cdots+x_n\boldsymbol{\alpha}_n \mid x_1, x_2, \cdots, x_n\in\mathbf{R}\};$$

$\mathscr{T}$ 的核 $\mathscr{T}^{-1}(\mathbf{0})$ 就是齐次线性方程组 $\boldsymbol{A}\boldsymbol{x}=\mathbf{0}$ 的解空间.

例 7 设线性空间 $\boldsymbol{R}^2$ 中的线性变换 $\mathscr{T}$ 定义如下: $\forall\boldsymbol{x}=(x_1, x_2)^{\mathrm{T}}\in\boldsymbol{R}^2$, 有

$$\mathscr{T}(x)=\begin{pmatrix}1 & 2\\2 & 4\end{pmatrix}\begin{pmatrix}x_1\\x_2\end{pmatrix}$$

问:(1) $(1, 2)^{\mathrm{T}}$ 属于核 $\mathscr{T}^{-1}(\mathbf{0})$吗? (2) $(2, -1)^{\mathrm{T}}$ 属于核 $\mathscr{T}^{-1}(\mathbf{0})$吗? (3) $(3, 6)^{\mathrm{T}}$ 属于值域$\mathscr{T}(\boldsymbol{R}^2)$吗? (4) $(2, 3)^{\mathrm{T}}$ 属于值域 $\mathscr{T}(\boldsymbol{R}^2)$吗? (5) 给出 $\mathscr{T}^{-1}(\mathbf{0})$的通式;(6) 求出值域 $\mathscr{T}(\boldsymbol{R}^2)$ 的一个基.

解 (1) 因为 $\mathscr{T}\begin{pmatrix}1\\2\end{pmatrix}=\begin{pmatrix}1 & 2\\2 & 4\end{pmatrix}\begin{pmatrix}1\\2\end{pmatrix}=\begin{pmatrix}5\\10\end{pmatrix}\neq\begin{pmatrix}0\\0\end{pmatrix}$, 所以$(1, 2)^{\mathrm{T}}$ 不属于 $\mathscr{T}^{-1}(\mathbf{0})$;

(2) 因为 $\mathscr{T}\begin{pmatrix}2\\-1\end{pmatrix}=\begin{pmatrix}1 & 2\\2 & 4\end{pmatrix}\begin{pmatrix}2\\-1\end{pmatrix}=\begin{pmatrix}0\\0\end{pmatrix}$,所以$(2, -1)^{\mathrm{T}}$ 属于 $\mathscr{T}^{-1}(\mathbf{0})$;

(3) 因为 $\begin{pmatrix}3\\6\end{pmatrix}=\begin{pmatrix}1 & 2\\2 & 4\end{pmatrix}\begin{pmatrix}1\\1\end{pmatrix}=\mathscr{T}\begin{pmatrix}1\\1\end{pmatrix}$,所以$(3, 6)^{\mathrm{T}}$ 属于 $\mathscr{T}(\boldsymbol{R}^2)$;

(4) 因为方程组 $\begin{pmatrix}1 & 2\\ 2 & 4\end{pmatrix}\begin{pmatrix}x_1\\ x_2\end{pmatrix}=\begin{pmatrix}2\\ 3\end{pmatrix}$ 无解,所以$(2, 3)^{\mathrm{T}}$ 不属于 $\mathscr{T}(\boldsymbol{R}^2)$;

(5) 解 $\begin{pmatrix}1 & 2\\ 2 & 4\end{pmatrix}\begin{pmatrix}x_1\\ x_2\end{pmatrix}=\begin{pmatrix}0\\ 0\end{pmatrix}$,得通解为 $x=\begin{pmatrix}2\\ -1\end{pmatrix}c$, $c\in\mathbf{R}$,所以

$$\mathscr{T}^{-1}(\mathbf{0})=\{\boldsymbol{x}\mid \boldsymbol{x}=(2, -1)^{\mathrm{T}}c, c\in\mathbf{R}\}.$$

(6) 记 $\begin{pmatrix}1 & 2\\ 2 & 4\end{pmatrix}=(\boldsymbol{\alpha}_1, \boldsymbol{\alpha}_2)$,则 $\boldsymbol{\alpha}_1$, $\boldsymbol{\alpha}_2$ 的最大无关组 $\boldsymbol{\alpha}_1$ 即可作为值域 $\mathscr{T}(\boldsymbol{R}^2)$的一个基.

7.5 线性变换的矩阵表示

在 7.4 节中我们看到了借由 $n\times n$ 矩阵$\boldsymbol{A}$ 定义线性变换 $\mathscr{T}(\boldsymbol{x})=\boldsymbol{A}\boldsymbol{x}$ 的途径. 这里要进一步指明,对 n 维向量空间 $\boldsymbol{V}_n$ 中的线性变换,在给定空间的一个基之后,是与 $n\times n$ 矩阵一一对应的.

定义 1 设 $\mathscr{T}$是线性空间$\boldsymbol{V}_n$ 中的线性变换,在 $\boldsymbol{V}_n$ 中取定一个基$\boldsymbol{\varepsilon}_1, \boldsymbol{\varepsilon}_2, \cdots, \boldsymbol{\varepsilon}_n$,如果这个基在变换 $\mathscr{T}$下的象为

$$\begin{cases}\mathscr{T}(\boldsymbol{\varepsilon}_1)=a_{11}\boldsymbol{\varepsilon}_1+a_{21}\boldsymbol{\varepsilon}_2+\cdots+a_{n1}\boldsymbol{\varepsilon}_n,\\ \mathscr{T}(\boldsymbol{\varepsilon}_2)=a_{12}\boldsymbol{\varepsilon}_1+a_{22}\boldsymbol{\varepsilon}_2+\cdots+a_{n2}\boldsymbol{\varepsilon}_n,\\ \quad\cdots\cdots\\ \mathscr{T}(\boldsymbol{\varepsilon}_n)=a_{1n}\boldsymbol{\varepsilon}_1+a_{2n}\boldsymbol{\varepsilon}_2+\cdots+a_{nn}\boldsymbol{\varepsilon}_n\end{cases}$$

记 $\mathscr{T}(\boldsymbol{\varepsilon}_1, \boldsymbol{\varepsilon}_2, \cdots, \boldsymbol{\varepsilon}_n)=(\mathscr{T}(\boldsymbol{\varepsilon}_1), \mathscr{T}(\boldsymbol{\varepsilon}_2), \cdots, \mathscr{T}(\boldsymbol{\varepsilon}_n))$,则上式可表示为

$$\mathscr{T}(\boldsymbol{\varepsilon}_1, \boldsymbol{\varepsilon}_2, \cdots, \boldsymbol{\varepsilon}_n)=(\boldsymbol{\varepsilon}_1, \boldsymbol{\varepsilon}_2, \cdots, \boldsymbol{\varepsilon}_n)\boldsymbol{A} \tag{7.5-1}$$

其中

$$\boldsymbol{A}=\begin{pmatrix}a_{11} & a_{12}\cdots & a_{1n}\\ a_{21} & a_{22}\cdots & a_{2n}\\ \cdots & \cdots & \cdots\\ a_{n1} & a_{n2}\cdots & a_{nn}\end{pmatrix}$$

那么,$\boldsymbol{A}$ 就称为线性变换 $\mathscr{T}$在基 $\boldsymbol{\varepsilon}_1, \boldsymbol{\varepsilon}_2, \cdots, \boldsymbol{\varepsilon}_n$ 下的矩阵.

显然,矩阵 $\boldsymbol{A}$ 由基的象 $\mathscr{T}(\boldsymbol{\varepsilon}_1), \cdots, \mathscr{T}(\boldsymbol{\varepsilon}_n)$唯一确定.

反之,任给一个矩阵 $\boldsymbol{A}$,能否构造一个线性空间 $\boldsymbol{V}_n$ 中的线性变换 $\mathscr{T}$,使 $\mathscr{T}$在给定基 $\boldsymbol{\varepsilon}_1, \boldsymbol{\varepsilon}_2, \cdots, \boldsymbol{\varepsilon}_n$ 下的矩阵恰好是$\boldsymbol{A}$ 呢? 答案是肯定的. 下面我们来推导线性变换 $\mathscr{T}$必须满足的关系式:

$\boldsymbol{V}_n$ 中的任意元素$\boldsymbol{\xi}$ 可记为$\boldsymbol{\xi}=\sum_{i=1}^{n}x_i\boldsymbol{\varepsilon}_i$,则应有

$$\mathscr{T}\left(\sum_{i=1}^{n}x_i\boldsymbol{\varepsilon}_i\right)=\sum_{i=1}^{n}x_i\mathscr{T}(\boldsymbol{\varepsilon}_i)$$

$$=(\mathscr{T}(\boldsymbol{\varepsilon}_1), \mathscr{T}(\boldsymbol{\varepsilon}_2), \cdots, \mathscr{T}(\boldsymbol{\varepsilon}_n))\begin{pmatrix}x_1\\ x_2\\ \vdots\\ x_n\end{pmatrix}$$

$$=(\boldsymbol{\varepsilon}_1, \boldsymbol{\varepsilon}_2, \cdots, \boldsymbol{\varepsilon}_n)\boldsymbol{A}\begin{pmatrix}x_1\\x_2\\\vdots\\x_n\end{pmatrix},$$

即

$$\mathscr{T}\left((\boldsymbol{\varepsilon}_1, \boldsymbol{\varepsilon}_2, \cdots, \boldsymbol{\varepsilon}_n)\begin{pmatrix}x_1\\x_2\\\vdots\\x_n\end{pmatrix}\right)=(\boldsymbol{\varepsilon}_1, \boldsymbol{\varepsilon}_2, \cdots, \boldsymbol{\varepsilon}_n)\boldsymbol{A}\begin{pmatrix}x_1\\x_2\\\vdots\\x_n\end{pmatrix} \tag{7.5-2}$$

这个关系式唯一地确定一个变换 $\mathscr{T}$,可以验证所确定的变换 $\mathscr{T}$ 是以 $\boldsymbol{A}$ 为矩阵的线性变换. 总之,以 $\boldsymbol{A}$ 为矩阵的线性变换 $\mathscr{T}$ 由关系式(7.5-2)唯一确定.

定义 1 和上面一段讨论表明,在线性空间 $\mathbf{V}_n$ 中取定一个基之后,由线性变换 $\mathscr{T}$ 可唯一地确定一个矩阵 $\boldsymbol{A}$;而由一个矩阵 $\boldsymbol{A}$ 也可唯一地确定一个线性变换 $\mathscr{T}$,于是,在线性变换与矩阵之间就有一一对应的关系.

利用线性变换的矩阵可以直接计算一个元素的象. 实际上由关系式(7.5-2)可知:

设线性空间 $\mathbf{V}_n$ 中线性变换 $\mathscr{T}$ 在基 $\boldsymbol{\varepsilon}_1, \boldsymbol{\varepsilon}_2, \cdots, \boldsymbol{\varepsilon}_n$ 下的矩阵是 $\boldsymbol{A}$,向量 $\boldsymbol{\xi}$ 在基 $\boldsymbol{\varepsilon}_1, \boldsymbol{\varepsilon}_2, \cdots, \boldsymbol{\varepsilon}_n$ 下的坐标是 $(x_1, x_2, \cdots, x_n)^{\mathrm{T}}$,则象 $\mathscr{T}(\boldsymbol{\xi})$ 在基下的坐标 $(y_1, y_2, \cdots, y_n)^{\mathrm{T}}$ 必满足

$$\begin{pmatrix}y_1\\y_2\\\vdots\\y_n\end{pmatrix}=\boldsymbol{A}\begin{pmatrix}x_1\\x_2\\\vdots\\x_n\end{pmatrix}.$$

例 1 在 $P[x]_2$ 中,取基

$$\boldsymbol{p}_1=1,\ \boldsymbol{p}_2=x,\ \boldsymbol{p}_3=x^2,$$

求微分变换 $\mathscr{D}$ 的矩阵 $\boldsymbol{A}$.

解

$$\begin{cases}\mathscr{D}\boldsymbol{p}_1=0=0\boldsymbol{p}_1+0\boldsymbol{p}_2+0\boldsymbol{p}_3,\\ \mathscr{D}\boldsymbol{p}_2=1=1\boldsymbol{p}_1+0\boldsymbol{p}_2+0\boldsymbol{p}_3,\\ \mathscr{D}\boldsymbol{p}_3=2x=0\boldsymbol{p}_1+2\boldsymbol{p}_2+0\boldsymbol{p}_3\end{cases}$$

所以 $\mathscr{D}$ 在这个基下的矩阵为

$$\boldsymbol{A}=\begin{bmatrix}0&1&0\\0&0&2\\0&0&0\end{bmatrix}$$

例 2 在 $\boldsymbol{R}^3$ 中,$\mathscr{T}$ 表示将向量投影到 xOy 平面的线性变换,即

$$\mathscr{T}(x\boldsymbol{i}+y\boldsymbol{j}+z\boldsymbol{k})=x\boldsymbol{i}+y\boldsymbol{j},$$

(1) 取基为 $\boldsymbol{i}, \boldsymbol{j}, \boldsymbol{k}$,求线性变换 $\mathscr{T}$ 的矩阵 $\boldsymbol{A}$;

(2) 若记 $\boldsymbol{\alpha}=\boldsymbol{i}, \boldsymbol{\beta}=\boldsymbol{j}, \boldsymbol{\gamma}=\boldsymbol{i}-\boldsymbol{j}-\boldsymbol{k}$,试证 $\boldsymbol{\alpha}, \boldsymbol{\beta}, \boldsymbol{\gamma}$ 也是 $\boldsymbol{R}^3$ 的一个基,并求出 $\mathscr{T}$ 在这个基下的矩阵 $\boldsymbol{B}$.

解 (1) 依题意,有

$$\begin{cases}\mathscr{T}(\boldsymbol{i})=\boldsymbol{i},\\ \mathscr{T}(\boldsymbol{j})=\boldsymbol{j},\\ \mathscr{T}(\boldsymbol{k})=\boldsymbol{0}\end{cases}$$

即成立

$$\mathscr{T}(\boldsymbol{i}, \boldsymbol{j}, \boldsymbol{k}) = (\boldsymbol{i}, \boldsymbol{j}, \boldsymbol{k})\begin{pmatrix}1 & 0 & 0\\0 & 1 & 0\\0 & 0 & 0\end{pmatrix}$$

即矩阵

$$\boldsymbol{A} = \begin{pmatrix}1 & 0 & 0\\0 & 1 & 0\\0 & 0 & 0\end{pmatrix}$$

(2) 因为

$$(\boldsymbol{\alpha}, \boldsymbol{\beta}, \boldsymbol{\gamma}) = (\boldsymbol{i}, \boldsymbol{j}, \boldsymbol{k})\begin{pmatrix}1 & 0 & 1\\0 & 1 & -1\\0 & 0 & -1\end{pmatrix}$$

及矩阵 $\boldsymbol{P} = \begin{pmatrix}1 & 0 & 1\\0 & 1 & -1\\0 & 0 & -1\end{pmatrix}$ 可逆,即知 $\boldsymbol{\alpha}, \boldsymbol{\beta}, \boldsymbol{\gamma}$ 也是 $\boldsymbol{R}^3$ 的一个基.

又

$$\begin{cases}\mathscr{T}(\boldsymbol{\alpha}) = \boldsymbol{i} = \boldsymbol{\alpha},\\ \mathscr{T}(\boldsymbol{\beta}) = \boldsymbol{j} = \boldsymbol{\beta},\\ \mathscr{T}(\boldsymbol{\gamma}) = \boldsymbol{i} - \boldsymbol{j} = \boldsymbol{\alpha} - \boldsymbol{\beta}\end{cases}$$

即

$$\mathscr{T}(\boldsymbol{\alpha}, \boldsymbol{\beta}, \boldsymbol{\gamma}) = (\boldsymbol{\alpha}, \boldsymbol{\beta}, \boldsymbol{\gamma})\begin{pmatrix}1 & 0 & 1\\0 & 1 & -1\\0 & 0 & 0\end{pmatrix}.$$

故 $\mathscr{T}$ 在 $\boldsymbol{\alpha}, \boldsymbol{\beta}, \boldsymbol{\gamma}$ 这个基下的矩阵为

$$\boldsymbol{B} = \begin{pmatrix}1 & 0 & 1\\0 & 1 & -1\\0 & 0 & 0\end{pmatrix}$$

由上例可见,线性变换的矩阵是与空间中一个基联系在一起的. 一般说来,随着基的改变,同一个线性变换就有不同的矩阵. 我们有必要弄清楚线性变换的矩阵是如何随着基的改变而改变的.

定理 1　设 n 维线性空间 $\mathbf{V}_n$ 中的线性变换 $\mathscr{T}$ 在两个基

$$\boldsymbol{\varepsilon}_1, \boldsymbol{\varepsilon}_2, \cdots, \boldsymbol{\varepsilon}_n,$$
$$\boldsymbol{\eta}_1, \boldsymbol{\eta}_2, \cdots, \boldsymbol{\eta}_n$$

下的矩阵分别为 $\boldsymbol{A}$ 和 $\boldsymbol{B}$,基 $\boldsymbol{\varepsilon}_1, \boldsymbol{\varepsilon}_2, \cdots, \boldsymbol{\varepsilon}_n$ 到基 $\boldsymbol{\eta}_1, \boldsymbol{\eta}_2, \cdots, \boldsymbol{\eta}_n$ 的过渡矩阵是 $\boldsymbol{P}$,于是成立 $\boldsymbol{B} = \boldsymbol{P}^{-1}\boldsymbol{A}\boldsymbol{P}$.

证　已知

$$\mathscr{T}(\boldsymbol{\varepsilon}_1, \boldsymbol{\varepsilon}_2, \cdots, \boldsymbol{\varepsilon}_n) = (\boldsymbol{\varepsilon}_1, \boldsymbol{\varepsilon}_2, \cdots, \boldsymbol{\varepsilon}_n)\boldsymbol{A}$$
$$\mathscr{T}(\boldsymbol{\eta}_1, \boldsymbol{\eta}_2, \cdots, \boldsymbol{\eta}_n) = (\boldsymbol{\eta}_1, \boldsymbol{\eta}_2, \cdots, \boldsymbol{\eta}_n)\boldsymbol{B}$$
$$(\boldsymbol{\eta}_1, \boldsymbol{\eta}_2, \cdots, \boldsymbol{\eta}_n) = (\boldsymbol{\varepsilon}_1, \boldsymbol{\varepsilon}_2, \cdots, \boldsymbol{\varepsilon}_n)\boldsymbol{P}.$$

于是

$$\begin{aligned}(\boldsymbol{\eta}_1, \boldsymbol{\eta}_2, \cdots, \boldsymbol{\eta}_n)\boldsymbol{B} &= \mathscr{T}(\boldsymbol{\eta}_1, \boldsymbol{\eta}_2, \cdots, \boldsymbol{\eta}_n)\\ &= \mathscr{T}((\boldsymbol{\varepsilon}_1, \boldsymbol{\varepsilon}_2, \cdots, \boldsymbol{\varepsilon}_n)\boldsymbol{P})\\ &= (\mathscr{T}(\boldsymbol{\varepsilon}_1, \boldsymbol{\varepsilon}_2, \cdots, \boldsymbol{\varepsilon}_n))\boldsymbol{P}\\ &= (\boldsymbol{\varepsilon}_1, \boldsymbol{\varepsilon}_2, \cdots, \boldsymbol{\varepsilon}_n)\boldsymbol{AP}\\ &= (\boldsymbol{\eta}_1, \boldsymbol{\eta}_2, \cdots, \boldsymbol{\eta}_n)\boldsymbol{P}^{-1}\boldsymbol{AP}.\end{aligned}$$

因为 $\boldsymbol{\eta}_1, \boldsymbol{\eta}_2, \cdots, \boldsymbol{\eta}_n$ 线性无关,所以

$$\boldsymbol{B} = \boldsymbol{P}^{-1}\boldsymbol{AP}$$

此定理表明 $\boldsymbol{B}$ 与 $\boldsymbol{A}$ 相似,且两个基之间的过渡矩阵 $\boldsymbol{P}$ 就是相似变换矩阵.

在例 2 中,容易验证 $\boldsymbol{B} = \boldsymbol{P}^{-1}\boldsymbol{AP}$.

定义 2　n 维线性空间 $\mathbf{V}_n$ 中线性变换 $\mathscr{T}$ 的值域 $\mathscr{T}(\mathbf{V}_n)$ 的维数,称为线性变换 $\mathscr{T}$ 的秩.

显然,若 $\boldsymbol{A}$ 是 $\mathscr{T}$ 在基下的矩阵,则 $\mathscr{T}$ 的秩就是 $r(\boldsymbol{A})$.

若 $\mathscr{T}$ 的秩为 r,则 $\mathscr{T}$ 的核(零空间)$\mathscr{T}^{-1}(\mathbf{0})$ 的维数为 $n-r$.

7.6 应用举例

密码问题

为了便于密码的发送,首先将英文 26 个字母 A, B, $\cdots$, Z 与数字 1, 2, $\cdots$, 26 一一对应.

若要发送 action 这一信息,那么,此信息的编码是 1, 3, 20, 9, 15, 14. 可以写成向量 $\begin{pmatrix}1\\3\\20\end{pmatrix}$, $\begin{pmatrix}9\\15\\14\end{pmatrix}$,现任选一个行列式为 1 的全整数可逆矩阵,

$$\boldsymbol{A} = \begin{pmatrix}1 & 2 & 4\\1 & 3 & 6\\1 & 2 & 5\end{pmatrix}, \boldsymbol{A}^{-1} = \begin{pmatrix}3 & -2 & 0\\1 & 1 & -2\\-1 & 0 & 1\end{pmatrix}$$

定义一个 $\boldsymbol{R}^3$ 上的线性变换 $\mathscr{T}$: $\mathscr{T}(\boldsymbol{x}) = \boldsymbol{Ax}$, 这时,

$$\mathscr{T}\begin{pmatrix}1\\3\\20\end{pmatrix} = \boldsymbol{A}\begin{pmatrix}1\\3\\20\end{pmatrix} = \begin{pmatrix}1 & 2 & 4\\1 & 3 & 6\\1 & 2 & 5\end{pmatrix}\begin{pmatrix}1\\3\\20\end{pmatrix} = \begin{pmatrix}87\\130\\107\end{pmatrix}$$

$$\mathscr{T}\begin{pmatrix}9\\15\\14\end{pmatrix} = \begin{pmatrix}1 & 2 & 4\\1 & 3 & 6\\1 & 2 & 5\end{pmatrix}\begin{pmatrix}9\\15\\14\end{pmatrix} = \begin{pmatrix}95\\118\\109\end{pmatrix}$$

发出密码:87, 130, 107, 95, 118, 109,收到信息后用线性逆变换恢复原信息.

$$\mathscr{T}^{-1}\begin{pmatrix}87\\130\\107\end{pmatrix} = \begin{pmatrix}1\\3\\20\end{pmatrix}, \mathscr{T}^{-1}\begin{pmatrix}95\\118\\109\end{pmatrix} = \begin{pmatrix}9\\15\\14\end{pmatrix}.$$

得 1, 3, 20, 9, 15, 14,即为 action.

7.7 Matlab 辅助计算

7.7.1 Matlab 实现向量及线性变换运算

向量运算:可以用 norm 函数求给定向量的长度(模). 将给定向量除以其长度可以将该向量单位化. 结合模运算,可以求给定两个向量的夹角. 具体过程见下例.

例 1 设有向量

$$v_1=\begin{pmatrix}3\\-2\\2\\-1\end{pmatrix},\ v_2=\begin{pmatrix}2\\-6\\4\\0\end{pmatrix},$$

请分别计算两个向量的长度,将两个向量单位化,求两个向量的夹角.

解

```
>>v1=[3; -2; 2; -1]; v2=[2; -6; 4; 0];
>>v1_length=norm(v1); v2_length=norm(v2);
>>v1_unit=v1/v1_length; v2_unit=v2/v2_length;
>>theta=acos((v1' * v2)/(norm(v1) * norm(v2)));
```

结果为:

向量 v1 的长度:v1_length=4.2426;向量 v2 的长度:v2_length=7.4833

单位化向量 v1:v1_unit=$(0.7071, -0.4714, 0.4714, -0.2357)^T$;

单位化向量 v2:v2_unit=$(0.2673, -0.8018, 0.5345, 0)^T$;

两个向量之间的夹角:theta=0.6113.

将线性无关向量组进行正交化,可以使用下述 gs 函数进行.

```
function V=gs(A)
% Gram-Schmidt 正交化过程函数
[m, n]=size(A);
for k=1:n
   V(:, k)=A(:, k);
   for j=1:k-1
  R(j, k)=V(:, j)' * A(:, k);
  V(:, k)=V(:, k)-R(j, k) * V(:, j);
   end
   R(k, k)=norm (V(:, k));
   V(:, k)=V(:, k)/R(k, k);
end
```

例 2 设 $\boldsymbol{W}$ 为 $\boldsymbol{R}^3$ 的线性子空间. 矩阵 $\boldsymbol{A}$ 的列向量构成了此线性子空间的一个基. 求其正交基.

$$\boldsymbol{A}=\begin{pmatrix}1&1\\2&1\\3&1\end{pmatrix}$$

解 ≫A=[1　1; 2　1; 3　1];

≫V=gs(A);

则该子空间的一组正交基：$\boldsymbol{V}=\begin{pmatrix}0.2673 & 0.8729\\ 0.5345 & 0.2182\\ 0.8018 & -0.4364\end{pmatrix}$

容易验证，$\boldsymbol{V}^{\mathrm{T}}\boldsymbol{V}=\boldsymbol{I}$.

线性变换：$\boldsymbol{L}(\boldsymbol{x})：\boldsymbol{A}_{mn}\boldsymbol{x}$ 可以实现 $\boldsymbol{R}^n \rightarrow \boldsymbol{R}^m$ 的线性变换. 这一过程可以通过 Matlab 的矩阵与向量的乘积运算进行实现. 线性变换在计算机图形学中有很重要的应用. 下例函数实现了将空间中的一个平面进行任意角度旋转的操作.

```
function [xt, yt]=rot2d(t, x, y)
% 将由 x, y 向量生成的一个 2 维平面旋转 t 度
t1=t*pi/180;   % 将角度转变为弧度
r=[cos(t1),-sin(t1);sin(t1),  cos(t1)]; %线性变换矩阵
x=[x  x(1)];
y=[y  y(1)];
hold on
grid on
axis equal
fill(x, y, 'b')
z=r*[x; y];   %实现线性变换(旋转)
xt=z(1, :);
yt=z(2, :);
fill(xt, yt, 'r');
title(sprinft('平面旋转%3.2f 度',t))
hold off

≫x=[1  1  3  3]; y=[3  1  1  3];   %形成一个正方形平面
≫[xt, yt]=rot2d(60, x, y);           %旋转 60 度
```

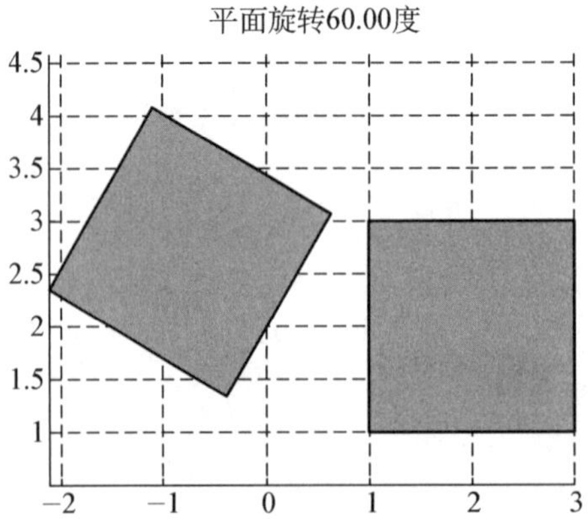

7.7.2 Matlab 练习

1 自行选择两个线性无关向量,利用上述函数计算其长度,夹角并进行正交化.

2 自行设计空间中一个平面,用向量进行表示;然后利用 rot2d 函数进行任意角度的旋转.

习 题 七

7.1 试验证下列集合:

(1) 2 阶矩阵的全体 $\boldsymbol{T}_1$;

(2) 主对角线上元素之和等于 0 的 2 阶矩阵的全体 $\boldsymbol{T}_2$;

(3) 2 阶对称矩阵的全体 $\boldsymbol{T}_3$.

对于矩阵的加法和数量乘法运算构成线性空间,并写出各个空间的一个基.

7.2 验证空间 $\boldsymbol{R}^3$ 中与向量 $(0, 1, 0)^{\mathrm{T}}$ 不平行的全体 3 维向量,对于向量的加法和数量乘法运算不构成线性空间.

7.3 设 $\boldsymbol{W}$ 是线性空间 $\boldsymbol{V}$ 的一个子空间,试证:若 $\boldsymbol{W}$ 与 $\boldsymbol{V}$ 的维数相等,则 $\boldsymbol{W}=\boldsymbol{V}$.

7.4 设 $\boldsymbol{V}_k$ 是 n 维线性空间 $\boldsymbol{V}_n$ 的一个子空间,且 $\boldsymbol{p}_1, \cdots, \boldsymbol{p}_k$ 是 $\boldsymbol{V}_k$ 的一个基. 试证:$\boldsymbol{V}_n$ 中存在元素 $\boldsymbol{p}_{k+1}, \cdots, \boldsymbol{p}_n$,使向量组 $\boldsymbol{p}_1, \cdots, \boldsymbol{p}_k, \boldsymbol{p}_{k+1}, \cdots \boldsymbol{p}_n$ 成为 $\boldsymbol{V}_n$ 的一个基.

7.5 设 f_1, f_2, f_3 是 $P[t]_2$ 的一个基,其中

$$f_1=t^2-1,\ f_2=t+2,\ f_3=t-1.$$

(1) 求 $g(t)=2t^2-2t+6$ 在这个基下的坐标;

(2) 若一个多项式 $p(t)\in P[t]_2$ 在这个基下的坐标为 $(2, -1, 3)^{\mathrm{T}}$,求出 $p(t)$.

7.6 在 $\boldsymbol{R}^3$ 中求向量 $\boldsymbol{\xi}=(2, 3, 5)^{\mathrm{T}}$ 在基

$$\boldsymbol{\varepsilon}_1=(1, 2, -5)^{\mathrm{T}},\ \boldsymbol{\varepsilon}_2=(1, 3, -2)^{\mathrm{T}},\ \boldsymbol{\varepsilon}_3=(0, 1, 6)^{\mathrm{T}}$$

下的坐标.

7.7 在 $\boldsymbol{R}^3$ 中给定两个基

$$\boldsymbol{\varepsilon}_1=(1, 2, 1)^{\mathrm{T}},\ \boldsymbol{\varepsilon}_2=(2, 3, 3)^{\mathrm{T}},\ \boldsymbol{\varepsilon}_3=(3, 7, 1)^{\mathrm{T}};$$

$$\boldsymbol{\eta}_1=(3, 1, 4)^{\mathrm{T}},\ \boldsymbol{\eta}_2=(5, 2, 1)^{\mathrm{T}},\ \boldsymbol{\eta}_3=(1, 1, -6)^{\mathrm{T}},$$

求任一向量 ξ 在两个基下的坐标变换公式.

7.8 设 $\boldsymbol{\varepsilon}_1=(1, 0, 1)^{\mathrm{T}}, \boldsymbol{\varepsilon}_2=(1, 1, -1)^{\mathrm{T}}, \boldsymbol{\varepsilon}_3=(1, -1, 1)^{\mathrm{T}}, \boldsymbol{\eta}_1=(3, 0, 1)^{\mathrm{T}}, \boldsymbol{\eta}_2=(2, 0, 0)^{\mathrm{T}}, \boldsymbol{\eta}_3=(0, 2, -2)^{\mathrm{T}}$ 是 $\boldsymbol{R}^4$ 中的两个基.

(1) 求基 $\boldsymbol{\varepsilon}_1, \boldsymbol{\varepsilon}_2, \boldsymbol{\varepsilon}_3$ 到基 $\boldsymbol{\eta}_1, \boldsymbol{\eta}_2, \boldsymbol{\eta}_3$ 的过渡矩阵 $\boldsymbol{P}$;

(2) 求向量 $\boldsymbol{\xi}=(1, 0, -1)^{\mathrm{T}}$ 在基 $\boldsymbol{\eta}_1, \boldsymbol{\eta}_2, \boldsymbol{\eta}_3$ 下的坐标;

(3) 已知 $\boldsymbol{\xi}$ 在基 $\boldsymbol{\eta}_1, \boldsymbol{\eta}_2, \boldsymbol{\eta}_3$ 下的坐标为 $(1, 2, 0)^{\mathrm{T}}$,求 $\boldsymbol{\xi}$ 在基 $\boldsymbol{\varepsilon}_1, \boldsymbol{\varepsilon}_2, \boldsymbol{\varepsilon}_3$ 下的坐标;

(4) 求在基 $\boldsymbol{\varepsilon}_1, \boldsymbol{\varepsilon}_2, \boldsymbol{\varepsilon}_3$ 和基 $\boldsymbol{\eta}_1, \boldsymbol{\eta}_2, \boldsymbol{\eta}_3$ 下有相同坐标的非零向量.

7.9 判定以下变换是否为线性变换:

(1) $\mathscr{T}: \boldsymbol{R}^2\rightarrow\boldsymbol{R}^2, \boldsymbol{x}=(x_1, x_2)^{\mathrm{T}}$ 的象为 $\mathscr{T}(\boldsymbol{x})=(x_1+1, x_1+x_2)^{\mathrm{T}}$;

(2) $\mathscr{T}: \boldsymbol{R}^3\rightarrow\boldsymbol{R}^3, \boldsymbol{x}=(x_1, x_2, x_3)^{\mathrm{T}}$ 的象为

$$\mathscr{T}(\boldsymbol{x})=(2x_1-3x_2,\ 3x_2-2x_3,\ 2x_3)^{\mathrm{T}}.$$

7.10 设$\mathscr{T}$:$P[t]_2\to P[t]_2$为线性变换,其定义为

$$\mathscr{T}(at^2+bt+c)=(a+c)t^2+(b+c)$$

问:(1) t^2+t-1属于核$\mathscr{T}^{-1}(0)$吗?

(2) t^2-t+2属于值域$\mathscr{T}(P[t]_2)$吗?

(3) 试分别求出$\mathscr{T}^{-1}(0)$与$\mathscr{T}(P[t]_2)$的一个基.

7.11 函数集合

$$\mathbf{V}=\{\boldsymbol{\xi}=(a_2x^2+a_1x+a_0)\mathrm{e}^x \mid a_2,\ a_1,\ a_0\in\mathbf{R}\}$$

对于函数的线性运算构成3维线性空间.在$\mathbf{V}$中取一个基

$$\boldsymbol{\varepsilon}_1=\mathrm{e}^x,\ \boldsymbol{\varepsilon}_2=x\mathrm{e}^x,\ \boldsymbol{\varepsilon}_3=x^2\mathrm{e}^x,$$

求微分变换$\mathscr{D}$在这个基下的矩阵.

7.12 2阶对称矩阵的全体

$$\mathbf{V}=\left\{\boldsymbol{A}=\begin{pmatrix}x_1 & x_2\\ x_2 & x_3\end{pmatrix}\middle| x_1,\ x_2,\ x_3\in\mathbf{R}\right\}$$

对于矩阵的线性运算构成3维线性空间.在$\mathbf{V}$中取一个基

$$\boldsymbol{E}_1=\begin{pmatrix}1 & 0\\ 0 & 0\end{pmatrix},\ \boldsymbol{E}_2=\begin{pmatrix}0 & 1\\ 1 & 0\end{pmatrix},\ \boldsymbol{E}_3=\begin{pmatrix}0 & 0\\ 0 & 1\end{pmatrix}$$

在$\mathbf{V}$中定义变换

$$\mathscr{T}(\mathbf{A})=\boldsymbol{P}^{\mathrm{T}}\boldsymbol{A}\boldsymbol{P}$$

其中$\boldsymbol{P}$为任意2阶矩阵.

(1) 证明:变换$\mathscr{T}$是线性变换;

(2) 若$\boldsymbol{P}=\begin{pmatrix}1 & 0\\ 1 & 1\end{pmatrix}$,求$\mathscr{T}$在基$\boldsymbol{E}_1$,$\boldsymbol{E}_2$,$\boldsymbol{E}_3$下的矩阵.

7.13 设2维线性空间$\mathbf{V}_2$中的线性变换$\mathscr{T}$在基$\boldsymbol{\varepsilon}_1$,$\boldsymbol{\varepsilon}_2$下的矩阵为

$$\mathbf{A}=\begin{pmatrix}a_{11} & a_{12}\\ a_{21} & a_{22}\end{pmatrix},$$

求$\mathscr{T}$在基$3\boldsymbol{\varepsilon}_2$,$-\boldsymbol{\varepsilon}_1$下的矩阵$\boldsymbol{B}$.

习 题 答 案

习题一

1.1 $x=-4$, $y=-1$, $z=1$, $u=-2$.

1.2 $\boldsymbol{X}=\begin{pmatrix}\frac{4}{3} & -1 & 1\\ -\frac{1}{3} & \frac{1}{3} & 1\end{pmatrix}$.

1.3 (1) 10； (2) $\begin{pmatrix}2 & -6\\ 1 & -3\\ 3 & -9\end{pmatrix}$； (3) $\begin{pmatrix}10 & -10 & 8\\ 22 & -10 & 4\\ -14 & 16 & -9\end{pmatrix}$；

(4) $a_{11}x_1^2+a_{22}x_2^2+a_{33}x_3^2+(a_{12}+a_{21})x_1x_2+(a_{13}+a_{31})x_1x_3+(a_{23}+a_{32})x_2x_3$.

1.5 $\begin{pmatrix}a & b & c\\ 0 & a & b\\ 0 & 0 & a\end{pmatrix}$ （其中 a,b,c 均为任意实数).

1.6 (1)、(2)、(3)均不成立.

1.7 (1) $\boldsymbol{A}=\begin{pmatrix}1 & 1\\ -1 & -1\end{pmatrix}$；(2) $\boldsymbol{A}=\begin{pmatrix}1 & 0\\ 0 & 0\end{pmatrix}$；(3) $\boldsymbol{A}=\begin{pmatrix}1 & 0\\ 0 & 0\end{pmatrix}$，$\boldsymbol{X}=\begin{pmatrix}1 & 0\\ 0 & 0\end{pmatrix}$，$\boldsymbol{Y}=\begin{pmatrix}1 & 0\\ 0 & 1\end{pmatrix}$.

1.8 (1) $27\begin{pmatrix}1 & \frac{1}{2} & \frac{1}{3}\\ 2 & 1 & \frac{2}{3}\\ 3 & \frac{3}{2} & 1\end{pmatrix}$； (2) $\begin{pmatrix}\frac{1}{2} & -\frac{\sqrt{3}}{2}\\ \frac{\sqrt{3}}{2} & \frac{1}{2}\end{pmatrix}$； (3) $\begin{pmatrix}\lambda^n & n\lambda^{n-1} & \frac{n(n-1)}{2}\lambda^{n-2}\\ 0 & \lambda^n & n\lambda^{n-1}\\ 0 & 0 & \lambda^n\end{pmatrix}$.

1.9 $3\boldsymbol{I}$.

1.10 $\boldsymbol{AB}=\begin{pmatrix}0 & 0\\ 0 & 0\end{pmatrix}$，$\boldsymbol{BA}=\begin{pmatrix}10 & 5\\ -20 & -10\end{pmatrix}$，$\boldsymbol{B}^{\mathrm{T}}\boldsymbol{A}=\begin{pmatrix}30 & 15\\ -10 & -5\end{pmatrix}$，$\boldsymbol{A}^2=\begin{pmatrix}0 & 0\\ 0 & 0\end{pmatrix}$.

1.14 当 n 为偶数时，$\boldsymbol{A}^n=2^n\boldsymbol{I}$；当 n 为奇数时，$\boldsymbol{A}^n=2^{n-1}\boldsymbol{A}$.　$\boldsymbol{A}^{-1}=\frac{1}{4}\boldsymbol{A}$.

1.15 $\boldsymbol{A}^{-1}=\frac{1}{3}(\boldsymbol{A}+2\boldsymbol{I})$，$(\boldsymbol{A}+2\boldsymbol{I})^{-1}=\frac{1}{3}\boldsymbol{A}$，$(\boldsymbol{A}+4\boldsymbol{I})^{-1}=-\frac{1}{5}(\boldsymbol{A}-2\boldsymbol{I})$.

1.16 $A^{-1}=\begin{pmatrix}0&0&0&1\\0&0&\frac{1}{4}&0\\\frac{1}{2}&0&0&0\\0&-\frac{1}{3}&0&0\end{pmatrix}$.

1.17 (1) $X=\begin{pmatrix}3&0&0\\0&2&0\\0&0&1\end{pmatrix}$;(2) $X=\begin{pmatrix}2&0&1\\0&3&0\\1&0&2\end{pmatrix}$.

1.18 (2) $A=\begin{pmatrix}1&\frac{1}{2}&0\\-\frac{1}{3}&1&0\\0&0&2\end{pmatrix}$.

1.19 (1) $\begin{pmatrix}\frac{2}{5}&-\frac{1}{5}\\\frac{3}{10}&\frac{1}{10}\end{pmatrix}$; (2) $-\frac{1}{3}\begin{pmatrix}-11&4&-8\\4&-2&1\\2&-1&2\end{pmatrix}$; (3) $\begin{pmatrix}1&0&2\\2&-1&3\\4&1&8\end{pmatrix}$.

1.20 (1) $X=\begin{pmatrix}2&-23\\0&8\end{pmatrix}$;(2) $X=\begin{pmatrix}2&-1&0\\1&3&-4\\1&0&-2\end{pmatrix}$;(3) $X=\begin{pmatrix}-2&2&1\\-\frac{8}{3}&5&-\frac{2}{3}\end{pmatrix}$.

1.21 $P_1AP_2=\begin{pmatrix}a_{11}+a_{13}&a_{12}&a_{13}\\a_{31}+a_{33}&a_{32}&a_{33}\\a_{21}+a_{23}&a_{22}&a_{23}\end{pmatrix}$, $P_1P_2A=\begin{pmatrix}a_{11}&a_{12}&a_{13}\\a_{11}+a_{31}&a_{12}+a_{32}&a_{13}+a_{33}\\a_{21}&a_{22}&a_{23}\end{pmatrix}$,

$AP_1P_2=\begin{pmatrix}a_{11}+a_{12}&a_{13}&a_{12}\\a_{21}+a_{22}&a_{23}&a_{22}\\a_{31}+a_{32}&a_{33}&a_{32}\end{pmatrix}$.

1.22 (1) $A^{-1}R_{ij}(-k)$及$R_{ij}(-k)$.

1.23 $A=\begin{pmatrix}1&0&0\\-2&4&0\\3&-6&1\end{pmatrix}\begin{pmatrix}I_2&O\\O&O\end{pmatrix}\begin{pmatrix}0&1&-1&0\\1&0&0&-2\\0&0&1&0\\0&0&0&1\end{pmatrix}$.

1.24 (1) $A=\begin{pmatrix}0&1&0&1&0\\1&0&1&1&0\\0&1&0&0&0\\1&1&0&0&1\\0&0&0&1&0\end{pmatrix}$;(2) $A^2=\begin{pmatrix}2&1&1&1&1\\1&3&0&1&1\\1&0&1&1&0\\1&1&1&3&0\\1&1&0&0&1\end{pmatrix}$;

(3) $A^3=\begin{pmatrix}2&4&1&4&1\\4&2&3&5&1\\1&3&0&1&1\\4&5&1&2&3\\1&1&1&3&0\end{pmatrix}$,从$V_2$到$V_4$的长度为3的路有5条;从$V_2$到$V_4$的长度小于或等于3的路有7条.

习题二

2.1 (1) $\tau(4132)=4$；(2) $\tau(36195)=4$；(3) $\tau(21n(n-1)\cdots 3)=\dfrac{(n-3)(n-2)}{2}+1$.

2.2 x^4 的系数为 6，x^3 的系数为 -6.

2.3 (1) -3； (2) 120； (3) -18； (4) 0； (5) 0.

2.4 (1) $-2(x^3+y^3)$； (2) $a^3+b^3+c^3-3abc$； (3) x^2y^2.

2.7 $|\boldsymbol{A}|=7$.

2.10 (1) $3!\,(n-3)!$；(2) $(-1)^{\frac{(n-1)n}{2}}(2n-1)(n-1)^{n-1}$；

(3) 当 $b=c$ 时，原式为 $(a-b)^{n-1}[a+(n-1)b]$，当 $b\neq c$ 时，原式为 $\dfrac{c(a-b)^n-b(a-c)^n}{c-b}$.

2.11 (1) $(ad-bc)^n$； (2) $1+\sum\limits_{i=1}^{2n}a_i$.

2.12 81.

2.13 9.

2.14 2^{n+2}.

2.15 $\boldsymbol{A}^*=\begin{pmatrix}29 & 55 & -19\\ 5 & 23 & 17\\ 26 & 2 & 10\end{pmatrix}$， $\boldsymbol{A}^{-1}=\dfrac{1}{196}\begin{pmatrix}29 & 55 & -19\\ 5 & 23 & 17\\ 26 & 2 & 10\end{pmatrix}$.

2.16 $f(x)=2x^2-3x+1$.

2.17 当 a,b,c 互不相等时，方程组有唯一解，解为

$$x=\frac{(b-d)(c-d)}{(b-a)(c-a)},\quad y=\frac{(d-a)(c-d)}{(b-a)(c-b)},\quad z=\frac{(d-a)(d-b)}{(c-a)(c-b)}.$$

2.18 (1) $|\boldsymbol{A}|=1$； (2) $\boldsymbol{x}=(-1,0,0)^{\mathrm{T}}$.

2.19 $\mu=0$ 或 $\lambda=1$.

2.20 Do Your Homework.

习题三

3.1 否.

3.2 (1) $r(\boldsymbol{A})=2$； (2) $r(\boldsymbol{B})=2$.

3.3 (1) 当 $k=1$ 时，$r(\boldsymbol{A})=1$；当 $k=-2$ 时，$r(\boldsymbol{A})=2$；当 $k\neq 1$ 且 $k\neq -2$ 时，$r(\boldsymbol{A})=3$；

(2) 当 $a=-8$ 且 $b=-2$ 时，$r(\boldsymbol{B})=2$；当 $a\neq -8$ 且 $b=-2$ 时，$r(\boldsymbol{B})=3$；

当 $a=-8$ 且 $b\neq -2$ 时，$r(\boldsymbol{B})=3$；当 $a\neq -8$ 且 $b\neq -2$ 时，$r(\boldsymbol{B})=4$.

3.5 设 $\boldsymbol{\alpha}=(a_1,a_2,\cdots,a_n)^{\mathrm{T}}$，$\boldsymbol{\beta}=(b_1,b_2,\cdots,b_n)^{\mathrm{T}}$，则 $r(\boldsymbol{A})=\begin{cases}1, & \boldsymbol{\alpha}\neq\boldsymbol{0}\text{ 且 }\boldsymbol{\beta}\neq\boldsymbol{0};\\ 0, & \text{其他}.\end{cases}$

$$r(\boldsymbol{A}^2)=\begin{cases}0, & \boldsymbol{\alpha}^{\mathrm{T}}\boldsymbol{\beta}=0;\\ 1, & \text{其他}.\end{cases}$$

3.6 2.

3.7 (1) $\boldsymbol{A}\sim\begin{pmatrix}1 & 0 & 2\\ 0 & 1 & -2\\ 0 & 0 & 0\end{pmatrix}$； (2) $\boldsymbol{B}\sim\begin{pmatrix}1 & 0 & \frac{3}{2} & \frac{1}{2} & 2\\ 0 & 1 & \frac{1}{10} & -\frac{1}{10} & -\frac{1}{5}\\ 0 & 0 & 0 & 0 & 0\end{pmatrix}$；

(3) $\boldsymbol{C}\sim\begin{pmatrix}1 & 0 & 0 & 0\\ 0 & 1 & 0 & 0\\ 0 & 0 & 1 & 0\\ 0 & 0 & 0 & 1\end{pmatrix}$； (4) $\boldsymbol{D}\sim\begin{pmatrix}1 & 0 & 0\\ 0 & 1 & 0\\ 0 & 0 & 1\\ 0 & 0 & 0\end{pmatrix}$.

3.8 (1) 通解为 $c_1\begin{pmatrix}-1\\1\\0\\\vdots\\0\end{pmatrix}+c_2\begin{pmatrix}-1\\0\\1\\\vdots\\0\end{pmatrix}+\cdots+c_{n-1}\begin{pmatrix}-1\\0\\0\\\vdots\\1\end{pmatrix}$ $(c_1,c_2,\cdots,c_{n-1}\in\mathbf{R})$;

(2) 没有非零解；　(3) 通解为 $c_1\begin{pmatrix}2\\1\\0\\0\end{pmatrix}+c_2\begin{pmatrix}\frac{2}{7}\\0\\-\frac{5}{7}\\1\end{pmatrix}$ $(c_1,c_2\in\mathbf{R})$;

(4) 通解为 $c\begin{pmatrix}-1\\1\\1\end{pmatrix}$ $(c\in\mathbf{R})$.

3.10 (1) 通解 $\begin{pmatrix}x_1\\x_2\\x_3\\x_4\end{pmatrix}=\begin{pmatrix}0\\0\\0\\1\end{pmatrix}+c_1\begin{pmatrix}2\\1\\0\\0\end{pmatrix}+c_2\begin{pmatrix}-1\\0\\1\\0\end{pmatrix}$ $(c_1,c_2\in\mathbf{R})$;

(2) 无解；(3) 唯一解 $\begin{pmatrix}x_1\\x_2\\x_3\end{pmatrix}=\begin{pmatrix}-\frac{25}{7}\\-\frac{2}{7}\\-2\end{pmatrix}$；　(4) 通解 $\begin{pmatrix}x_1\\x_2\\x_3\end{pmatrix}=\begin{pmatrix}7\\-1\\0\end{pmatrix}+c\begin{pmatrix}-2\\1\\1\end{pmatrix}$ $(c\in\mathbf{R})$.

3.11 通解 $\begin{pmatrix}x_1\\x_2\\x_3\\x_4\\x_5\end{pmatrix}=\begin{pmatrix}a_1+a_2+a_3+a_4\\a_2+a_3+a_4\\a_3+a_4\\a_4\\0\end{pmatrix}+c\begin{pmatrix}1\\1\\1\\1\\1\end{pmatrix}$ $(c\in\mathbf{R})$.

3.12 (1) 当 $\lambda\neq 2$ 且 $\lambda\neq 1$ 时，方程组只有零解；当 $\lambda=1$ 时，方程组有无穷多个解，且通解为 $\begin{pmatrix}x_1\\x_2\\x_3\end{pmatrix}=c_1\begin{pmatrix}-1\\1\\0\end{pmatrix}+c_2\begin{pmatrix}-1\\0\\1\end{pmatrix}$ $(c_1,c_2\in\mathbf{R})$；当 $\lambda=-2$ 时，方程组有无穷多个解，且通解为 $\begin{pmatrix}x_1\\x_2\\x_3\end{pmatrix}=c\begin{pmatrix}1\\1\\1\end{pmatrix}$ $(c\in\mathbf{R})$.

(2) 当 $a\neq-1$ 时，方程组有唯一解；当 $a=-1$ 且 $b\neq 0$ 时，方程组无解；当 $a=-1$ 且 $b=0$ 时，方程组有无穷个解，且通解为

$$\begin{pmatrix}x_1\\x_2\\x_3\\x_4\end{pmatrix}=c_1\begin{pmatrix}-2\\1\\1\\0\end{pmatrix}+c_2\begin{pmatrix}1\\-2\\0\\1\end{pmatrix}+\begin{pmatrix}0\\1\\0\\0\end{pmatrix}\ (c_1,c_2\in\mathbf{R}).$$

(3) 当$\lambda\neq12$且$\lambda\neq\pm1$时,方程组无解;当$\lambda=-1$时,有唯一解$\begin{pmatrix}x_1\\x_2\end{pmatrix}=\begin{pmatrix}-\frac{1}{11}\\-\frac{15}{11}\end{pmatrix}$;当$\lambda=1$时,有唯一解$\begin{pmatrix}x_1\\x_2\end{pmatrix}=\begin{pmatrix}-5\\1\end{pmatrix}$;当$\lambda=12$时,有唯一解$\begin{pmatrix}x_1\\x_2\end{pmatrix}=\begin{pmatrix}\frac{1}{2}\\1\end{pmatrix}$.

3.13 (1) $\lambda=1$; (2) $|\boldsymbol{B}|=0$; (3) $\boldsymbol{B}=\begin{pmatrix}0&0&0\\1&0&0\\1&0&0\end{pmatrix}$.

3.14 $x_1=1,x_2=3,x_3=6,x_4=6$.

习题四

4.1 (1) 相关;(2) 无关;(3) 相关.

4.2 (1) 不能;(2) 能,$\boldsymbol{\beta}=-\boldsymbol{\alpha}_1+\boldsymbol{\alpha}_2+\boldsymbol{\alpha}_3$.

4.3 $a=5$线性相关,$a\neq5$线性无关.

4.5 (1) 当$\lambda\neq0$且$\lambda\neq1$且$\lambda\neq-1$时,$\boldsymbol{\beta}$可由$\boldsymbol{\alpha}_1,\boldsymbol{\alpha}_2,\boldsymbol{\alpha}_3$唯一线性表示;(2) 当$\lambda=1$时,$\boldsymbol{\beta}$可由$\boldsymbol{\alpha}_1,\boldsymbol{\alpha}_2,\boldsymbol{\alpha}_3$线性表示,且表达式不唯一;(3)当$\lambda=0$或$\lambda=-1$时,$\boldsymbol{\beta}$不可由$\boldsymbol{\alpha}_1,\boldsymbol{\alpha}_2,\boldsymbol{\alpha}_3$线性表示.

4.6 (1) $\boldsymbol{\alpha}_1=(1,1,1)^{\mathrm{T}},\boldsymbol{\alpha}_2=(0,0,0)^{\mathrm{T}}$线性相关,但是$\boldsymbol{\alpha}_1$不可由$\boldsymbol{\alpha}_2$线性表示;

(2) $\boldsymbol{\alpha}_1=(1,0)^{\mathrm{T}},\boldsymbol{\alpha}_2=(0,1)^{\mathrm{T}},\boldsymbol{\beta}_1=(-1,0)^{\mathrm{T}},\boldsymbol{\beta}_2=(0,-1)^{\mathrm{T}}$满足$\boldsymbol{\alpha}_1+\boldsymbol{\beta}_1,\boldsymbol{\alpha}_2+\boldsymbol{\beta}_2$线性相关,但$\boldsymbol{\alpha}_1,\boldsymbol{\alpha}_2$线性无关,$\boldsymbol{\beta}_1,\boldsymbol{\beta}_2$亦线性无关.

(3) $\boldsymbol{\alpha}_1=(1,0)^{\mathrm{T}},\boldsymbol{\alpha}_2=(0,0)^{\mathrm{T}}$线性相关,$\boldsymbol{\beta}_1=(0,0)^{\mathrm{T}},\boldsymbol{\beta}_2=(0,1)^{\mathrm{T}}$线性相关,但是$\boldsymbol{\alpha}_1+\boldsymbol{\beta}_1,\boldsymbol{\alpha}_2+\boldsymbol{\beta}_2$线性无关.

(4) $\boldsymbol{\alpha}_1=(1,2)^{\mathrm{T}},\boldsymbol{\alpha}_2=(2,1)^{\mathrm{T}}$线性无关,但$\boldsymbol{\alpha}_1,\boldsymbol{\alpha}_2$及$\boldsymbol{\alpha}_3=(2003,886)^{\mathrm{T}}$线性相关.

4.8 (1) 最大无关组取$\boldsymbol{\alpha}_1,\boldsymbol{\alpha}_2,\boldsymbol{\alpha}_4$,秩为3;(2) 最大无关组取$\boldsymbol{\beta}_1,\boldsymbol{\beta}_2,\boldsymbol{\beta}_3$,秩为3.

4.16 V_1是向量空间,V_2不是向量空间.

4.17 一个基取$\boldsymbol{\alpha}_1,\boldsymbol{\alpha}_2$,$\dim V=2$.

4.18 (1) 最大无关组$\boldsymbol{\alpha}_1,\boldsymbol{\alpha}_2$,秩为2;(2) $\boldsymbol{\alpha}_3=2\boldsymbol{\alpha}_1-\boldsymbol{\alpha}_2,\boldsymbol{\alpha}_4=-\boldsymbol{\alpha}_1+2\boldsymbol{\alpha}_2$;

(3) 增加$\boldsymbol{e}_3,\boldsymbol{e}_4$使得$\boldsymbol{\alpha}_1,\boldsymbol{\alpha}_2,\boldsymbol{e}_3,\boldsymbol{e}_4$为$\boldsymbol{R}^4$的一组基.

4.19 (1) $\boldsymbol{P}=\begin{pmatrix}1&-4&-2&1\\-2&10&5&-2\\0&0&4&-1\\0&0&-10&3\end{pmatrix}$; (2) $(-7,19,4,-10)$.

4.20 (1) $\boldsymbol{\xi}=(\frac{4}{3},-3,\frac{4}{3},1)^{\mathrm{T}}$;(2) $\boldsymbol{\xi}_1=\begin{pmatrix}1\\0\\\vdots\\0\\-n\end{pmatrix},\boldsymbol{\xi}_2=\begin{pmatrix}0\\1\\\vdots\\0\\-n+1\end{pmatrix},\cdots,\boldsymbol{\xi}_{n-1}=\begin{pmatrix}0\\0\\\vdots\\1\\-2\end{pmatrix}$.

4.24 $\begin{cases}x_1+x_3=0,\\-3x_1-4x_2+x_4=0.\end{cases}$(注:答案不唯一!)

4.25 设$\boldsymbol{A}=(\boldsymbol{\alpha}_1,\boldsymbol{\alpha}_2,\cdots,\boldsymbol{\alpha}_n)$,则$\dim N(\boldsymbol{A}^*)=n-1$,$\boldsymbol{A}$的任一组$n-1$个线性无关的列向量均可作为$\boldsymbol{A}^*$的基础解系.

4.26 特解$\boldsymbol{\eta}=(1,1,0,1)^{\mathrm{T}}$,基础解系为$\boldsymbol{\xi}=(-3,-1,1,0)^{\mathrm{T}}$.

4.27 通解为$(4,3,2,0,1)^T+c_1(2,2,1,-4,1)^T+c_2(2,-5,1,-1,0)^T(c_1,c_2\in\mathbf{R})$.

4.28 通解为$\left(\frac{1}{2},\frac{3}{2},0\right)^T+c\left(-\frac{1}{10},-\frac{1}{2},\frac{1}{5}\right)^T(c\in\mathbf{R})$.

4.30 $\boldsymbol{\varepsilon}_1=\frac{1}{\sqrt{2}}(0,1,1)^T$, $\boldsymbol{\varepsilon}_2=\frac{1}{\sqrt{6}}(2,-1,1)^T$, $\boldsymbol{\varepsilon}_3=\frac{1}{\sqrt{3}}(1,1,-1)^T$.

4.31 $\lambda=-1$；$\|\boldsymbol{\beta}_1\|=\sqrt{6}$, $\|\boldsymbol{\beta}_2\|=\sqrt{3}$.

习题五

5.1 (1) $\lambda_1=-1$, $\boldsymbol{\eta}_1=c(-1,1)^T$, $\lambda_2=4$, $\boldsymbol{\eta}_2=c(2,3)^T(c\neq0)$；

(2) $\lambda_{1,2,3}=2$, $\boldsymbol{\eta}=c_1(-1,0,1)^T+c_2(0,1,0)^T(c_1c_2\neq0)$；

(3) $\lambda_{1,2,3}=1$, $\boldsymbol{\eta}=c_1(1,1,0,0)^T+c_2(1,0,1,0)^T+c_3(-1,0,0,1)^T(c_1c_2c_3\neq0)$,

$\lambda_4=-3$, $\boldsymbol{\eta}=c(1,-1,-1,1)^T(c\neq0)$.

5.2 $\boldsymbol{A}^*$的特征值为$\frac{|\boldsymbol{A}|}{\lambda_i}$,对应的特征向量为$\boldsymbol{u}_i(i=1,2,\cdots,n)$.

5.3 对应特征值为 0 的 $n-1$ 个线性无关的特征向量为$\begin{pmatrix}-2\\1\\0\\\vdots\\0\end{pmatrix},\begin{pmatrix}-3\\0\\1\\\vdots\\0\end{pmatrix},\cdots,\begin{pmatrix}-n\\0\\0\\\vdots\\1\end{pmatrix}$；而特征值$\frac{1}{6}n(n+1)(2n+1)$的特征向量为$\boldsymbol{\alpha}$.

5.5 $a=2,b=-3,c=2$.

5.7 (1) 0,8,−1； (2) $|\boldsymbol{B}|=0$； (3) $|\boldsymbol{A}-5\boldsymbol{I}|=-72$.

5.8 (1) $\frac{1}{2},\frac{1}{4},\frac{1}{6},6,3,2$； (2) $|\boldsymbol{B}|=\frac{3}{4}$； (3) $A_{11}+A_{22}+A_{33}=11$.

5.10 (1) 相似于$\begin{pmatrix}0&&\\&1&\\&&2\end{pmatrix}$； (2) 相似于$\begin{pmatrix}2&&\\&2&\\&&-1\end{pmatrix}$； (3) 不能相似于对角阵.

5.11 $a=0,b=-2,\boldsymbol{P}=\begin{pmatrix}0&0&-1\\-2&1&0\\1&1&1\end{pmatrix},\boldsymbol{P}^{-1}\boldsymbol{AP}=\boldsymbol{B}$.

5.12 $x=-2,\boldsymbol{A}^n=\begin{pmatrix}-1&1&0\\-2&2&0\\4&-2&1\end{pmatrix}$.

5.15 (1) $\boldsymbol{\beta}=2\boldsymbol{\alpha}_1-2\boldsymbol{\alpha}_2+\boldsymbol{\alpha}_3$； (2) $\boldsymbol{A}=\begin{pmatrix}0&1&0\\0&0&1\\6&-11&6\end{pmatrix}$； (3) $\boldsymbol{A}^n\boldsymbol{\beta}=\begin{pmatrix}2-2^{n+1}+3^n\\2-2^{n+2}+3^{n+1}\\2-2^{n+3}+3^{n+2}\end{pmatrix}$.

5.17 (1) $\boldsymbol{Q}=\begin{pmatrix}0&1&0\\-\frac{1}{\sqrt{2}}&0&\frac{1}{\sqrt{2}}\\\frac{1}{\sqrt{2}}&0&\frac{1}{\sqrt{2}}\end{pmatrix}$, $\boldsymbol{Q}^T\boldsymbol{AQ}=\boldsymbol{\Lambda}=\begin{pmatrix}1&&\\&2&\\&&5\end{pmatrix}$；

(2) $\boldsymbol{Q}=\begin{pmatrix}\frac{1}{\sqrt{3}} & -\frac{1}{\sqrt{2}} & -\frac{1}{\sqrt{6}}\\ \frac{1}{\sqrt{3}} & \frac{1}{\sqrt{2}} & -\frac{1}{\sqrt{6}}\\ \frac{1}{\sqrt{3}} & 0 & \frac{2}{\sqrt{6}}\end{pmatrix}$, $\boldsymbol{Q}^{\mathrm{T}}\boldsymbol{A}\boldsymbol{Q}=\boldsymbol{\Lambda}=\begin{pmatrix}0 & & \\ & 3 & \\ & & 3\end{pmatrix}$.

5.18 (1) $\boldsymbol{\eta}_2=(1,0,1)^{\mathrm{T}}$, $\boldsymbol{\eta}_3=(-1,1,1)^{\mathrm{T}}$; (2) $\boldsymbol{A}=\begin{pmatrix}-1 & 2 & -1\\ 2 & 2 & -2\\ -1 & -2 & -1\end{pmatrix}$.

习题六

6.1 (1) $f=-2y_1^2+y_2^2+4y_3^2$, $\boldsymbol{Q}=\begin{pmatrix}\frac{1}{3} & -\frac{2}{3} & \frac{2}{3}\\ \frac{2}{3} & -\frac{1}{3} & -\frac{2}{3}\\ \frac{2}{3} & \frac{2}{3} & \frac{1}{3}\end{pmatrix}$;

(2) $f=-y_1^2-y_2^2+y_3^2+y_4^2$, $\boldsymbol{Q}=\begin{pmatrix}-\frac{1}{\sqrt{2}} & 0 & \frac{1}{\sqrt{2}} & 0\\ \frac{1}{\sqrt{2}} & 0 & \frac{1}{\sqrt{2}} & 0\\ 0 & \frac{1}{\sqrt{2}} & 0 & -\frac{1}{\sqrt{2}}\\ 0 & \frac{1}{\sqrt{2}} & 0 & \frac{1}{\sqrt{2}}\end{pmatrix}$.

6.2 $c=3$，$f=1$ 表示椭圆柱面.

6.3 (1) $f=y_1^2+y_2^2$, $\boldsymbol{P}=\begin{pmatrix}1 & -1 & 0\\ 0 & 1 & -1\\ 0 & 0 & 1\end{pmatrix}$, $r(f)=2$,正惯性指数为 2,负惯性指数为 0;

(2) $f=z_1^2-z_2^2+6z_3^2$, $\boldsymbol{P}=\begin{pmatrix}1 & 1 & -3\\ 1 & -1 & 2\\ 0 & 0 & 1\end{pmatrix}$, $r(f)=3$,正惯性指数为 2,负惯性指数为 1.

6.6 (1) 不定； (2) 正定； (3) 负定； (4) 半正定.

6.9 (1) $-\frac{4}{5}<t<0$; (2) $-1<t<0$.

6.10 (1) $k=4$, $Q=\begin{pmatrix}-\frac{1}{3} & -\frac{2}{3} & \frac{2}{3}\\ \frac{2}{3} & -\frac{2}{3} & -\frac{1}{3}\\ \frac{2}{3} & \frac{1}{3} & \frac{2}{3}\end{pmatrix}$; (2) $k>11$.

习题七

7.1 各个线性空间的基可取为

(1) $\boldsymbol{E}_1=\begin{pmatrix}1 & 0\\ 0 & 0\end{pmatrix}$, $\boldsymbol{E}_2=\begin{pmatrix}0 & 1\\ 0 & 0\end{pmatrix}$, $\boldsymbol{E}_3=\begin{pmatrix}0 & 0\\ 1 & 0\end{pmatrix}$, $\boldsymbol{E}_4=\begin{pmatrix}0 & 0\\ 0 & 1\end{pmatrix}$;

(2) $\boldsymbol{E}_1=\begin{pmatrix}1&0\\0&-1\end{pmatrix}$，$\boldsymbol{E}_2=\begin{pmatrix}0&1\\0&0\end{pmatrix}$，$\boldsymbol{E}_3=\begin{pmatrix}0&0\\1&0\end{pmatrix}$；

(3) $\boldsymbol{E}_1=\begin{pmatrix}1&0\\0&0\end{pmatrix}$，$\boldsymbol{E}_2=\begin{pmatrix}0&0\\0&1\end{pmatrix}$，$\boldsymbol{E}_3=\begin{pmatrix}0&1\\1&0\end{pmatrix}$.

7.2 向量 $(1,1,1)^{\mathrm{T}}+(-1,0,-1)^{\mathrm{T}}=(0,1,0)^{\mathrm{T}}$ 不封闭.

7.5 (1) $g(t)$的坐标为$(2,2,-4)^{\mathrm{T}}$；

(2) $p(t)=2t^2+2t-7$.

7.6 $(9,-7,6)^{\mathrm{T}}$.

7.7 记 $\boldsymbol{\xi}$ 在 $\boldsymbol{\varepsilon}_1,\boldsymbol{\varepsilon}_2,\boldsymbol{\varepsilon}_3$ 及 $\boldsymbol{\eta}_1,\boldsymbol{\eta}_2,\boldsymbol{\eta}_3$ 下的坐标分别$(x_1,x_2,x_3)^{\mathrm{T}}$、$(y_1,y_2,y_3)^{\mathrm{T}}$,则有

$$\begin{pmatrix}x_1\\x_2\\x_3\end{pmatrix}=\begin{pmatrix}-27&-71&-41\\9&20&9\\4&12&8\end{pmatrix}\begin{pmatrix}y_1\\y_2\\y_3\end{pmatrix}.$$

7.8 (1) $\boldsymbol{P}=\begin{pmatrix}1&0&0\\1&1&1\\1&1&-1\end{pmatrix}$； (2) $(-1,2,0)^{\mathrm{T}}$； (3) $(1,3,3)^{\mathrm{T}}$；

(4) $(3,2,-3)^{\mathrm{T}}c$, $c\neq0$.

7.9 (1) 否； (2) 是.

7.10 (1) 属于； (2) 不属于； (3) 核 $\mathscr{T}^{-1}(0)$的基：t^2+t-1，值域 $\mathscr{T}(P[t]_2)$的基：t^2，1.

7.11 $\boldsymbol{A}=\begin{pmatrix}1&1&0\\0&1&2\\0&0&1\end{pmatrix}$.

7.12 (2) $\begin{pmatrix}1&2&1\\0&1&1\\0&0&1\end{pmatrix}$.

7.13 $\boldsymbol{B}=\begin{pmatrix}a_{22}&-\frac{1}{3}a_{21}\\-3a_{12}&a_{11}\end{pmatrix}$.

附录 1

Matlab 软件简介

1 Matlab 概述

Matlab 是 Matrix 和 Laboratory 两个英语单词的前 3 个字母的组合. 它是 Mathworks (http://www. mathworks. com)公司的产品,是一个为科学和工程计算而专门设计的高级交互式软件包. 它集成了数值计算与精确求解,并且有丰富的绘图功能,是一个可以完成各种计算和数据可视化的强有力的工具.

Matlab 的特点可以简要地归纳如下:

- 高效方便的矩阵与数组运算

Matlab 默认的运算对象为矩阵和数组,提供了大量的有关矩阵和数组运算的库函数. 值得一提的是 Matlab 中矩阵和数组的使用均无需事先进行维数定义.

- 编程效率高

Matlab 允许用数学形式的语言编写程序. 用它编程犹如在纸上书写计算公式,编程时间大大减少.

- 使用方便

Matlab 语言可以直接在命令行输入语句命令,每输入一条语句,就立即对其进行处理,完成编辑、连接和运行的全过程. 另外,Matlab 可以将源程序编辑为 M 文件,并且可以直接运行,而不需进行编译和连接.

- 易于扩充

Matlab 有丰富的库函数,并提供了许多解决各种科学和工程计算问题的工具箱.

- 方便的绘图功能

Matlab 提供了一系列绘图函数命令,可以非常方便地实现二维、三维图像绘制功能.

2 数组(向量)

作为一个基本的数据格式,Matlab 中的数组与其他编程语言中的数组区别不大,但其运算却有很大区别,这主要体现在 Matlab 中的数组与向量是等价的,两者可以互换称呼. 因此可以应用于许多向量运算.

2.1 数组(向量)的创建

2.1.1 直接输入

当数组(向量)中元素的个数比较少时,可以通过直接键入数组(向量)中的每个元素的值来建立,以中括号作为界定符,元素用空格(“ ”)或逗号(“,”)进行分隔.

例 1 ≫A=[1,2,3,4,5]　　　(“≫”为 Matlab 命令行提示符)

```
A=
    1  2  3  4  5
≫B=[1 2 3 4 5]
B=
    1  2  3  4  5
```

2.1.2 冒号法

冒号操作符在 Matlab 中非常有用,也提供了很大的方便,其基本格式为:

S=初值:增量:终值

产生以初值为第一个元素,以增量为步长,直到不超过终值的所有元素组成的数组(向量)S.

例 2 ≫E=10:-2:5

```
E=
    10  8  6
≫F=0:pi/2:2*pi   (“pi”为 Matlab 中定义的常数)
F=
    0  1.5708  3.1416  4.7124  6.2832
```

2.2 数组(向量)中元素的引用与修改

数组(向量)元素的引用通过其下标进行. Matlab 中数组(向量)元素下标从 1 开始编号. $X(n)$表示数组(向量)X 的第 n 个元素,利用冒号运算可以同时访问数组(向量)中的多个元素.

例 3 ≫x=[5 4 3 2 1];　　　(语句末尾跟“;”表示此命令不产生输出)

```
≫x(5)
ans=                  (不指明输出变量时,Matlab 将回应“ans”)
     1
≫x(2:4)
ans=
     4  3  2
≫x(2)=5               (将第二个元素的值改为 5)
x=
    5  5  3  2  1
```

另外,可以使用“[ ]”操作符进行数组(向量)元素的删除.

例 4
```
>>x=[5 4 3 2 1];
>>x(2)=[]
x=
  5  3  2  1   (x 的维数同时减 1)
```

2.3 数组运算

Matlab 中的数组运算是数组元素与对应数组元素之间的运算(其中乘运算采用“.*”,除运算又分为“./”或“.\”运算). 标量与数组的运算是标量分别与数组中的各个元素进行运算.

例 5
```
>>a=1:5
a=
  1  2  3  4  5
>>c=3*a                 (3 为常数,标量)
c=
  3  6  9  12  15
>>b=5:-1:1
b=
  5  4  3  2  1
>>a+b
ans=
  6  6  6  6  6
>>a.*b                  (a,b 均为数组,对应元素相乘用“.*”)
ans=
  5  8  9  8  5
>>a./b                  (表示 a 中元素除以 b 中对应元素)
ans=
  0.2000  0.5000  1.0000  2.000  5.000
>>a.\b                  (表示 b 中元素除以 a 中对应元素)
ans=                    (相当于“b./a”)
  5.0000  2.0000  1.0000  0.5000  0.2000
```

2.4 数组作为向量运算

数组还可以看成向量,进行向量运算,主要有:向量相乘、向量内积、向量交叉积等.

例 6
```
>>a=[1 0 1]; b=[0 1 0];
>>a*b'                  (向量相乘)
ans=
  0
>>dot(a,b)              (向量内积)
```

```
ans=
  0
≫cross(a,b)
ans=
  -1  0  1            (向量交叉积)
```

3 矩 阵

矩阵是 Matlab 中最基本的数据类型. 数组也可以看作矩阵的特例. Matlab 提供了许多矩阵运算的函数和命令.

3.1 矩阵的创建

3.1.1 直接输入

当矩阵中元素的个数比较少时,可以通过直接键入每个元素的值来建立. 以中括号作为界定符,同一行的元素用空格(“ ”)或逗号(“,”)分隔,不同行元素用分号(“;”)或回车(“↵”)分隔.

例 1

```
≫A=[1,2,3;4,5,6]
A=
    1  2  3
    4  5  6
≫B=[1 2 3 4 5]            (生成一个 1×5 矩阵,又称行向量,也称数组)
B=
    1  2  3  4  5
≫C=[1;2;3]                (生成一个 3×1 矩阵,又称列向量、向量)
C=
    1
    2
    3
```

3.1.2 函数法

Matlab 提供了很多函数来生成特殊的矩阵.

例 2

```
≫I=eye(3)                 (生成一个三阶单位阵)
I=
    1  0  0
    0  1  0
    0  0  1
≫F=ones(2,3)              (生成一个 2×3 全 1 矩阵)
F=
    1  1  1
    1  1  1
```

3.2 矩阵中元素的引用与修改

与数组元素的引用相同,矩阵元素的引用通过其下标进行. 同样,利用冒号运算可以同时访问矩阵中的多个元素构成的分块矩阵(子块).

例 3

```
>>x=[12 11 10; 9 8 7; 6 5 4; 3 2 1];
>>x(3,2)
ans=
    5
>>x(:,2:3)                  (单独的一个冒号,表示全部,此处等价于 1:3)
ans=
    11    10
     8     7
     5     4
     2     1
>>x(2,3)=8                  (将矩阵中的第 2 行第 3 列元素的值改为 8)
x=
    12    11    10
     9     8     8
     6     5     4
     3     2     1
```

同样可以利用"[ ]"操作符,将矩阵中的一(多)行或一(多)列元素删除,但不能单独删除一个元素.

例 4

```
>>x=[12 11 10; 9 8 7; 6 5 4; 3 2 1];
>>x(2:4,:)=[ ]              (将矩阵 x 中的第 2 到第 4 行全部删除)
x=
    12  11  10
```

另外,还可以合并两个矩阵的元素,组成一个大的矩阵.

例 5

```
>>x=[1 2 3; 4 5 6]; y=[0 1; 1 0];
>>z=[x y]                   (行数相同,可以进行横向合并,之间加","或空格)
z=
    1    2    3    0    1
    4    5    6    1    0
>>x=[1 2 3; 4 5 6]; y=[0 0 1];
>>z=[x; y]                  (列数相同,可以进行纵向合并,之间加";")
z=
    1    2    3
    4    5    6
    0    0    1
```

3.3 矩阵运算

与线性代数一样,Matlab 中的矩阵运算同样需要满足一定的条件.

3.3.1 加减运算

矩阵与矩阵之间的加减运算必须满足两个矩阵同维数.

例 6
```
≫x=[1 2 3; 4 5 6]; y=[4 5 6; 1 2 3];
≫z=x+y
z=
    5    7    9
    5    7    9
```

3.3.2 乘法运算

矩阵与矩阵之间的乘法运算 $\boldsymbol{A}*\boldsymbol{B}$ 必须满足矩阵 $\boldsymbol{A}$ 的列数等于矩阵 $\boldsymbol{B}$ 的行数.

例 7
```
≫A=[1 2 3; 4 5 6]; B=[1 2; 3 4; 5 6];
≫A*B
ans=
    22    28
    49    64
```

3.3.3 除法运算

由于矩阵不满足交换率,矩阵的除法在线性代数中是以矩阵的逆阵形式给出的. 与其他程序设计语言一样,Matlab 中也有除法运算符"/"(右除)和"\"(左除),但其含义是通过矩阵的逆阵给出的. "A\B"的结果为"inv(A) * B"(式中"inv(A)"表示 $\boldsymbol{A}$ 的逆矩阵),而"A/B"的结果为"A * inv(B)". 当然除法运算必须在矩阵可逆的情况下才有意义.

例 8
```
≫A=[2 0 0; 0 2 0;0 0 2]; B=[3 0 0; 0 3 0; 0 0 3];
≫A/B
ans=
    0.6667         0         0
         0    0.6667         0
         0         0    0.6667
≫A\B
ans=
    1.5000         0         0
         0    1.5000         0
         0         0    1.5000
```

3.3.4 对应元素的运算

Matlab 中两个同维矩阵还可以和数组运算一样,采用".*"或"./"、".\"进行矩阵对应元素的乘法和除法运算. 注意,只有同维矩阵才可以进行.

例 9
```
≫A=[2 3 3; 3 2 3;3 3 2]; B=[3 1 1; 1 3 1; 1 1 3];
≫A./B
ans=
    0.6667    3.0000    3.0000
    3.0000    0.6667    3.0000
    3.0000    3.0000    0.6667
≫A.\B
ans =
    1.5000    0.3333    0.3333
    0.3333    1.5000    0.3333
    0.3333    0.3333    1.5000
```

3.3.5 与标量运算

Matlab中矩阵可以和标量进行加、减、乘运算. 运算规则是矩阵中的每个元素分别与标量进行运算. 此时的乘运算等价于". *"运算. 但对于除运算,则比较复杂. 如果是".\"或"./"运算,则矩阵中每个元素与标量进行运算;如果是"\"或"/",则遵照矩阵求逆的运算规律.

例 10
```
≫c=[2 0 0; 0 2 0; 0 0 2];
≫x=3*c                    (等价于"x=3.*c")
    x=
    6    0    0
    0    6    0
    0    0    6
≫y=2.\c
y=
    1    0    0
    0    1    0
    0    0    1
≫z=2\c
z=
    1    0    0
    0    1    0
    0    0    1
```

3.3.6 转置运算

转置运算的操作符为单引号("′").

例 11
```
≫x=[1 2 3; 4 5 6];
≫y=x′
y=
    1    4
    2    5
    3    6
```

4　常量、变量、函数

4.1　常量

Matlab 中预先定义了一些常用量:
pi　圆周率 π; eps　最小浮点数; inf　无穷大; NaN　不定值,0/0.

4.2　变量

由字母、数字和下画线组成,最多 31 个字符. 变量无需事先声明即可使用.
注意:Matlab 区分大小写!

4.3　函数

Matlab 中提供了十分丰富的进行数值计算的函数库,按照其对参数的作用效果可以分为标量函数、数组函数和矩阵函数.

标量函数,包括三角函数,如 sin, cos 等;指数函数,如 log, log10 等;取整函数,如 round, floor 等;还有绝对值函数 abs 和求平方根函数 sqrt 等. 这些函数本质上是作用于标量参数的. 如果其参数为数组或矩阵,其运算是作用于其中的每一个元素.

例 1
```
≫x=[1 2 3; 4 5 6];
≫sin(x)
     0.8415      0.9093      0.1411
    -0.7568     -0.9589     -0.2794
```

数组函数(向量函数):诸如最大值 max、最小值 min、求和 sum、平均值 mean 等函数,这些函数,只有当它们作用于数组即行向量和列向量时才有意义. 如果它们作用于矩阵,则相当于分别作用于矩阵的每个列向量,得到的结果组成一个行向量.

例 2
```
≫a=[-0.1  -5.0  5.0  6.5  7.0  4.0];
≫m=max(a)
m=
    7.0
≫a=[-0.1  -5.0  5.0;  6.5  7.0  4.0];
≫m=max(a)
m=
    6.5    7.0    5.0
```

矩阵函数:Matlab 中有许多进行矩阵运算的函数,如求行列式 det、求特征值 eig、求矩阵的秩 rank 等.

5　绘图函数

Matlab 在数据可视化方面功能很强大,提供了很多绘图函数.

5.1　二维平面绘图

最常用的是 plot 函数. 它可以自动打开一个默认的图形窗口,自动进行坐标轴和图形标注等. plot 函数的调用形式主要有以下几种.

1. plot(y)

● 若 **y** 为向量,则绘制出一个以 **y** 中元素下标序号为横坐标、以元素的值为纵坐标的图形.

● 若 **y** 为矩阵,则绘制出 **y** 的列向量相对于行号的一组图形,其个数等于矩阵的列数.

例 1　≫y=[0 0.3 1.0 1.8 2.0];

≫plot(y)

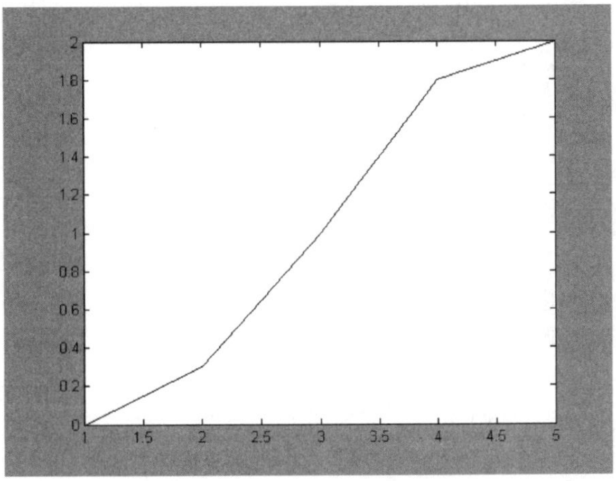

图附录 1 - 1　例 1 的输出图

例 2　≫y=[1 2 3 4; 4 5 6 7; 7 8 9 10];

≫plot(y)

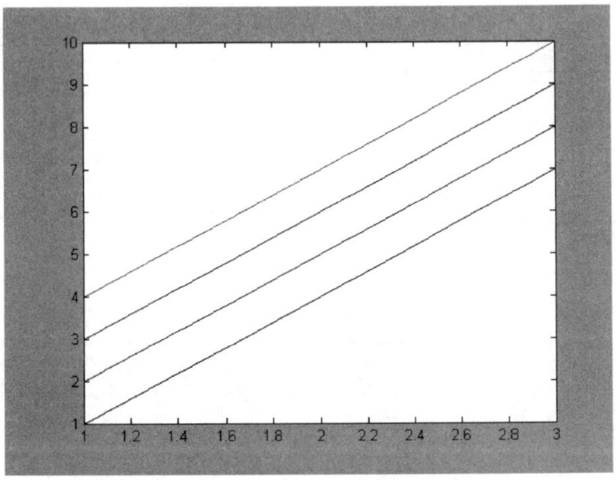

图附录 1 - 2　例 2 的输出图

2. plot(x,y)

● 若 x, y 均为向量,则绘制出一个以 x 中元素为横坐标、对应序号上的 y 元素为纵坐标的图形. 此时要求向量 x 与向量 y 维数相同.

● 若 x 是向量,y 是行数或列数与 x 长度相等的矩阵,则绘制出以 x 为共同横坐标、以 y 为纵坐标的多条曲线.

● 若 x, y 为同维矩阵,则绘制出分别以 x 列向量为横坐标、以对应的 y 列向量为纵坐标的多条曲线,曲线条数为矩阵的列数.

例 3　≫x=[1 2; 3 4; 5 6]; y=[2 −3; 4 −5; 6 −7];

≫plot(x,y)　(即(2 4 6)关于(1 3 5)作图;(−3 −5 −7)关于(2 4 6)作图)

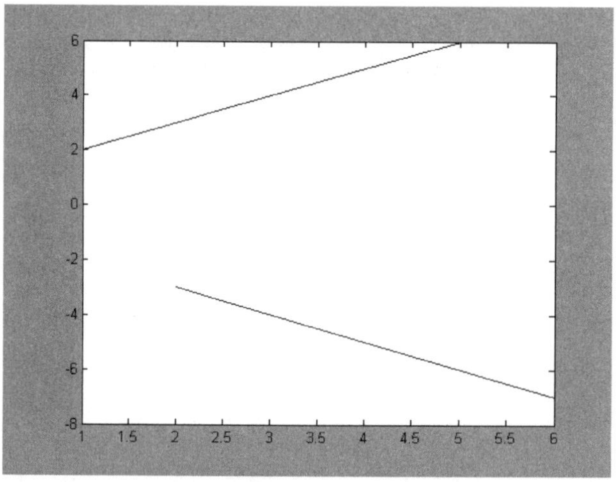

图附录 1-3　例 3 的输出图

3. plot(x,y,'参数')

plot 绘图函数通过一个字符串参数对所绘制的图形进行美化. 可以对图形的颜色、线形及数据点式样进行设置. 其具体参数值及其含义见表附录 1-1、1-2 和 1-3.

表附录 1-1　颜色控制字符

字符	颜色	字符	颜色
B	蓝色	m	紫红色
C	青色	r	红色
K	黑色	y	黄色

表附录 1-2　线形控制符

字符	线形	字符	线形
-	实线	:	点连线
--	虚线	-.	点画线

表附录 1-3　数据点标记字符

字符	颜色	字符	颜色
+	+字号	o	圆圈
*	星号	s	正方形
.	点	d	菱形

上述三个控制字符可以组合成一个字符串,作为参数用来设置所绘图形的表现形式.

例 4　≫x=[1 2; 3 4; 5 6]; y=[2 −3; 4 −5; 6 −7];

≫plot(x,y,'b−− *')　　(即以蓝色、虚线和 * 号进行图形绘制)

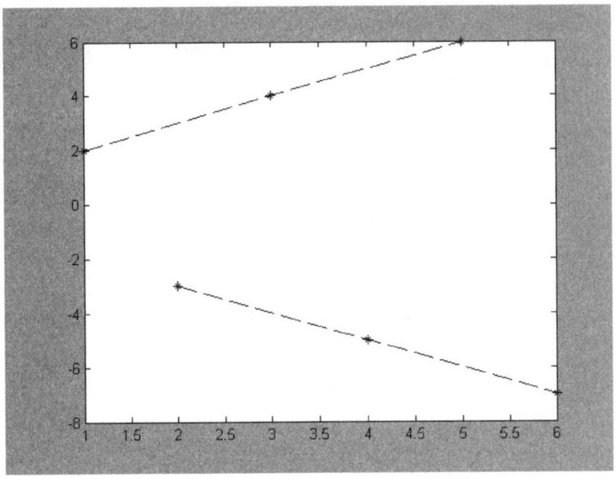

图附录 1－4　例 4 的输出图

5.2　三维绘图

5.2.1　绘制三维曲线图

与 plot 命令相类似,Matlab 提供了 plot3 函数用来绘制三维曲线图.

plot3 常用调用格式为:plot3(X,Y,Z,'参数')

其中:X,Y,Z 分别为曲线在 x,y,z 三个坐标轴上的坐标分量,用同维向量表示. 参数与 plot 中的参数含义相同.

例 5　绘制曲线 $\begin{cases} x=t*\sin(t), \\ y=t*\cos(t), \quad t\in[0,10\pi]. \\ z=t \end{cases}$

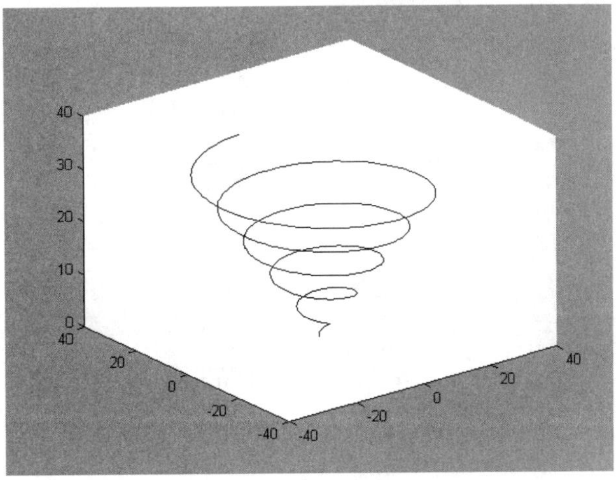

图附录 1－5　例 5 的输出结果

```
≫t=0:pi/50:10 * pi;
≫plot3(t. * sin(t),t. * cos(t),t);
```

5.2.2 绘制三维曲面图

Matlab 提供了 mesh,surf,contour 等函数来绘制三维空间的曲面网线图、曲面表面图以及等高线图等,并可以进行许多特殊效果处理. 下面仅以 mesh 函数为例,绘制三维空间中的平面图.

mesh 函数的调用格式为:mesh(X,Y,Z,'参数选项')

其中 $\boldsymbol{X},\boldsymbol{Y},\boldsymbol{Z}$ 为同维矩阵,mesh 函数以矩阵元素(X_{ij},Y_{ij},Z_{ij})为空间坐标点描点,以线段相连. 在使用 mesh 函数前,一般都要调用 meshgrid 函数生成网线节点矩阵,即生成 $\boldsymbol{X},\boldsymbol{Y}$ 矩阵元素. 其调用格式为:[X Y]=meshgrid(x,y)

其中 $\boldsymbol{x},\boldsymbol{y}$ 是向量,为区间离散点,$\boldsymbol{X},\boldsymbol{Y}$ 为矩阵,$\boldsymbol{X}$ 的每行由向量 $\boldsymbol{x}$ 构成,$\boldsymbol{Y}$ 的每列由向量 $\boldsymbol{y}$ 构成. 即 $\boldsymbol{x},\boldsymbol{y}$ 区间所构成的平面按照 $\boldsymbol{X},\boldsymbol{Y}$ 矩阵分割成了一些小矩形单元. $\boldsymbol{Z}$ 值在这些小矩形单元的交叉点上取值,最后 mesh 函数将这些点连起来.

例 6 绘制曲面$\begin{cases}x-2y+z=0,\\x-2y-z=0\end{cases}$

Matlab 绘制过程如下:(取 x,y 变化区间为[-3,3],离散点步长为 0.1)

```
≫x=-3:0.1:3;y=-3:0.1:3;
≫[X Y]=meshgrid(x,y);
≫Z=-X+2 * Y;
≫Z1=X-2 * Y;
≫mesh(X,Y,Z)
≫hold on
≫mesh(X,Y,Z1)
```

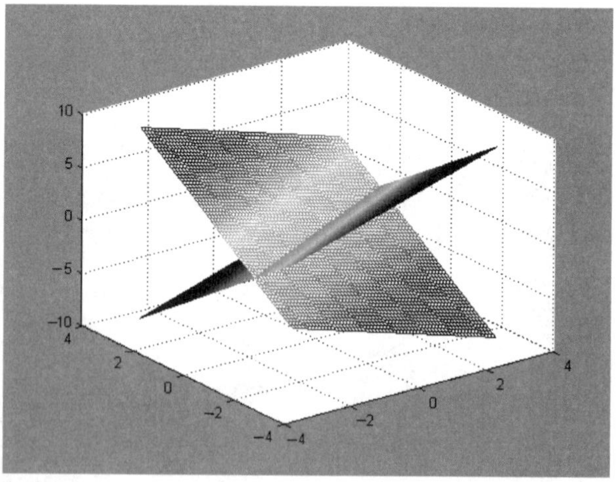

图附录 1-6　例 6 的结果图

6　符号运算

Matlab 提供符号运算工具以满足数学中对含有字符的矩阵或函数进行处理和运算.

6.1　符号变量和符号表达式的创建

Matlab 提供了两个函数——syms、sym 来创建符号变量或符号表达式.

syms 可以同时声明多个符号变量. 其调用格式为:

≫syms x y z　　　　　　　　　(同时将 x, y, z 声明成符号变量)

sym 的调用格式为:变量=sym('表达式')

例 1
```
>>y=sym('x+x^2+1.0')
y=
    x+x^2+1.0
```

如果 sym 函数的调用格式为:变量=sym(数值)(注意:没有引号)则可以将数值转化为精确的数值符号.

例 2
```
>>x=[0.1 0.5 2.1; 1.5 0.76 0.6]; y=sym(x)
y=
    [  1/10,   1/2, 21/10]
    [  3/2, 19/25,   3/5]
```

另外,可以直接用单引号定义符号表达式.

例 3
```
>>y='x+x^2+1.0'
y=
    x+x^2+1.0
```

6.2　求字符表达式的值

● numeric:将符号表达式转换为数值表达式.

例 4
```
>>a=sym('1+2*sqrt(4)');
>>numeric(a)
ans=
    5
```

● eval:执行此字符表达式.

例 5
```
>>f=sym('1+2*sqrt(x)');
>>x=[1 4; 9 16];
>>eval(f);
ans=
    3    5
    7    9
```

- subs:将字符表达式中的变量取值带入表达式计算其值.

例 6

```
>>f=sym('1+2 * sqrt(x)');
>>subs(f,[1 4; 9 16]);
ans=
     3     5
     7     9
```

6.3 符号矩阵运算

符号矩阵可以看作和一般数值矩阵一样,进行各种运算. 下面以矩阵求逆为例加以说明.

例 7

```
>>syms a b c
>>b=[a 0 0; 0 a 0; 0 0 a];
>>c=inv(b)
c=
[ 1/a,   0,     0]
[  0,   1/a,    0]
[  0,    0,   1/a]
>>subs(c,2.0)
ans=
    0.5000        0         0
       0      0.5000        0
       0          0     0.5000
```

7 命令环境与数据显示

7.1 常用命令

- help 命令,用法:help 函数名

帮助命令,在命令行窗口,即在命令行提示符>>后键入 help 函数名,可以得到关于这个函数的详细介绍.

```
>>help inv
INV    Matrix inverse.
INV(X) is the inverse of the square matrix X.
A warning message is printed if X is badly scaled or
nearly singular.
See also SLASH, PINV, COND, CONDEST, LSQNONNEG, LSCOV.
```

- lookfor 命令,用法:lookfor 关键词

用来在函数的 help 文档中的全文搜索包含此关键词的所有函数. 此命令适用于查找具

有某种功能的函数但又不知道准确名称的情况. 例如查找求解特征值问题的函数,可以通过查询关键词 eigen 找到相关的函数.

```
>> lookfor eigen
EIG    Eigenvalues and eigenvectors.
POLYEIG Polynomial eigenvalue problem.
QZQZ factorization for generalized eigenvalues.
EIGS   Find a few eigenvalues and eigenvectors of a matrix using ARPACK.
```

- save 命令,用法:save 文件名

把所有变量及其取值保存在磁盘文件中,后缀名为". mat". 用于保存所做的工作.

- load 命令,用法:load 文件名

调出. mat 文件,即将 save 命令保存的工作重新调入到 Matlab 运行环境中.

- diary 命令,用法:diary 文件名

将所有在 Matlab 命令行输入的内容及其输出结果(不包括图形)记录在一个文件中. 如果省略文件名,将默认地存放在 diary 文件中.

- pwd 命令,用法:pwd

显示当前工作目录. 可以通过 cd 命令进行改变.

7.2　数据显示

- format 命令,用法:format 格式参数

常用的格式参数及其描述见表附录 1－4(以 pi 的显示为例):

表附录 1－4

格式参数	说　明	举　例
short	小数点后保留 4 位(默认格式)	3. 1416
long	总共 15 位数字	3. 14159265358979
short e	5 位科学计数法	3. 1416e+000
long e	15 位科学计数法	3. 141592653589793e+000
rat	最接近的有理数	355/113

8　程序设计

8.1　M 文件

为执行复杂的任务,需要进行程序设计. Matlab 的程序文件以". m"为其扩展名,通常称为 M 文件. 它分为两类:命令文件和函数文件. 前者只需要将原来在命令行中一行一行输入的语句按原来的顺序存放在一个文件中即可构成一个命令文件. Matlab 可以直接执行此文件. 后者是用户可以自己定义的实现一定功能的函数文件. 一般留有调用接口,即有输入,最后产生输出. 调用者可以不需关心其运算过程.

函数文件的一般格式为：

```
function [输出参数列表]=函数名(输入参数列表)
%注释行
函数体
```

注意：函数文件必须以 function 开始，参数列表中参数超过一个的用逗号相分隔. 输出参数如果只有一个，可以省略中括号；如果没有输出，可以省略输出参数列表及等号或用空的中括号表示.

特别注意：每个函数文件独立保存，其文件名必须和函数名相同，以“. m”作为文件后缀.

例 1 计算 $r=\sin(x)+\cos(y)$

```
function r=sinpluscos(x,y)
% Caculate r with sin(x)+cos(y)
r=sin(x)+cos(y);
```

将上述函数定义程序保存为 sinpluscos. m 文件. 调用该函数：

```
>>a=pi/2; b=pi/4;sinpluscos(a,b)
ans=1.7071
```

8.2 程序流程控制

作为一门程序设计语言，Matlab 同样提供了赋值语句、分支语句和循环语句，以控制程序结构. 赋值语句与其他语言相似，下面仅就分支语句和循环语句进行一些说明.

8.2.1 分支语句

- if…end 语句

```
if 条件表达式 1
    语句组 1
[else if 条件表达式 2
    语句组 2
    ……
[else
    语句组 n]]
end
```

式中的中括号为可选项，即当只有一个选择时为：if … end 结构；有两个选择时为：if … else … end 结构；两个以上选择时，需要再用 else if 选择语句.

- 开关语句(switch…case…end 语句)

```
switch 开关表达式
    case 表达式 1
        语句组 1
    case 表达式 2
        语句组 2
    ……
```

```
otherwise
    语句组 n
end
```

当开关表达式的值等于 case 后面的表达式时，程序执行其后的语句组，执行完后，跳出执行 end 后面的语句. 当所有 case 后的表达式均不等于开关表达式时，执行 otherwise 后面的语句组.

8.2.2 循环语句

● for…end 语句

```
for 变量名=表达式
    循环体语句组
end
```

其中表达式一般以冒号表达式方式给出，即“s1:s2:s3”，“s1”为初值，“s2”为步长，“s3”为终值. 若步长为正，则变量值大于“s3”时循环终止；若步长为负，则变量值小于“s3”时循环终止.

例 2 利用 for 语句产生一个 3 阶 Hilbert 矩阵

```
H=zeros(3,3);
for i=1:3
    for j=1:3
    H(i,j)=1/(i+j-1);
    end
end
disp(H)   %显示“H”
1     1/2  1/3
1/2  1/3  1/4
1/3  1/4  1/5
```

● while…end 语句

与 for 语句不同，while 语句一般适用于事先不能确定循环次数的情况下.

```
While 条件表达式
    循环体语句组
end
```

当条件表达式成立时，执行循环体语句组. 可以在循环体中加入 break 语句以跳出循环.

附录2 线性代数期终试卷

试卷一

一、**填空题**(每小题4分,共20分)

1. 设$\boldsymbol{A}=\begin{pmatrix}1&1&1\\0&2&2\\0&0&3\end{pmatrix}$,则$\boldsymbol{A}^{\mathrm{T}}\boldsymbol{A}=$__________.

2. 在分块矩阵$\boldsymbol{A}=\begin{pmatrix}\boldsymbol{O}&\boldsymbol{B}\\\boldsymbol{C}&\boldsymbol{O}\end{pmatrix}$中,已知$\boldsymbol{B}^{-1}$、$\boldsymbol{C}^{-1}$存在,则$\boldsymbol{A}^{-1}=$__________.

3. 设$\boldsymbol{A}=\begin{pmatrix}1&2&3\\2&4&0\\3&6&9\end{pmatrix}$,$\boldsymbol{B}$为三阶非零矩阵,满足$\boldsymbol{AB}=\boldsymbol{O}$,则$r(\boldsymbol{B})=$__________.

4. 设三维列向量$\boldsymbol{\alpha}$,$\boldsymbol{\beta}$满足$\boldsymbol{\alpha}^{\mathrm{T}}\boldsymbol{\beta}=1$,则$|5\boldsymbol{I}+\boldsymbol{\alpha}\boldsymbol{\beta}^{\mathrm{T}}|=$__________.

5. 三次代数方程$\begin{vmatrix}1&1&1&1\\1&2&4&8\\1&-2&4&-8\\1&x&x^2&x^3\end{vmatrix}=0$的根是__________.

二、**选择题**(每小题3分,共15分)

1. 设$\boldsymbol{A}=\begin{pmatrix}a_{11}&a_{12}&a_{13}\\a_{21}&a_{22}&a_{23}\\a_{31}&a_{32}&a_{33}\end{pmatrix}$, $\boldsymbol{B}=\begin{pmatrix}a_{21}&a_{22}&a_{23}\\a_{11}&a_{12}&a_{13}\\a_{31}+a_{11}&a_{32}+a_{12}&a_{33}+a_{13}\end{pmatrix}$,

$\boldsymbol{P}_1=\begin{pmatrix}0&1&0\\1&0&0\\0&0&1\end{pmatrix}$, $\boldsymbol{P}_2=\begin{pmatrix}1&0&0\\0&1&0\\1&0&1\end{pmatrix}$,则必有(　　).

(A) $\boldsymbol{AP}_1\boldsymbol{P}_2=\boldsymbol{B}$　　(B) $\boldsymbol{AP}_2\boldsymbol{P}_1=\boldsymbol{B}$

(C) $\boldsymbol{P}_1\boldsymbol{P}_2\boldsymbol{A}=\boldsymbol{B}$　　(D) $\boldsymbol{P}_2\boldsymbol{P}_1\boldsymbol{A}=\boldsymbol{B}$

2. 设$\boldsymbol{A}$是三阶矩阵,$\boldsymbol{A}^*$是其转置伴随阵,又k为常数$k\neq0,\pm1$,则$(k\boldsymbol{A})^*=$(　　).

(A) $k\boldsymbol{A}^*$　　(B) $k^2\boldsymbol{A}^*$　　(C) $k^3\boldsymbol{A}^*$　　(D) $\frac{1}{3}\boldsymbol{A}^*$

3. 若 $r(\boldsymbol{A})=r<n$,则 n 元非齐次线性代数方程 $\boldsymbol{Ax}=\boldsymbol{b}$(　　).

(A) 有无穷多个解　　(B) 有唯一解

(C) 无解　　(D) 不一定有解

4. 下列说法中正确的是(　　).

(A) 对向量组 $\boldsymbol{\alpha}_1,\cdots,\boldsymbol{\alpha}_k$,若有全不为零的数 $c_1,\cdots,c_k$ 使 $c_1\boldsymbol{\alpha}_1+\cdots+c_k\boldsymbol{\alpha}_k=\mathbf{0}$,则 $\boldsymbol{\alpha}_1,\cdots,\boldsymbol{\alpha}_k$ 线性无关

(B) 若有一组不全为零的数 $c_1,\cdots,c_k$ 使 $c_1\boldsymbol{\alpha}_1+\cdots+c_k\boldsymbol{\alpha}_k\neq\mathbf{0}$,则$\boldsymbol{\alpha}_1,\cdots,\boldsymbol{\alpha}_k$ 线性无关

(C) 若向量组 $\boldsymbol{\alpha}_1,\cdots,\boldsymbol{\alpha}_k$ 线性相关,则其中每个向量皆可由其余向量线性表示

(D) 任何 $n+2$ 个 n 维向量必线性相关

5. 设 $\boldsymbol{A}$ 为 4 阶矩阵,且 $\boldsymbol{A}^3-6\boldsymbol{A}^2+11\boldsymbol{A}-6\boldsymbol{I}=\boldsymbol{O}$,则$|\boldsymbol{A}|$不可能等于(　　).

(A) 6　　(B) 30　　(C) 54　　(D) 81

三、(每小题 6 分,共 12 分)

(1) 计算行列式 $D=\begin{vmatrix}1+x & 1 & 1 & 1\\ 1 & 1-x & 1 & 1\\ 1 & 1 & 1+y & 1\\ 1 & 1 & 1 & 1-y\end{vmatrix}$.

(2) 已知 $\boldsymbol{q}_1=\left(\frac{1}{\sqrt{3}},\frac{1}{\sqrt{3}},\frac{1}{\sqrt{3}}\right)^{\mathrm{T}}$, $\boldsymbol{q}_2=\left(\frac{1}{\sqrt{2}},0,-\frac{1}{\sqrt{2}}\right)^{\mathrm{T}}$,求 $\boldsymbol{q}_3$,使$\boldsymbol{Q}=(\boldsymbol{q}_1,\boldsymbol{q}_2,\boldsymbol{q}_3)$为正交阵.

四、(10 分)设 $\boldsymbol{\beta}=\begin{pmatrix}1\\1\\4\\5\end{pmatrix}$, $\boldsymbol{\alpha}_1=\begin{pmatrix}1\\0\\2\\3\end{pmatrix}$, $\boldsymbol{\alpha}_2=\begin{pmatrix}1\\1\\3\\5\end{pmatrix}$, $\boldsymbol{\alpha}_3=\begin{pmatrix}1\\-1\\a+2\\1\end{pmatrix}$, $\boldsymbol{\alpha}_4=\begin{pmatrix}1\\2\\4\\a+8\end{pmatrix}$,问 a 取何值时,$\boldsymbol{\beta}$ 可唯一地表示成$\boldsymbol{\alpha}_1$、$\boldsymbol{\alpha}_2$、$\boldsymbol{\alpha}_3$、$\boldsymbol{\alpha}_4$ 的线性组合(6 分),并写出此表示式(4 分).

五、(10 分)给定矩阵 $\boldsymbol{A}=\begin{pmatrix}0 & 0 & 1\\ x & 1 & y\\ 1 & 0 & 0\end{pmatrix}$,(1) 试求出 $\boldsymbol{A}$ 的特征值(4 分);(2) 问 x,y 满足什么条件时矩阵$\boldsymbol{A}$ 可对角化(4 分),为什么?(2 分)

六、(14 分)对线性代数方程组$\begin{cases}x_1+a_1x_2+a_1^2x_3=a_1^3,\\ x_1+a_2x_2+a_2^2x_3=a_2^3,\\ x_1+a_3x_2+a_3^2x_3=a_3^3,\\ x_1+a_4x_2+a_4^2x_3=a_4^3.\end{cases}$

(1) 若 a_1、a_2、a_3、a_4 两两不等,问方程组是否有解(4 分)?为什么?(4 分)

(2) 若 $a_1=a_3=b$, $a_2=a_4=-b(b\neq0)$,且已知方程的两个解

$$\boldsymbol{\xi}_1=\begin{pmatrix}1\\1\\-1\end{pmatrix},\ \boldsymbol{\xi}_2=\begin{pmatrix}-1\\1\\1\end{pmatrix},$$

试求出方程组的通解.(6 分)

七、(12 分)已知二次型 $q=2x_1^2+3x_2^2+3x_3^2+2ax_2x_3(a>0)$通过正交变换化成标准

形 $q=y_1^2+2y_2^2+5y_3^2$.

试求：(1) 参数 a 的值；(4 分)

(2) 所用的正交变换矩阵 $\boldsymbol{Q}$；(4 分)

(3) 问 q 是否为正定二次型？为什么？(4 分)

八、(7 分)已知矩阵 $\boldsymbol{A}$ 对任意 n 维向量 $\boldsymbol{x}=(x_1, x_2, \cdots, x_n)^{\mathrm{T}}$，$\boldsymbol{y}=(y_1, y_2, \cdots, y_n)^{\mathrm{T}}$，均有 $\boldsymbol{x}^{\mathrm{T}}\boldsymbol{A}\boldsymbol{y}=0$. 试证：$\boldsymbol{A}=\boldsymbol{O}$.

试　卷　二

一、**填空题**(每小题 4 分，共 20 分)

1. 设 $\boldsymbol{A}$、$\boldsymbol{B}$、$\boldsymbol{C}$ 皆为 n 阶方阵，已知 $\det(\boldsymbol{I}-\boldsymbol{A})\neq 0$. 若 $\boldsymbol{B}=\boldsymbol{I}+\boldsymbol{AB}$，$\boldsymbol{C}=\boldsymbol{A}+\boldsymbol{CA}$，则$\boldsymbol{B}-\boldsymbol{C}=$__________.

2. 设 $\boldsymbol{A}$ 为三阶非零矩阵，

$$\boldsymbol{B}=\begin{pmatrix} 2 & -1 & -1 \\ 3 & -1 & -2 \\ -1 & 1 & a \end{pmatrix},$$

且$(\boldsymbol{AB})^{\mathrm{T}}=\boldsymbol{O}$，则 $a=$__________.

3. 设三阶方阵 $\boldsymbol{A}=(\boldsymbol{\alpha},\boldsymbol{\gamma}_1,\boldsymbol{\gamma}_2)$，$\boldsymbol{B}=(\boldsymbol{\beta},\boldsymbol{\gamma}_1,\boldsymbol{\gamma}_2)$，其中 $\boldsymbol{\alpha}$、$\boldsymbol{\beta}$、$\boldsymbol{\gamma}_1$、$\boldsymbol{\gamma}_2$ 均为三维列向量，且已知 $\det\boldsymbol{A}=3$，$\det\boldsymbol{B}=4$，则 $\det(5\boldsymbol{A}-2\boldsymbol{B})=$__________.

4. 已知齐次线性方程组

$$\begin{cases} bx_1+(2+b-a)x_2+(ab^2-2a)x_3=0, \\ -x_1+(a-3)x_2+abx_3=0, \\ x_1+x_2+ax_3=0 \end{cases}$$

的解空间是二维的，则 $a=$__________，$b=$__________.

5. 设 $\boldsymbol{A}=\begin{pmatrix} 1 & 1 & 1 & 1 \\ 2 & 3 & 4 & 5 \\ -2 & 7 & 2 & 3 \\ 5 & 4 & 3 & 7 \end{pmatrix}$，则 $A_{41}+A_{42}+A_{43}+A_{44}=$________.

二、**选择题**(每小题 3 分，共 15 分)

1. 设 $\boldsymbol{A}$ 为 n 阶矩阵，$\boldsymbol{x}$ 为 n 维向量，则以下命题成立的是(　　).

(A) 若 $\boldsymbol{Ax}=\boldsymbol{0}$ 有解时，$\boldsymbol{A}^{\mathrm{T}}\boldsymbol{Ax}=\boldsymbol{0}$ 也有解，则 $\boldsymbol{A}$ 必可逆

(B) 若 $\boldsymbol{A}^{\mathrm{T}}\boldsymbol{Ax}=\boldsymbol{0}$ 有解时，$\boldsymbol{Ax}=\boldsymbol{0}$ 也有解，则 $\boldsymbol{A}$ 必可逆

(C) $\boldsymbol{A}^{\mathrm{T}}\boldsymbol{Ax}=\boldsymbol{0}$ 的解必是 $\boldsymbol{Ax}=\boldsymbol{0}$ 的解

(D) $\boldsymbol{A}^{\mathrm{T}}\boldsymbol{Ax}=\boldsymbol{0}$ 的解与 $\boldsymbol{Ax}=\boldsymbol{0}$ 的解无任何联系

2. 若 $\boldsymbol{A}$ 是$m\times(m+s)$矩阵，$\boldsymbol{B}$ 是$(m+s)\times m$ 矩阵，下列命题不成立的是(　　).

(A) 若 $\boldsymbol{AB}=\boldsymbol{C}$，则 $\boldsymbol{C}$ 的第j 列$(j=1,2,\cdots,m)$ 是以 $\boldsymbol{B}$ 第 j 列的元素为系数作$\boldsymbol{A}$ 的列向量的线性组合

(B) 若 $\boldsymbol{AB}=\boldsymbol{C}$，则 $\boldsymbol{C}$ 的第 i 行$(i=1,2,\cdots,m)$是以 $\boldsymbol{A}$ 第 i 行的元素为系数作 $\boldsymbol{B}$ 的行向量的线性组合

(C) 若 $\boldsymbol{AB}=\boldsymbol{O}$，且 $r(\boldsymbol{B})=m$，则 $\boldsymbol{A}$ 的行向量组线性无关

(D) 若 $\boldsymbol{AB}=\boldsymbol{O}$，且 $r(\boldsymbol{A})=m$，则 $\boldsymbol{B}$ 的任意 $s+1$ 个行向量必线性相关

3. 设 $\boldsymbol{\eta}_1,\boldsymbol{\eta}_2,\cdots,\boldsymbol{\eta}_{n-r}$ 是 $\boldsymbol{Ax}=\boldsymbol{0}$ 的基础解系，则在下列向量组中也是基础解系的是(　　).

(A) $\boldsymbol{\eta}_1-\boldsymbol{\eta}_2,\boldsymbol{\eta}_2-\boldsymbol{\eta}_3,\cdots,\boldsymbol{\eta}_{n-r}-\boldsymbol{\eta}_1$

(B) $\boldsymbol{\eta}_1,\boldsymbol{\eta}_1+\boldsymbol{\eta}_2,\boldsymbol{\eta}_1+\boldsymbol{\eta}_2+\boldsymbol{\eta}_3,\cdots,\boldsymbol{\eta}_1+\boldsymbol{\eta}_2+\cdots+\boldsymbol{\eta}_{n-r}$

(C) $\boldsymbol{\eta}_1+\boldsymbol{\eta}_2,\boldsymbol{\eta}_1-\boldsymbol{\eta}_2,\boldsymbol{\eta}_1+3\boldsymbol{\eta}_2,\boldsymbol{\eta}_4,\boldsymbol{\eta}_5,\cdots,\boldsymbol{\eta}_{n-r}$

(D) 与 $\boldsymbol{\eta}_1,\boldsymbol{\eta}_2,\cdots,\boldsymbol{\eta}_{n-r}$ 等价的向量组 $\boldsymbol{\alpha}_1,\boldsymbol{\alpha}_2,\cdots,\boldsymbol{\alpha}_n$

4. 已知二次型 $f=x_1^2+x_2^2+5x_3^2+2tx_1x_2-2x_1x_3+4x_2x_3$ 是正定的，则 t 的取值范围是(　　).

(A) $t>0$　　(B) $t<0$　　(C) $-\frac{4}{5}<t<0$　　(D) $0<t<\frac{4}{5}$

5. 若 n 阶矩阵 $\boldsymbol{A}$、$\boldsymbol{B}$、$\boldsymbol{C}$ 满足 $\boldsymbol{AB}=\boldsymbol{CB}$，则必有(　　).

(A) $\boldsymbol{A}=\boldsymbol{C}$　　(B) $\boldsymbol{B}=\boldsymbol{O}$

(C) $r(\boldsymbol{AB})=r(\boldsymbol{C})$　　(D) 若 $\boldsymbol{A}$、$\boldsymbol{B}$、$\boldsymbol{C}$ 皆可逆，则 $\frac{1}{\det\boldsymbol{A}}=\frac{1}{\det\boldsymbol{C}}$

三、(9 分) 设有线性方程组

$$\begin{cases}ax+y+z=4,\\x+by+z=3,\\x+2by+z=4.\end{cases}$$

问 a、b 取何值时，上列方程组无解、有唯一解、有无限多组解？试写出无限多组解的通解表达式.

四、(9 分)给定两组向量 $\boldsymbol{\alpha}_1,\boldsymbol{\alpha}_2,\boldsymbol{\alpha}_3$;$\boldsymbol{\beta}_1,\boldsymbol{\beta}_2,\boldsymbol{\beta}_3$ 其中

$$\boldsymbol{\alpha}_1=\begin{pmatrix}1\\0\\-1\end{pmatrix},\ \boldsymbol{\alpha}_2=\begin{pmatrix}2\\1\\1\end{pmatrix},\boldsymbol{\alpha}_3=\begin{pmatrix}1\\1\\1\end{pmatrix}$$

$$\boldsymbol{\beta}_1=\begin{pmatrix}-1\\0\\0\end{pmatrix},\ \boldsymbol{\beta}_2=\begin{pmatrix}-3\\-1\\-2\end{pmatrix},\boldsymbol{\beta}_3=\begin{pmatrix}-1\\0\\-1\end{pmatrix}$$

(1) 试证：$\boldsymbol{\alpha}_1,\boldsymbol{\alpha}_2,\boldsymbol{\alpha}_3$ 及 $\boldsymbol{\beta}_1,\boldsymbol{\beta}_2,\boldsymbol{\beta}_3$ 分别线性无关；

(2) 设 $\boldsymbol{A}=(\boldsymbol{\alpha}_1,\boldsymbol{\alpha}_2,\boldsymbol{\alpha}_3)$，$\boldsymbol{B}=(\boldsymbol{\beta}_1,\boldsymbol{\beta}_2,\boldsymbol{\beta}_3)$. 若有 $\boldsymbol{A}=\boldsymbol{BC}$，问 $\boldsymbol{C}$ 是否可逆？若可逆，求出 $\boldsymbol{C}^{-1}$.

五、(9 分)给定四个 n 维向量组

(A) $\boldsymbol{\alpha}_1,\boldsymbol{\alpha}_2,\boldsymbol{\alpha}_3$;　　(B) $\boldsymbol{\alpha}_1,\boldsymbol{\alpha}_2,\boldsymbol{\alpha}_3,\boldsymbol{\alpha}_4$;

(C) $\boldsymbol{\alpha}_1,\boldsymbol{\alpha}_2,\boldsymbol{\alpha}_3,\boldsymbol{\alpha}_5$;　　(D) $\boldsymbol{\alpha}_1,\boldsymbol{\alpha}_2,\boldsymbol{\alpha}_3,\boldsymbol{\alpha}_5-\boldsymbol{\alpha}_4$.

设已知组(A)与(B)的秩均为 3，而组(C)的秩为 4，试问向量组(D)的秩等于多少？为什么？

六、(9 分)设二次曲面的方程

$$axy+2xz+2byz=1\quad(a>0)$$

经正交变换

$$\begin{pmatrix} x \\ y \\ z \end{pmatrix} = \boldsymbol{Q}\begin{pmatrix} \xi \\ \eta \\ \zeta \end{pmatrix}$$

化成

$$\xi^2+\eta^2-2\zeta^2=1$$

求 a、b 的值及正交矩阵 $\boldsymbol{Q}$.

七、(9 分)设 $\boldsymbol{A}$ 是一已知的 n 阶矩阵,满足 $\boldsymbol{A}^2=\boldsymbol{A}$. 试证:$2\boldsymbol{I}-\boldsymbol{A}$ 可逆,并求出 $(2\boldsymbol{I}-\boldsymbol{A})^{-1}$.

八、计算行列式(每小题 6 分,共 12 分)

(1) $D_4=\begin{vmatrix} 1 & -1 & 1 & x-1 \\ 1 & -1 & x+1 & -1 \\ 1 & x-1 & 1 & -1 \\ x+1 & -1 & 1 & -1 \end{vmatrix}$;(2) $D_n=\begin{vmatrix} x & y & 0 & \cdots & 0 & 0 \\ 0 & x & y & \cdots & 0 & 0 \\ & & \cdots\cdots & & & \\ 0 & 0 & 0 & \cdots & x & y \\ y & 0 & 0 & \cdots & 0 & x \end{vmatrix}$.

九、(8 分)已知 $\boldsymbol{A}$ 是任一 n 阶方阵. 试证:若有 n 维向量 $\boldsymbol{x}^*$ 使 $\boldsymbol{A}^n\boldsymbol{x}^*=\boldsymbol{0}$ 但 $\boldsymbol{A}^{n-1}\boldsymbol{x}^*\neq\boldsymbol{0}$,则向量组 $\boldsymbol{x}^*,\boldsymbol{A}\boldsymbol{x}^*,\boldsymbol{A}^2\boldsymbol{x}^*,\cdots,\boldsymbol{A}^{n-1}\boldsymbol{x}^*$ 必线性无关.

试 卷 三

一、判定下列命题是否正确,若正确,在括号内填上"√";若不正确,在括号内填上"×"(每小题 3 分,共 12 分)

1. 设 $\boldsymbol{A}$ 为三阶实对称阵,其特征值为 1,2,3,则 $\boldsymbol{A}$ 为正定. ( )

2. 已知 $\boldsymbol{\alpha}_1=(2,1,-2)^{\mathrm{T}},\boldsymbol{\alpha}_2=(3,2,-2)^{\mathrm{T}},\boldsymbol{\alpha}_3=(2,2,0)^{\mathrm{T}}$,则 $\{\boldsymbol{\alpha}_1,\boldsymbol{\alpha}_2,\boldsymbol{\alpha}_3\}$ 为 $\boldsymbol{R}^3$ 的一组基. ( )

3. 设 $\boldsymbol{A}$ 为 $m\times n$ 阶矩阵,$\boldsymbol{\xi}_1,\boldsymbol{\xi}_2,\cdots,\boldsymbol{\xi}_k$ 为 $\boldsymbol{A}\boldsymbol{x}=\boldsymbol{0}$ 的 k 个线性无关的解向量,则 $\boldsymbol{\xi}_1,\boldsymbol{\xi}_2,\cdots,\boldsymbol{\xi}_k$ 是 $\boldsymbol{A}\boldsymbol{x}=\boldsymbol{0}$ 的一个基础解系. ( )

4. 若 $\boldsymbol{\alpha}_1,\boldsymbol{\alpha}_2,\boldsymbol{\alpha}_3$ 线性相关,$\boldsymbol{\alpha}_2,\boldsymbol{\alpha}_3,\boldsymbol{\alpha}_4$ 线性无关,则 $\boldsymbol{\alpha}_4$ 一定不能由 $\boldsymbol{\alpha}_1,\boldsymbol{\alpha}_2,\boldsymbol{\alpha}_3$ 线性表出. ( )

二、填空题(每空 3 分,共 15 分)

1. 设 $\boldsymbol{A}=\begin{pmatrix} 0 & 1 & 0 \\ 0 & 0 & 2 \\ 3 & 0 & 0 \end{pmatrix}$,则 $|2\boldsymbol{A}|=$______, $|\mathrm{adj}\boldsymbol{A}|=$______(adj$\boldsymbol{A}$ 为 $\boldsymbol{A}$ 的转置伴随矩阵),$\boldsymbol{A}^{-1}=$______.

2. 设 $\boldsymbol{\alpha},\boldsymbol{\beta}$ 是两个正交的 n 维(非零)列向量,$\boldsymbol{A}=\boldsymbol{\alpha}\boldsymbol{\beta}^{\mathrm{T}}$ 则 $r(\boldsymbol{A}^k)=$______$(k\geqslant 2)$.

3. 设 $\boldsymbol{A}=\begin{pmatrix} a & b \\ c & d \end{pmatrix}$ 是正交阵,则 $ac+bd=$______.

三、(10 分)设 a,b 为实数,计算下列 n 阶行列式.

$$\begin{vmatrix} a & a & \cdots & a & b \\ a & a & \cdots & b & a \\ a & b & \cdots & a & a \\ b & a & \cdots & a & a \end{vmatrix}$$

四、(15 分)讨论下列方程组

$$\begin{cases} 3x_1-3x_2+4x_3=3, \\ 2x_1-x_2+Ax_3=6, \\ -x_1+2x_2+3x_3=B \end{cases}$$

在 A、B 取何值时,无解,有唯一解,有无穷多组解;并求出当方程组有无穷多组解时的通解.

五、(8 分)若已知 $\boldsymbol{A}$ 与 $\boldsymbol{B}$ 相似,且

$$\boldsymbol{A}=\begin{pmatrix} 1 & x & 1 \\ x & 1 & y \\ 1 & y & 1 \end{pmatrix},\ \boldsymbol{B}=\begin{pmatrix} 0 & 0 & 0 \\ 0 & 1 & 2 \\ 0 & 0 & 2 \end{pmatrix}$$

试求 $\boldsymbol{A}$ 中的元素 x 与 y 的值.

六、(10 分)

设 $\boldsymbol{A}=\begin{pmatrix} 3 & 2 & 1 \\ 4 & 3 & 2 \\ 5 & 4 & 3 \end{pmatrix}$, $\boldsymbol{B}=\begin{pmatrix} 2 & 2 & 1 \\ 3 & 2 & 2 \\ 4 & 3 & 2 \end{pmatrix}$,试求矩阵 $\boldsymbol{X}$,使得等式 $\boldsymbol{AX}=\boldsymbol{BX}+\boldsymbol{A}+\boldsymbol{B}$ 成立.

七、(10 分)已知 $(1,-1,0)^{\mathrm{T}}$ 是二次型

$$\boldsymbol{g}(x_1,x_2,x_3)=cx_1^2+x_3^2+2x_1x_2+2x_1x_3+2dx_2x_3$$

的矩阵 $\boldsymbol{A}$ 之特征向量. 试求出化该二次型成标准形的正交变换.

八、(12 分)已知 n 阶矩阵 $\boldsymbol{A}$、$\boldsymbol{B}$ 满足 $\boldsymbol{A}+\boldsymbol{B}=\boldsymbol{AB}$.

(1) 试证:$\boldsymbol{A}-\boldsymbol{I}$ 为可逆阵,其中 $\boldsymbol{I}$ 为 n 阶单位阵;

(2) 试证:必有 $\boldsymbol{AB}=\boldsymbol{BA}$;

(3) 若 $\boldsymbol{B}=\begin{pmatrix} 1 & -3 & 0 \\ 2 & 1 & 0 \\ 0 & 0 & 2 \end{pmatrix}$,试求出 $\boldsymbol{A}$.

九、(8 分)设 $\boldsymbol{A}$、$\boldsymbol{B}$ 是两个 n 阶矩阵,$\boldsymbol{AB}=\boldsymbol{BA}$ 且 $\boldsymbol{A}$ 有 n 个两两不等的特征值,试证:(1) $\boldsymbol{A}$ 的每个特征向量必是 $\boldsymbol{B}$ 的特征向量;(2) $\boldsymbol{B}$ 一定可对角化.

试　卷　四

一、(8 分)已知向量 $\boldsymbol{g}$ 是 $\boldsymbol{A}^{-1}$ 的特征向量,试求 k 的值,其中

$$\boldsymbol{g}=\begin{pmatrix} 1 \\ k \\ 1 \end{pmatrix},\quad \boldsymbol{A}=\begin{pmatrix} 2 & 1 & 1 \\ 1 & 2 & 1 \\ 1 & 1 & 2 \end{pmatrix}$$

二、计算题(每小题 6 分,共 18 分)

1. 求出九阶行列式 D 的值:

$$D=\begin{vmatrix}1&9&9&\cdots&9\\9&2&9&\cdots&9\\9&9&3&\cdots&9\\\vdots&\vdots&\vdots&&\vdots\\9&9&9&\cdots&9\end{vmatrix}$$

2. 设矩阵 $\boldsymbol{A}=\begin{pmatrix}1&0&1\\0&2&6\\1&6&1\end{pmatrix}$ 满足 $\boldsymbol{AX}+\boldsymbol{I}=\boldsymbol{A}^2+\boldsymbol{X}$,求矩阵 $\boldsymbol{X}$.

3. 已知向量

$$\boldsymbol{\alpha}_1=\begin{pmatrix}1\\2\\-1\\1\end{pmatrix},\ \boldsymbol{\alpha}_2=\begin{pmatrix}2\\3\\1\\-1\end{pmatrix},\ \boldsymbol{\alpha}_3=\begin{pmatrix}-1\\-1\\-2\\2\end{pmatrix}.$$

试求与 $\boldsymbol{\alpha}_1$、$\boldsymbol{\alpha}_2$、$\boldsymbol{\alpha}_3$ 都正交的向量.

三、填空题(每小题 3 分,共 15 分)

1. 已知矩阵 $\boldsymbol{A}=\begin{pmatrix}1&2&-2\\4&t&3\\3&-1&1\end{pmatrix}$的列向量线性相关,则 $t=$____________.

2. 已知 $\boldsymbol{A}$、$\boldsymbol{B}$ 均是三阶的非零阵,$r(\boldsymbol{A})=2$,$\boldsymbol{AB}=\boldsymbol{O}$,则 $r(\boldsymbol{B})=$__________.

3. 若 $\boldsymbol{A}=\begin{pmatrix}a_{11}&a_{12}&a_{13}\\a_{21}&a_{22}&a_{23}\\a_{31}&a_{32}&a_{33}\end{pmatrix}$, $\boldsymbol{P}=\begin{pmatrix}1&0&0\\0&1&0\\1&0&1\end{pmatrix}$,则 $\boldsymbol{PAP}=$__________.

4. 已知 $\boldsymbol{\alpha}_1=\begin{pmatrix}1\\1\\0\end{pmatrix}$, $\boldsymbol{\alpha}_2=\begin{pmatrix}0\\1\\1\end{pmatrix}$, $\boldsymbol{\alpha}_3=\begin{pmatrix}1\\0\\1\end{pmatrix}$是 $\boldsymbol{R}^3$ 的一组基,则向量 $\boldsymbol{\beta}=\begin{pmatrix}3\\4\\5\end{pmatrix}$在这组基下的坐标是____________.

5. 已知 $\boldsymbol{A}$ 是三阶方阵,$\det\boldsymbol{A}=3$,则 $\mathrm{adj}\boldsymbol{A}$ 的行列式值为____________.

四、选择题(每小题 3 分,共 15 分)

1. n 阶矩阵 $\boldsymbol{A}$ 有 n 个不同的特征值是 $\boldsymbol{A}$ 与对角阵相似的(　　).

(A) 充分必要条件　　(B) 充分但不是必要的条件

(C) 必要但不是充分的条件　　(D) 既非充分也非必要的条件

2. 对 n 阶矩阵 $\boldsymbol{A}$、$\boldsymbol{B}$,下列各式中必成立的是(　　).

(A) $(\boldsymbol{A}+\boldsymbol{B})^2=\boldsymbol{A}^2+\boldsymbol{AB}+\boldsymbol{BA}+\boldsymbol{B}^2$　　(B) $(\boldsymbol{A}+\boldsymbol{B})(\boldsymbol{A}-\boldsymbol{B})=\boldsymbol{A}^2-\boldsymbol{B}^2$

(C) $(\boldsymbol{A}-\boldsymbol{B})^2=\boldsymbol{A}^2-2\boldsymbol{AB}+\boldsymbol{B}^2$　　(D) $(\boldsymbol{A}+\boldsymbol{B})^2=\boldsymbol{A}^2+2\boldsymbol{AB}+\boldsymbol{B}^2$

3. 设已知 $\boldsymbol{\eta}_1,\boldsymbol{\eta}_2$ 是 $m\times n$ 线性方程组 $\boldsymbol{Ax}=\boldsymbol{b}(\boldsymbol{b}\neq\boldsymbol{0})$的两个解,则(　　).

(A) $\boldsymbol{\eta}_1+\boldsymbol{\eta}_2$ 是 $\boldsymbol{Ax}=\boldsymbol{0}$ 的解　　(B) $\boldsymbol{\eta}_1-\boldsymbol{\eta}_2$ 是 $\boldsymbol{Ax}=\boldsymbol{b}$ 的解

(C) $\boldsymbol{\eta}_1+\boldsymbol{\eta}_2$ 是 $\boldsymbol{Ax}=\boldsymbol{b}$ 的解　　(D) $\boldsymbol{\eta}_1-\boldsymbol{\eta}_2$ 是 $\boldsymbol{Ax}=\boldsymbol{0}$ 的解

4. 若 n 阶矩阵 $\boldsymbol{A}$、$\boldsymbol{B}$ 均可逆,$\boldsymbol{AXB}=\boldsymbol{C}$,则(　　).

(A) $\boldsymbol{X}=\boldsymbol{A}^{-1}\boldsymbol{B}^{-1}\boldsymbol{C}$　　(B) $\boldsymbol{X}=\boldsymbol{A}^{-1}\boldsymbol{C}\boldsymbol{B}^{-1}$

(C) $\boldsymbol{X}=\boldsymbol{C}\boldsymbol{B}^{-1}\boldsymbol{A}^{-1}$　　(D) $\boldsymbol{X}=\boldsymbol{B}^{-1}\boldsymbol{C}\boldsymbol{A}^{-1}$

5. 设λ_1、λ_2是 n 阶矩阵 $\boldsymbol{A}$ 的两个特征值,其对应的特征向量分别是 $\boldsymbol{\alpha}_1$、$\boldsymbol{\alpha}_2$,且已知$\lambda_1=-\lambda_2\neq 0$,则(　　).

(A) $\boldsymbol{\alpha}_1+\boldsymbol{\alpha}_2$ 是 $\boldsymbol{A}$ 的特征向量　　(B) $\boldsymbol{\alpha}_1-\boldsymbol{\alpha}_2$ 是 $\boldsymbol{A}$ 的特征向量

(C) $\boldsymbol{\alpha}_1+\boldsymbol{\alpha}_2$ 是 $\boldsymbol{A}^2$ 的特征向量　　(D) $\boldsymbol{\alpha}_1+\boldsymbol{\alpha}_2$ 不是 $\boldsymbol{A}^2$ 的特征向量

五、(12 分)试对下列方程组讨论参数取何值时有解,取何值时矛盾,并在有解情况下求出其解.

$$\begin{cases}2x_1+(4-k)x_2=-7,\\(2-k)x_1+2x_2=-3,\\2x_1+5x_2=k-6.\end{cases}$$

六、(10 分)试求三阶正交矩阵 $\boldsymbol{Q}$,使正交变换 $\boldsymbol{x}=\boldsymbol{Q}\,\boldsymbol{y}$ 能将二次型

$$f(x_1,\ x_2,\ x_3)=x_2^2+2x_1x_3$$

化成标准形.

七、(10 分)已知矩阵 $\boldsymbol{A}=\begin{pmatrix}1 & a & -3\\-1 & 4 & -3\\1 & -2 & 5\end{pmatrix}$的特征方程有重根,试求出 a 的一切可能值,并分别说明 a 取各可能值时 $\boldsymbol{A}$ 能否对角化的理由.

八、证明题(第一题 4 分,第二题 8 分,共 12 分)

1. 已知 $\boldsymbol{A}$ 是 n 阶幂零阵,即存在正整数 k,使 $\boldsymbol{A}^k=\boldsymbol{O}$,试证:$\boldsymbol{I}-\boldsymbol{A}$ 是可逆阵,其中 $\boldsymbol{I}$ 是 n 阶单位阵.

2. 设 $\boldsymbol{A}$、$\boldsymbol{B}$ 分别是 $n\times n$ 及 $n\times m$ 矩阵($n\leqslant m$),已知 $\boldsymbol{AB}=\boldsymbol{B}$ 及 $r(\boldsymbol{B})=n$. 试证:$\boldsymbol{A}=\boldsymbol{I}$.

试　卷　五

一、选择题(每小题 3 分,共 15 分)

1. 设 $\boldsymbol{A}=\begin{pmatrix}A_{11} & A_{12}\\A_{21} & A_{22}\end{pmatrix}$为分块矩阵,则 $\boldsymbol{A}^{\mathrm{T}}=$(　　).

(A) $\begin{pmatrix}A_{11}{}^{\mathrm{T}} & A_{12}{}^{\mathrm{T}}\\A_{21}{}^{\mathrm{T}} & A_{22}{}^{\mathrm{T}}\end{pmatrix}$　　(B) $\begin{pmatrix}A_{11}{}^{\mathrm{T}} & A_{21}{}^{\mathrm{T}}\\A_{12}{}^{\mathrm{T}} & A_{22}{}^{\mathrm{T}}\end{pmatrix}$

(C) $\begin{pmatrix}A_{12}{}^{\mathrm{T}} & A_{11}{}^{\mathrm{T}}\\A_{22}{}^{\mathrm{T}} & A_{21}{}^{\mathrm{T}}\end{pmatrix}$　　(D) $\begin{pmatrix}A_{21}{}^{\mathrm{T}} & A_{22}{}^{\mathrm{T}}\\A_{11}{}^{\mathrm{T}} & A_{12}{}^{\mathrm{T}}\end{pmatrix}$

2. 已知向量组 $\boldsymbol{\alpha}_1,\boldsymbol{\alpha}_2,\boldsymbol{\alpha}_3,\boldsymbol{\alpha}_4$ 线性无关,则下列向量组中线性无关的是(　　).

(A) $\boldsymbol{\alpha}_1+\boldsymbol{\alpha}_2,\boldsymbol{\alpha}_2+\boldsymbol{\alpha}_3,\boldsymbol{\alpha}_3+\boldsymbol{\alpha}_4,\boldsymbol{\alpha}_4+\boldsymbol{\alpha}_1$　　(B) $\boldsymbol{\alpha}_1-\boldsymbol{\alpha}_2,\boldsymbol{\alpha}_2-\boldsymbol{\alpha}_3,\boldsymbol{\alpha}_3-\boldsymbol{\alpha}_4,\boldsymbol{\alpha}_4-\boldsymbol{\alpha}_1$

(C) $\boldsymbol{\alpha}_1+\boldsymbol{\alpha}_2,\boldsymbol{\alpha}_2+\boldsymbol{\alpha}_3,\boldsymbol{\alpha}_3-\boldsymbol{\alpha}_4,\boldsymbol{\alpha}_4-\boldsymbol{\alpha}_1$　　(D) $\boldsymbol{\alpha}_1+\boldsymbol{\alpha}_2,\boldsymbol{\alpha}_2+\boldsymbol{\alpha}_3,\boldsymbol{\alpha}_3+\boldsymbol{\alpha}_4,\boldsymbol{\alpha}_4-\boldsymbol{\alpha}_1$

3. 设 $\boldsymbol{A}$ 是 $m\times n$ 阶矩阵,$\boldsymbol{Ax}=\boldsymbol{0}$ 是非齐次线性方程组 $\boldsymbol{Ax}=\boldsymbol{b}$ 所对应的齐次线性方程组,则下列结论正确的是(　　).

(A) 若 $\boldsymbol{Ax}=\boldsymbol{0}$ 仅有零解,则 $\boldsymbol{Ax}=\boldsymbol{b}$ 有唯一解

(B) 若 $\boldsymbol{Ax}=\boldsymbol{0}$ 有非零解,则 $\boldsymbol{Ax}=\boldsymbol{b}$ 有无穷多解

(C) 若 $\boldsymbol{Ax}=\boldsymbol{b}$ 有无穷多解,则 $\boldsymbol{Ax}=\boldsymbol{0}$ 仅有零解

(D) 若 $\boldsymbol{Ax}=\boldsymbol{b}$ 有无穷多解,则 $\boldsymbol{Ax}=\boldsymbol{0}$ 有非零解

4. λ_1,λ_2 都是 n 阶矩阵 A 的特征值,$\lambda_1\neq\lambda_2$,且 $\boldsymbol{x}_1,\boldsymbol{x}_2$ 分别是对应于 λ_1,λ_2 的特征向量,当(　　)时,$\boldsymbol{x}=k_1\boldsymbol{x}_1+k_2\boldsymbol{x}_2$ 必是 $\boldsymbol{A}$ 的特征向量.

(A) $k_1=0$ 且 $k_2=0$　　(B) $k_1\neq 0$ 且 $k_2\neq 0$

(C) $k_1k_2=0$　　(D) k_1,k_2 中有且只有一个为零

5. 二次型 $f(x_1, x_2, x_3)=2x_1^2-3x_2^2-4x_1x_2+10x_1x_3-12x_2x_3$ 的秩是(　　).

(A) 1　　(B) 2　　(C) 3　　(D) 4

二、**填空题**(每小题 3 分,共 15 分)

1. 已知四阶行列式 D 中第三列元素依次为 $-1,2,0,1$,它们的余子式依次分别为 $5,3,-7,4$,则 D 的值为________.

2. $\boldsymbol{A}=\begin{pmatrix}1 & 2\\ -1 & -1\end{pmatrix}$,则与 $\boldsymbol{A}$ 可交换的所有二阶方阵是________.

3. 设 4×4 矩阵 $\boldsymbol{A}=(\boldsymbol{\alpha},\boldsymbol{\gamma}_2,\boldsymbol{\gamma}_3,\boldsymbol{\gamma}_4)$, $\boldsymbol{B}=(\boldsymbol{\beta},\boldsymbol{\gamma}_2,\boldsymbol{\gamma}_3,\boldsymbol{\gamma}_4)$,其中 $\boldsymbol{\alpha},\boldsymbol{\beta},\boldsymbol{\gamma}_2,\boldsymbol{\gamma}_3,\boldsymbol{\gamma}_4$ 均为四维列向量,且已知行列式 $|\boldsymbol{A}|=4$, $|\boldsymbol{B}|=1$,则 $|\boldsymbol{A}+\boldsymbol{B}|=$________.

4. 当 λ 值取________时,二次型 $f(x_1, x_2, x_3)=5x_1^2+x_2^2+\lambda x_3^2+4x_1x_2-2x_1x_3-2x_2x_3$ 是正定的.

5. 已知一个二次多项式 $f(x)$,使得 $f(1)=-1, f(-1)=9, f(2)=-3$,则 $f(x)=$________.

三、**计算题**(共 58 分)

1. 计算行列式 $D=\begin{vmatrix}2+x & 2 & 2 & 2\\ 2 & 2-x & 2 & 2\\ 2 & 2 & 2+y & 2\\ 2 & 2 & 2 & 2-y\end{vmatrix}$.　　(6 分)

2. 求 $\boldsymbol{A}=\begin{vmatrix}1 & a_1 & 0 & \cdots & 0 & 0\\ -1 & 1-a_1 & a_2 & \cdots & 0 & 0\\ 0 & -1 & 1-a_2 & \cdots & 0 & 0\\ & & \cdots\cdots & & & \\ 0 & 0 & 0 & \cdots & 1-a_{n-1} & a_n\\ 0 & 0 & 0 & \cdots & -1 & 1-a_n\end{vmatrix}$.　　(6 分)

3. 已知三阶矩阵 $\boldsymbol{A}$ 可对角化且特征值为 $1,-1,2$,设矩阵

$$\boldsymbol{B}=\boldsymbol{A}^3-5\boldsymbol{A}^2$$

试求:(1) 矩阵 $\boldsymbol{B}$ 的特征值;

(2) 行列式 $|\boldsymbol{B}|$ 及 $|\boldsymbol{A}-5\boldsymbol{I}|$($\boldsymbol{I}$ 为三阶单位阵).　　(10 分)

4. 已知 $6,3,3$ 是三阶实对称矩阵 $\boldsymbol{A}$ 的三个特征值,向量 $\begin{pmatrix}-1\\0\\1\end{pmatrix},\begin{pmatrix}1\\-2\\1\end{pmatrix}$ 是属于特征值 3 的两个特征向量.

(1) 求 $\boldsymbol{A}$ 的属于特征值 6 的特征向量;

(2) 求矩阵 $\boldsymbol{A}$.　(10 分)

5. 求向量组 $\boldsymbol{\alpha}_1=(1,1,1,4)$, $\boldsymbol{\alpha}_2=(2,1,3,5)$, $\boldsymbol{\alpha}_3=(1,-1,3,-2)$, $\boldsymbol{\alpha}_4=(3,1,5,6)$ 的极大线性无关组,并把其余向量用极大线性无关组表出.　(8 分)

6. 已知 n 阶矩阵 $\boldsymbol{A}$ 满足矩阵方程 $\boldsymbol{A}^2-3\boldsymbol{A}-2\boldsymbol{I}=\boldsymbol{O}$,其中 $\boldsymbol{A}$ 给定,而 $\boldsymbol{I}$ 是单位阵,证明:$\boldsymbol{A}$ 可逆且求出 $\boldsymbol{A}^{-1}$.　(8 分)

7. (1) 已知二次型 $f=-x_1^2+3x_2^2+3x_3^2+ax_2x_3\ (a>0)$ 通过正交变换化成标准形 $ky_1^2+2y_2^2+4y_3^2$,试确定其中 k 及 a 的值;

(2) 对(1)中二次型 f,问 b 在什么范围取值,使得

$$q=f+b(x_1^2+x_2^2+x_3^2)$$

成为正定二次型.　(10 分)

四、证明题(每小题 6 分,共 12 分)

1. 设 $\boldsymbol{A}$ 为 $n\times n$ 矩阵且 $\boldsymbol{A}^2=\boldsymbol{A}$,证明:$r(\boldsymbol{A})+r(\boldsymbol{A}-\boldsymbol{I})=n$.

2. 已知 $\boldsymbol{A}$ 是 n 阶实对称阵,满足 $\boldsymbol{A}^2=\boldsymbol{O}$,试证:$\boldsymbol{A}=\boldsymbol{O}$.

试　卷　六

一、判断题(正确填"√",不正确填"×")(每小题 6 分,共 30 分)

1. 若 $\boldsymbol{A}$、$\boldsymbol{B}$ 是 n 阶方阵,$\boldsymbol{A}$ 等价于 $\boldsymbol{B}$,则必

(a) $\boldsymbol{A}$ 与 $\boldsymbol{B}$ 有相同的秩　(　　)

(b) $\boldsymbol{A}$ 与 $\boldsymbol{B}$ 有相同的特征多项式　(　　)

(c) 存在 n 阶非奇异阵 $\boldsymbol{P}$ 与 $\boldsymbol{Q}$ 使 $\boldsymbol{PAQ}=\boldsymbol{B}$　(　　)

2. 若 $\boldsymbol{A}$ 是 n 阶方阵,$n\geqslant 3$,且 $r(\boldsymbol{A})=n-2$,则必

(a) $\boldsymbol{A}$ 的列向量线性相关　(　　)

(b) $\boldsymbol{A}$ 的转置伴随阵 $\mathrm{adj}\boldsymbol{A}$ 是零矩阵　(　　)

(c) $\boldsymbol{A}$ 的逆矩阵 $\boldsymbol{A}^{-1}$ 存在,且秩为 2　(　　)

3. 设 $\boldsymbol{A}$ 为 n 阶方阵,$\boldsymbol{Q}$ 为正交阵,$\boldsymbol{B}=\boldsymbol{Q}^{\mathrm{T}}\boldsymbol{AQ}$,则必

(a) 若 $\boldsymbol{A}$ 可逆,则 $\boldsymbol{B}$ 也可逆　(　　)

(b) 若 $\det\boldsymbol{A}>0$,则 $\det\boldsymbol{B}>0$　(　　)

(c) $\boldsymbol{A}^3=\boldsymbol{QB}^3\boldsymbol{Q}^{\mathrm{T}}$　(　　)

4. 设 $\boldsymbol{A}$ 是正交阵,$\lambda_1=1$,$\lambda_2=-1$ 是 $\boldsymbol{A}$ 的两个特征值,则分别属于 λ_1,λ_2 的特征向量 $\boldsymbol{\alpha}_1$, $\boldsymbol{\alpha}_2$ 必

(a) 线性相关　(　　)

(b) 线性无关　(　　)

(c) 正交　(　　)

5. 若二次型 $f=\boldsymbol{x}^{\mathrm{T}}\boldsymbol{Ax}$ 是正定的,则

(a) $\boldsymbol{A}$ 的每个元素皆正　(　　)

(b) $\boldsymbol{A}$ 的奇数阶前主子式为正,偶数阶前主子式为负　(　　)

(c) $\boldsymbol{A}$ 的特征值皆正　(　　)

二、选择题(每小题 3 分,共 15 分)

1. 设 $\boldsymbol{A}$ 是对称矩阵,$\boldsymbol{B}$ 是反对称矩阵,即 $\boldsymbol{A}^{\mathrm{T}}=\boldsymbol{A},\boldsymbol{B}^{\mathrm{T}}=-\boldsymbol{B}$,则(　　)是反对称矩阵.

(A) $\boldsymbol{BAB}$　　(B) $\boldsymbol{AB}+\boldsymbol{BA}$　　(C) $\boldsymbol{AB}-\boldsymbol{BA}$　　(D) $(\boldsymbol{AB})^2$

2. 设齐次线性方程组

$$\begin{cases}x_1+x_2+x_3=0,\\x_1+\lambda x_2+x_3=0,\\x_1+x_2+\lambda x_3=0\end{cases}$$

有非零解,则(　　).

(A) $\lambda=1$　　(B) $\lambda=0$　　(C) $\lambda=-1$　　(D) $\lambda=2$

3. 设向量组 $\boldsymbol{\alpha}_1,\boldsymbol{\alpha}_2,\cdots,\boldsymbol{\alpha}_s$ 的秩为 r,则(　　).

(A) 向量组中任意 r 个向量必线性无关

(B) 向量组中任意 r 个向量必线性相关

(C) 向量组中任意 $r+1$ 个向量必线性无关

(D) 向量组中任意 $r+1$ 个向量必线性相关

4. 设 n 维向量组 $\boldsymbol{\alpha}_1,\boldsymbol{\alpha}_2,\cdots,\boldsymbol{\alpha}_m(m<n)$ 线性无关,则 n 维列向量组 $\boldsymbol{\beta}_1,\boldsymbol{\beta}_2,\cdots,\boldsymbol{\beta}_m$ 线性无关的充分必要条件为(　　).

(A) 向量组 $\boldsymbol{\alpha}_1,\boldsymbol{\alpha}_2,\cdots,\boldsymbol{\alpha}_m$ 可由向量组 $\boldsymbol{\beta}_1,\boldsymbol{\beta}_2,\cdots,\boldsymbol{\beta}_m$ 线性表出

(B) 向量组 $\boldsymbol{\beta}_1,\boldsymbol{\beta}_2,\cdots,\boldsymbol{\beta}_m$ 可由向量组 $\boldsymbol{\alpha}_1,\boldsymbol{\alpha}_2,\cdots,\boldsymbol{\alpha}_m$ 线性表出

(C) 向量组 $\boldsymbol{\alpha}_1,\boldsymbol{\alpha}_2,\cdots,\boldsymbol{\alpha}_m$ 与向量组 $\boldsymbol{\beta}_1,\boldsymbol{\beta}_2,\cdots,\boldsymbol{\beta}_m$ 等价

(D) 矩阵 $\boldsymbol{A}=(\boldsymbol{\alpha}_1,\boldsymbol{\alpha}_2,\cdots,\boldsymbol{\alpha}_m)$ 与矩阵 $\boldsymbol{B}=(\boldsymbol{\beta}_1,\boldsymbol{\beta}_2,\cdots,\boldsymbol{\beta}_m)$ 等价

5. 设 $\boldsymbol{A}$ 是一个三阶实对称矩阵,D_1,D_2,D_3 分别为 $\boldsymbol{A}$ 的一阶,二阶,三阶前主子式,则 $\boldsymbol{A}$ 为负定的充要条件为(　　).

(A) $D_1<0,D_2<0,D_3<0$　　(B) $D_1>0,D_2>0,D_3>0$

(C) $D_1<0,D_2>0,D_3<0$　　(D) $D_1>0,D_2<0,D_3>0$

三、(8 分)设矩阵 $\boldsymbol{A}=\begin{pmatrix}\frac{1}{2}&0&0\\0&1&-\frac{3}{4}\\0&-\frac{2}{3}&1\end{pmatrix}$,$\boldsymbol{B}=\begin{pmatrix}0\\1\\-1\end{pmatrix}$,且满足

$$2\boldsymbol{AX}=\boldsymbol{I}+2\boldsymbol{BB}^{\mathrm{T}}\boldsymbol{X}$$

求 $\boldsymbol{X}$.

四、(10 分)已知三阶矩阵 $\boldsymbol{B}\neq\boldsymbol{O}$,$\boldsymbol{B}$ 的每一个列向量都是以下方程组的解:

$$\begin{cases}2x_1+\lambda x_2+3x_3=0,\\x_1+(1-\lambda)x_2+4x_3=0,\\2x_1+4x_2+x_3=0.\end{cases}$$

(1) 求 λ 的值;(2) 求 $|\boldsymbol{B}|$.

五、(8 分)已知非零向量组成的向量组 $\boldsymbol{\alpha}_1,\boldsymbol{\alpha}_2,\cdots,\boldsymbol{\alpha}_k$. 求证:此向量组线性无关当且仅当其中的任何一个向量都不能用它前面的向量线性表出.

六、(10 分)给定向量 $\boldsymbol{\alpha}_1=(2,3,1,4)^{\mathrm{T}}$，$\boldsymbol{\alpha}_2=(1,1,1,1)^{\mathrm{T}}$，$\boldsymbol{\alpha}_3=(1,2,0,3)^{\mathrm{T}}$，$\boldsymbol{\alpha}_4=(-5,4,3,2)^{\mathrm{T}}$. 试证：$\boldsymbol{\alpha}_1,\boldsymbol{\alpha}_3,\boldsymbol{\alpha}_4$ 是 $\boldsymbol{\alpha}_1,\boldsymbol{\alpha}_2,\boldsymbol{\alpha}_3,\boldsymbol{\alpha}_4$ 的极大无关组. 若已知 $\boldsymbol{\alpha}_1,\boldsymbol{\alpha}_3,\boldsymbol{\alpha}_4$ 均满足方程组 $\boldsymbol{Ax}=\boldsymbol{b}$，且已知 $r(\boldsymbol{A})=2$，问能否写出 $\boldsymbol{Ax}=\boldsymbol{b}$ 的通解？若能，则写此通解表达式.

七、(9 分)设三阶矩阵 $\boldsymbol{A}$ 的特征值分别是 $1,-1,0$，对应的特征向量分别是 $\boldsymbol{\alpha}_1=(1,-2,2)^{\mathrm{T}}$，$\boldsymbol{\alpha}_2=(-2,1,2)^{\mathrm{T}}$，$\boldsymbol{\alpha}_3=(2,2,1)^{\mathrm{T}}$，求矩阵 $\boldsymbol{A}$.

八、(10 分)求出合适的正数 a、b，使方程组

$$\begin{cases} x_1+ax_2+bx_3=-1, \\ x_1+bx_2+ax_3=-b, \\ bx_1+b^2x_2+abx_3=-a^2 \end{cases}$$

有无穷多组解，并求出通解.

试卷答案及提示

试卷一

一、**1.** $\begin{pmatrix} 1 & 1 & 1 \\ 1 & 5 & 5 \\ 1 & 5 & 14 \end{pmatrix}$；　**2.** $\begin{pmatrix} & \boldsymbol{C}^{-1} \\ \boldsymbol{B}^{-1} & \end{pmatrix}$；　**3.** 1；　**4.** 150；　**5.** $1,2,-2$.

二、**1.** C；　**2.** B；　**3.** D；　**4.** D；　**5.** B.

三、(1) x^2y^2；(2) $\boldsymbol{q}_3=\pm\frac{1}{\sqrt{6}}\begin{pmatrix} 1 \\ -2 \\ 1 \end{pmatrix}$.

四、$a\neq-1$ 时，$\boldsymbol{\beta}$ 可唯一表示成 $\boldsymbol{\alpha}_1,\boldsymbol{\alpha}_2,\boldsymbol{\alpha}_3,\boldsymbol{\alpha}_4$ 的线性组合，这时

$$\boldsymbol{\beta}=-\frac{2}{a+1}\boldsymbol{\alpha}_1+\frac{a+2}{a+1}\boldsymbol{\alpha}_2+\frac{1}{a+1}\boldsymbol{\alpha}_3+0\boldsymbol{\alpha}_4$$

五、$x+y=0$. **提示**：$\lambda_{1,2}=1$，要使 $\boldsymbol{A}$ 可对角化必须 $r(\boldsymbol{A}-\boldsymbol{I})=1$，求得 $x+y=0$.

六、(1) 无解. 因为

$$\begin{vmatrix} 1 & a_1 & a_1^2 & a_1^3 \\ 1 & a_2 & a_2^2 & a_2^3 \\ 1 & a_3 & a_3^2 & a_3^3 \\ 1 & a_4 & a_4^2 & a_4^3 \end{vmatrix}=(a_2-a_1)(a_3-a_1)(a_3-a_2)(a_4-a_1)(a_4-a_2)(a_4-a_3)\neq0,$$

故 $r(\boldsymbol{A}\ \vdots\ \boldsymbol{b})\neq r(\boldsymbol{A})$.

(2) $r(\boldsymbol{A})=2$，$n=3$，$\dim\boldsymbol{N}(\boldsymbol{A})=1$，故通解

$$\boldsymbol{x}=(\boldsymbol{\xi}_2-\boldsymbol{\xi}_1)t+\boldsymbol{\xi}_1=\begin{pmatrix} -2 \\ 0 \\ 2 \end{pmatrix}t+\begin{pmatrix} 1 \\ 1 \\ -1 \end{pmatrix}\ (t\in\mathbf{R})$$

七、(1) $a=2$. **提示**：$|\boldsymbol{A}|=\lambda_1\lambda_2\lambda_3$，即 $\begin{vmatrix} 2 & 0 & 0 \\ 0 & 3 & a \\ 0 & a & 3 \end{vmatrix}=1\times2\times5=10$.

(2) $\boldsymbol{Q}=\begin{pmatrix} 0 & 1 & 0 \\ \frac{-1}{\sqrt{2}} & 0 & \frac{1}{\sqrt{2}} \\ \frac{1}{\sqrt{2}} & 0 & \frac{1}{\sqrt{2}} \end{pmatrix}$

(3) q 为正定二次型,因为特征值全大于零.

八、提示:取 $\boldsymbol{x}=\boldsymbol{e}_i,\boldsymbol{y}=\boldsymbol{e}_j$,由 $\boldsymbol{x}^{\mathrm{T}}\boldsymbol{A}\boldsymbol{y}=0$ 可求得 $a_{ij}=0\ (i=1,2,\cdots,n,j=1,2,\cdots,n)$.

试卷二

一、1. $\boldsymbol{I}$; **2.** 0; **3.** 63; **4.** $a=2,\ b=-1$; **5.** 0.

二、1. C; **2.** C; **3.** B; **4.** C; **5.** D.

三、$a\neq 1$ 且 $b\neq 0$ 时,方程组有唯一解;$b=0$ 时,方程组无解;$a=1$ 且 $b\neq\frac{1}{2}$时,方程组无解; $a=1$ 且 $b=\frac{1}{2}$时,方程组有无穷多组解,解为$\boldsymbol{x}=\begin{pmatrix}-1\\0\\1\end{pmatrix}t+\begin{pmatrix}2\\2\\0\end{pmatrix}\ (t\in\mathbf{R})$.

四、(1) **提示:**证 $|\boldsymbol{\alpha}_1,\boldsymbol{\alpha}_2,\boldsymbol{\alpha}_3|\neq 0,|\boldsymbol{\beta}_1,\boldsymbol{\beta}_2,\boldsymbol{\beta}_3|\neq 0$;

(2) $\boldsymbol{C}^{-1}=\boldsymbol{A}^{-1}\boldsymbol{B}=\begin{pmatrix}0 & 1 & 1\\ -1 & -3 & -2\\ 1 & 2 & 2\end{pmatrix}$.

五、$r(\boldsymbol{D})=4$. **提示:**由 $r(\boldsymbol{A})=r(\boldsymbol{B})=3$ 可知,$\boldsymbol{\alpha}_4$ 可由 $\boldsymbol{\alpha}_1,\boldsymbol{\alpha}_2,\boldsymbol{\alpha}_3$ 唯一线性表出,即 $\boldsymbol{\alpha}_4=\lambda_1\boldsymbol{\alpha}_1+\lambda_2\boldsymbol{\alpha}_2+\lambda_3\boldsymbol{\alpha}_3$,而 $r(\boldsymbol{C})=4$,且

$$(\boldsymbol{\alpha}_1,\boldsymbol{\alpha}_2,\boldsymbol{\alpha}_3,\boldsymbol{\alpha}_5-\boldsymbol{\alpha}_4)=(\boldsymbol{\alpha}_1,\boldsymbol{\alpha}_2,\boldsymbol{\alpha}_3,\boldsymbol{\alpha}_5)\begin{pmatrix}1&0&0&-\lambda_1\\0&1&0&-\lambda_2\\0&0&1&-\lambda_3\\0&0&0&1\end{pmatrix}$$

由于$\begin{vmatrix}1&0&0&-\lambda_1\\0&1&0&-\lambda_2\\0&0&1&-\lambda_3\\0&0&0&1\end{vmatrix}=1\neq 0$,故 $r(\boldsymbol{D})=r(\boldsymbol{C})=4$.

六、$a=2,\ b=-1$; $\boldsymbol{Q}=\begin{pmatrix}\frac{1}{\sqrt{2}} & \frac{1}{\sqrt{6}} & \frac{-1}{\sqrt{3}}\\ \frac{1}{\sqrt{2}} & \frac{-1}{\sqrt{6}} & \frac{1}{\sqrt{3}}\\ 0 & \frac{2}{\sqrt{6}} & \frac{1}{\sqrt{3}}\end{pmatrix}$,正交阵.

提示:$|\boldsymbol{A}-\boldsymbol{I}|=0,|\boldsymbol{A}+2\boldsymbol{I}|=0$,求 a,b.

七、$(2\boldsymbol{I}-\boldsymbol{A})^{-1}=\frac{\boldsymbol{A}+\boldsymbol{I}}{2}$. **提示:**$(2\boldsymbol{I}-\boldsymbol{A})(\boldsymbol{I}+\boldsymbol{A})=2\boldsymbol{I}+\boldsymbol{A}-\boldsymbol{A}^2=2\boldsymbol{I}$.

八、(1) x^4；(2) $x^n+(-1)^{n+1}y^n$.

九、**提示：** 用定义，设 $\lambda_1\boldsymbol{x}^*+\lambda_2\boldsymbol{A}\boldsymbol{x}^*+\cdots+\lambda_n\boldsymbol{A}^{n-1}\boldsymbol{x}^*=\boldsymbol{0}$，两边左乘 $\boldsymbol{A}^{n-1}$，可得 $\lambda_1\boldsymbol{A}^{n-1}\boldsymbol{x}^*=\boldsymbol{0}$，则 $\lambda_1=0$，两边左乘 $\boldsymbol{A}^{n-2}$，可得 $\lambda_2\boldsymbol{A}^{n-1}\boldsymbol{x}^*=\boldsymbol{0}$，则 $\lambda_2=0$，依次类推可得 $\lambda_i=0,(i=1,2,\cdots,n)$，故 $\boldsymbol{x}^*,\boldsymbol{A}\boldsymbol{x}^*,\cdots,\boldsymbol{A}^{n-1}\boldsymbol{x}^*$ 线性无关.

试卷三

一、**1.** √；　**2.** ×；　**3.** ×；　**4.** √.

二、**1.** 48，36，$\begin{pmatrix}0&0&\frac{1}{3}\\1&0&0\\0&\frac{1}{2}&0\end{pmatrix}$；　**2.** 0；　**3.** 0.

三、$(-1)^{\frac{n(n-1)}{2}}(b-a)^{n-1}[b+(n-1)a]$. **提示：** 全加到第 1 行.

四、$A\neq7$ 时方程组有唯一解；$A=7$ 且 $B\neq3$，方程组无解；$A=7$ 且 $B=3$ 时，方程组有无穷多组解，解为 $\boldsymbol{x}=\begin{pmatrix}-\frac{17}{3}\\-\frac{13}{3}\\1\end{pmatrix}t+\begin{pmatrix}5\\4\\0\end{pmatrix}\quad(t\in\mathbf{R})$.

五、$x=y=0$. **提示：** $|\boldsymbol{A}|=0$，$|\boldsymbol{A}-\boldsymbol{I}|=0$，$|\boldsymbol{A}-2\boldsymbol{I}|=0$.

六、$\begin{pmatrix}5&4&2\\2&1&2\\2&2&1\end{pmatrix}$.

七、$c=0$，$d=1$. $\lambda_1=-1$，$\lambda_2=1+\sqrt{2}$，$\lambda_3=1-\sqrt{2}$ 对应的线性无关特征向量分别为

$$\boldsymbol{\alpha}_1=\begin{pmatrix}-1\\1\\0\end{pmatrix},\ \boldsymbol{\alpha}_2=\begin{pmatrix}\frac{\sqrt{2}}{2}\\\frac{\sqrt{2}}{2}\\1\end{pmatrix},\ \boldsymbol{\alpha}_3=\begin{pmatrix}-\frac{\sqrt{2}}{2}\\-\frac{\sqrt{2}}{2}\\1\end{pmatrix},\boldsymbol{Q}=\begin{pmatrix}-\frac{1}{\sqrt{2}}&\frac{1}{2}&-\frac{1}{2}\\\frac{1}{\sqrt{2}}&\frac{1}{2}&-\frac{1}{2}\\0&\frac{1}{\sqrt{2}}&\frac{1}{\sqrt{2}}\end{pmatrix},\ \boldsymbol{x}=\boldsymbol{Q}\,\boldsymbol{y}.$$

八、(1) **提示：** $(\boldsymbol{A}-\boldsymbol{I})(\boldsymbol{B}-\boldsymbol{I})=\boldsymbol{I}$，$(\boldsymbol{A}-\boldsymbol{I})^{-1}=\boldsymbol{B}-\boldsymbol{I}$.

(2) **提示：** $(\boldsymbol{A}-\boldsymbol{I})(\boldsymbol{B}-\boldsymbol{I})=\boldsymbol{I}$，$(\boldsymbol{B}-\boldsymbol{I})(\boldsymbol{A}-\boldsymbol{I})=\boldsymbol{I}$.

(3) $\boldsymbol{A}=\begin{pmatrix}1&\frac{1}{2}&0\\-\frac{1}{3}&1&0\\0&0&2\end{pmatrix}$. **提示：** $\boldsymbol{A}=(\boldsymbol{B}-\boldsymbol{I})^{-1}+\boldsymbol{I}$.

九、(1) **提示：** 设 $\boldsymbol{A}\boldsymbol{\xi}_i=\lambda_i\boldsymbol{\xi}_i(i=1,2,\cdots,n)$，且 $\boldsymbol{AB}=\boldsymbol{BA}$ 知

$$\boldsymbol{AB}\boldsymbol{\xi}_i=\boldsymbol{BA}\boldsymbol{\xi}_i=\lambda_i\boldsymbol{B}\boldsymbol{\xi}_i$$

这时 $\boldsymbol{B}\boldsymbol{\xi}_i(\neq\boldsymbol{0})$ 也是属于 λ_i 的 $\boldsymbol{A}$ 的特征向量，由 $\lambda_i(i=1,2,\cdots,n)$ 互不相同知 $\boldsymbol{B}\boldsymbol{\xi}_i$ 与 $\boldsymbol{\xi}_i$ 对应

成比例. 设比例系数为μ_i,则$\boldsymbol{B}\boldsymbol{\xi}_i=\mu_i\boldsymbol{\xi}_i$,即$\boldsymbol{\xi}_i$也是$\boldsymbol{B}$的特征向量.$\boldsymbol{B}\boldsymbol{\xi}_i=\boldsymbol{0}$也成立.

(2) **提示:**$\lambda_i(i=1,2,\cdots,n)$互不相同,则$\boldsymbol{\xi}_1,\boldsymbol{\xi}_2,\cdots,\boldsymbol{\xi}_n$线性无关.

$$\boldsymbol{B}(\xi_1,\xi_2,\cdots,\xi_n)=(\xi_1,\xi_2,\cdots,\xi_n)\begin{pmatrix}\mu_1 & & & \\ & \mu_2 & & \\ & & \ddots & \\ & & & \mu_n\end{pmatrix}$$

令$\boldsymbol{P}=(\boldsymbol{\xi}_1,\boldsymbol{\xi}_2,\cdots,\boldsymbol{\xi}_n)$可逆,使$\boldsymbol{P}^{-1}\boldsymbol{B}\boldsymbol{P}=\begin{pmatrix}\mu_1 & & & \\ & \mu_2 & & \\ & & \ddots & \\ & & & \mu_n\end{pmatrix}$

试卷四

一、$k=1$ 或 -2.

二、(1) 9!. **提示:**最后一行乘(−1)加到前面各行.

(2) $\boldsymbol{X}=\begin{pmatrix}2 & 0 & 1\\ 0 & 3 & 6\\ 1 & 6 & 2\end{pmatrix}$

(3) $\boldsymbol{x}=\begin{pmatrix}5\\-3\\0\\1\end{pmatrix}t_1+\begin{pmatrix}-5\\3\\1\\0\end{pmatrix}t_2(t_1,t_2\in\mathbf{R})$. **提示:**$\begin{cases}(\boldsymbol{\alpha}_1)^{\mathrm{T}}\boldsymbol{x}=0\\(\boldsymbol{\alpha}_2)^{\mathrm{T}}\boldsymbol{x}=0\\(\boldsymbol{\alpha}_3)^{\mathrm{T}}\boldsymbol{x}=0\end{cases}$ 求解.

三、**1.** -3; **2.** 1; **3.** $\begin{pmatrix}a_{11}+a_{13} & a_{12} & a_{13}\\ a_{21}+a_{23} & a_{22} & a_{23}\\ a_{31}+a_{11}+a_{33}+a_{13} & a_{32}+a_{12} & a_{33}+a_{13}\end{pmatrix}$; **4.** (1,3,2);
5. 9.

四、**1.** B; **2.** A; **3.** D; **4.** B; **5.** C.

五、$k=-1$时,方程组有唯一解,解为$\begin{pmatrix}x_1\\x_2\end{pmatrix}=-\dfrac{1}{11}\begin{pmatrix}1\\15\end{pmatrix}$;

$k=1$时,方程组有唯一解,解为$\begin{pmatrix}x_1\\x_2\end{pmatrix}=\begin{pmatrix}-5\\1\end{pmatrix}$;

$k=12$时,方程组有唯一解,解为$\dfrac{1}{2}\begin{pmatrix}1\\2\end{pmatrix}$;

$k\neq-1,1,12$时,方程组为矛盾方程组,无解.

六、$\boldsymbol{A}=\begin{pmatrix}0 & 0 & 1\\ 0 & 1 & 0\\ 1 & 0 & 0\end{pmatrix}$,$\lambda_{1,2}=1$,$\lambda_3=-1$,对应的特征向量分别为$\begin{pmatrix}0\\1\\0\end{pmatrix}$, $\begin{pmatrix}1\\0\\1\end{pmatrix}$,$\begin{pmatrix}1\\0\\-1\end{pmatrix}$,

$$Q=\begin{pmatrix}0 & \frac{1}{\sqrt{2}} & \frac{1}{\sqrt{2}}\\ 1 & 0 & 0\\ 0 & \frac{1}{\sqrt{2}} & -\frac{1}{\sqrt{2}}\end{pmatrix}$$ 正交阵，$x=Q\,y$，$f=y_1^2+y_2^2-y_3^2$.

七、提示：$|A-\lambda I|=(2-\lambda)(\lambda^2-8\lambda+10+a)$

(1) 若 2 是重根时，得 $a=2$，可算得 $r(A-2I)=1$，于是 A 对应于二重特征值 2 的线性无关的特征向量的个数应为 $3-r(A-2I)=2$，故 A 可对角化.

(2) 若 2 不是重根时，得 $a=6$，得二重特征值为 4. 由 $r(A-4I)=2$ 知 $n-r(A-4I)=1$，故 A 不可对角化.

八、(1) **提示：**$A^k=O$ 知 A 的特征值全为零，则 $I-A$ 的全部特征值为 1，故 $|I-A|=1\neq0$，所以 $I-A$ 可逆. 也可以用 $(I-A)(I+A+\cdots+A^{k-1})=I$ 证明.

(2) 由 $AB=B$ 知 $(A-I)B=O$，由 $r(B)=n$ 及 $r(A-I)+r(B)\leqslant n$ 知 $r(A-I)\leqslant 0$，即 $A-I=O$，即 $A=I$.

试卷五

一、1. B；**2.** D；**3.** D；**4.** D；**5.** C.

二、1. -15；**2.** $\begin{pmatrix}a & -2c\\ c & a+2c\end{pmatrix}$；**3.** 40；**4.** $\lambda>2$；**5.** $f(x)=x^2-5x+3$.

三、1. x^2y^2；**2.** 1.

3. (1) $-4,-6,-12$，(2) $|B|=-288$，$|A-5I|=-72$.

4. (1) $\begin{pmatrix}1\\1\\1\end{pmatrix}$，(2) $\begin{pmatrix}4 & 1 & 1\\ 1 & 4 & 1\\ 1 & 1 & 4\end{pmatrix}$.

5. 极大无关组 α_1,α_2.　$\alpha_3=2\alpha_2-3\alpha_1$，$\alpha_4=2\alpha_2-\alpha_1$.

6. $A(A-3I)=2I$，　$A^{-1}=\dfrac{A-3I}{2}$.

7. (1) $a=2$，$k=-1$；(2) $b>1$ 时，q 为正定二次型.

四、1. 提示 $n=r(I)\leqslant r(A)+r(I-A)=r(A)+r(A-I)\leqslant n$.

2. 提示：$A^2=O$，则 A 的特征值全为零，由 $A^T=A$，则 A 可正交对角化，即

$$Q^TAQ=\Lambda=O,$$

由此可知 $A=Q\Lambda Q^T=O$.

试卷六

一、1. √，×，√；**2.** √，√，×；**3.** √，√，√；**4.** ×，√，√；**5.** ×，×，√.

二、1. B；**2.** A；**3.** D；**4.** D；**5.** C.

三、$X=(2(A-BB^T))^{-1}=\dfrac{1}{2}(A-BB^T)^{-1}=\begin{pmatrix}1 & 0 & 0\\ 0 & 0 & \frac{3}{2}\\ 0 & 2 & 0\end{pmatrix}$.

四、方程组有非零解,则$\begin{vmatrix}2 & \lambda & 3\\ 1 & 1-\lambda & 4\\ 2 & 4 & 1\end{vmatrix}=0$得$\lambda=\frac{24}{11}$. 由反证法证得$|\boldsymbol{B}|=0$.

五、"⇒"反证法:设$\boldsymbol{\alpha}_i$可由$\boldsymbol{\alpha}_1,\boldsymbol{\alpha}_2,\cdots,\boldsymbol{\alpha}_{i-1}$线性表示,则$\boldsymbol{\alpha}_1,\boldsymbol{\alpha}_2,\cdots,\boldsymbol{\alpha}_i$线性相关,与$\boldsymbol{\alpha}_1,\boldsymbol{\alpha}_2,\cdots,\boldsymbol{\alpha}_k$线性无关矛盾. 故任何一个向量都不能用它前面的向量线性表示.

"⇐"反证法:设$\boldsymbol{\alpha}_1,\boldsymbol{\alpha}_2,\cdots,\boldsymbol{\alpha}_k$线性相关,即存在不全为零的数$t_1,t_2,\cdots,t_k$使得$t_1\boldsymbol{\alpha}_1+t_2\boldsymbol{\alpha}_2+\cdots+t_k\boldsymbol{\alpha}_k=\mathbf{0}$,若$t_2=t_3=\cdots=t_k=0$推出$t_1=0$,矛盾. 从$t_k,t_{k-1},\cdots,t_2$中找第一个非零数,不妨设为$t_l\neq0$,则$t_1\boldsymbol{\alpha}_1+\cdots+t_l\boldsymbol{\alpha}_l=\mathbf{0}$,即$\boldsymbol{\alpha}_l$可由$\boldsymbol{\alpha}_1,\boldsymbol{\alpha}_2,\cdots,\boldsymbol{\alpha}_{l+1}$线性表示,与条件矛盾,故$\boldsymbol{\alpha}_1,\boldsymbol{\alpha}_2,\cdots,\boldsymbol{\alpha}_k$线性无关.

六、由$[\boldsymbol{\alpha}_1,\boldsymbol{\alpha}_2,\boldsymbol{\alpha}_3,\boldsymbol{\alpha}_4]=\begin{pmatrix}2 & 1 & 1 & -5\\ 3 & 1 & 2 & 4\\ 1 & 1 & 0 & 3\\ 4 & 1 & 3 & 2\end{pmatrix}\sim\begin{bmatrix}1 & 1 & 0 & 3\\ 0 & 1 & -1 & 11\\ 0 & 0 & 0 & 1\\ 0 & 0 & 0 & 0\end{bmatrix}$故$\boldsymbol{\alpha}_1,\boldsymbol{\alpha}_3,\boldsymbol{\alpha}_4$为$\boldsymbol{\alpha}_1,\boldsymbol{\alpha}_2,\boldsymbol{\alpha}_3,\boldsymbol{\alpha}_4$的极大无关组. $n=4,r(\boldsymbol{A})=2,\boldsymbol{Ax}=\boldsymbol{b}$的通解为

$$\boldsymbol{x}=(\boldsymbol{\alpha}_3-\boldsymbol{\alpha}_1)t_1+(\boldsymbol{\alpha}_4-\boldsymbol{\alpha}_1)t_2+\boldsymbol{\alpha}_1=\begin{pmatrix}-1\\-1\\-1\\-1\end{pmatrix}t_1+\begin{pmatrix}-7\\1\\2\\-2\end{pmatrix}t_2+\begin{pmatrix}2\\3\\1\\4\end{pmatrix}$$

其中t_1,t_2为任意常数.

七、$\boldsymbol{A}(\boldsymbol{\alpha}_1,\boldsymbol{\alpha}_2,\boldsymbol{\alpha}_3)=(\boldsymbol{\alpha}_1,\boldsymbol{\alpha}_2,\boldsymbol{\alpha}_3)\begin{pmatrix}1 & 0 & 0\\ 0 & -1 & 0\\ 0 & 0 & 0\end{pmatrix}$,两边除以3得

$$\boldsymbol{A}\,\frac{(\boldsymbol{\alpha}_1,\boldsymbol{\alpha}_2,\boldsymbol{\alpha}_3)}{3}=\frac{(\boldsymbol{\alpha}_1,\boldsymbol{\alpha}_2,\boldsymbol{\alpha}_3)}{3}\begin{pmatrix}1 & 0 & 0\\ 0 & -1 & 0\\ 0 & 0 & 0\end{pmatrix},$$

而$\frac{1}{3}(\boldsymbol{\alpha}_1,\boldsymbol{\alpha}_2,\boldsymbol{\alpha}_3)$为正交阵,故

$$\boldsymbol{A}=\frac{1}{3}(\boldsymbol{\alpha}_1,\boldsymbol{\alpha}_2,\boldsymbol{\alpha}_3)\begin{pmatrix}1 & 0 & 0\\ 0 & -1 & 0\\ 0 & 0 & 0\end{pmatrix}\left(\frac{1}{3}(\boldsymbol{\alpha}_1,\boldsymbol{\alpha}_2,\boldsymbol{\alpha}_3)\right)^{\mathrm{T}}=\begin{pmatrix}-\frac{1}{3} & 0 & \frac{2}{3}\\ 0 & \frac{1}{3} & -\frac{2}{3}\\ \frac{2}{3} & -\frac{2}{3} & 0\end{pmatrix}.$$

八、$(\boldsymbol{A}\,\vdots\,\boldsymbol{b})=\left(\begin{array}{ccc:c}1 & a & b & -1\\ 1 & b & a & -b\\ b & b^2 & ab & -a^2\end{array}\right)\sim\left(\begin{array}{ccc:c}1 & a & b & -1\\ 0 & b-a & a-b & 1-b\\ 0 & 0 & 0 & b^2-a^2\end{array}\right)$,$a=b=1$时,

$$\boldsymbol{x}=\begin{pmatrix}-1\\1\\0\end{pmatrix}t_1+\begin{pmatrix}-1\\0\\1\end{pmatrix}t_2+\begin{pmatrix}-1\\0\\0\end{pmatrix}(t_1,t_2\in\mathbf{R}).$$

参 考 文 献

[1] 刘剑平,等.线性代数.2版.上海:华东理工大学出版社,2014.
[2] 刘剑平,等. 线性代数及其应用. 2版. 上海:华东理工大学出版社,2008.
[3] 刘剑平,施劲松,陆元鸿. 工程数学. 上海:华东理工大学出版社,2003.
[4] 刘剑平,等. 线性代数解题分析与考研辅导. 上海:华东理工大学出版社,2012.
[5] 刘剑平,曹宵临,施劲松. 线性代数分析与精练. 上海: 华东理工大学出版社,2004.
[6] 谢国瑞. 线性代数及应用. 北京:高等教育出版社,1999.
[7] 同济大学数学教研室. 工程数学线性代数. 3版. 北京:高等教育出版社,1999.
[8] STEVEN J LEON. Linear Algebra with Applications. 5th ed. New Jersey:Prentice Hall, 1998.
[9] 郝志峰,等. 线性代数. 2版. 北京:高等教育出版社,2003.
[10] 卢刚. 线性代数. 3版. 北京:高等教育出版社,2009.
[11] 吴传生,王卫华. 经济数学——线性代数. 北京:高等教育出版社,2003.
[12] 华中理工大学数学系. 线性代数. 北京:高等教育出版社,1999.
[13] 于润伟. Matlab 基础及应用. 北京:机械工业出版社,2003.
[14] 李丽,王振领. Matlab 工程计算及应用. 北京:人民邮电出版社,2001.
[15] 万福永,戴浩晖. 数学实验教程. 北京:科学出版社,2003.
[16] 刘剑平,等. 线性代数. 上海:华东理工大学出版社,2009.
[17] 刘剑平. 线性代数习题全解与考研辅导. 上海:华东理工大学出版社,2010.
[18] 刘剑平,陆元鸿,施劲松. 工程数学习题解答与复习指南. 上海: 华东理工大学出版社,2003.

内容提要

本书是根据高等学校工科数学课程教学指导委员会修订的“线性代数课程教学基本要求”,结合作者多年的教学经验编写而成的. 本书囊括了高等院校非数学专业的线性代数课程的全部基本内容:矩阵、行列式、矩阵的秩与线性方程组、向量空间、特征值问题、二次型、线性空间与线性变换等,达到了非数学类硕士研究生考试大纲要求. 本书可作为高等院校工科各专业及理科非数学专业本科生的教材,也可供科技工作者和工程技术人员阅读、参考.

本书力求简明扼要,避免烦琐,突出通俗性、直观性,通过配以涉及多个领域的例题,强调其应用性,每章末还配有应用 Matlab 进行辅助计算的方法. 为了便于教学,每章后配有精选的习题,书末附习题答案.